升级版

用户体验设计指南

从方法论到产品设计实践

蔡赟 | 康佳美 | 王子娟　编著

USER EXPERIENCE DESIGN GUIDELINES

電子工業出版社
Publishing House of Electronics Industry
北京·BEIJING

图书在版编目（CIP）数据

用户体验设计指南：从方法论到产品设计实践： 升级版 / 蔡贇，康佳美，王子娟编著. -- 北京：电子工业出版社，2021.5

ISBN 978-7-121-40579-2

Ⅰ. ①用… Ⅱ. ①蔡… ②康… ③王… Ⅲ. ①人机界面－程序设计－指南 Ⅳ. ① TP311.1-62

中国版本图书馆 CIP 数据核字 (2021) 第 029991 号

责任编辑：赵英华　文字编辑：陈晓婕

印　　刷：河北迅捷佳彩印刷有限公司

装　　订：河北迅捷佳彩印刷有限公司

出版发行：电子工业出版社

北京市海淀区万寿路 173 信箱　　邮编：100036

开　　本：720×1000　1/16　　印张：26.25　　字数：672 千字

版　　次：2019 年 11 月第 1 版

2021 年 5 月第 2 版

印　　次：2024 年 1 月第 5 次印刷

定　　价：108.00 元

凡所购买电子工业出版社图书有缺损问题，请向购买书店调换。若书店售缺，请与本社发行部联系，联系及邮购电话：（010）88254888，88258888。

质量投诉请发邮件至 zlts@phei.com.cn，盗版侵权举报请发邮件至 dbqq@phei.com.cn。

本书咨询联系方式：（010）88254161 ~ 88254167 转 1897。

序 言

—PREFACE

现如今，在互联网领域，用户体验逐渐成为一个炙手可热的关键词，用户体验设计师也逐渐成为产品开发设计团队重要的成员。可以说，这是一个用户体验为王的时代。人人都在讨论用户体验并发表自己的见解，然而什么是用户体验，它是怎么产生的，现状又如何呢？

“用户体验，即用户在使用一个产品或系统之前、使用期间和使用之后的全部感受，包括情感、信仰、喜好、认知印象、生理和心理反应、行为和成就等各个方面。”

——摘自 ISO 9241—210 标准

感性又严谨的用户体验

之所以用这么矛盾的形容词来描述用户体验在于我们从怎样的视角去看它，这包含用户体验之于体验者和用户体验之于相关从业人员。

在用户面前，用户体验是感性且无处不在的。可以说，用户体验即生活。回忆一下上一次使用叫车软件的出行经历，是什么让你选择尝试使用叫车软件而不是站在路边打车？也许你当下所处的地理位置很难打到车，也许需要预约一个特定时间，又或者需要帮助家里的老年人叫车并且保证他们安全抵达目的地。这时候你产生了借助叫车软件的想法，在手机里找到这款应用。接下来呢？体验才刚刚开始……是否能够很快叫到车？司机有没有准时到达？约定的上车地点位置是否准确且方便找到？乘车体验（车内环境、司机的服务态度）如何？行车路线是否合理？如果需要赶去机场的话，能否提前到达且不耽误接下来的行程？在叫车、出行、到达、支付这一系列过程中，用户的感受和体验会直接影响他对这款产品的看法和评价。简单来说，一款好产品应当是能够为用户带来快乐和幸福感的。在日常生活中，出行、吃饭、装修、看病、购物处处涉及体验，离不开手机、电脑，以及各式各样的产品和服务。在与这些产品打交道的过程中，用户的主观感受、心理状态和反馈都来自产品为其带来的体验。好的体验不仅能够很好地满足用户需求，并且在为产品带来用户的同时也带来了商机，吸引用户为之买单。

在路边挥手打车的出行习惯

对于设计师乃至从业人员来说，用户体验既严谨又理性。站在用户视角，挖掘产品问题，解决问题，从而为用户带来更为优质的产品体验和使用感受。追溯用户体验设计的历史，用户体验（user experience）这个词最早被广泛认知是在 20 世纪 90 年代，由用户体验之父唐纳德 · 诺曼提出。他致力于做令用户快乐的产品设计，强调用户体验的重要性，也成为第一位用户体验设计师。自此用户体验设计逐渐职业化，成为当下互联网领域不可或缺的职能。对于从业人员来说，用户体验设计是一门理性的学科，注重理论和依据，需要具备很好的逻辑性，而不是像艺术创作一样依赖感觉和创想。从业人员负责设计思考，发现问题并解决问题，在专业的维度想得周到全面，才能为用户带来轻松自在的产品体验。

来看看一些国际大咖，这些用户体验设计界的标杆都是怎么绞尽脑汁来迎合用户的？

还记得 iPhone Home 键吗

苹果公司的产品战略本质就是用户体验至上，是注重体验而为产品带来成功的经典案例。起初为了适应用户手掌大小坚持做能够“一手掌控”的 4 英寸屏幕的智能手机。随着流量和网速提升带来了大量观看视频的用户需求，于是推出了大屏手机。目前，无边框全面屏成为 iPhone 标配。还记得第一代 iPhone 发布时，Home 键的设计为“果粉”们带来的惊喜吗？按压 Home 键的体验让你联想到什么？对了，就是马桶的冲水按钮。试想如果这个实体按键被触摸屏幕取代会怎样，是不是那一瞬间的爽感全无？于是，经典的 Home 键被沿用了 10 年，成为苹果手机最具辨识度的标志。然而在屏幕触感反馈和人脸识别技术发展成熟的今天，曾令苹果引以为傲的 Home 键悄然下线，成为体验升级的又一次自我革命。我们看到技术更迭为用户带来的影响，缔造了新的行为和需求，而对于用户体验孜孜不倦的追求，造就了一个又一个伟大产品。

iPhone Home 键

Facebook 社交网络也能报平安

2015 年年底，巴黎发生了大规模恐怖组织袭击，事件发生后，Facebook 第一时间开通了该地区的“Safety Check”功能。用户只需点击界面中的“I'm safe”或者是“I'm not”按钮便可让亲友们了解自己当下的状况。受灾地区的用户可通过这一功能让亲友们知道自己是否安好，同时也可接收来自其他受灾人员发来的“报平安”信息。Facebook 这个全球最大的社交网络信息平台，出于对用户迫切需求的捕捉和对于新闻事件的积极响应，想到了“报平安”的绝妙想法。此功能在特定时期和场景及时地满足了用户迫切希望了解家人朋友是否平安的需求，一经推出获得一致好评，为产品口碑带来了极其正向的影响，是用户体验快速响应的经典案例。

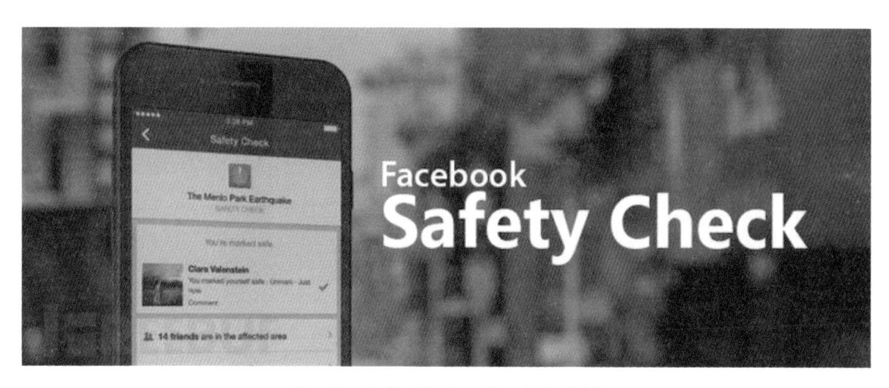

Facebook 的“Safety Check”功能

从 PC 端到移动端

从一个最易于理解的现象谈起，从我们坐在电脑前工作、购物、使用 QQ 聊天，到现如今可以轻松地使用手机回复邮件，往购物车放入心仪的商品，直接通过微信与好友语音对话，一切变得更加自由，方式也更为丰富多变。现在我们拥有多种智能设备，需要在各个场景各个设备上随时切换，可以看到从 PC 转移到各手持设备的趋势越来越明显。这就是从 PC 端向移动端的转变。随着移动设备浪潮的到来，对于互联网从业人员来说，既是契机，也是挑战。对于产品在移动端包括手机、平板电脑乃至智能手表上的呈现形式，信息展现空间变小，场景多变，交互方式更为丰富，这些特点势必需要针对性的设计，重新定义分析，以更好地满足在移动场景下的用户体验。在移动领域的争夺战中，为了统一跨设备间的界面和交互，让用户得到连贯的体验，iOS 和 Android 两大平台都针对用户从 PC 端向移动端转移的趋势做出了响应，为移动平台设计适配了更适用于移动平台信息展现和交互方式的规范。苹果移动设备界面扁平化（Flat Design）趋势和 Google 的“Material Design”应运而生。可以说，如果一个产品在 PC 端和移动端的界面是完全相同的，那这一定是失败的设计。因为无线平台的快速迭代、移动设备硬件的技术升级，以及移动用户使用场景的多元化，使得移动端界面体验设计与 PC 端界面存在极大差异，移动端界面的体验设计空间也更加丰富广阔。本书最后的章节会为大家介绍用户体验的趋势、未来和前景。

Google Material Design 活动物料

从方法论到实战

随着科学技术的进步以及设计创新的推进，用户体验作为一门学科得到突飞猛进的发展。从用户体验概念的提出，到其成为产品成功的重要因素；从企业开始重视用户体验，到见证用户体验为产品带来的巨大价值；从用户体验逐渐融入产品开发环节，到其成为团队的关键职能，其重要性不言而喻。产品以及技术的发展，不断促进着新用户体验模型的诞生，其应用于数以万计的产品，通过用户的验证，快速迭代掉不合理的部分。而可用性强的用户体验模型得到沉淀，使得成熟的体验设计模型有理可循。互联网从业人员有必要了解甚至精通用户体验这门学科。与此同时，更需要系统化的培养，锻炼思维方法，通过积累更多的实战经验，形成自己的逻辑和方法论，以便于更专业地运用到工作中去。本书基于互联网浪潮为大家准备了满满干货，极其适合作为行业从业人员的入门读物，真正地帮助他们提高产品设计开发能力。

推　荐

RECOMMENDATION

感谢天渝（朱炳全）的推荐邀请，感谢本书的三位作者茱荻（蔡贇）、佳美、子娟为用户体验设计行业添智献力。本书把用户体验设计师这个岗位的定位、工作流程、方法范式、工具、行业预见与判断都做了比较体系化的知识梳理与思考总结，相信能为对用户体验设计专业领域感兴趣、希望能快速入门和进阶的人提供一些有价值的参考和帮助。

把行业知识与个人思考进行体系化的整理并不是一件容易的事情，这是一个穿针引线连珠成串的过程，是一个将模糊意象升级为准确定义和表达的过程，是一个不断打碎又不断重建的过程，这需要经历艰难的自我认知升级，里面饱含着痛苦的琢磨与成长，恭喜三位作者最终淬炼成功。

也非常开心能看到来自不同公司不同团队的作者们的合作，专业无界，更多样的交流带来更深刻的认知，更广泛的合作带来更大的价值共赢。愿我们所热爱的用户体验设计行业，在大家的共同努力下，不断蓬勃发展，一路欣欣向荣。

——李龙，阿里巴巴资深体验设计专家，“五导家”体验设计 think-flow 发明人

2009 年的夏天，我从北京来到杭州，从传统市场研究公司加入蒸蒸日上的淘宝网，从事用户研究工作。来之前我认为自己的研究能力和具备的研究知识足以应对新的工作要求，到岗后才发现，互联网是一片新天地，我必须要重新学习很多新的专业知识才能够胜任研究工作。

纵观这些年，互联网的发展从过去的爆发式增长到了规模化增长的阶段，当前的增长更强调正规作战、协同作战，各岗位的职能越来越清晰，要求越来越高。本书在这样一个背景下应运而生，为用户体验设计团队的发展和个人的进阶提供了不可多得的参考依据，值得推荐。

本书有专门章节介绍用户研究，是篇幅最多的章节，可见在用户体验设计中用户研究的重要性。其实我更想表达的是，体验设计从角色定位—需求挖掘—设计调研—概念设计—详细设计—设计评估与决策—产品数据管理—设计迭代等一系列环节，

都离不开对用户的“研究”，重点解决“Why”的问题。

当然，所谓的“以用户为中心”的设计，并非用户说什么就是什么，也不是解决了用户当前需求就万事大吉。只强调用户，不关注商业、技术、产品的发展规律，容易陷入有“心”无力的困局。在横切面上，它们相互联结，产生一个最优解；在纵向发展层面，它们之间相互角力，每一步都有取舍和迭代，最终获得成功。

虽然互联网发展的每个阶段都会对用户研究提出新的要求，对以往的研究方法和体系有求变的挑战，但核心始终没变。就是把对用户的理解置身于商业系统中，结合技术发展和产品逻辑，为用户提供最合适的解决方案。

用户研究并不仅仅是一项岗位职责，更是一种做事方式。用户研究只是一个专业符号，当前已经围绕用户理解，外延到用户原生诉求和心智挖掘、竞争分析、市场研究、行业 / 产业研究等商业研究层面，最终落到业务决策规划、执行细节、优化改造、创新变革等方面。在这个过程中，离不开设计师的参与，当对用户的洞察、对业务运转逻辑和规律的理解融入设计之中时，商业会变得美而简单，科技会变得温暖有爱。

用户体验设计的发展，每个阶段都会有新思路、新内容加进来，需要像本书作者这样有实战经验、有体系化训练和思考、有全局视野和发展眼光的设计师站出来，总结沉淀每个阶段的成果，为行业未来的发展奠定扎实的基础，用户体验设计的进阶离不开你我的努力，让我们一起携手向前！

——范欣珩（渡劫），阿里巴巴资深用户研究专家

时间退回到 20 年前，网络浏览器与 Adobe Photoshop 已诞生 10 年，敏捷开发的宣言还未被起草，网民们刚从 BBS 里探出头来，宽带尚为新生事物，人们使用着 PC 互联网时代的工具，Adobe Illustrator、PowerPoint 和 Visio，诸如此类。我是初入职场的菜鸟，日常是与线框图（Wireframe)、原型（Prototype)、视觉稿（Mockup）、页面制作（Html+CSS）这些概念连在一起的。在我的职业领域里，人们在谈着 UI，还不是 UX，但一场科技革命就悄然发生在我眼前。眨眼之间，智能手机和整合型广告（Integrated Advertising) 就闯入了人们的视野，然后，砰！ SaaS 原型普及在世界各个角落，这方才是 2005 年，云计算的元年。

10 年前，移动互联网商业的时代正轻轻吹响奏鸣曲。我已是互联网设计界的老鸟了，即将把大数据时代踏在脚下。进入这个领域，便意味着要成为新兴商业的弄潮儿。这是一片经验主义者的高地，它站在设计与商业战略的交叉口上。每一分每一秒，

都有新的数字产品诞生，新的理论也在孕育着。譬如此时，起始于精益创业运动(Lean Startup) 的精益式用户体验设计（ Lean UX movement) 便正值新生。它将客户开发、商业模式与敏捷工程的理念引入了用户体验领域。2014 年被称作是设计软件爆炸的一年，各种原型工具陆续诞生。2017 年，Sketch、Framer X、Adobe XD 这些软件才走入公众视野，便成为全球设计师最常用的软件。 同时，还有更多新的软件问世，Haiku、Alva、Studio、Modulz……当然还有很多。

如今，我领导的设计团队集合着各个学科背景的人，有学传统美术、工业设计、信息设计的，有学建筑设计、视觉开发、互动设计的，当然还有学其他专业的。他们担任着用户体验设计师、创意设计师、计算设计师、空间设计师等这些职务。做这一行学科背景并不是局限，有跨领域视野的人最佳，团队有多样性亦为最佳。作为服装设计师，我在意审美，但作为用户体验设计师，我会掀开美的面纱，去探究使用感和功能性。如今正值敏捷开发、精益式用户体验设计替代传统瀑布式开发成为新产品迭代的模式之际，人、人际交流、团队合作的意义愈发重要，我更会把沟通与交流能力看成是职业发展的一个重点。

用户体验设计师是一群日益高知、过度忙碌的人，很多人没时间，也不屑于读一本关于用户体验的综合入门读物。但我觉得阅读的意义是很大的，可以把它当作一本职业手册来读，它将有助于你了解这个新兴职业领域的各个环节。

——王路平，阿里云设计中心负责人，资深体验设计专家

21 世纪，万物互联，体验制胜。在 20 世纪凤毛麟角的用户体验设计师，在近十年互联网高速发展的带动下，已经成为每个互联网企业必不可少的驱动力量之一。一个处于新兴行业中的新兴职业，对于大众，既熟悉又陌生。熟悉，只因用户体验自古有之，贯穿人们使用产品和服务的所有阶段；陌生，则因为体验设计与衡量标准都是近些年才在专业领域里开始被挖掘、研究和推动的。对于从事用户体验设计的设计师们来说，如何了解体验的定义、价值，如何在日新月异的技术革新中不断对体验设计推陈出新，如何从理论转化为实践，如何再从实践里提炼沉淀，进而转化为更新的理论，都是实打实需要去挖掘和学习的重点。本书就是由在大型互联网公司成长的资深设计师给的一份答案，相信对于正在从事用户体验设计以及希望往用户体验设计发展的人们都大有裨益。

——梁山鹰，微软体验架构师，支付宝前设计总监

× /

大量行业落地经验凝练为方法论，详细集合于此书，对 UED 新人有建立设计逻辑系统的帮助，对有经验的设计师则有查疑补缺、回炉进修的作用。初看学法，再而精进，然可悟道，诚意推荐。

——李剑叶，阿里巴巴研究员，锤子科技前工业设计副总裁

中国开启互联网发展的初期，第一批设计从业者叫网页设计师。2005 年左右 UCD（User Centered Design）以用户为中心的设计理念，替代了网页设计，随之发展出不同的设计师职能（交互、视觉、用户研究），专注于人机交互体验，历经了十多年。但随着新商业、新技术的不断发展，设计师也要顺应时代的变化，转型成为 UXD（全链路设计师），去专注用户的需求与痛点，以设计的方式去解决，并进行价值的衡量。如何从 0 到 1 跨入这个领域？无疑本书会是一本非常适合的入门书籍，帮助你更好地学习、思考与实践。

——范荣强，阿里巴巴设计总监

在设计工作中，不断地摄取专业知识、拓展设计边界是设计师应有的自我修养。当我捧起这本书时，思考了很多；轻方法而重实践、重全流程而忌片面；从交互视觉到前端技术联动，从软件使用到 IOT 实操，探索改变环境中人的感受，是设计的基础理念；设计从来都不是单一的，而是利用专业思想而产生的设计之美。期望设计师同行能够通过这本书得到自我提升，弥补常被忽略的部分。

——陈晓华，菜鸟设计总监

体验是感知的记忆，而设计师总能为记忆赋予层次与优雅。互联网发展至今，用户体验设计至关重要，肩负着用户与信息的互动质量，记录着每个瞬间的体验记忆。如本书中所述：这是一次次感性又严谨的思考表达。

三位在互联网一线历练多年的用户体验设计专家，把如何成为更好的用户体验设计师所涉及的知识、经验，详尽而成体系地凝结于此。对有志于在体验设计之路得到更多成长的设计师来说，认真读几遍，会有所知、有所悟、有所成。

——卿源，高德设计负责人

探索有道，体验无界。互联网技术不断发展变革，设计专业也持续发展成为技术与创意混合的多元领域——从聚焦屏幕的可视化图形界面体验到人机自然交互的多模态体验，信息输入输出通道和表达媒介，也从单一图形界面发展为融入对话、声音、光效、表情、动作等更加丰富的多模式多形态设计。越来越多的设计师开始跨界设计，探索更加多元的设计。比如，ISUX 的 IP 联盟设计，线上线下联动，不断地基于 QQ 的 IP 衍生和跨界合作。与此同时，用户体验设计师们不断地进行专业实践、探索和沉淀，将无界设计实践经验，沉淀为有道的设计理论，再继续探索实践新的设计边界。本书中，三位来自 BAT 的互联网用户体验设计师，将经过体系化思考后沉淀的实战经验与设计案例相结合，讲述互联网设计全流程，内容揽括行业中的大部分用户使用场景，包含 B2C、B2B、软件、硬件等各个领域，值得反复品读。

——戴永裕，ISUX 用户体验设计部负责人

在互联网行业高速发展的今天，体验设计不断迭代升级，好的设计不是为了设计而设计，而是基于用户诉求，借由设计搭建用户与产品和服务的情感链接，赋予他们新的美妙体验，从而给他们愉悦的感受。本书由三位来自 BAT 一线历练多年的资深设计师共同撰写，从方法论到实战，不仅还原 BAT 一线案例与实战，更是从设计价值、设计行业未来趋势等维度带给设计师更多的思考。愿你我一起共同思考进化，为美好未来设计！ Design for a Better Future！

——吴珍妮，ISUX 用户体验部设计总监

这是值得细细研究与使用的一本好书。用户体验设计师是把一个产品从思路定义到用户着手使用的“灵魂画手”，是最贴近用户，最直接还原产品的人。书中，三位来自 BAT 的互联网用户体验设计师通过非常具有代表性的产品实践经验，引用真实的设计案例，提炼系统化的方法论，展现出具有当下时代色彩的设计理念，为用户体验设计师的个人进阶与体验设计团队的发展都提供了不可多得的参考依据与助力。

——王莹，QQ 增值产品中心总监

互联网时代，从 PC 端到移动端再到人工智能，体验设计逐渐成为互联网公司的核心驱动力之一，设计师们深入挖掘用户使用产品或服务各个阶段的痛点需求，搭建用户与产品或服务之间的桥梁，连接功能与体验、算法与情感、机器与人，最终呈现给用户一个个有用、易用、好用甚至爱用的产品与服务，不断改变着人们的生活。而如何设计更好的用户体验则需要设计师从理论里学习，再回到实践中，最后再从

实践中提炼总结形成新的理论，如此不断学习—实践—沉淀。本书中，三位来自百度、阿里巴巴、腾讯的用户体验设计师总结了一线实践经验，相信这对于从事用户体验设计的人们会很有帮助，你会了解互联网项目团队和用户体验团队的关键角色及其职责，让说不清的用户体验有清晰的职业边界和严谨的专业壁垒；其次通过详细介绍互联网团队、设计方法、实践案例、设计工具等，你会了解用户体验设计师所需要的知识和技能储备，通过实际项目学习如何进行设计实践；最后通过对未来行业趋势的介绍，帮助大家了解行业趋势，和她们一起不断更新自我、不断成长。

——史玉洁，百度用户体验部总监

时间总会把知识沉淀得更加缜密、更加系统，而本书就把互联网十年 BAT 大厂的用户体验方法论记录并分享了出来。翻阅此书，就像是把内心深处的知识和场景一幕幕重演，也会发现新的碰撞和火花，备感惊喜。

在 IT 业发达的今天，用户体验已经成为提供差异化竞争，捕获用户，以及提高用户黏性的主要手段。用户体验思维更是横跨产品经理、设计师、管理者等多种职能，并逐步在企业战略中发展壮大。而随着 IoT 时代、人工智能时代的到来，用户体验更是高屋建瓴成为设计的底层基因，提倡对人的关注，平衡商业、环境、文化和人的协同共生，让我们的生活更美好。我想这也是为什么设计师行业在今天越来越吃香的原因吧。

希望这本书能够为你的用户体验之路带来更多思考。

——石爽，百度用户体验架构师

随着人工智能技术不断发展，互联网体验设计不断跨界，与 AR、VR 等新技术结合，在多领域中不断演进，这促使设计师领域更加多元化，覆盖的维度更广。三位走在实践最前线的优秀设计师，通过对过往互联网企业里精彩项目的体系化梳理，总结沉淀成这本书，让你充分了解体验项目和设计团队的同时，带你深入了解互联网设计全流程，由浅入深解读如何做正确的设计，探索设计与人工智能的未来。无疑，这是一本非常适合从 0 到 1 入门并了解体验设计行业新趋势的书籍，值得作为手边常常翻阅的专业工具书。

——陈楠，百度用户体验架构师

该书融入三位来自 BAT 的设计师对当下体验设计的经验与思考，结合实际案例系统化地分享用户体验设计常见的研究方法、工作流程以及设计工具，对互联网新人有着宝贵的参考价值。

——鲁晓波，清华大学美术学院院长，中国美术家协会副主席

三个充满理想和激情的美女设计师以她们专业的经验和视野，生动地展现了从方法到实战的用户体验设计过程，对设计方法的介绍和对实战案例的解读也十分详尽，让读者近距离了解用户体验设计师的专业要求和工作特色。这本书对于那些希望学习用户体验和交互设计的入门者来说再适合不过了，值得推荐！

——蔡军，清华大学美术学院教授、设计管理研究所所长

随着科技与社会的飞速发展，产品的升级换代日趋频繁。另一方面，用户也在与时俱进地成长，这就对用户体验设计提出了更高的要求。对于设计师而言，用户体验设计是极其重要的。产品服务的提升，归根到底是体验设计的升级。日益翻新的行业诉求，需要设计师拥有全链路的设计能力及更高效的设计输出。本书中的设计方法是经过实战论证的经验之谈，有助于设计新人循序渐进布局自身的知识矩阵，培养全局化的思维能力。

——徐迎庆，清华大学教授、未来实验室主任

喜欢这本书最主要的原因是“真”。三位年轻作者都是来自 BAT 用户体验设计的一线工作岗位。本书对用户体验设计学子和行业新兵而言，是一部不可多得的入门攻略秘籍。尽管全书信息量巨大,但由于介绍的都是作者在工作实操中积累的“干货”，故毫无“掉书袋”式的陈腐之气，不管是升职记、小贴士还是实战分享，都紧贴用户需求，读来轻松愉悦。本书尤为难能可贵的是对技术创新和未来的思考，体现了年轻一代设计师在面对全球挑战和技术变革时清醒、开放、包容的心态。用户体验是一个新兴交叉设计领域，其理论、方法和工具是在不断实践中推陈出新的，当下的中国设计师毫无疑问已经扮演了引领和拓展这个行业前沿的角色。

——娄永琪，同济大学设计创意学院院长，瑞典皇家工程科学院院士

虽然拥抱变化已经成为互联网的常态，但并不代表我们创造更好互联网产品的企图都是随机应变的。三位年轻的用户体验设计师在一线工作中萃取养分，用书这种永恒的媒介将互联网设计中的知识和体会结晶，这是第二代互联网的用户体验设计师的谦卑宣言，值得品读和期待。

——范凌，特赞信息科技创始人，同济大学设计人工智能实验室主任

十年时间“用户体验”已经成为设计师从业的“头牌”，当互联网下半场全民谈论用户体验时，头牌又该如何升级角色认知与自我定位？机器智能时代甚至有设计师担忧自己是否会被 AI 替代，那“头牌”究竟会被取代，还是会演化为“妈咪”？面对 VUCA，三位新锐 BAT 设计体验官们将大厂 UX 中心的从业实战经验和思考模型提炼归纳，帮助大家活学活用，指点迷津。

——顾嘉唯，物灵科技创始人、CEO

本书汇聚了来自 BAT 的三位资深设计专家沉淀多年的实战经验和智慧，归纳总结了和用户体验设计师协同作战的团队职能以及体验设计核心岗位与特征，从纵向到横向解析产品设计的全流程、不同设计阶段的方法论与实战分享。书中沉淀了大量宝贵的实践经验，呈现了职业痛点与未来趋势，是用户设计师入行、职业提升、了解行业趋势的最佳工具，值得反复学习和思考。

——胡晓，国际体验设计委员会（IXDC）创始人，国际体验设计大会主席

回想 2009 年第一次接触用户体验设计到今天，用户体验领域发生了长足的进步。随着互联网的发展，企业对于用户体验设计重要性的理解逐渐深入，用户体验设计成了当代互联网企业成功的重要基石，也在逐渐渗透到更多领域。三位年轻的设计师总结分享了自己在大型互联网企业的成长经历，讲述了用户体验设计在 C 端、B 端、硬件等诸多领域的实际操作经验，在实际案例之外也包含了对于设计方法的总结思考，探寻着体验设计的规律。相信这本书可以让你看到体验设计行业的发展，也可以让你感受到在发展过程中沉淀的智慧，非常适合用户体验设计从业者和所有对用户体验设计感兴趣的朋友阅读。

——沈博文，字节跳动某产品负责人，新课堂教育前副总裁，网易云音乐前产品总监

用户体验设计的思维、方法、工具，不仅受用于互联网自身，也应渗透到其他设计领域和行业。在 5G 移动信息时代背景下，随着机器智能和 iOT 的崛起，软硬结合的设计正在走向体验设计的舞台中心。本书不仅有益于用户体验设计学子和行业新兵对行业进行认知，作为一个老产品人和硬件设计师，我在读这本书的过程中，既系统学习了用户体验设计，也对产品设计的思维进行了重新审视。诚挚推荐！

——段飞，顺造科技联合创始人

目 录

CONTENTS

CHAPTER 05 屏幕之外与技术创新

CHAPTER

01

成为用户体验设计师

了解产品项目团队 /

了解用户体验团队中的常见职位 /

升职记 /

用户体验的价值 /

过去的未来：成为用户体验设计师 /

To be
a user experience designer

谈及“用户体验设计师”，我们多会想到交互设计师、视觉设计师等。当今用户体验逐渐成为产品的核心竞争力，仅仅依赖用户体验设计师不足以保证产品胜出。如同 Marty Cagan 在《启示录》中提到的，产品是由团队成员设计开发的，选择团队成员、界定工作责任是产品成败的决定因素。

所以成为用户体验设计师，首先要了解互联网项目团队和用户体验团队的关键角色及其职责，让说不清的用户体验有清晰的职业边界和严谨的专业壁垒；其次明确用户体验设计师知识储备和技能进阶体系，然后一步步实现自我升职记。

1.1 了解产品项目团队

当我们进入一个新的互联网产品项目团队中，经常需要与团队中各个不同职位的成员进行合作，当有人说“我是产品经理”“我是项目经理”……时，你会不会在脑海中快速定位不同角色的职责，或者是一头雾水地面对形形色色的职位角色。

下面就让我们一起来了解这些互联网项目团队中的不同角色吧。

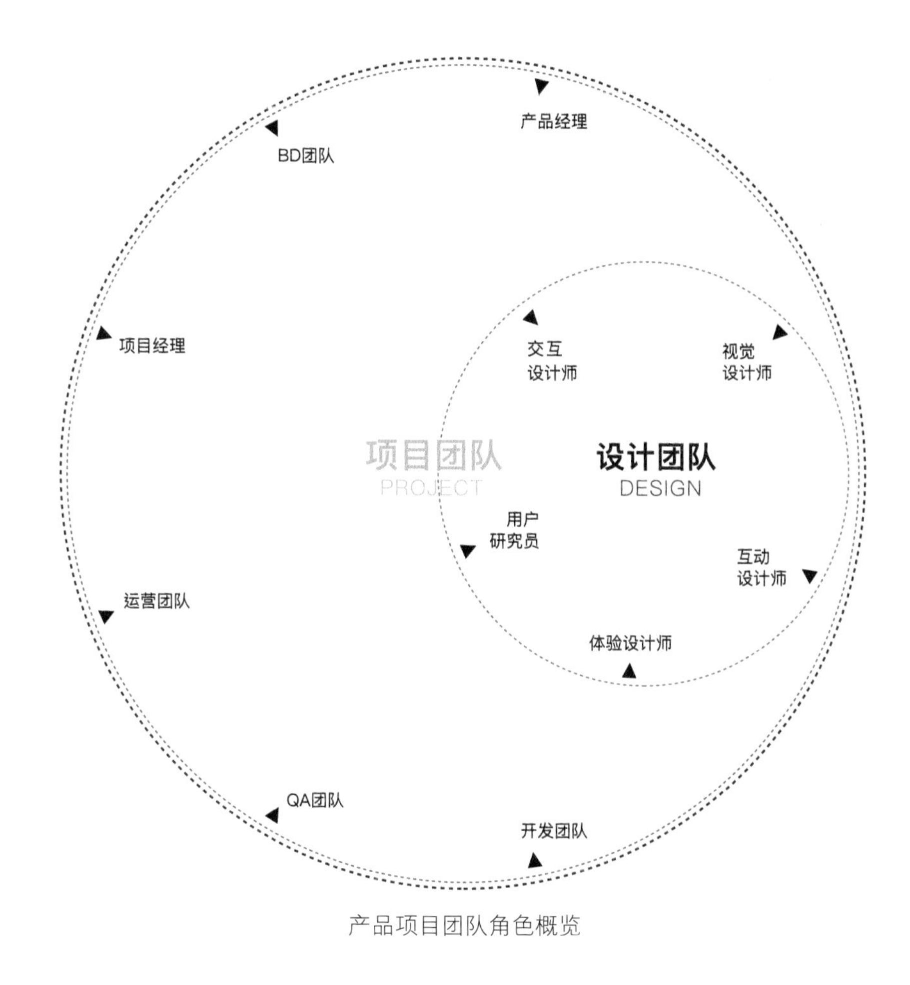

产品项目团队角色概览

本书中阐述的项目团队角色，属于常见的互联网团队角色，并非所有公司都严格按照这种方式设置职位、分配任务。

项目经理

项目经理，也称为项目管理人员，其核心任务是制定计划和跟踪进度，也就是我们常说的时间风险管理。

在不同团队中可能有专职的项目经理，也可能由其他角色成员兼任项目经理，这通常取决于公司文化和项目规模。比如小公司和初创公司中项目经理和产品经理通常是一个人，而规模较大的项目经常会安排富有经验的专职项目经理进行把控。

优秀的项目经理一般都具备以下关键词：目标驱动、系统思维、风险意识、数据量化，以确保项目按照正常节奏保质保量地完成，甚至超出预期。

产品经理

产品经理的主要职责在于：评估产品机会和定义产品解决方案。

产品机会点来自多方面，比如公司战略规划、用户反馈、行业内专家分析等。由产品经理评估这些产品机会点。许多公司借助市场需求文档（Market Requirements Document，简称 MRD）来完成这项工作。

评估确定产品机会点后，还需要探索产品的解决方案，包括基本的产品用户群体、产品功能点、产品的用户体验等。有些公司借助产品需求文档（Product Requirements Document，简称 PRD）来完成这项工作，也称为产品说明文档或功能说明文档。同样一些公司会简单地围绕产品原型来展开这项工作。

一般而言，产品经理的知识领域较宽泛，不一定要懂技术（当然懂技术最好），但多方涉猎的同时最好专精一些领域，并且对行业有自己的理解，具有宽广的视野和产品感知度。

设计团队

体验团队由多种角色构成，主要有交互设计师、视觉设计师、用户研究员等。

一般来讲，设计团队与产品经理密切合作，将功能与设计相结合。设计流畅的用户体验，可以更好地满足用户需求，考虑产品或系统对用户是不是有用，在与用户交互过程中是不是易用、好用。

开发团队

软件工程师也称为产品开发工程师或软件开发工程师，负责开发实现产品，从职能上可划分为前端开发团队和后端开发团队。

前端开发团队基于需求，根据视觉设计稿、交互设计稿，实现前端界面显示及交互行为的过程。后端开发团队，也就是通常意义上的程序员，使用开发语言（C 语言、C++、Java 等），根据需求提供后端技术支持。

一般情况是交互设计稿交付后，开发团队开始搭建产品代码框架、设计相关代码接口等；视觉设计稿交付后，开发团队按照设计稿进行详细的代码开发设计工作。但特殊情况下，尤其是项目团队中各方都对需求并无异议的情况下，在需求确定且设计交付前，开发团队就可以提前开启框架接口工作。

QA 团队

QA（Quality Assurance）团队，也称为产品测试技术团队，制定产品上线审核标准，负责软件质量保证。

一般在交互设计稿交付之后，开始撰写产品测试案例，在产品开发完成且上线前根据用户测试案例进行产品具体测试，建立 bug 问题追踪库，保证产品上线质量。

另外，QA 团队也负责收集用户反馈并验证问题，同时推动改善产品质量。我们常常戏言，QA 团队是产品上线前的最后审核线、质量安全防护栏。

BD 团队

BD（Business Development）团队属于商务拓展团队，或者说业务拓展团队。通俗点讲就是为项目团队开疆辟土的。

具体的工作内容就是寻求资源、业务等多方合作，快速扩展自己公司的业务。好的 BD 团队一般具有以下三个特点：追求双赢；精通业务，预测业务发展的关键点；不断扩大自身的人脉关系网等。

运营团队

产品运营团队负责拓展市场销售渠道、组织重点营销活动等。运营一般可以分为市场运营、用户运营、内容运营、社区运营以及商务运营几个大类（不同公司的产品可能侧重点不一样）。

运营的本质在于吸引用户、留住用户，即拉新和留存。比如，通过产品运营增加关注度，提升下载量。作为运营人员，需要根据产品不同阶段的不同目标，制定不同的运营方案，合理分配资源，无论是金钱还是人力。

备注：在项目团队中，一般来讲各个角色成员存在一定的比例关系，不同项目存在不同配比，并且产品开发周期的时间长短和重要程度也往往影响着项目角色配比。

1.2 了解用户体验团队中的常见职位

国内的用户体验团队基本存在以下六大角色：交互设计师、视觉设计师、互动设计师、用户研究员、体验设计师、产品设计师。其中常见的为前四种，不同公司的团队构成存在着差异化。

“挖掘用户痛点—把握产品需求—梳理用户行为流程—产出界面原型—分析产品数据”，可能就是体验设计师们最常处理的体验把控和提升。

用户体验团队中的常见职位

注：有完整 UED（用户体验）设计部门的互联网公司分工比较明确，很多交互设计师很少会去做访谈相关内容，普遍都是用户研究员来负责这一部分；创业公司和设计咨询公司的交互设计师基本上都会兼顾用研访谈相关内容。

1.2.1 交互设计师

交互设计师，也称为 UX 设计师或 UE 设计师，主要关注用户的使用体验，确保产品价值最大化。正如 Eric Flowers 所说：UX 是针对策略的无形设计，它能够引领我们找到适当的解决方案。一般而言，交互设计师通常是在做选择题而非判断题，通常需要在用户价值和商业价值间做出博弈，并通过深入思考探索创新设计方案。

交互设计师具体的工作内容一般包含研究洞察、交互设计和推动方案落地三大部分。

- 研究洞察阶段。通过可用性测试、用户访谈、竞品分析等方法了解用户使用行为，发现产品体验问题，构建用户角色模型。
- 交互设计阶段。可以分为两个阶段：概念方案探索阶段和详细设计阶段。概念方案探索阶段，通过头脑风暴、角色扮演、故事板、卡片分类、纸面原型等方法探索设计机会点；详细设计阶段，以用户为中心，通过场景分析、任务分析等方法分析用户使用场景和行为操作，设计用户行为路径与页面流程布局，并将功能需求转化为交互设计原型。
- 推动方案落地阶段。向团队阐述设计方案，跟进视觉设计和开发，并在产品上线前进行 Review 测试，反馈问题并跟进修复，保证设计还原度，向着创造出“更好的”用户体验前进。

总的来讲，正如辛向阳老师在其论文《从物理逻辑到行为逻辑》中所言，交互设计已经从传统的面对物设计转变为面对人类行为的设计。

你可能会听到交互设计师们经常这么说：“当这个操作完成之后，有没有反馈提示呢。”

研究产出物：竞品分析文档、用户调研文档等
设计产出物：设计说明文档、流程图、交互设计原型图（线框图）、交互设计规范等
涉及工具：Axure、OmniGraffle、Visio、Sketch、Keynote、Pixate Studio、QC+Origami、Illustrator、Fireworks、InVision 等

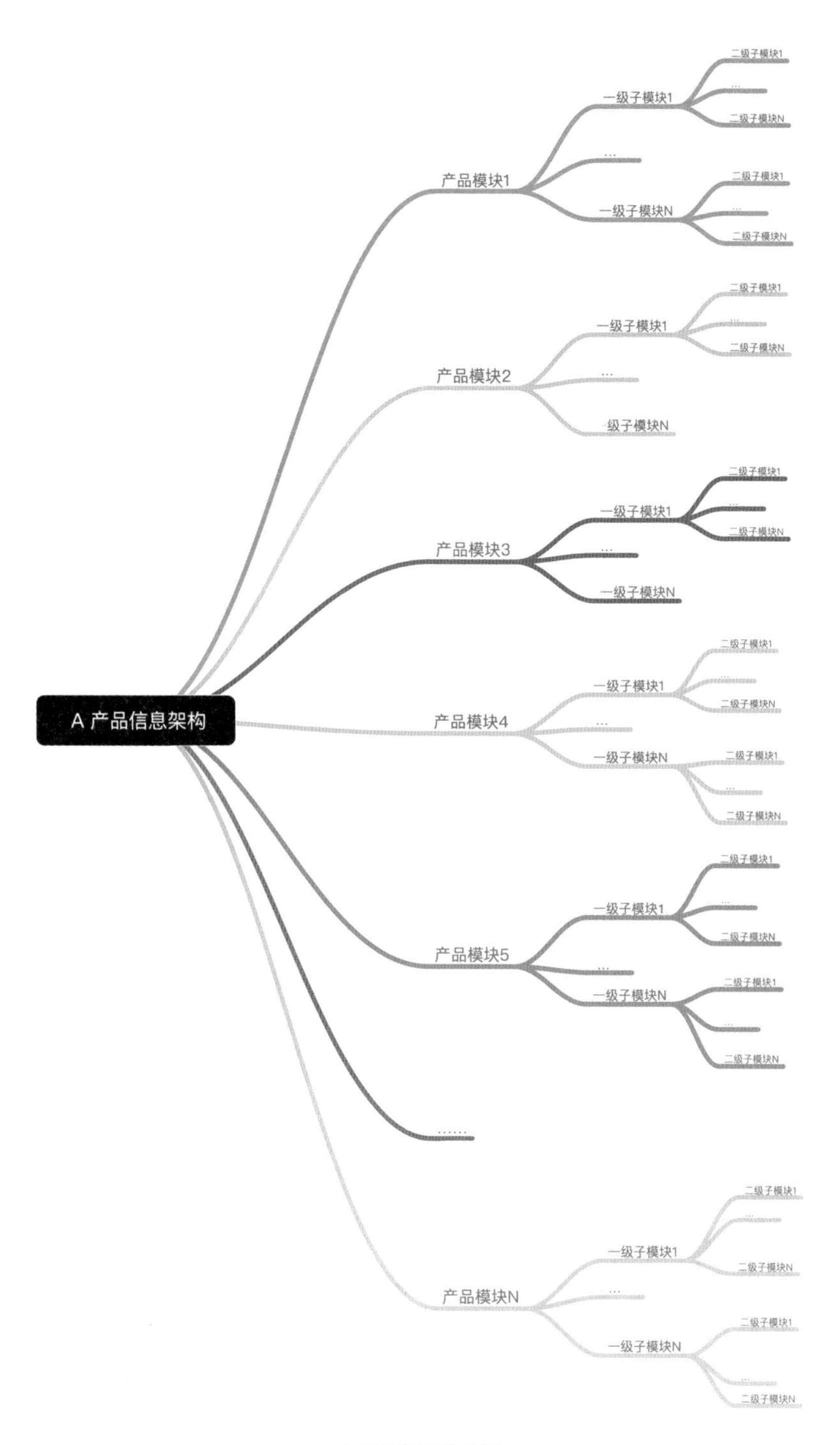
A 产品信息架构
产品模块1
一级子模块1
二级子模块1
...
二级子模块N
...
一级子模块N
二级子模块1
...
二级子模块N
产品模块2
一级子模块1
二级子模块1
...
二级子模块N
...
一级子模块N
产品模块3
一级子模块1
二级子模块1
...
二级子模块N
...
一级子模块N
产品模块4
一级子模块1
二级子模块1
...
二级子模块N
...
一级子模块N
二级子模块1
...
二级子模块N
产品模块5
一级子模块1
二级子模块1
...
二级子模块N
...
一级子模块N
二级子模块1
...
二级子模块N
......
产品模块N
一级子模块1
二级子模块1
...
二级子模块N
...
一级子模块N
二级子模块1
...
二级子模块N

A 产品信息结构图

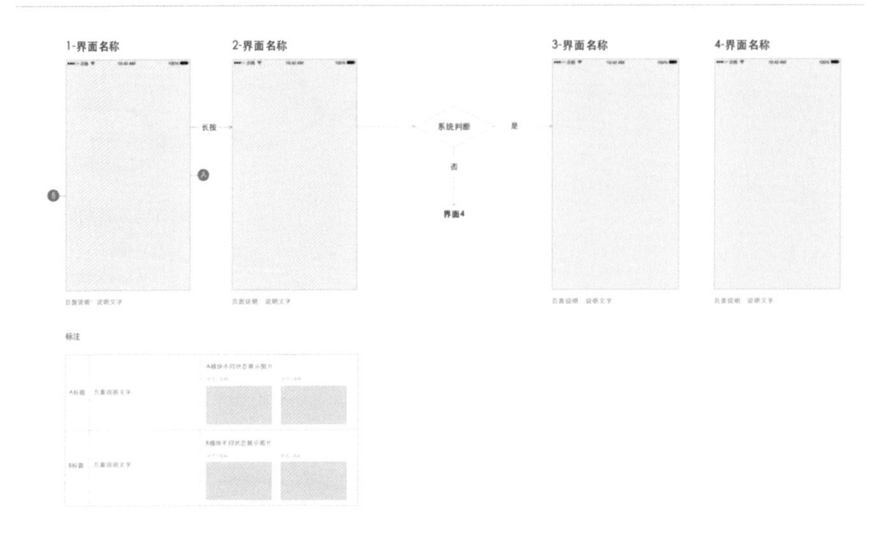

交互设计文档示例说明

问题模块	问题描述	问题截图	优化建议	问题严重性评级	问题类型	问题来源
问题总数：N个						
模块1名称	问题描述 如点击按钮无反馈		修复bug 如点击按钮，给出反馈	严重	bug	设计走查
模块2名称	问题描述		优化建议，若无可不填	一般	流程问题	可用性测试
模块3名称	问题描述		优化建议，若无可不填	中等	交互问题	可用性测试
模块4名称	问题描述		优化建议，若无可不填	中等	视觉问题	产品走查
模块5名称	问题描述		优化建议，若无可不填	中等	视觉问题	产品走查
模块6名称	问题描述		优化建议，若无可不填	中等	视觉问题	可用性测试
模块7名称	问题描述		优化建议，若无可不填	中等	视觉问题	设计走查
......						
模块N名称	问题描述		优化建议，若无可不填	中等	视觉问题	设计走查

问题走查 Excel 表格

1.2.2 视觉设计师

说起视觉设计师，我更愿意称其为“神奇魔法师”，他们以“文字、图形、色彩”为元素，描摹出一幅幅精彩绝伦的精美画面。他们痴迷于信息图形化、版式合理化、画面美观度等内容，比如图标、按钮等视觉元素的布局、阴影和渐变，细致刻画容易忽略的小细节。

在不同场合下，诸如 UI 设计师、运营设计师、平面设计师等名称各异的设计师头衔也都被称为视觉设计师。

UI 设计师

UI 设计师更关注产品以怎样的界面呈现，更强调图形设计技能，也有人称其为 GUI 设计师。在互联网领域，UI 设计师和 UX 设计师的界限相当模糊，尤其是在很多创业公司中这两个设计角色通常是合二为一的。

UI 设计师具体的工作内容一般包含用户视觉研究、视觉设计、资源输出三大部分。

- 用户视觉研究阶段。通过情绪板、竞品分析等方法了解用户对产品视觉风格的期望，为视觉设计提供指导（注：情绪板调研通常由视觉设计师和用户研究员共同完成）。
- 视觉设计阶段。可以分为三个阶段：设定整体视觉风格、产出视觉设计规范、把控产品界面设计。产出视觉设计规范阶段，负责制定视觉设计规范，确保产品设计的一致性。在规范中，明确一些 UI 基础元素和功能组件的使用标准，比如颜色、文字、导航、错误或警告提示等。产品界面设计阶段，将交互设计稿视觉化，传达内容重要层级，给予用户清晰的视觉引导，从而帮助用户顺利完成操作任务。
- 资源输出阶段。通过与开发工程师沟通提供不同机型屏幕尺寸的切图、标注等资源。

你可能会听到 UI 设计师经常这么说：“这个布局配色没有表达出合理的信息层级关系！”“这个按钮间距不对，应该向左移动 1 像素！”

研究产出物：情绪板用户研究报告、视觉关键词说明、视觉指定说明（色彩、风格、材质）

设计产出物：视觉设计稿、视觉设计标注规范 、视觉设计规范文档、视觉切图

涉及工具：Photoshop、Sketch、Illustrator、Fireworks、MarkMan（视觉标注软件）

引申阅读

自从 iOS 7 面世以来，扁平化设计开始逐渐霸占我们的眼球。它抛弃那些已经流行多年的渐变、阴影、高光等拟真视觉效果，从而打造出一种看上去更“平”的界面。相比于拟物设计，扁平化设计增强了对页面内容的突出，同时为确保扁平界面的可用性，对 UI 设计师提出了新挑战：更深入理解产品需求、明确功能优先级、从扁平化中体现不同信息层级、强化交互元素的视觉特性、为界面增加人性化元素等，从而保证甚至加强产品整体体验。如加强对页面元素（颜色、字号、位置布局等）的对比，以及更加熟练地运用设计构图的基础元素（点、线、面），凸显重要信息和操作，让用户聚焦；另外，还可以试着使用更多的图片作为“有机”内容，来抵消掉扁平化元素的“数字感”，在设计中与用户建立起情感和人性上的关联。

针对扁平化设计，设计界的人这样说：

“长久以来，网站的界面风格似乎都在遵从着同一种设计美学，大家都在用斜面、渐变、阴影一类的效果来突出界面元素的质感。对于设计师们来说，制作这类‘可爱’的元素简直变成了行规甚至是荣誉。不过对于我们，以及为数不多的其他一些设计师来说，这种惯用的方式并非一定正确。”

——Layervault 的设计师 Allen Grinshtein

“扁平化风格的逐渐盛行固然有它的道理，但本质上它只是设计美学当中的一种；与仿古、高光、金属质感、木质等视觉效果相同，对视觉风格的选择必须以良好的信息结构及交互模式为基础。”

——Mike Cuesta（carecloud）

“内容应当先于设计。缺乏内容的设计算不上设计，最多算装饰。”

——Jeffrey Zeldman

Skeuomorph Mobile Banking（设计师 Alexander Plyuto）

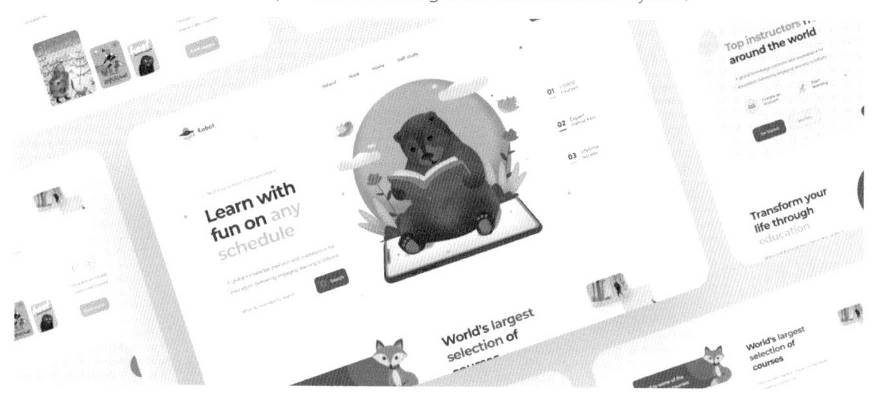

Learning Platform Web Design（设计师 Zuairia Zaman）

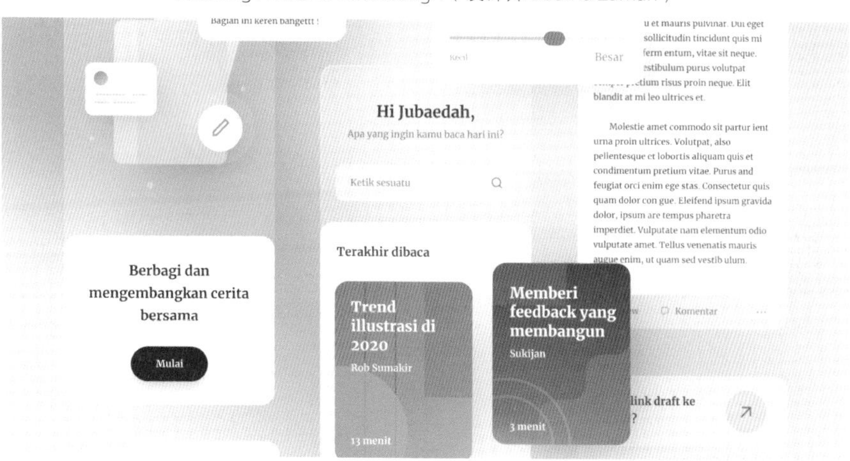

Story Sharing App（设计师 Ghani Pradita）

运营设计师

运营设计师多为平面设计师出身，每当产品发版、节日活动、公司活动时，就是运营设计师的忙碌时刻，通过产品运营增加产品关注度，提升产品下载量 / 转化率，或者营造活动氛围。而其中常常涉及以下几方面运营设计：Banner 设计、产品功能宣传设计、活动专题页面设计、海报展板等。通常情况下运营设计存在短且快的特点，那么运营设计师该如何让用户在有限的时间内获得最有价值的信息，找到所得，从而实现转化，赢得这场没有硝烟的产品竞争呢？一般从以下三点来思考设计：

- 深入理解产品需求。设计前期了解产品特征属性、用户特征，明确运营需求和运营目标（品牌宣传、提升转化率等），从而勾勒运营大概的设计氛围；根据运营需求拆解信息元素，明确信息层级，确定运营设计大概框架。
- 收集素材。根据前期确定的需求要点和信息元素层级，运营设计师们就可以开启自己的素材百宝箱寻求设计灵感了，在确保品牌统一性的前提下，从字体、配色、专题氛围、框架布局等方面进行元素挖掘。
- 设计展现。根据收集的素材，通过元素对比、营销元素、故事串联等手法，从而达到吸引并转化用户的目的。

最重要的就是运营设计师平时自身的积累，不论是素材层面还是技法层面，同时要善于沉淀总结。比如，形成自己的运营控件库和模板库，从而应对各种不期而遇的运营需求。

引申阅读

近年来由于互联网催生的 UI 设计师热潮，越来越多的平面设计师跃跃欲试转行为 UI 设计师。由于初级的 UI 设计其实延续了平面设计，加之扁平化设计风格的流行，平面设计师的设计技能完全可以实现无缝转换。要知道平面设计师对于颜色、造型、排版等都是熟手中的熟手。但需要注意的是，平面设计师的设计产出物——Logo、海报等，更偏情感创意类，往往是天马行空的视觉创意思维，更强调感性，通过设计让用户产生情感触动，提升品牌价值；而 UI 设计师的设计产出物更偏向于产品类，基于用户需求，根据目标用户的喜好，探索设计风格，进行界面布局。归根到底 UI 设计师兼顾感性的同时更偏理性，通过解决问题获取更好的体验。

因此，建议想转行的平面设计师可以了解一些关于界面、产品的入门知识，诸如 iOS/Android 的各种设计规范、移动应用 UI 设计模式、About Face 3 等；也可以多多把玩手机中的有趣应用，试着理解分析一下。

广告设计素材

1.2.3 互动设计师

不同于视觉设计师设计静态界面元素，互动设计师擅长将创意概念动态表达，搭配适合的音乐和音效，以具有视觉冲击力的互动作品阐释概念故事，比如品牌宣传片、广告、动画片等。举个例子，考虑一个应用的菜单怎样滑入、使用哪种转场效果以及按钮如何触发，用流畅平滑的动效模拟用户操作界面过程，表达产品背后的品牌故事。

精通图形设计、动态图形设计和数字艺术设计；对排版和色彩高度敏感；对材质和结构有所了解，并能够控制动态效果；了解 iOS、OS X、Photoshop 和 Illustrator，同时能够熟练使用 Director（或同类工具）、Quartz Composer（或同类工具）、After Effects/Premiere 、C4D 等三维绘图软件进行动效图形设计——这就是成为互动设计师的必备技能。

你可能会听到互动设计师很自然地说：“这个菜单应该从左侧淡入，时间为 800ms。”

设计产出物：互动作品，诸如宣传片、广告、动画片、gif 格式图片等
涉及工具：After Effects、Core Composer、Flash、Origami、C4D 等

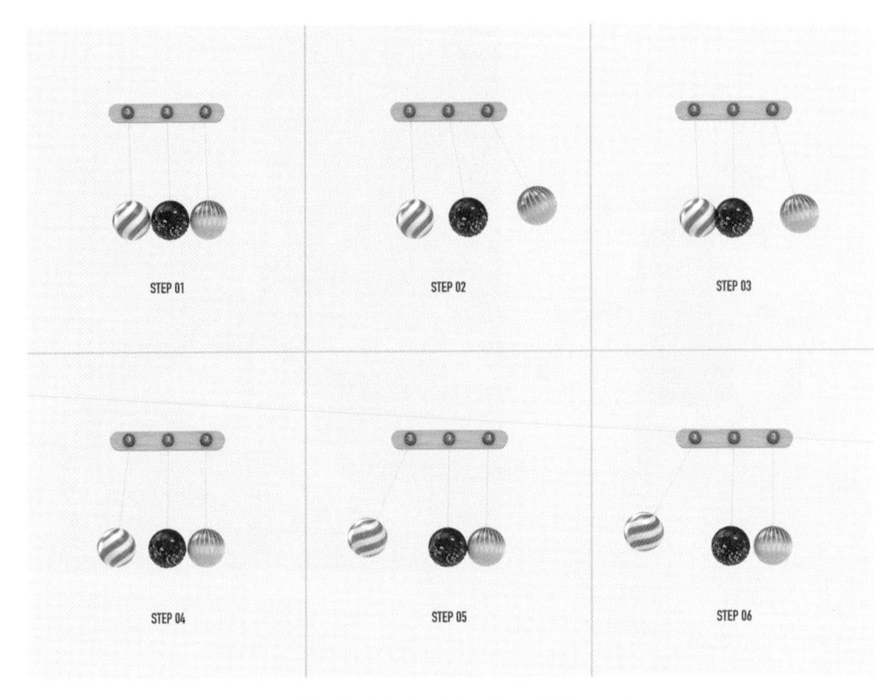

牛顿摆模拟动画序列帧（设计师 Sharon）

1.2.4 用户研究员

用户研究员是用户需求的挖掘者和捍卫者。用户研究通常需要回答以下三个紧密相关的问题：你的用户是哪些？你的用户场景有哪些？你的用户需求是什么？用户研究员需要访问用户，了解用户特定需求，挖掘用户心理诉求和潜在需求机会点；甚至一些用户研究员有机会接触庞大的商业数据并整理其中发现的问题，为产品的持续迭代更新提供依据。例如，用户研究员通过可用性测试，具体了解用户如何使用产品，并整理其中发现的产品可用性问题，以及潜在的用户需求机会点；通过 A/B 测试来筛选更符合用户需求的设计方案。用户研究员通常使用的用研方法可参阅“2.5 设计调研阶段”。

用户研究员具体的工作内容一般包含确定研究目标、设计研究方案和实施研究方案三大部分。

- 确定研究目标阶段。通常用户研究员与产品团队基于产品需求、产品目标等，共同确定研究目标，明确研究范围。
- 设计研究方案阶段。基于可用性测试、焦点小组、眼动实验、满意度评估等方法，设计对应的研究方案。通常是定性研究和少量的定量研究（比如调查问卷）相结合来了解用户行为与态度。

- 实施研究方案阶段。基于设定的研究方案，采用相应的研究方法组织用户访谈，发现产品痛点和机会点，为产品优化创新提供研究支撑。

你可能会听到他们很自然地说：“从我们的调查可以看出，一个典型用户……”

研究产出物：用户画像、A/B 测试报告、可用性测试报告、专家评估报告、焦点小组报告、用户访谈报告、数据分析报告等

涉及工具：Mic、Excel、SPSS、Paper、Docs、PPT、Keynote

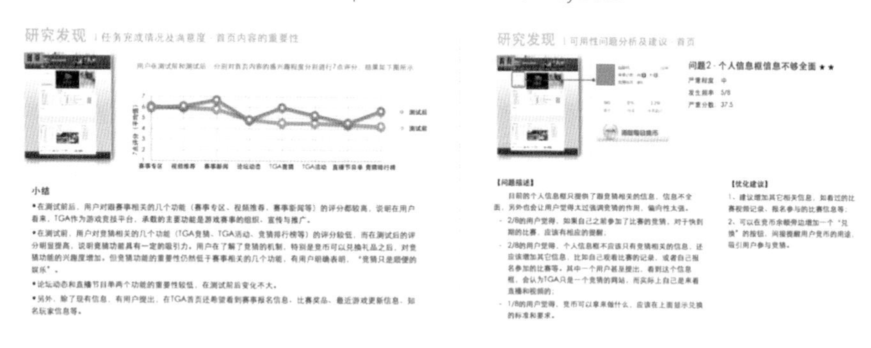

可用性测试报告示例

1.2.5 体验设计师

在国内，阿里巴巴集团首先提出了 UXD 的设计师职位转型。从当前常见的交互设计师、视觉设计师转型为全面的产品体验设计师，旨在设计驱动产品发展，为产品增值，更全面地体现设计师的价值。

这个职位其实在国外一些互联网发达的国家十分普遍，不会明确区分交互设计师、视觉设计师甚至用户研究员的职责。作为设计师需要具有更全面的能力，从产品设计之初就加入项目团队，和产品经理、研发人员一起从最初探索产品形态，从用户角度出发分析产品策略，进行用户研究并分析用户得到设计策略再进行交互设计，甚至直接完成最终的视觉设计。

因此可以说体验设计师需要具备极强的综合能力和多样化的专业能力，从商业、技术和设计维度全面综合地思考问题，需要当前的设计师全面提升设计能力的广度和深度，成为全链路设计师。

体验设计师岗位的产生也旨在为全能型高素质的设计师提供明确的发展路径，降低专攻的发展瓶颈，提升体验和设计的效率以及价值，做设计驱动的产品。

以下是阿里巴巴集团对于 UXD 的分类和定义。

产品型 UXD：满足业务诉求并形成自身使用闭环的产品，考虑这类产品在相对独立的用户场景或整体平台体系框架内的一切用户体验行为。

平台型 UXD：搭建体系化的整体框架，具备基础和通用的工作（或设计）能力，服务于平台承载和功能匹配的内容和业务，设定用户的一切使用场景和体验行为。

互动型 UXD：融入新环境和新场景确保产品完整，突出和业务的联动，体现产品的互动性和娱乐性，设定用户与之互动的内容和设备之间的一切用户体验行为。

研究产出物：市场分析报告、用户研究报告
设计产出物：设计策略及用户流程图、交互设计原型稿、视觉设计稿
涉及工具：PPT、Keynote、Sketch 等（同交互设计师），Photoshop 等（同视觉设计师）

UXD 能力模型图（原阿里设计总监汪方进在 IXDC 大会上的分享）

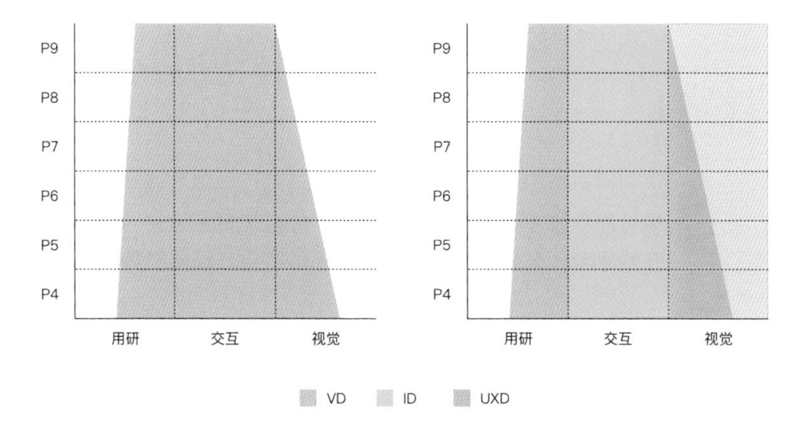

UXD 能力模型探索原（阿里设计总监汪方进在 IXDC 大会上的分享）

职位	研究产出物	设计产出物	涉及工具
交互设计师	竞品分析文档 用户调研文档等	设计说明文档 流程图 交互设计原型图（线框图） 交互设计规范等	Axure、OmniGraffle、Visio、Sketch、Keynote、Pixate Studio、QC+Origami、Illustrator、Fireworks、InVision 等
视觉设计师	情绪板用户研究报告 视觉关键词说明 视觉指定说明（色彩、风格、材质）	视觉设计稿 视觉设计标注规范 视觉设计规范文档 视觉切图	Photoshop、Sketch、Illustrator、Fireworks、MarkMan（视觉标注软件）
互动设计师		互动作品，诸如宣传片、广告、动画片、gif 格式图片等	After Effects、Core Composer、Flash、Origami、C4D 等
用户研究员	用户画像 A/B 测试报告 可用性测试报告 专家评估报告 焦点小组报告 用户访谈报告 数据分析报告等		Mic、Excel、SPSS、Paper、Docs、PPT、Keynote
体验设计师	市场分析报告 用户研究报告	设计策略及用户流程图 交互设计原型图 视觉设计稿	PPT、Keynote、Sketch 等（同交互设计师），Photoshop 等（同视觉设计师）

体验设计师输出物 / 工具表

1.3 升职记

关于交互设计

也许你已经在无数与用户体验相关的书籍上，阅读过对用户体验设计、交互设计的定义，得到的答案可能戏谑多于实质。于我而言“什么是交互设计”这个问题并不重要，**因为当你开始思考什么是交互设计时，你已经将自己局限在界面或者电子产品上了。**

深泽直人为 MUJI（无印良品）设计了一款置于墙上的拉绳 CD 机，20 世纪出生的人见到都会下意识地向下拉动垂下来的绳子，CD 机随即转动，音乐响起。这种深植于日本文化的“无意识设计（without thought）”理念，思考的不仅是物本身，更是人与物或人与环境之间的交互关系。

麻省理工学院感知媒体实验室石井裕教授致力于研究“感知使用者界面（TUI）”，在“乒乓球”的设计中，交互通过将实体乒乓球拍化为无形，人们专注于发球、击球，并通过投射界面中“乒乓球”击起的“水纹”、游动的“鱼”和音效，将身体与环境融合，虚拟界面成为身体延伸的一部分。感官界面设计从基础的互动切入，赋予数字信息一个实体操纵器，把人们带入数字信息和计算的世界，与无形交互。

无论是清华大学美术学院的工业设计课程，还是美国卡耐基梅隆大学的交互设计课程，服务设计已经是基础性课程之一。在学生们的研究中，既有针对国内医疗挂号难问题而做出的挂号服务流程创新和终端设计，也有为城市边缘流动儿童设计的政府博物馆合作方案和互动式移动博物馆。服务设计的互动性建立在一个产品甚至一家企业与用户或客户更广泛的关系上，设计企业与消费者之间的关系或者互动，设计无形的东西——流程、服务甚至系统、制度。

从与实体的交互到与服务的交互，设计的目的在于解决问题。在《关键设计报告》一书中，作者分享了这样一个对设计的定义：“它是一个以某种方式安排的计划，为的是更好地达到某一个特定的目的。”**交互设计与工业设计、视觉设计、展示设计、服装设计等一样，只是设计解决问题的方式之一。**从问题的本源出发，也许你会发现，解决人们阅读问题最合适的方式可能是设计一款阅读 App、一个读书分享平台、一个移动图书馆或者一个巡回书展。

从基于屏幕的体验、互动产品到服务，**交互设计或者用户体验设计是沿时间轴的设计。**出生在英国的著名工业设计师、美国硅谷 IDEO 设计公司创始人之一比尔 · 莫格里奇不断地提醒我们："我们是在设计动词，而不是在设计名词。"像关注用户使用的产品一样关注用户使用行为，设计一系列随时间变化的动态互动对设计师来说是一场彻底的改变，对设计师的发现能力、叙述技巧和设计思考提出了更高层次的要求。

基础储备

我们身边的用户体验设计师可能毕业于交互设计、工业设计、平面设计等设计类专业，或者心理学、软件工程专业，了解他们的研究背景和理论基础，能够帮助我们逐步建立起自己的进阶之路。让我们来看看清华大学美术学院工业设计、信息艺术设计和美国卡耐基梅隆大学交互设计的研究生，在大学的学习与实践过程中积累了哪些知识储备，而这样的储备既包含了"在执行中学习"的显性知识，也涵盖了研究学习中的隐性知识。

显性知识。学生在专题设计时的评论重点涵盖了创意性、美学、价值、技术和完整性五个方面，而这些在本科阶段有相应的基础课程进行针对性训练。**创意性**是指区别于其他设计的原创性，在学生时代，强调原创的重要性，鼓励创新精神，并规范了一个学生乃至他日后成为职业人的操守。**美学**是设计作品的基本质量要求，基础的审美能力如造型、比例、色彩，可以通过对美术史、设计史及美术、设计作品的赏析获得，审美价值具有物质性，需要投入一定的财力和精力。**价值**强调设计作品给设计对象带来的意义，艺术家表现自我，而设计服务他人。价值是强调功能性与实用主义的现代设计所倡导的，对用户研究、研究方法和设计结果逻辑推理的重视即是对设计意义的重视。**技术**是指设计作品的实现支撑，它包括两方面的要求：对设计大批量实现的可能性和实现技术，甚至是前沿技术的了解、掌握、验证、探索；对辅助设计表达技术，如 Photoshop、Sketch 等设计软件，HTML、CSS 等编程技术的运用。**完整性**是对设计作品的综合考量，强调设计师在作品各个阶段、各个方面设计的缜密性和逻辑性。

以"为宠物设计"主题为例，为宠物情感性而设计的宠物互动游戏装置和主人移动端 App 具有创意性视角；装置外形设计需要与居家氛围契合，展示一定的美感；针对主人不在家时小动物的孤独问题和主人对宠物的关心体现了关怀小动物的价值；Arduino 等传感器、摄像装备的运用和模型制作是对技术的推敲；而从宠物调研到游戏流程设计、终端和 App 设计，乃至制作工艺、实际模型制作、编程与应用测试则呈现出设计的完整性。

隐性知识。设计师就像医生，遇到的"病人"越多，储备就越多，解决问题的能力随之提高。随着设计项目的积累和深入，学生们的选修课程和研究内容甚至涵盖了心理学、计算机、材料学、社会学、经济管理学相关内容。站在使用者的角度来看每一个设计问题，就像马斯洛需求层次理论将人类需求解析为从基本的生理、安全需求到社会、尊重、自我实现需求，设计研究的价值树也涵盖了从基本的人机工程学、生理学到心理学、社会学，甚至人类学、生态学的考量。研究越深入，设计方案的可持续性就越强，而复杂性更高。我们并不需要设计师成为各种学科的专家，但通识教育能让你和你的设计影响更深远。**人机工程学**是最基础的设计层次，指不同年龄、性别、体型的人的身体尺寸对设计的影响；**生理学**是在物理尺寸限制之外加入对人体活动的考量；**心理学**推敲使用者的思维与情绪，我们常说的情感化设计便是以用户潜在情感需求为设计原则；**社会学**探讨人与人之间的关系，这在互联网时代是无法避免的；**人类学**在于全球化的时代，任何一个设计都有可能是在为全人类设计，颜色、习惯、避讳等文化因素需要纳入设计考量；**生态学**位于设计层次的顶端，指为环境、社会体制、经济结构的可持续发展设计，尽管生态学对于活在消费社会的我们来说虚幻而遥远，而对于正在为“让世界更美好”的设计师来说，“心怀天下”既是挑战也是要求。

以打车软件为例，屏幕大小、手指长度对移动端按键位置设计的影响涉及人机工程学；颠簸中长时间观看地图对人眼造成压力涉及生理学；如何避免乘客因等待拼车车友较长时间而焦躁关乎心理学；帮助具有每天打车行为的用户与同一路线上的司机形成稳定的“顺风车”关系关乎社会学；在向其他国家进行推广时，对陌生人隐私的暴露范围触及人类学；而拼车本身节约了社会资源，降低交通压力，有利于环保则牵涉生态学。

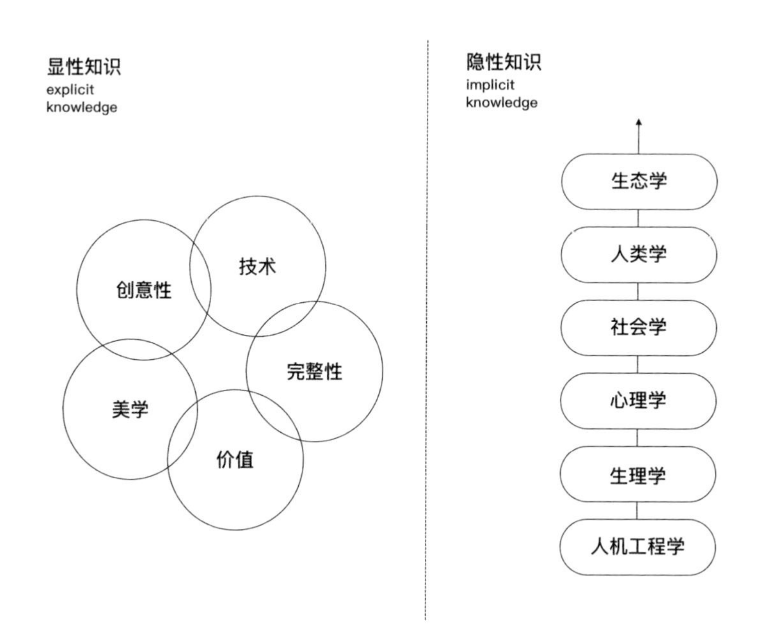

体验设计师基础储备知识图谱

纵向升职记

让我们来看看 BAT、美国 eBay、微软在实际工作中对用户体验设计师的工作提出了哪些要求。也许你在最开始的工作中曾因为其他人对自己设计成果的影响感到疑惑，感觉沟通有障碍，怀念学校里的设计状态，那么让我们来告诉你为什么。企业或公司的一切运作围绕商业利益，品牌、产品、创新、管理是实现商业价值的手段。而设计作为其中的一部分，同样需要为提升产品的客户价值、绩效价值、财务价值和个人价值而努力，即使在某些时候，设计可能会为了这些利益的达成而有所减损。其次，产品在每个阶段具备一定的目标和策略，在不同的阶段，具有角色利益冲突的地方，设计需要根据目标做出取舍和改变。以企业审批可视化设计为例，在利好申请者、提高审批者审批效率的策略下，设计可视化的时间轴及时展示所有审批者的效率和联系方式，这样的做法对审批者造成压力，却有效促进了审批效率的提高。**当我们在企业中做设计时，商业、产品与用户同样重要。**

设计师需要考虑的三要素

以交互设计在企业中的进阶之路为例，企业对设计师的考量涵盖了作为设计师的专业能力、作为团队一部分的组织影响力和作为公司人的通用能力（信息来源：百度 MUX 晋升标准）。**专业能力**涉及设计能力（包含交互设计、视觉设计、界面技术、设计规范、设计方法）。**产品能力**（包含用户研究、产品理解、创新能力、行业理解）。**通用能力**关乎沟通能力、解决问题的能力、执行力和项目管理能力。**组织影响力**包括设计方法论的建设、知识传承和人才培养。

设计师专业能力衡量指标

对于不同职级的设计师，能力考量的侧重点有所不同，如初级设计师侧重于专业能力。职级越高，对产品设计能力、方法总结能力、影响力的要求就越高。作为进阶标准，每一项细化的能力都有不同的要求。如在“产品理解”的描述中，初级设计师需要理解产品需求，提出合理化建议，掌握常规数据分析技能，关注用户体验并积极推动产品创新；而对于资深设计师，则需要参与产品规划，提升产品影响力，能够挖掘数据产生根源并校正需求定位，主导完成竞争分析报告，把握设计趋势，在行业内有较大影响力。在“解决问题”的描述中，初级设计师需要能够预测风险，对复杂问题进行分解；而资深设计师则需要解决战略相关重要问题，为“不可解决”的问题创造解决方案。在“知识传承”的描述中，初级设计师需要主动引导团队成员进行知识学习，营造分享的组织氛围；而资深设计师则需要通过跨行业、跨公司、跨专业领域的知识分享与传播，推动专业进步与技术提升。在公司中，设计师不能完全自顾自地进行设计，我们需要遵循一定的规则。

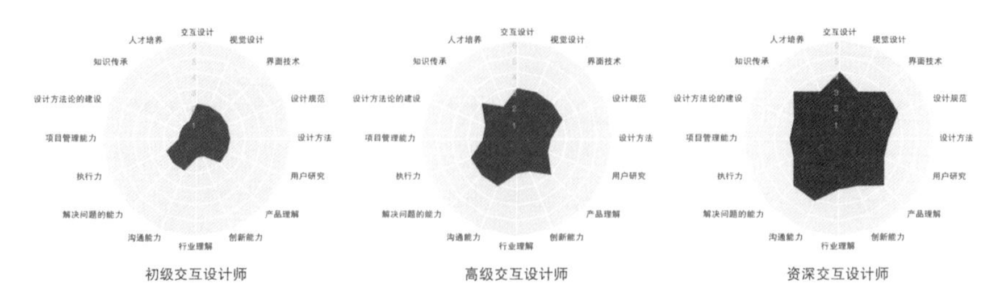

不同职级设计师能力标准雷达图谱

设计团队存在于不同的组织当中：网络公司、硬件公司、设计公司、咨询公司等，不同组织的设计环境对设计师晋升的要求有所差异。大型网络公司组织架构严密，流程阶段性明显，用户体验设计师作为中介支持各个产品的设计，因而看重设计师自身在对外过程中对产品和其他设计师的影响力；硬件公司中的设计中心通常为组织和产品、商业的核心，设计至上，强调设计师的设计能力；设计公司作为第三方为其他公司提供方案，设计师应该具备较强的沟通能力；咨询公司侧重全套的解决方案，注重设计师的综合能力，尤其是对用户、商业、产品的专业能力综合考量。

1.4 用户体验的价值

用户价值

更好的用户体验是为了创造更高的用户价值，这就是用户体验和用户价值的关系。如果让用户对于一个产品的体验打分，从低到高可以萃取成这样四个阶段：有用、可用、易用、爱用。本质是由产品满足用户基础需求到能够带动用户心理情感的逐层递进。从产品有用，获得用户的关注并开始尝试，到对于这个产品产生心理上的喜爱甚至依赖，那么产品的黏性就上来了，用户留存也将不是难事。因此，对于用户来说，具备优质用户体验的产品能够为用户带来美妙的使用感受和体验，其附加价值也是不言而喻的。每一个互联网从业人员都是自家产品的用户，应当时刻问自己，小到一个功能点，大到整体的产品体验，你的产品及格了吗？可以打几分呢？提升产品用户满意度，从产品可用性评估开始吧。

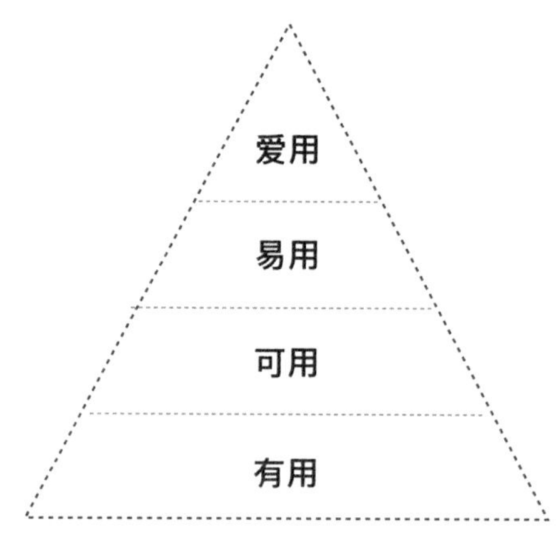

产品体验满意度的四个阶段

产品价值

在整个产品快速迭代更新的流程中，会根据用户需求和产品目标不断地对产品进行优化升级，相当于一个不断推动方案落地的过程，而用户体验的价值就在于帮助产品以最佳的方式落地。比如，产品经理发现用户需要苹果（用户反馈）是因为健康营养，但是会嫌麻烦懒得吃，产品经理就会把这个需求转化成为用户提供苹果和便捷食用方法（功能需求），接下来就是用户体验设计师根据产品需求设计出包装精美的苹果汁（解决方案）来最终满足用户需求。从用户需要苹果到为用户提供包装精美、易于饮用又好喝的苹果汁，这就是用户体验设计对于产品的价值：为用户带来了切实可行的产品解决方案，帮助产品稳妥落地。只有对用户和产品足够了解才能设计出最适合的需求落地方案，在最大程度上展现用户体验的产品价值。

商业价值

用户体验背后的商业价值，是更为直观且显性化的。用户体验设计帮助用户价值提升的同时也需要顾忌产品商业上的考量。用户价值拉动商业价值，商业价值是产品的根本，用户价值与商业价值的平衡极为重要。在商业层面，通过对标产品商业化目标，从体验维度为产品带来显性化的商业价值，对于用户体验设计师来说既是机遇也是挑战。我们通常可以看到这样的例子：对于功能入口的显性化设计获得了极高的点击率；优化操作流程使得转化率大大提升；通过产品的统一性和品牌特色的构建，构建用户对于产品的品牌概念，从而促进商业价值的提升……这些设计创造的商业价值都可以用数据或是可视化、高感知的形式展现，体验设计在其中发挥的价值也是至关重要的。

营销服务公司 OKDork 的首页改版，放大输入框，增加有人情味儿的元素和优化文案，大大提升了订阅转化率。

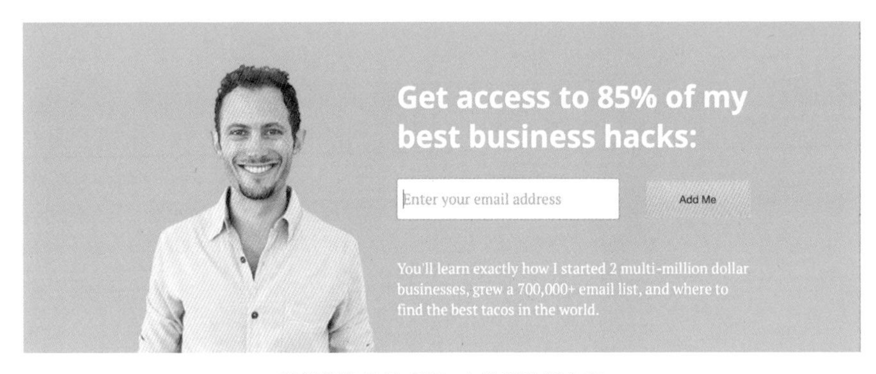

营销服务公司 OKDork 首页改版方案

1.5 过去的未来：成为用户体验设计师

前面的章节让大家了解了产品项目团队和用户体验团队中常见职位，以及用户体验设计师从哪些维度进化升职，并进一步明晰用户体验的用户、产品和商业价值。作为一个从零开始成长起来的设计师，在第 1 章的结尾想从自身经历出发和大家聊聊我是如何一步一步成为用户体验设计师的。

现如今各种体验大会层出不穷，经常听到或浏览到业界各种设计大牛前辈从各个角度阐述用户体验、谈论用户体验设计师，比如产品设计流程、设计方法论、设计思维、设计工具、数据化设计、游戏化设计、社交产品设计、智能产品设计等。作为一个初学者时，很多时候听到或浏览到此类分享，都会感叹下好厉害，然后就没有然后了；后来随着实践经历的丰富，会逐渐辨别哪些内容是真正的好内容，从中汲取养分，并且不断地总结、思考、成长。

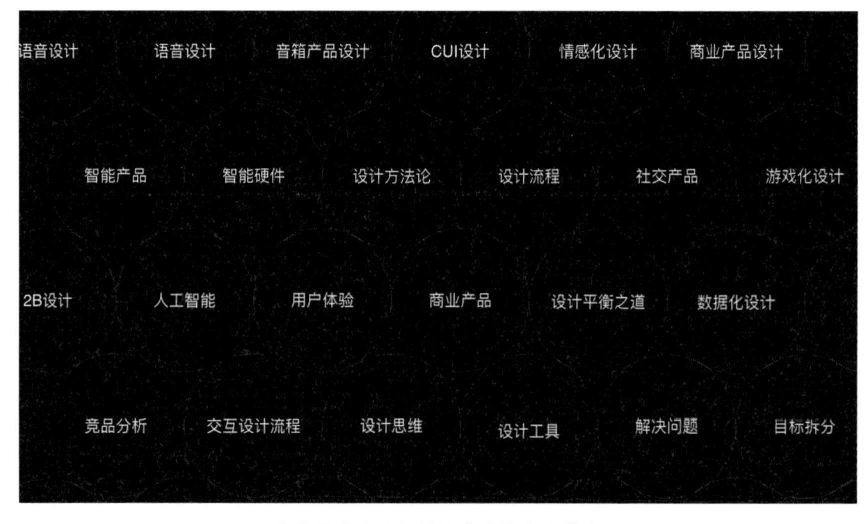

各种体验大会阐述用户体验多个维度

很多认识的小伙伴会觉得我很擅长做总结，但其实很多时候我都是被动地去沉淀总结，比如晋级答辩，在总结的过程中不断再次深入思考，升华自己的思维。就比如这里想和大家聊的“过去的未来：成为用户体验设计师”，就是因为有朋友邀请我去他们公司做设计分享，当时我想“如果是我，我会想听什么呢？”。市面上不缺方法论、不缺案例，但是我没有见到很好的关于设计师成长的内容。所以，我回顾过去几年的交互设计师生涯，重新打开硬盘里面几年前做的设计稿和总结，然后很开心看到自己的成长。透过成长的时间轴，回看过去到现在，展望未来，我想尝试用自己不同阶段不同的成长，和大家一起谈谈用户体验设计师成长这件事情。

2016 年时，特赞范老师让我看过一篇文章《鸟与青蛙》，这是数学家戴森应邀为美国数学会爱因斯坦讲座所起草的一篇演讲稿。讲述了数学世界中，有些数学家是鸟，有些是青蛙。鸟翱翔在高高的天空，俯瞰延伸至遥远地平线的广袤的数学远景。他们喜欢那些统一我们思想并将不同领域的诸多问题整合起来的概念。青蛙生活在天空下的泥地里，只看到周围生长的花儿。他们乐于探索特定问题的细节，一次只解决一个问题。而正是因为鸟和青蛙的共存，一起推进了数学世界的不断发展。这篇文章我时不时拿出来阅读并思考，通过鸟的视野——课堂知识、书本知识、向前辈学习和青蛙的实践——设计练习、设计实践、沉淀总结，逐步成长为一名优秀的用户体验设计师，并在未来不断探索。**可以说这个过程经历了 4 个阶段：设计执行者、设计思考者、形成设计思维、不断跨界探索。**

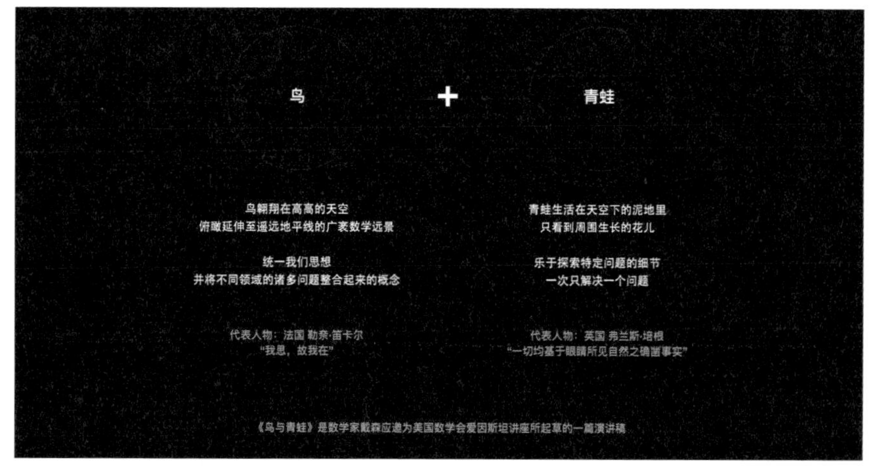

《鸟与青蛙》的关键点

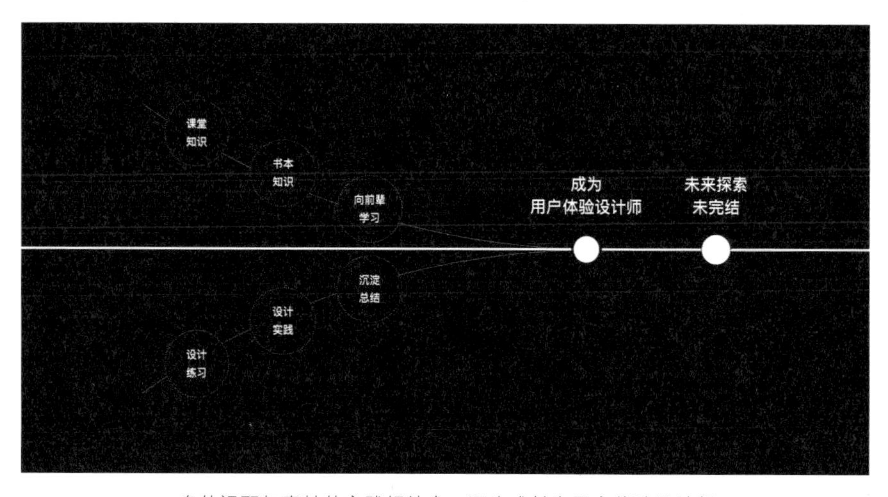

鸟的视野与青蛙的实践相结合，逐步成长为用户体验设计师

过去的未来

成为用户体验设计师未完结

设计执行者

设计思考者

形成设计思维

跨界 & 探索

成为用户体验设计师

未来探索未完结

0

∞

人的四种认知状态："不知道自己不知道（95%）"－"知道自己不知道（4%）"－"知道自己知道（0.9%）"－"不知道自己知道（0.1%）"

成为用户体验设计师的不同阶段

设执行者阶段

成长的第 1 阶段，作为设计执行者，这是初学者角色，开启设计大门，在点状思考中学习进化。主要是理解设计方法、流程、原则，挖掘用户场景任务等，并输出好的设计稿。举个例子，一般作为新人进入公司时，尤其是设计团队比较成熟时，其产品设计流程相对完善，基本都是以下流程："研究洞察 — 概念设计（包含交互视觉设计）—详细设计（包含交互视觉设计）— 开发支撑"。如同每个设计新鲜人，这时的我如同一块海绵，在流程化的项目路径中，快速实践，一步一步学习成长。

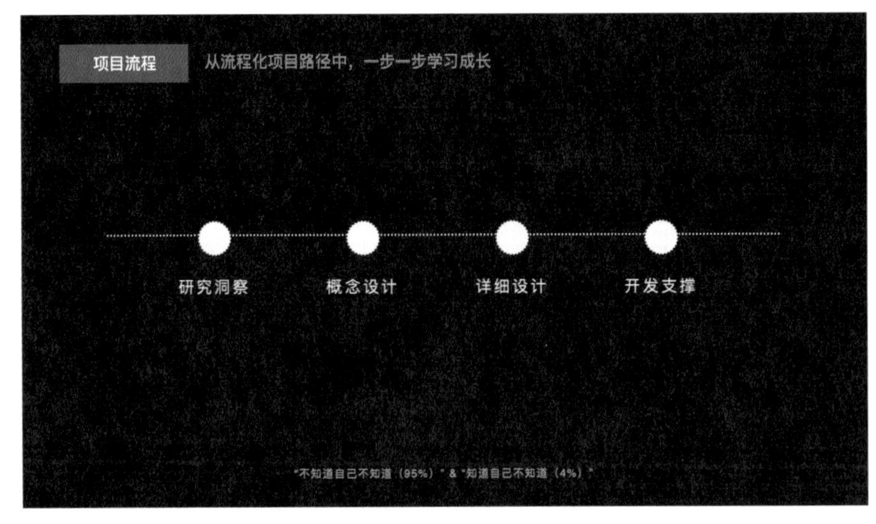

常规产品设计流程

在思维层面开始学会对一个问题进行深入思考，比如拆掉思维的墙，跳出思维的固有模式，改变为了分析而分析的固有思路，开始基于前期研究，设定设计关注点，从而明确分析维度，最后总结分析结果。思维层面的第 2 个变化，就是更有全局观了，开始学会全面、整体地思考问题。比如之前一直都觉得前辈说的生态圈属于一个高端概念，也和很多人一样觉得这是一种包装出来的东西，直到和前辈一起做项目，深入其中才深刻认识到前辈考虑问题更往上层、更有全局观，只有真正从全局去思考，才能更好地规划出一个产品闭环循环系统，从而多维度构建出属于这个产品的生态圈。

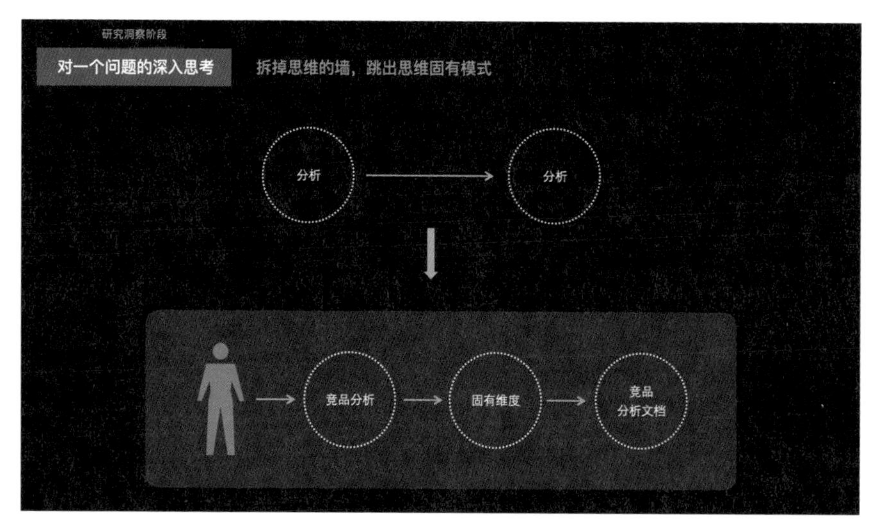

思维层面：深入思考问题

某券商产品竞品分析

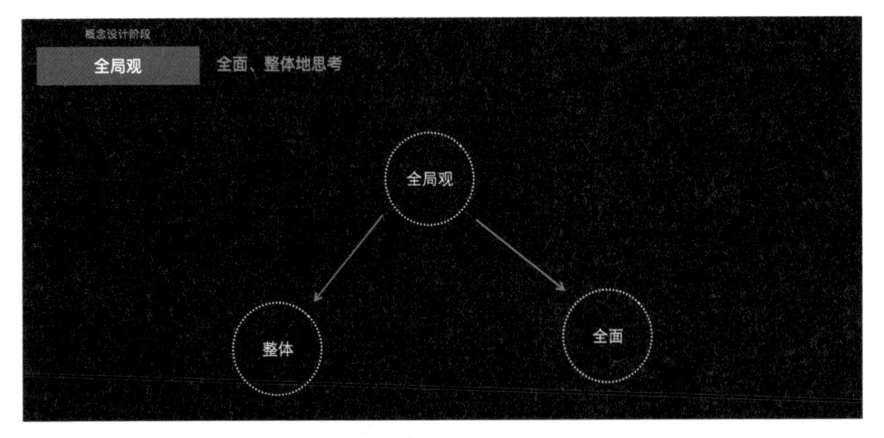

思维层面：全局观拆解

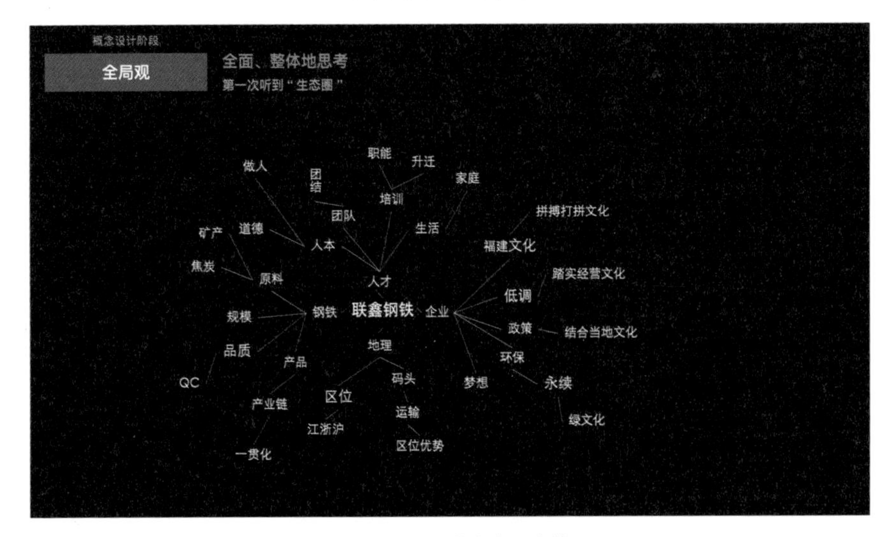

某钢铁企业文化生态圈发散

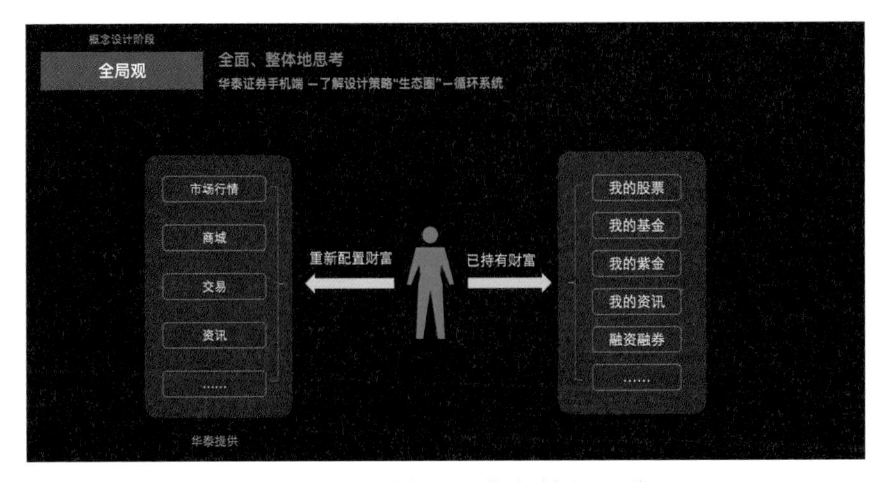

基于设计策略"生态圈"，构建财富循环系统

在设计实践上，深入产品的业务逻辑，全面了解设计过程，探究产品功能模块间的关联性；同时对于解决方案要做好多手准备，即在设计方案时，自我纠结，思考多种方式，这样才能保证在沟通中时刻都有备份方案。

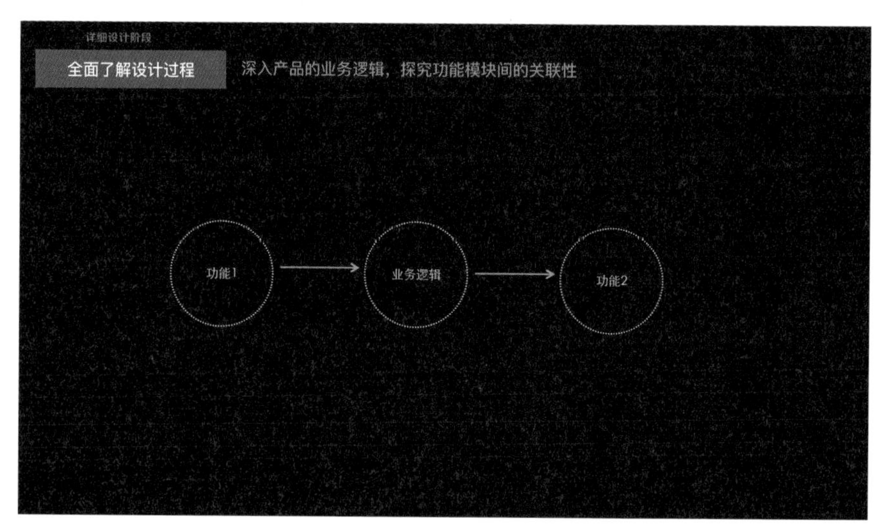

深入产品业务逻辑，探索功能模块间的关联性

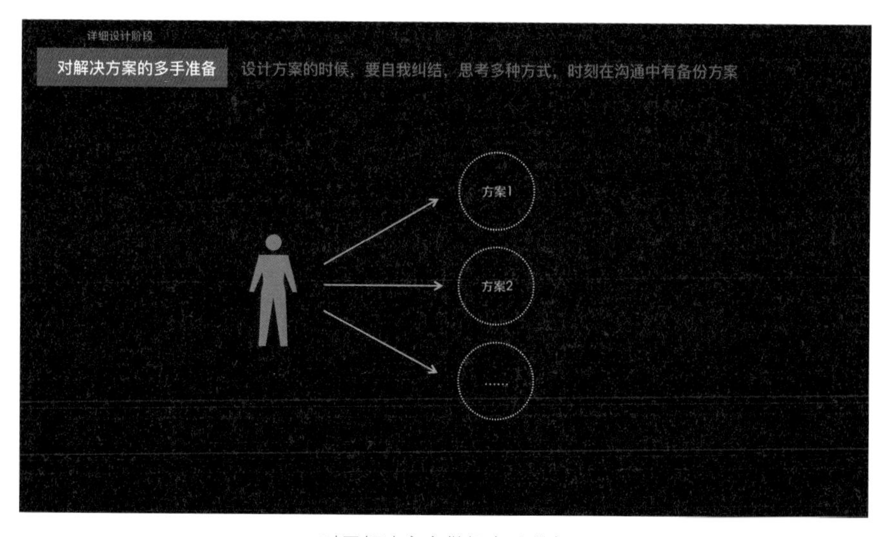

对于解决方案做好多手准备

总的来讲，设计执行者阶段主要就是点状思考，不断学习进化，那时候最大的愿望就是“想让别人认可这个方案的思路和灵魂，认可我这个交互设计师”。态度上要有自驱力和主动性，善于倾听和多问为什么；专业上要学会查资料，向身边人和前辈学习，多反思总结。

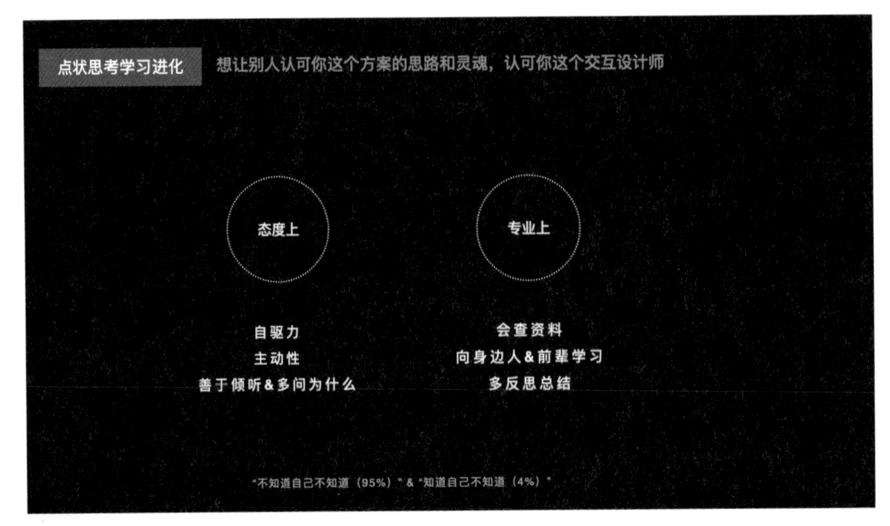

设计执行者阶段：点状思考不断学习进化

设计思考者阶段

成长的第 2 阶段，作为设计思考者，在设计执行者基础上进一步成长，这一阶段的关键词包含："独立承担，参与协同"以及"积淀成长，独当一面"。在这个阶段，设计师（尤其是 BAT 等大公司的设计师）通常需要独立面对 2 种类型的项目：常规迭代项目、由设计师主导并发起的项目（一般由高阶设计师发起）。

常规迭代项目

对于常规迭代项目，设计工作（交互设计、视觉设计）作为产品开发的中间环节，主要做的就是承接并沟通产品需求，根据产品需求输出交互产出物，并通过交互评审会确认设计稿。这种传统串行流程模式，其实存在着以下 2 个大问题：

- 需求质量不可控，过于依赖上游需求质量，一旦出现问题将影响整体项目进度，甚至影响用户体验。
- 设计师容易坐井观天，对整体把控不足，设计工作也很容易沦为工业流水线工作，其创意也容易受局限。

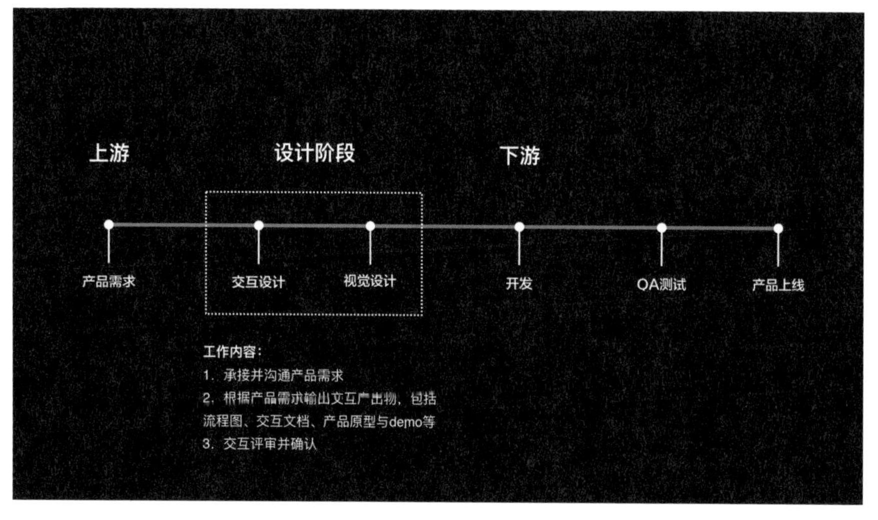

早期传统串行工作流程

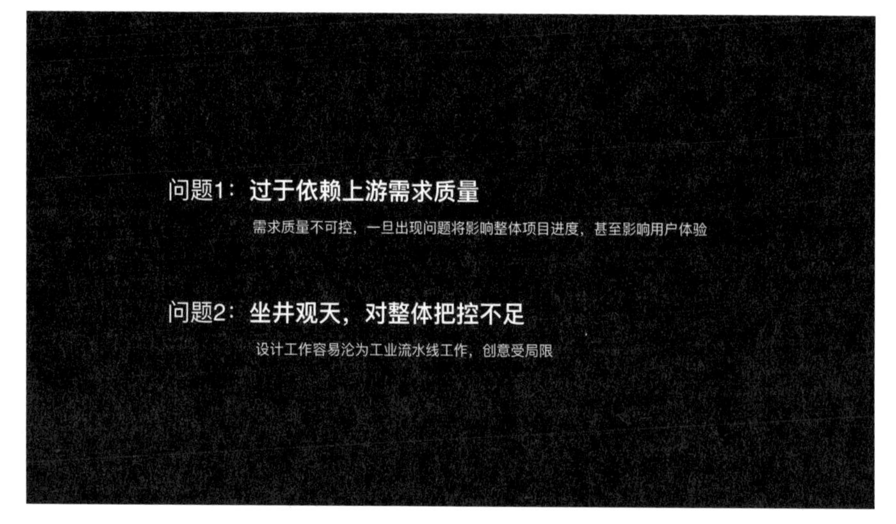

传统串行模式存在的问题

基于这两大问题，当时我们团队**主动求变**，**在串行模式下**，**将设计前置**，**覆盖整个产品设计开发全程**。设计师的全流程加入，得到了各个角色的认可，设计师也在团队中建立充分的话语权，从而更加凸显设计价值。

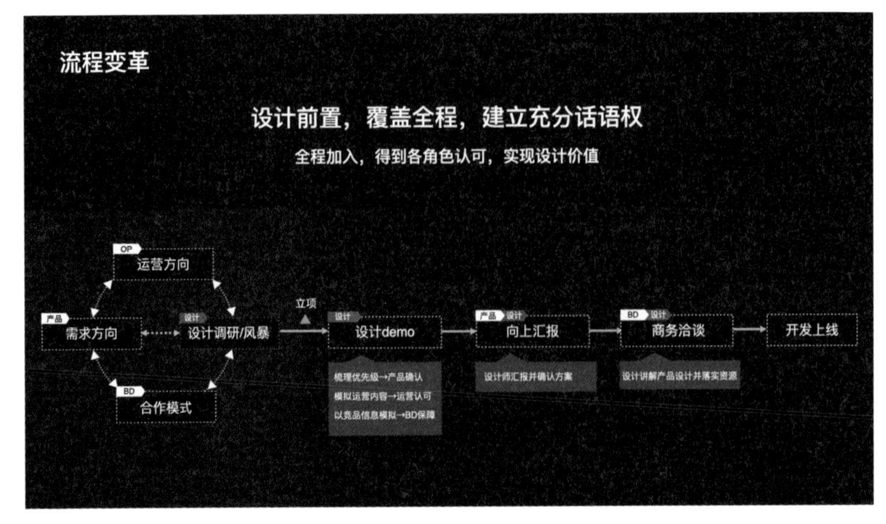

流程变革：设计前置，覆盖全程，建立充分话语权

在这个过程中，我们也看到了设计师的优势和其所面临的挑战。设计师的优势在于更擅长从用户视角解读需求，与产品、商业诉求形成互补关系；其次设计师具备多维度解决问题的能力，擅长运用各种方式表达，如图表、插画等。而与此对应面临的挑战，就在于专业能力上，需要提升系统化产品设计思维、多元视野和技能等；同时其沟通、项目管理等通用能力需要继续提升。

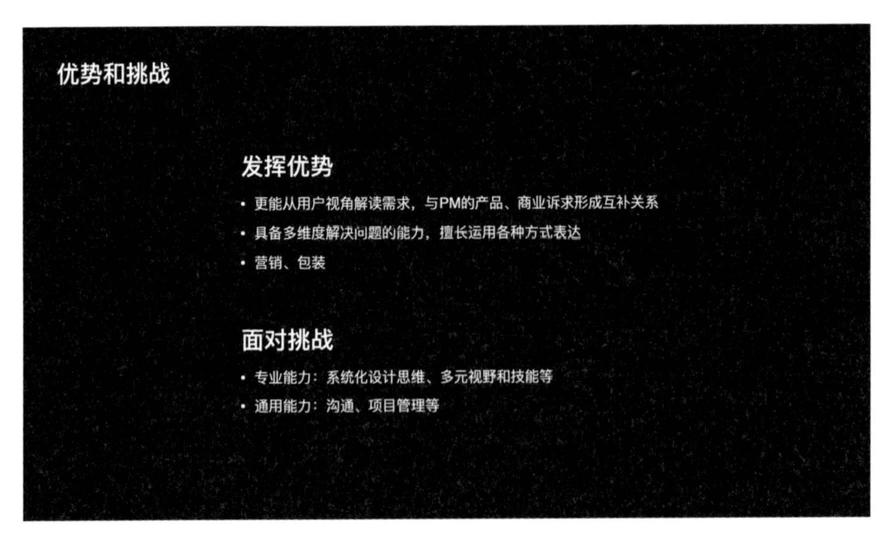

常规迭代项目流程变革后，设计师的优势和面临的挑战

由设计师主导并发起的项目

而对于由设计师主导并发起的项目，则是设计师通过合适的方法去发现问题、分析问题、解决问题的过程。**由设计师主导并发起的项目，整体来讲分为两大阶段：给出专业解决方案和推动方案落地。**在这个过程中通过发现问题，给出专业的解决方案，联动其他各角色一起推动解决方案落地。比如通过设计走查、实践 workshop、用户访谈等方法系统走查产品问题，并汇总整合不同类型问题；其次评估问题，将问题依据严重程度评分：不是真正的问题（0）、表面性问题（1）、次级问题（2）、重要问题（3）、灾难性问题（4）；最后就是拆分落地排期，分期将问题不断解决优化。

设计师发现问题、分析问题、解决问题的过程

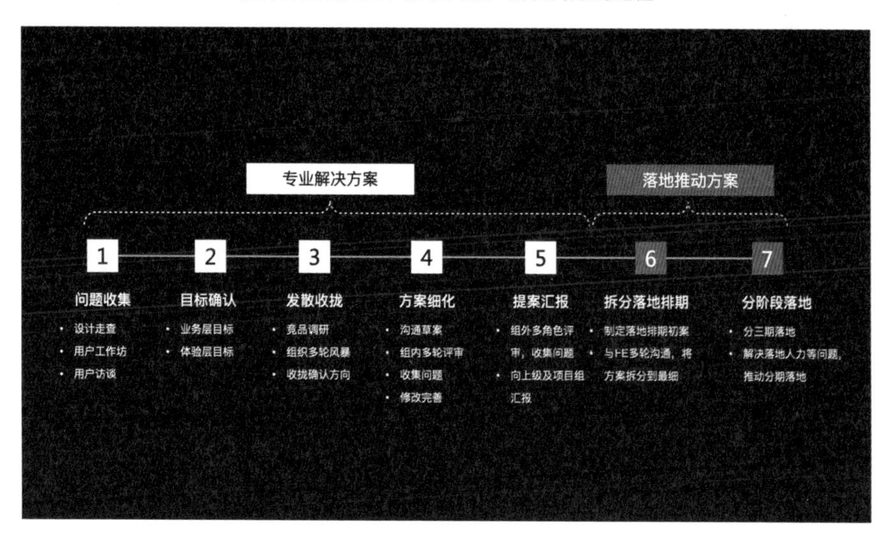

设计师给出专业的解决方案并推动方案落地

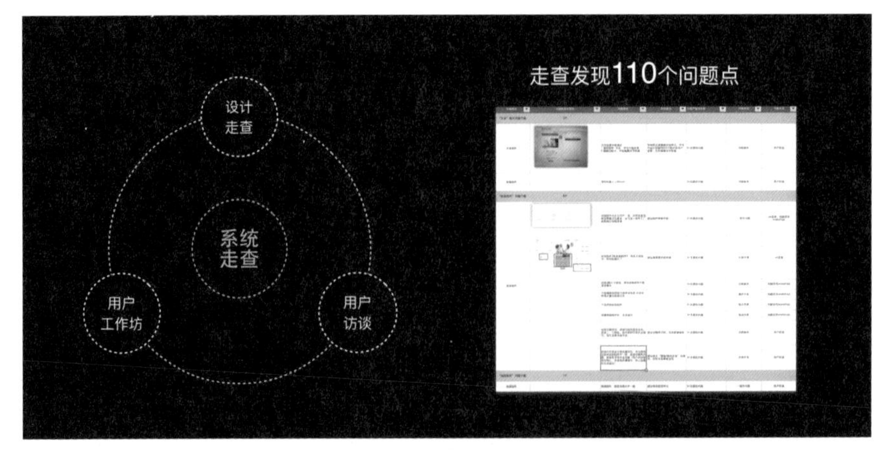

系统走查，收集产品问题

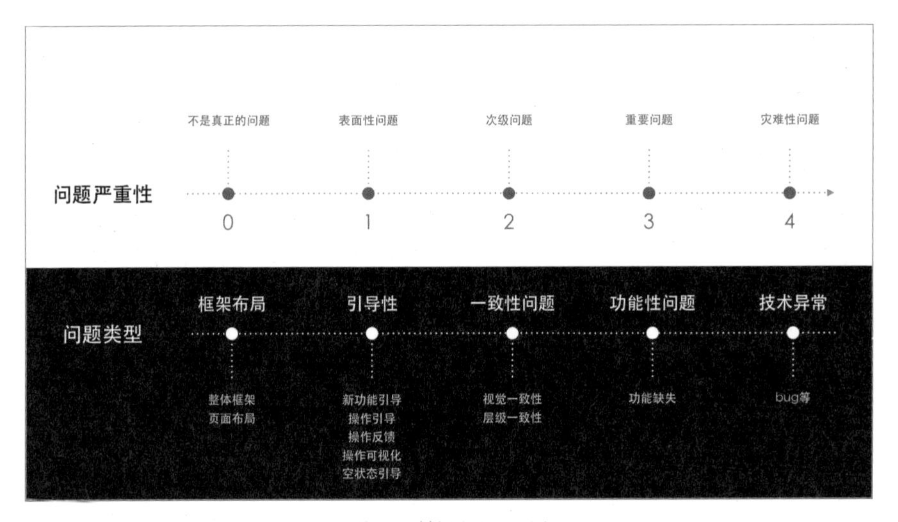

评估问题并进行问题分级

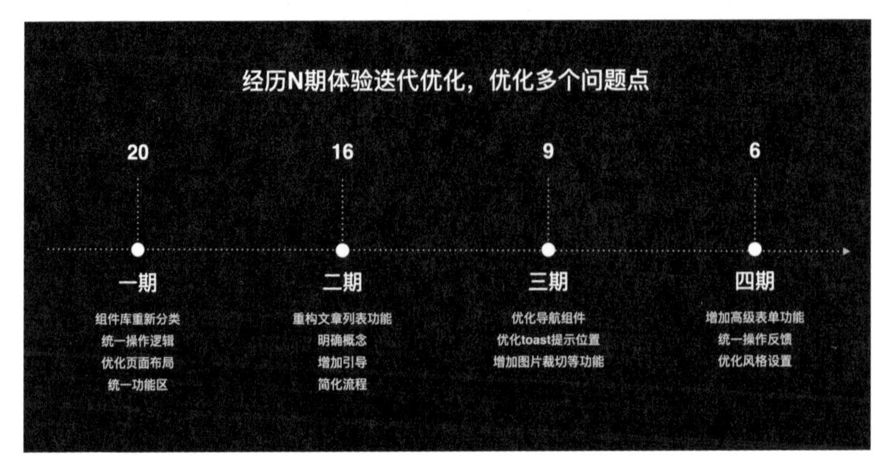

推动解决方案分期落地

这个过程主要就是三个维度的转变。

- 技能层面：从单一技能到多面技能，视野需要更加开阔，这样才能更好地发现问题并推动项目落地。
- 思维层面：从单纯艺术思维到产品思维，更加系统化思考，才能更好地平衡用户体验和商业诉求，更好地联动各个角色。
- 心态层面：从被动接受到主动推动，学会主动学习，积极向前，才能走得更远。

由设计师主导并发起项目中的三个维度变化

形成设计思维阶段

成长的第 3 阶段，基于设计思考者，进一步认知设计的本质，形成自己的设计思维体系。开始尝试给设计做定义：

设计就是从已知探索未知的过程，是一个不断解决问题的过程。

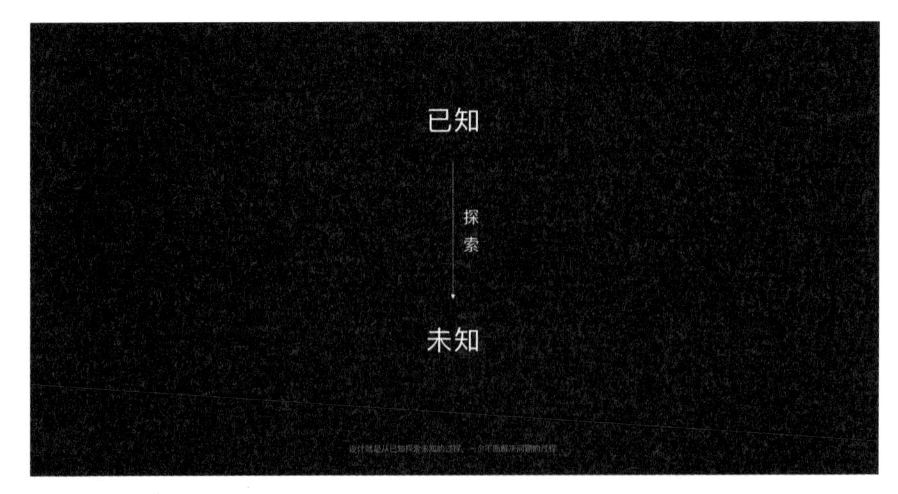

认知设计本质

具体来讲，就是发现问题 / 机会点后，通过“How”等各种方法与手段去解决问题 / 机会点的整个过程。

从发现问题到解决问题的过程

而解决问题 / 机会点的各种方法与手段至关重要，在寻求“How”的过程中，受到 MIT 媒体实验室教授 Neri Oxman 的 *Design and Science：Krebs Cycle of Creativity* 一文的启发。她在该文中提出的类似克雷布斯循环的创造力的克氏循环（KCC），创造性地将人类的创造力的 4 种模式——科学、工程、设计和艺术，形成创意循环的地图假设并进行了相应解读，阐释了学科之间不再是割裂离散的孤岛这一命题。

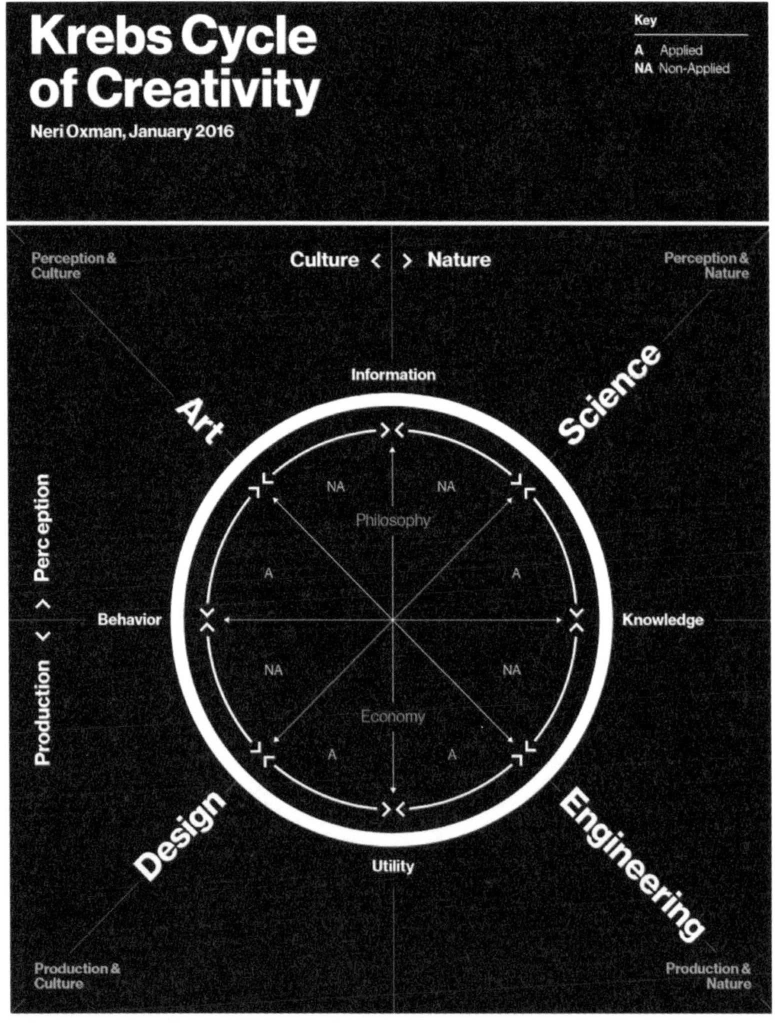

Krebs Cycle of Creativitity by Neri Oxman

区别于“点对点”地解决问题，为了从更高角度更好地解决问题，类比克雷布斯循环和创造力的克氏循环(KCC),将“发现 - 解决”问题 / 机会点这一过程整体系统化，尝试提出系统性解决问题之 < 思考 - 行动 > 模型——Krebs Cycle of Design。

系统性解决问题之 < 思考 - 行动 > 模型主要包含以下 8 个阶段，并且每一个阶段都是上一个阶段的自然转化：

1. 提出产品需求 / 机会点
2. 基于产品需求 / 机会点，从点触发，通过系统性思考，进行全面的分析
3. 基于系统性思考，判断需求 / 机会点在系统中是否有价值
4. 判断有价值后，继续深入挖掘更多的问题 / 机会点
5. 确定真正的问题 / 机会点
6. 有针对性地采取解决行动
7. 采取阶段性的解决行动后，就向构建一个更好的产品迈出了一小步
8. 构建更好的产品后，为了产品后续更好地发展，进入新一轮的迭代进化思考

迭代进化思考后，就开始了新一轮的系统性解决问题，构建越来越好的产品和更加美好的体验。

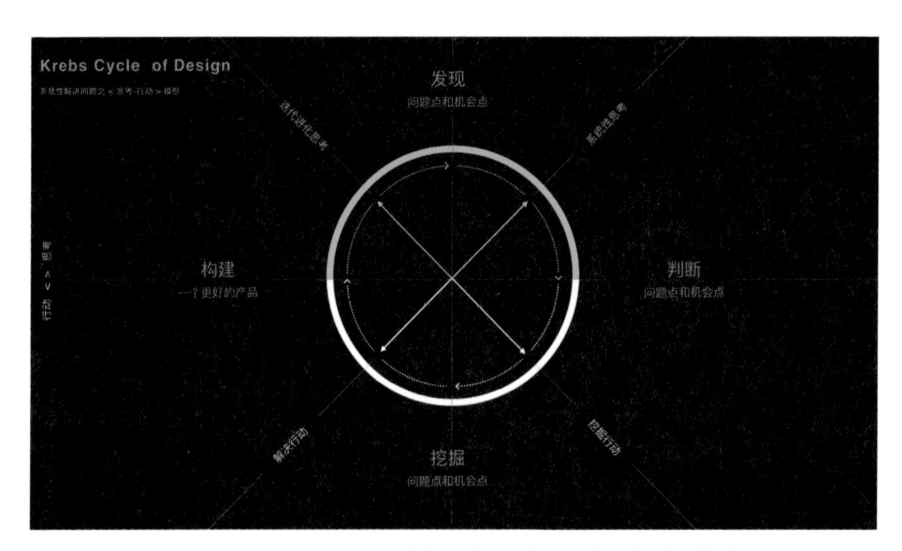

Krebs Cycle of Design：系统性解决问题之 < 思考 - 行动 > 模型

而有了系统化解决问题之 < 思考 - 行动 > 模型，在采取具体解决行动时，主要以用户为中心，尝试“如何做设计的亮点深挖四部曲”，主要有以下 4 个阶段：定义产品需求—明确产品目标—探索用户心智模型—定义具体的解决策略。

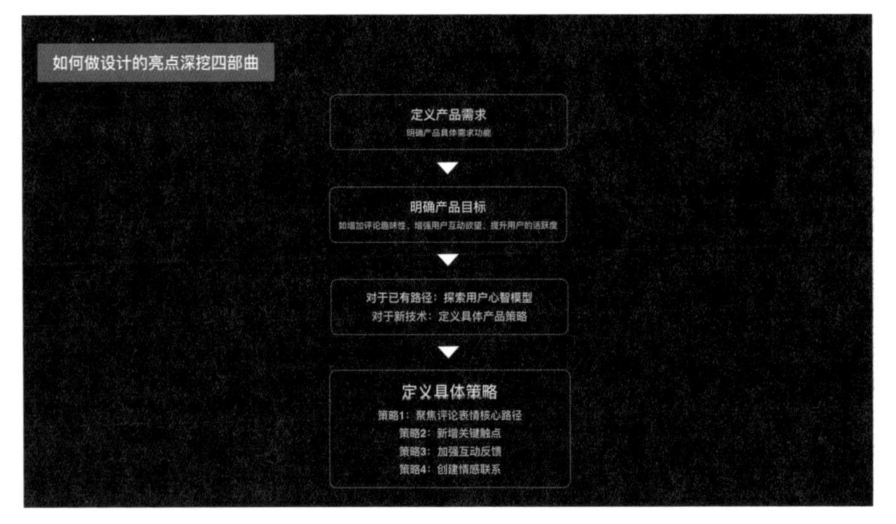

如何进行设计亮点的挖掘

总的来讲，系统化解决问题之 < 思考 - 行动 > 模型可以帮助你“找对事 & 做对事”，而以用户为中心的“如何做设计的亮点深挖四部曲”具化做对事的过程，两者相辅相成，合力打造更美好的产品体验。

想更加全面地了解“系统性解决问题之 < 思考 - 行动 > 模型”在项目中的实践应用，可以查看“2.14 实践案例：社交产品设计探索”（192 页），通过该章节内容可以全面了解 2C 社交产品如何应用 < 思考 - 行动 > 模型。与此同时通过“2.15 实践案例：商业数据产品设计”（210 页），可以了解 2B 大数据商业产品设计思路。

跨界 & 探索

成长的第 4 阶段，逐步形成设计思维的同时，不断保持好奇心，尝试跨界探索无限可能。

该阶段跨出的第 1 步，就是尝试了解屏幕之外的智能音箱产品。在尝试过程中，更加深刻地认知设计本质，尝试解答很多人都好奇的问题——“未来的人机交互会是什么样呢？”。其实无论是 PC 时代、移动时代，还是现在在逐步步入的人工智能时代，本质上就是用户和不同终端产品（电脑、手机、机器人、音箱等）通过不同通道、不同交互方式进行输入输出的过程；并且随着技术进步，输入通道会越来越多样，可视化图形界面不再是唯一，甚至不再是核心；与此同时，感知通道和信息表达媒介都比较单一的可视化图形用户体验，也正在发展为感知通道和信息表达媒介都比较丰富，且多种模式、多种形态交织连接在一起的多模态用户体验。

更自然的多模态体验呈现出 3 个特征：简单、融合、拟人，从表面的使用自然到深度的情感自然。**简单：**信息输入的方式也越来越简单自然，功能领域简单易用，使用触摸、手势或语音等交互方式，与用户自然行为一致；**融合：**可以跨多端使用，用户和机器之间直接高频互动，存在持续的行动和反馈，自然融合无处不在；**拟人：**在机器非人类外表下，掩盖了一个非常人性化的“人物”，基于深度学习，会慢慢具有自己的人格属性，能够与用户建立更加深层的情感互动。

如同建筑设计师一样，仍旧以用户为中心，基于用户的所处场景，充分结合当前机器和设备智能化，从人体感官的五感（视觉、听觉、味觉、嗅觉、触觉）入手，进行多模态体验设计。比如，基于多通道信息输入（如语音输入、人脸识别、动作追踪等），通过将多模态信息融合（基于语音、情感、动作等进行机器对话管理），实现机器设备多模态的虚拟人表达，从而逐步实现人机自然交互体验。

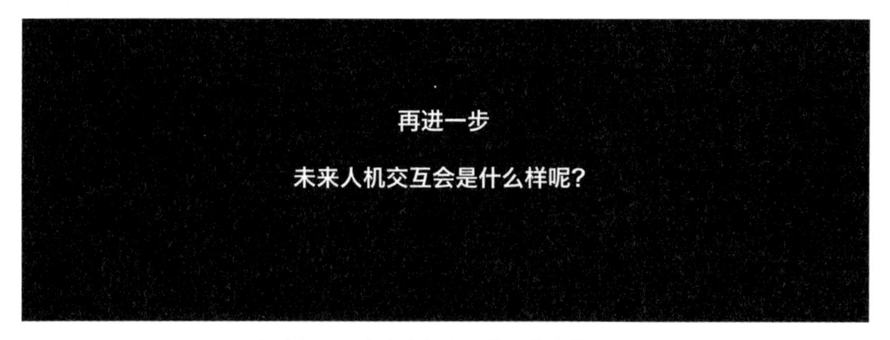

提出问题“未来人机交互会是什么样？”

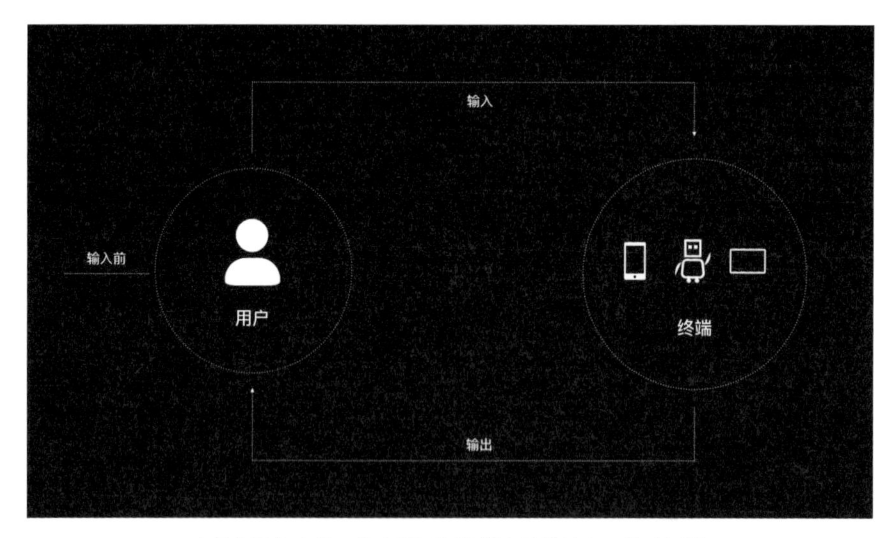

人机交互的本质：用户和不同终端产品的输入－输出过程

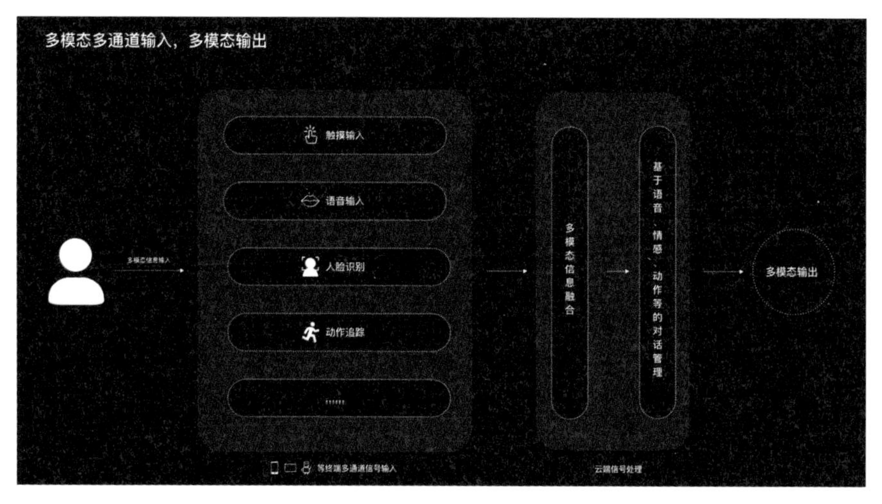

多模态多通道输入，多模态输出

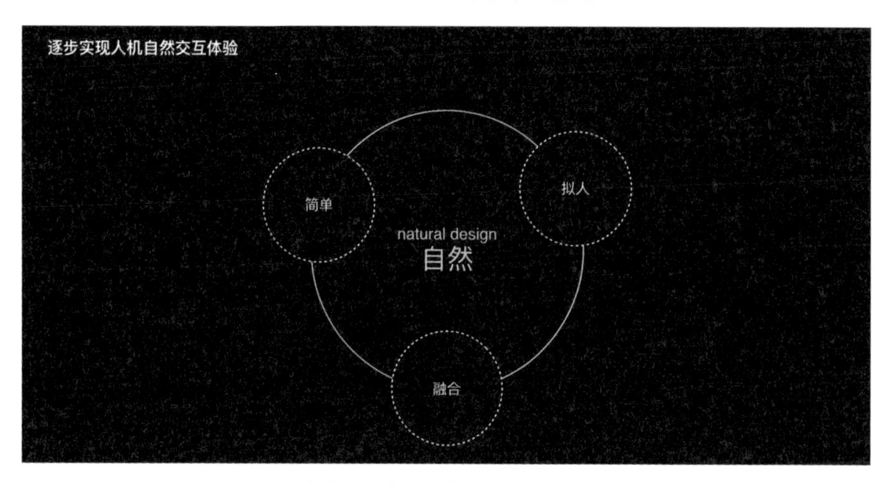

未来逐步实现人机自然交互体验

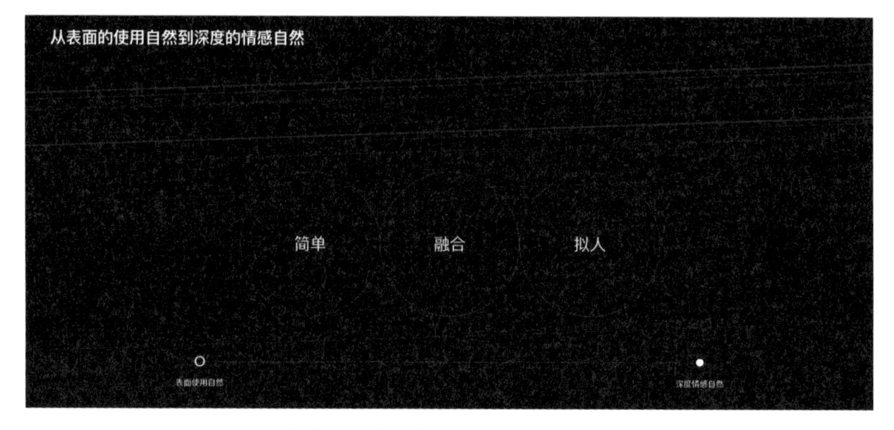

从表面的使用自然到深度的情感自然

而随着人工智能时代的逐渐来临，越来越多的人工智能设计工具逐渐被使用，很多设计师也会担心自己会被替代。在这里我想用范老师的一段话共勉：

“我一直希望在设计和人工智能的讨论中避免使用‘替代’，隐含代表一种对于人类创造的威胁。也许用‘脑机比’（即人脑与机器的比例）来描述更为合适。对于很多工作，也许机器的‘成分’会越来越大，人脑的‘成分’会越来越小，因此脑机比无限小，人类的价值无限小；反之，另一些工作，即使机器的‘成分’变大，人脑的‘成分’也在变大，甚至机器的‘成分’越大，越能促进人脑的进化和释放。我想设计肯定属于后者。设计的工作不追求确定性，反而受益于不确定性。因此，设计的人工智能并不一定要获得合适的答案，而可以创造不确定性，进而对设计师形成启发。人创造的瓶颈是人自身的经验、逻辑和方法，人工智能可否帮助我们超越我们的经验或者逻辑方法，从而让人的创造力进一步释放呢？”

我会时不时回味这段话，每次都会有不一样的理解，偶尔会期待在未来真正的人工智能时代，我会成为什么样的设计师。

其实所谓跨界，重点在“跨”，我自己给它做了个解读：走出自己的舒适区，在不同行业不同领域里面折腾一下。正如一位前辈所说，如果你是设计师，你既可以设计APP，一定也可以设计椅子，就像有的设计师是很厉害的摄影师，有的摄影师私下是很厉害的音乐人，还有的是综艺奇才等。

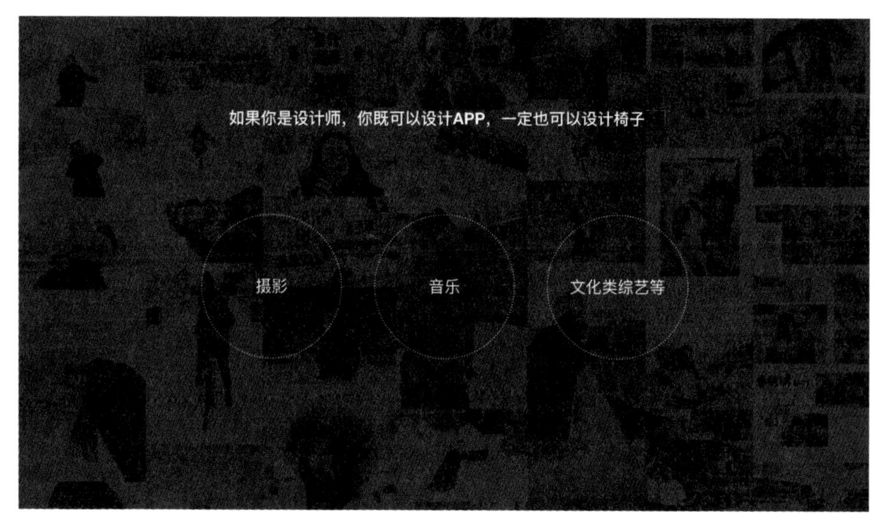

设计不设界，拥有无限可能

最后分享前辈的一个观点，“你有什么样的态度，就有什么样的能力，从而就有什么样的影响力”。希望每一位从事用户体验的设计师，都可以初心不变，不断思考，持续探索，发现更大的世界与更多的可能性。

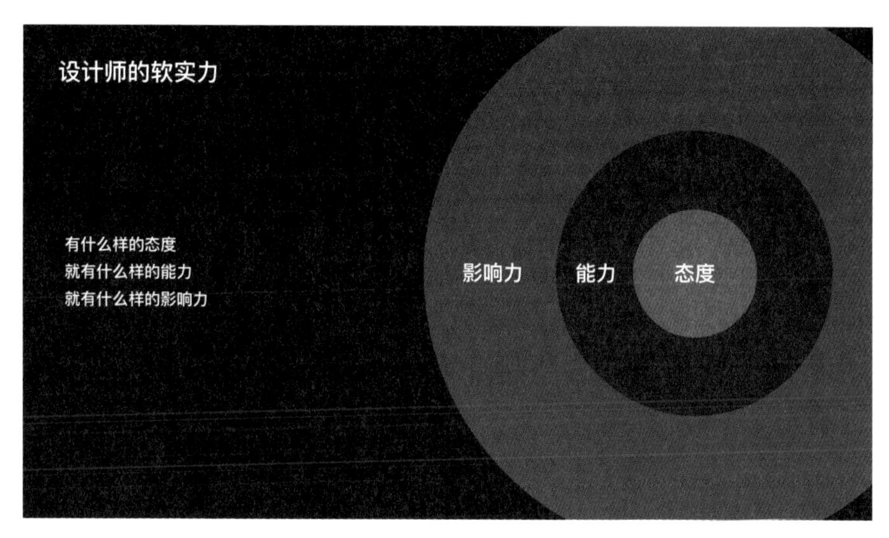

设计师的软实力

CHAPTER

从方法论到实战

基本产品设计流程 /

产品迭代方式 /

准备工具 /

需求挖掘阶段 /

设计调研阶段 /

概念设计阶段 /

详细设计阶段 /

设计评估阶段 /

实践案例：产品体验监测模型 /

规范和组件库 /

实践案例：智能搭建组件平台 /

开发支撑上线 /

项目中的通用能力 /

实践案例：社交产品设计探索 /

实践案例：商业数据产品设计 /

To be
a user experience designer

上一章为大家介绍了什么是用户体验，用户体验设计相关的职能以及职责。那么在实际工作中，用户体验设计师又是如何在一个完整的互联网团队里发挥设计价值，落实“解决用户需求，创作美好体验”的目标的呢?

在设计实践中，设计师的工作并不轻松。需要以设计目标为导向充分发挥设计能力并参与到团队协作中去，从来不是一个人在战斗。特别是在 BAT 这类拥有大型团队的互联网公司里，为了达到团队和项目有效管理的目的，把握结果可控性，制定并执行完整而规范的产品开发设计流程是极为必要的。产品项目团队成员们各司其职的同时更需要拧成一股绳，高效合作完成产品的开发迭代工作，避免乱成一锅粥的局面。

对于用户体验设计师来说，同样需要执行规范的设计流程，保证版本节奏。产品设计流程是依附于产品开发流程的重要环节：一方面，设计师可以相对独立地规划完成整套设计流程，集合各方资源，提升设计专注度和质量把控；另一方面，则需要设计流程配合产品开发的各个时间节点，以便于协调上下游相关职能的工作，保证开发效率和进度，促进团队合作。

2.1 基本产品设计流程

一般来说，结构较为完善的互联网公司都设有专门的设计部门或是用户体验中心（UCD），积累总结设计师在产品线团队中协作的方式、方法，梳理成设计流程规范，以更好地发挥设计师的价值。诸如百度移动用户体验部（MUX）、腾讯社交用户体验设计部（ISUX）、阿里巴巴 UED 体验设计团队（如淘宝、天猫、蚂蚁金服）等，都有一套相对成熟、成体系的产品设计流程规范，其基本要素是相似的，可以归纳为几个步骤。

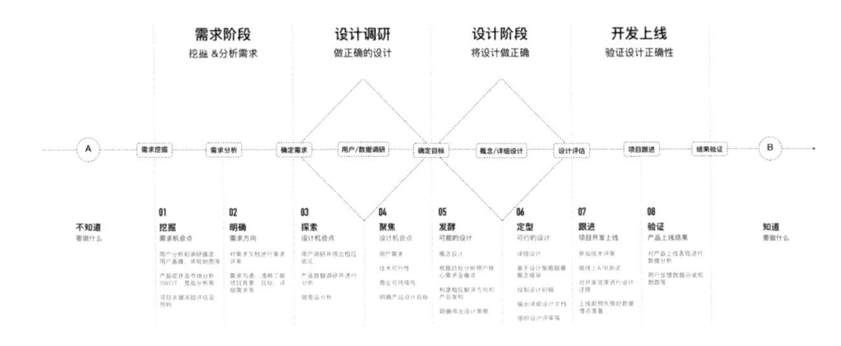

基本产品设计流程

常规产品设计流程可以归纳为4个大步骤：需求阶段、设计调研、设计阶段、开发上线，具体实践中拆分为如下 8 个子步骤：挖掘需求机会点、明确需求方向、探索设计机会点、聚焦设计机会点、发酵可能的设计、定型可行的设计、跟进项目开发上线及验证产品上线结果。在每个步骤推进的过程中，也会有相应职能的参与与配合。

Step1. 挖掘需求机会点

参与人员——产品经理、产品运营人员、用户研究员、交互设计师
主要工作——需求挖掘，用户分析和调研摸底（用户画像、体验地图）；产品现状及市场分析（SWOT、竞品分析）；项目关键风险评估及预判

Step2. 明确需求方向

参与人员——产品经理、交互设计师、研发工程师
主要工作——需求分析，对需求文档进行需求评审；需求沟通，清晰了解项目背景、目标、详细需求等

Step3. 探索设计机会点

参与人员——交互设计师、用户研究员
主要工作——开展用户调研并得出相应结论；对产品数据进行调研并分析，做竞品分析等

Step4. 聚焦设计机会点

参与人员——交互设计师、用户研究员
主要工作——基于用户需求、技术可行性、商业可持续性等明确产品设计目标

Step5. 发酵可能的设计

参与人员——交互设计师、UI 设计师
主要工作——概念设计阶段，根据目标分析用户核心需求及痛点；构建相应解决方向和产品架构；明确得出设计策略

Step6. 定型可行的设计

参与人员——交互设计师、UI 设计师、用户研究员
主要工作——详细设计阶段，基于设计策略组织头脑风暴得出概念框架；绘制设计初稿，并最终输出详细设计文档；组织设计评审、可用性测试等

Step7. 跟进项目开发上线

参与人员——研发工程师、产品测试人员、交互设计师、UI 设计师
主要工作——参加技术评审；做线上 A/B 测试；对开发效果进行设计还原；上线前预先做好数据埋点准备等

Step8. 验证产品上线结果

参与人员——产品经理、产品运营人员、交互设计师
主要工作——对产品上线表现进行数据分析；用户反馈回收和跟踪等

在整个项目流程中，从需求分析到设计评估（Step2 ~ Step6）是最为考验设计师专业能力的，是核心的设计流程，需要设计师运用其专业能力重点把握。

通常在实际工作中，设计师需要具备除设计专业能力以外的更为全面而多方位的能力，跟进完整的产品设计流程，其中包含项目管理、数据分析、沟通协作等。用户体验设计师将设计想法推动落地的方式主要有以下两大类：

1. 设计师自主发起的 Topic 项目（Step1 ~ Step8）

从设计目标出发，以体验的维度挖掘产品优化以及创新方向，整合成产品需求，并完成设计，最终推动上线。在主动性项目中，设计师们会重点参与需求挖掘工作，建立有效的设计目标。

2. 常规设计需求（Step2 ~ Step8）

在大多数情况下，需求挖掘工作是由产品经理主导完成的。产品经理撰写需求文档并向设计师发出设计需求。拿到需求后，设计师需要从需求分析开始，与产品经理深度沟通需求背景和开发目的，细化、明确设计需求，以便更好地开展设计工作。

当然，前面说到的设计流程不是教科书也不是公式，并非所有项目都要按照完整的流程来执行，需要具体情况具体分析。如果过于依赖流程步骤，可能会拉长设计工期影响项目进度，也会限制设计师创造力的发挥。在产品竞争激烈需要快速响应敏捷开发的大背景下，可以针对实际情况有所侧重，机动调整设计流程路径。

2.2 产品迭代方式

一般来讲，常见的产品迭代方式有两种：瀑布流式开发和敏捷开发。

瀑布流式开发

瀑布流式开发模式是一种最常用的产品开发模型。它的整个开发过程（发现需求—技术设计—产品开发—测试）必须是连续的，也因此更严格、死板，甚至更低效。

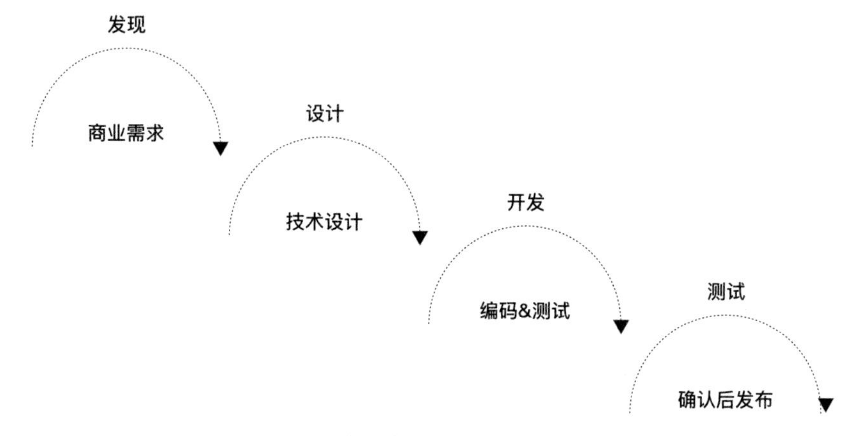

瀑布流式产品开发过程

敏捷开发

在 2001 年的一次软件开发者的团体讨论中，“敏捷开发”（Agile）一词首次出现。他们一致认同需要一种全新的工作流程，并为此设立了 12 条原则，将之整合为一份宣言。而这份关于敏捷开发的宣言描述了一种工作流程、一种方法论。

敏捷开发的方法意味着迭代式、周期性的开发工作。敏捷开发的典型过程，是在一系列的“SPRINT”中完成的。

与瀑布流式开发相比，敏捷开发的好处就在于它的最终产品能更快地对接市场，需要更多的团队协作和增量投资。另一方面，因为它的灵活可变，常常使利益相关者感到紧张，也常常被误解。

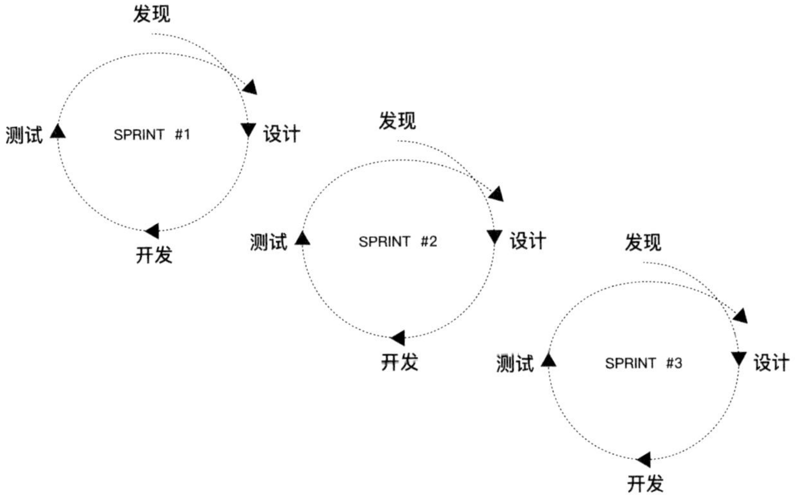

敏捷开发过程

在敏捷开发环境下，作为设计师应该知道如下三方面的内容。

与产品打交道

尽管敏捷开发来自软件工程领域，但该方法论对于网站和应用开发都非常有效。比如说，从你所创建的人物角色中，可以勾勒出目标用户的需求，并基于此挖掘所需的功能点。

锻炼准确预估能力

你将需要与产品经理或敏捷开发的高手合作（当然和谁合作取决于你在什么样的组织 / 公司）。通常他们负责确保事情按计划发展，因此会让你尽可能准确地预估完成时间。你将会发现你很容易做出过于乐观的预估，所以请现实一些吧——没有人会记仇的。

高度协作

敏捷开发的一个最大好处，在于它是一种高度协作化的工作方式。例如，在传统的瀑布流式开发中，一般把设计交给开发者后，就再也见不到他们了。但在敏捷开发的迭代工作流程中，你会和程序员肩并肩坐在一起工作，完成每一次产品迭代。

2.3 准备工具

用户体验设计是在做选择题而不是判断题，交互设计没有对错之分，只是立场不同而已。选择能力之所以重要，在于在企业中，设计不仅代表用户体验，更应该始终迎合商业利益与战略，传达正确的品牌理念，跟进瞬息万变的市场。我们应该明确，并不是所有的产品都是用户导向产品，问题也并不总是只有一个解决方案。有时候，完全贴合用户体验的设计也许某些细节与商业或产品方向冲突，设计者需要站在一定的高度审视并在各种设计细节中做出适当的抉择。

其次，在强调协同与效率的企业文化中，这种选择能力的难度更在于如何将其复制给其他设计师，让设计组织里的成员行走在同一方向上。这既是职业设计师的自我修炼，也印证了“升职记”中企业管理对于设计师的方法规范与影响力在晋升标准上的要求。无论是从个人角度、设计管理角度，还是组织角度，设计的各方面都需要像基因一样浸入组织。设计管理的能力对于设计师同样重要。

在 LG 公司的设计标准中，开篇便使用“正确的”与“错误的”对比图例，来诠释什么样的设计是符合 LG 标准的设计。例如，对于“一致性”的要求，则借用了电视遥控器的按键外观，“正确的”按键设计应该在方便用户操作的前提下具备完形，而“错误的”设计则过于分散与多余。

无论是设计师的自我沉淀，还是方法经验的传承，工具的使用、改造和创造是最直接与有效的方式。这里的“工具”指的是在心理学、经济管理学、服务设计、设计咨询等领域，研究者们针对市场、品牌、用户等使用的分析模型。工具是思考过程的外在表现，其他领域的通用工具同样可以被设计师借用。*101 Design Methods* 一书中提到：“工具帮助我们思考，我们塑造工具。”在不同产品设计与迭代情境下，我们使用不同的工具，并根据实际情况塑造工具。

在实际项目中，视觉化和成型化的工具的应用为集体设计思考与讨论提供逻辑框架，并有效促进了项目团队内部统一共识的快速达成。设计师的创造离不开直觉和创造力，我们不能迷信工具，但是职业人的成长和团队成长离不开方法、策略和技巧，这是 Google、苹果等公司保持创新的秘密，也是设计咨询公司及设计院校的杀手锏。我们将一些常用方法融入常规的产品设计流程，按照需求挖掘阶段、设计调研阶段、概念设计阶段、详细设计阶段、设计评估阶段进行整理，着眼于将要进入用户体验设计领域或处于初级进阶阶段的设计师，帮助你从方向到细节把控将要设计的事物。

需求挖掘阶段

- **商业维度挖掘**
  - 商业模式画布
  - 品牌定位
  - SWOT 分析
- **产品维度挖掘**
  - 全链路分析
  - 现有问题积累
  - 项目目标分解
  - 集体涌现
- **用户维度挖掘**
  - 用户调研
  - 体验地图
- **数据维度挖掘**
  - 数据分析

设计调研阶段

- **用户访谈**
- **可用性测试**
- **问卷调研**
- **人物角色**
- **焦点小组**
- **卡片分类**
- **用户行为数据分析**

概念设计阶段

- **概念探索阶段**
  - 头脑风暴
  - 类比和隐喻
  - 渔网模型
  - 情绪板
  - 竞品分析
- **概念归纳阶段**
  - 亲和图法
- **方案产出阶段**
  - 平行设计法
  - 故事板
- **评估决策阶段**
  - 知觉图
  - C-Box 象限评估法
  - 目标权重评估法

详细设计阶段

- **详细交互设计**
- **交互设计自查**
- **交互设计评审**

设计评估阶段

- **A/B 测试**
- **满意度评估**
- **接受度测试**
- **用户体验监测模型**

完整设计流程和各阶段常用设计工具

2.4 需求挖掘阶段

在 B 端项目中，尤其是企业项目中，设计需求通常来源于产品经理对业务需求的梳理，即销售反馈与跟进，设计师在项目流程中的位置相对靠后，进行客户体验设计。尽管主流 B 端设计和企业产品越来越强调产品体验与用户产品的一致性，但是正如 C 端产品设计时常见的那般，设计师从用户需求出发倒推产品的可能性较低，这在很大程度上是由 B 端产品的专业性和业务性决定的。在 C 端产品中（包括 B 端中更倾向于 C 端的产品），以流量为价值基础的用户中心设计，要求设计师更加贴近用户、研究用户、挖掘用户，因而需求的来源更加多元，设计师更加主动。

在实际项目中，我们总会遇到体验问题多而零散，捡了西瓜丢了芝麻；体验优化被功能的快速迭代淹没，产品带疤上线；体验问题和产品需求混淆在一起，没有完成优化产品也发版了等问题。这涉及设计师自身的工作方法、团队的管理方式，也与设计师和设计团队在项目中的话语权和影响力相关。**体验的优化包括四个阶段：收集、评估、管理、解决，从商业、产品、用户、数据 4 个维度总结了设计师切入体验优化需求的方式。这些方式可以在项目过程中全流程使用，帮助初阶设计师尽快进入角色和铺垫话语权。**

商业维度挖掘	产品维度挖掘	用户维度挖掘	数据维度挖掘
商业模式画布	全链路分析	用户调研 （详见“2.5设计调研阶段”）	数据分析 （详见“2.9实践案例：产品体验监测模型”）
品牌定位	现有问题积累	体验地图	
SWOT分析	项目目标分解		
	集体涌现		

需求挖掘常用方法

2.4.1 商业维度挖掘

无论如何，设计的最大支出是商业设计本身。在《用户体验要素》一书中，作者加瑞特将用户体验设计自下而上分为战略层、范围层、结构层、框架层、表现层五个层级。让设计发挥最大效用，设计者需要站在战略层查看企业与整个行业环境，深入表现层设计细节。

商业模式画布

视觉化技术已经频繁应用于商业。奥斯特瓦德和皮尼厄在《商业模式新生代》一书中详细介绍了画布的使用和设计。画布由客户细分（我能帮助哪些人）、价值主张（怎样服务他人）、渠道铺路（我怎样宣传自己）、客户关系（我怎样和对方打交道）、收入来源（我将获得什么）、核心资源（我拥有什么）、关键业务（我要做什么）、重要合作（谁可以帮助我）、成本结构（我要付出什么）九个构造块组成。各模块间相互关联并影响，如价值主张受到细分客户的需求影响，而其决定了关键业务的方向。

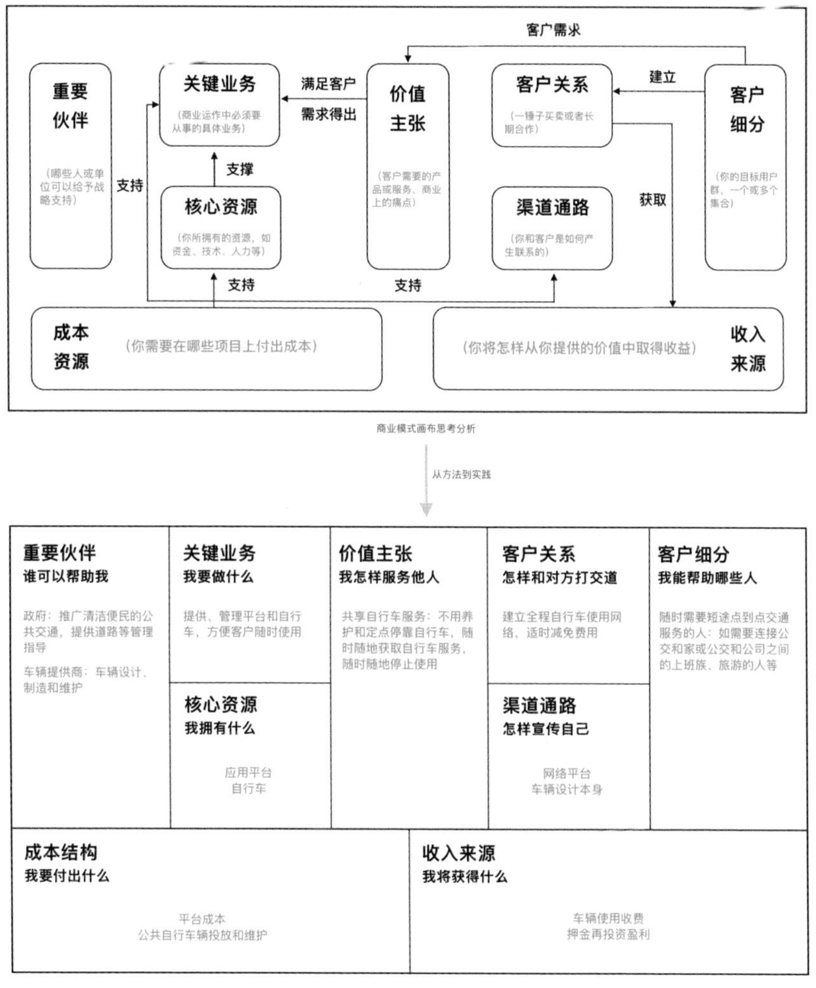

商业模式画布思考分析和 ofo 自行车商业模式画布

在被广泛应用之后，基于新的时代背景，Alexandre Joyce 和 Raymond L. Paquin 在商业模式画布的基础上提出了“三级商业模式画布”，从更广泛的层面审视企业环境，以帮助企业更加高效地进行可持续创新，进一步推动产业升级和商业模式转型，获得更加健康的商业模式。**新的三级商业模式画布由三张画布组成：商业模型画布（经济影响层级画布）、环境影响层级画布、社会影响层级画布。**环境影响层级画布以生命周期理论为基础，更加关注企业经济的可持续发展。社会影响层级画布以利益相关者理论为基础，着重考虑企业的社会责任与经济产出之间的关系。一方面，各画布内部模块间相互关联和影响；另一方面，环境影响层级和社会影响层级向上作用于经济影响层级。

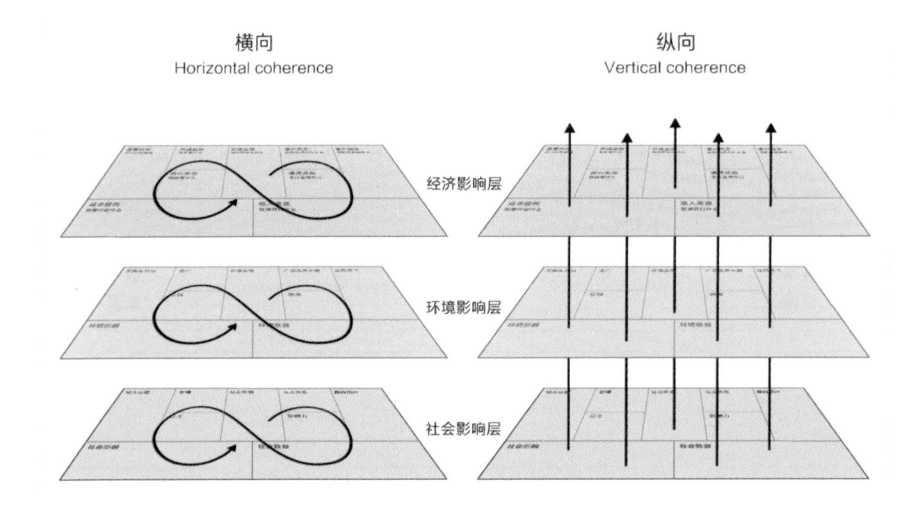

新的三级商业模式画布

适用场景

对于企业家而言，商业模式画布呈现了业务的整体脉络，方便其针对业务模式或其中某些因素的创新和投资进行评估，因而更容易发现机会、催生创新；同时确保团队内部统一目标、减少猜测。对于设计师而言，使用商业模式画布的意义在于，画布形象地简化了一个企业的所有流程、结构和体系等现实事物，设计者借助画布自我分析和了解环境、企业与产品全景，查看各构造之间的关系，获得现阶段与企业和产品方向一致的设计主张，进而做出符合主张的设计。

参与人员

角色多样的项目组成员：管理者、产品经理、用户研究员、设计师、开发工程师、运营人员等。

主要流程

1. **确定业务目的。**如提高员工的工作效率、改善上班时间道路堵车状况等。在分析的开始，统一成员讨论的标准和方向。
2. **填写客户和价值主张。**所有经营活动都需要从了解客户开始，我们需要为客户编组，并为每个客户群添加描述。这样的描述可以是人口统计信息（年龄、性别、来自哪里、职业、收入等），也可以是他们的价值主张（偏好、梦想、世界观等影响他们的真正想要的东西），以获得对各客户群体完整的认知。需要注意的是，这里的“客户”指的是具备决策能力、为产品/服务付费的人，而不是我们通常理解的“用户”。如企业产品中，多数情况下，老板才是客户，员工是使用者；你会发现，增加掌控感才是客户的价值主张。
3. **梳理渠道和客户关系。**明确客户和价值主张后，我们需要建立与他们之间的联系（一锤子买卖或长期合作），确定获取和留住他们的最佳方法。如通过广告或官网找到客户，然后通过软件包为客户提供服务，通过不断升级的体验和包年的付费方式建立长期关系。
4. **梳理关键业务、核心资源和合作伙伴。**这三部分内容描述了企业如何在“幕后”工作，以思考是否要从内部采取任务外包、节省开销等措施，提高营运效率、节约资源。
5. **填写成本结构和收入来源。**这两部分内容位于画布最下方，代表了业务的底线——整体的资金流动。这有助于设计师平衡大客户、一次性购物者、复购客户等不同群体的需求。
6. **连接线框、找到关系。**商业模式画布中的 9 个框并不是孤立的：价值主张来源于客户和客户需求，为了满足客户需求得出了关键业务和连接渠道。关键业务的运作需要核心资源的支持，从而影响了业务的成本结构；而左右价值主张的客户需求和客户关系最终决定了业务的收入来源。
7. **讲述故事。**简单向成员串讲完整的商业模式。
8. **碰撞或测试想法。**也许你觉得自己的主意很酷，尝试把它们放进商业模式，看看它们是否符合业务当前或长远的价值主张，以及为了达成想法需要付出的代价是否值得。

产出物

商业模式画布分析图。

注意事项

- 设计师借助商业模式画布分析企业和产品业务时，需要将产品经理、市场人员、管理者等方向把控相关的角色纳入讨论参与者的范围，以获得符合方向的、正确的价值主张。
- 商业模式中的客户分析，对设计师（尤其是具有复杂客户群体的产品的设计师）把控方向至关重要。
- 商业模式画布并不需要绘制得特别复杂，相反，越简单的描述越有利于快速达成共识。

品牌定位

商业模式画布帮助设计者明确方向，品牌为设计师细化方向。品牌或企业形象(CI)是企业通过所提供的产品或服务，以及人员素质、经营风格等要素在社会公众中留下的总体印象（摘自《品牌国际化战略》）。品牌既传递了品牌自身的各种品质，作为企业产品的附加值，也是确保彻底地、有意义地、可持续地创造不可或缺的因素；而设计可以将品牌和用户联系到一起。

在表现层上，Google 的 Matierial Design 从动效、风格、布局、组件、样式、使用等方面对操作系统上品牌视觉识别的各个方面提出了明确要求，并列举符合与不符合 Google 设计规范的样例。同样的方式可见于苹果操作系统设计规范与 LG 设计标准。对于设计师众多或开源的产品，标准清单是维持品牌形象最明确的方式。

品牌定位由品牌个性、目标消费群、产品、服务、价值等静态资产，与品牌视觉识别、广告创意等动态资产构成。在战略范围层上，由外而内观察产品，品牌对创新起着导向性的作用。在理解商业价值模式的基础上，品牌驱动创新需要关注：组织愿景，组织目标，实现愿景、目标的资源能力（由内而外地思考）；用户理解的企业产品价值（由外而内地思考）。在考量组织愿景与用户理解是否一致的问题上，价值曲线分析图和品牌画像可以帮助设计师视觉化用户对于产品或品牌，以及竞争对手的看法与整体印象，打造品牌滤镜。在需要对品牌形象进行运营的项目中，滤镜有利于设计师快速聚焦方向并选择机会，准备好品牌与用户的接触点，设计新的方案。

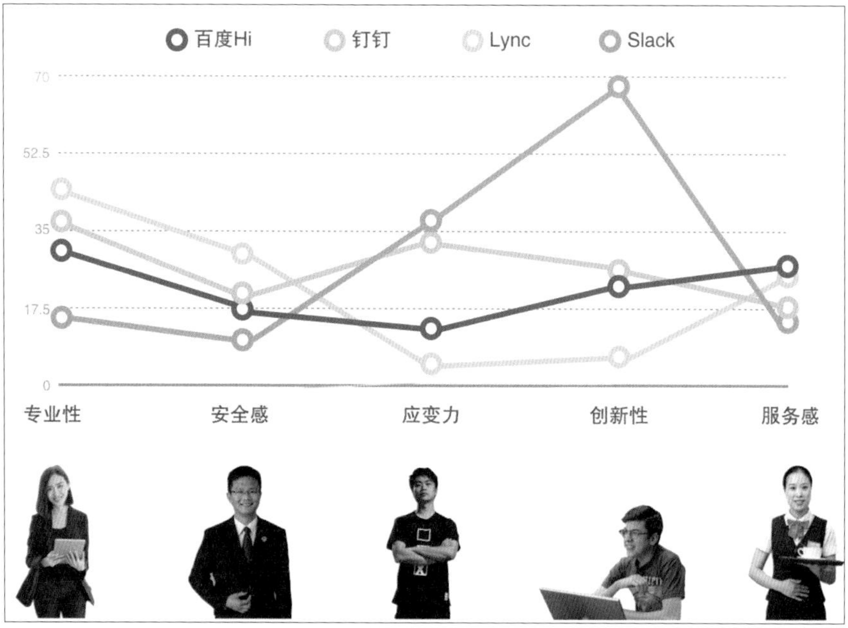

企业沟通产品价值曲线和形象

适用场景

新产品开发伊始、产品改版、市场化等需要建立设计调性，实现差异化的时候。

参与人员

决定品牌定位、影响设计决策的相关人员：管理者、市场人员、产品经理、用户研究员、设计师等。

主要流程

1. **收集定位关键词。**自上而下地访谈管理者、产品经理等决定产品定位的人员，收集和确定他们定位产品的关键词，通常你能获得一组形容词。
2. **组合关键词，凝练人物角色。**参考产品所在的领域和定位关键词，寻找在不同方向上有所侧重的相关角色。如企业产品能从专业性、安全感、服务感等角度出发，找到白领、公务员、服务人员等不同感觉的职业角色；中药产品能从经验感、专业感等角度出发，找到老中医、年轻医生等不同感觉的职业角色。
3. **组织投票。**将具有代表性的人物角色进行排列并进行投票。
4. **确定人物画像和价值曲线分析。**围绕投票结果，你将获得大家心目中的品牌人物画像和价值曲线。同样的投票流程，也可以用来检验竞品的品牌定位，以找到它们之间的差异。

5. **后续设计和用户验证。**品牌设计完成之后，品牌画像还可以用来检验用户心目中的品牌定位与产品定位是否吻合，以验证设计的效果。

产出物

品牌画像图、价值曲线分析图等。

注意事项

- 品牌定位不是用形容词加以描述、品牌色设计、Logo 或包装设计，品牌定位的目的是为了以具象化、差异化的方式，帮助所有人统一心目中的产品定位，获得准确的设计定位。
- 并不是所有的产品都需要品牌，品牌的建立是一个长期的不断加深用户记忆的过程，设计师需要明确品牌建立的时机和方式。
- 在收集品牌关键词前，可先调研竞品，拟提供一批涵盖所有竞品特点的、可供被访谈者选择的形容词，快速聚焦。

SWOT 分析

SWOT 分析法在商业世界里广为流行，也是设计中运用最为普遍的竞品分析模型之一。从图表中不难看出，SWOT 分析法提出了两组简单的问题：产品的优势和劣势分别是什么（从内部评估产品）；产品面临的其他机会和威胁分别是什么（从外部评估产品）。这些内部因素和外部因素与商业环境息息相关，在市场分析中，SWOT 分析法通常与 PEST 分析法、波特五力模型等一系列分析工具结合使用，精致地比对与分析企业位置并制定战略。

SWOT 分析法能够帮助设计者快速明确产品的竞争位置，争取项目团队共识，而分析质量取决于对诸多不同因素是否有深刻理解。SWOT 分析法也能被设计者借用，快速找到设计与竞品的差异和切入点。但需注意的是，包含 SWOT 在内的模型并非定式，我们借助模型展开思考，也需要具体问题具体分析，基于需求对模型进行拓展变形，而不是被局限住思路。在《麻省理工深度思考法》一书中的 SWOT 的新型应用案例就提供了很棒的模型演进思路。这里引入时间轴的概念，使 SWOT 的坐标轴位于时间轴中，这样我们在考虑到时间这个关键指标后，分析思考时也就会格外关注过去、现在和未来，有助于摆脱思考框架，更加深入地理解动力机制，从而做出相应的战略选择。

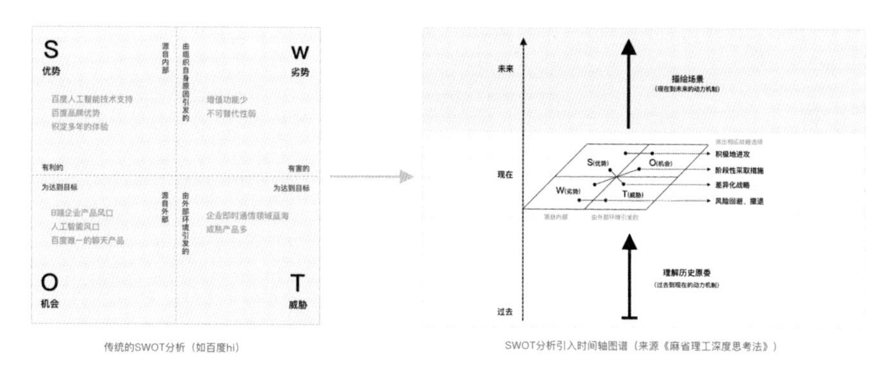

从传统的 SWOT 分析方法到引入时间轴的升级

适用场景

商业、产品上的 SWOT 分析能获得产品在市场中的战略位置；功能上的 SWOT 分析能获得设计的优劣势，扬长避短。

参与人员

产品经理、设计人员。

主要流程

1. **确定分析目的。**SWOT 可执行的范围过于广泛，为了获得关键结果，应该在分析开始之前确定讨论的层级（市场、功能、设计等）和目标（市场定位分析、功能实现分析、设计细节分析等）。
2. **针对分析目的，选择竞品。**无论是优势、劣势，还是机会、威胁，都建立在对照之上，SWOT 的基础是对竞品或潜在竞品的了解。
3. **填写产品内部优势和劣势、外部机会和威胁。**对于商业层级的分析，单个象限内的填写可以借助其他工具，快速获得更加全面的分析。如机会分析中经常用到的 PEST 分析法，从政策法律、经济发展、社会环境、技术水平 4 个方面拆解产品机会点。对于设计师，优势和劣势分析需要做到知己知彼；机会和威胁分析有助于获得未来趋势。
4. **调整各因素在象限中的位置。**将所有填入各象限区中的因素按照重要程度、紧急程度或影响程度进行排序，如非常重要、一般重要、不重要等，以获得更加清晰的 SWOT 矩阵，屏蔽较小因素的干扰。
5. **两两组合，制定策略。**SO 激进组合，最大限度发挥优势，在核心功能设计上做到最好；WT 防御组合，不盲目扩大产品和服务，收紧方向；WO 转型策略，在限制条件下寻找设计机会点；ST 多管齐下策略，扩大领域，可进可退。

产出物

SWOT 竞品分析图和报告。

注意事项

- SWOT 分析法能用于市场定位、竞品分析、项目规划、个人决策等各个方面。
- 使用 SWOT 分析法，不应该拘泥于填入象限中的某个劣势或威胁，要整体权衡各要素的重要程度，做出恰当的取舍和判断。

2.4.2 产品维度挖掘

相对于商业愿景，产品愿景对于设计师的影响更加直接，即团队希望为生活在未来世界的人们提供什么样的产品。在之后具体的设计实例中，我们将围绕产品和用户展开更加微观的分解。

全链路分析

除了现有问题积累、数据分析、用户调研、集体涌现挖掘，在规划产品或功能时，设计师也会角色前置，站在整体的产品服务的角度，自上而下地绘制产品的蓝图和整体用户体验。不同于用户体验地图旨在以用户为中心，通过用户视角和场景触点，拆解用户在服务流程中体验的好坏，全链路分析更加侧重于围绕产品的核心链路进行分析，设计框架，找到设计对于产品的收益。这个过程和用户体验地图类似，以“线”串联整体流程，因而通常适用于强任务型产品。

跟同类型的分析工具一样，全链路分析为思考提供了一种分类框架，并将复杂网络的洞见系统化。这有利于对设计形成具体论点，为构建一个包含人、技术与流程的全面网络打下基础。因此这些工具既是分析过程，也是建构观点的方法。

适用场景

全链路分析适用于任务或主线明确的产品或功能，无大量用户使用的非用户产品；可用于新产品构建创新，或者对现有产品进行分析挖掘。

参与人员

设计师或产品经理。

主要流程

全链路挖掘的过程可以拆解为明确链路、横向拆解链路（如经营链路、服务链路、行为链路、分析链路、产品链路等）、纵向分析（如用户分层、用户行为、用户痛点、需求图谱、机会点、设计策略等）、明确设计目标和产品框架层面应对方案几个步骤。

因此全链路分析图大致可分为横向拆解和纵向分析两部分，每个产品适合的分析细节有所区别。横向链路各个节点经过纵向层面一一分解细化之后，设计获得大框架下的设计目标；搭建起产品的框架，并明确框架下每个部分中的重点；而后所有的交互设计细节被一点点勾勒出来，与之前的洞见建立关联。在“2.15 实践案例：商业数据产品设计”中会介绍详细的应用方法，可参见“T 形分析模型”（216 页）。

产出物

链路分析脑图和对应框架设计图。

新零售场景下某商业数据产品的全链路体验地图

注意事项

在项目分工较细的团队中，设计师在分析前或分析后需要与产品经理进行沟通，对产品有一定认知，以确保链路的覆盖面和说服力。对产品的认知是进行全链路分析的基础，对于专业化程度较高的产品，如商业产品、企业产品，全链路分析应该基于用户调研、集体涌现挖掘等其他需求挖掘的方法和产品所处领域的商业价值，看似是最方便的挖掘办法，但对设计师的思考能力有更高要求。

现有问题积累

用户会主动发声，快速了解一个产品用户体验的方法，便是通过用户发声的渠道收集 他们对产品的讨论、建议和意见。相对于其他方式的用户研究，现有问题挖掘无须 准备，成本低而直接，是设计师最直接的需求来源，但也是最常被设计师和团队认 为不重要而忽略的方法。

适用场景

现有问题挖掘是设计师的日常工作，也适用于紧急情况下需要快速进入新项目的设计，或者人力资源紧张的项目。

参与人员

在项目中，不仅交互设计师会进行现有问题的收集，测试人员、客服也有各自的问题清单，多以表格的形式建立或记录在各自惯用的平台上，如 bug 平台、客服后台等。这些清单需要在项目的问题池中共享，设计师也可以通过查看其他人的清单获得一手资料。

主要流程

现有问题挖掘的过程可以分解成三个步骤：“泡”“记”“评”。

1. **“泡”。**“泡”是指日常工作中每隔一段时间对反馈渠道的走查。产品的反馈渠道可以分为两部分：用户直接反馈渠道（以产品本身提供的线上反馈渠道为主，如直接反馈留言、邮件反馈、客服反馈等，以及客户端下载应用商店，直接渠道收集的反馈通常为对用户使用造成较大障碍的问题和细节）；社交平台（产品相关论坛、问答平台中的帖子，可以通过搜索关键词获得，社交平台收集的反馈通常为用户对产品的直观感受）。
2. **“记”。**“记”非一般记事，区分初阶设计师与成熟设计师的关键在于前者总是在记事本、纸张上写下零散的问题点，而后者会应用 Excel 将问题点按照模块位置、问题截图、细节描述、问题类型、相关人员、待解决方案、解决版本等进行整理式记录，标记反馈数量和反馈集中区域，如下页图中典型的产品问题池记录表。也可以在平台上以标签的形式进行管理，定期跟踪更新。“记”的来源除了反馈渠道，还有设计师针对产品关键任务和设计的日常走查。作为现有问题挖掘时关键的一步，“记”的习惯和产出，即对问题的管理直接影响体验优化整体有效推进，在实际产品迭代过程中不可能总是临时添加需要优化的问题点。

3. **“评”。**“评”是指对问题池进行评估管理，确定待解决的问题和优先级，以便在产品迭代时整体插入体验优化计划。“评”的关键在于相关问题聚合，聚合的维度可以从体验建立，也可以根据业务划分。体验维度，适合单一业务为主的产品，问题根据出现位置（首页、个人中心等）和问题类型（速度问题、稳定性问题、美观问题等）进行聚合，建立体验提升模型；业务维度，适合多业务平台，问题根据业务功能模块（搜索、聊天、钱包等）进行聚合，建立业务提升模型。问题越集中，优先级越高。问题评估管理模型建立后，根据产品的迭代计划与模型中体验优化优先级合理推进，综合排期。

产出物

现有问题挖掘的产出物依阶段可以分为问题池和评估管理模型，多以表格记录，或者在团队共享平台中共享。

所属板块	问题描述	截图	体验类型	业务类型	提及人数	UE预解决方案	改进目标	问题等级	已提供方案	解决版本
定位	描述		类型			评估			跟进	

产品问题池记录表

注意事项

问题挖掘工作与设计积累一样重在坚持，虽然看起来是极其简单的事情，在产品快速迭代时容易被复杂的情境淹没。评估问题时需对比其他方法的挖掘结果。评估模型建立后，合理推进需要设计师熟知产品迭代计划，建立向上汇报的信心。

项目目标分解

产品的每个阶段都设定了一定的绩效目标和量化标准，目标分解图的发明来源于平衡计分卡。如果说平衡计分卡用以衡量设计咨询公司或设计部门在客户、绩效、财务、个人等方面的业绩，那么目标分解图可以帮助设计师在设计的各个阶段，用更加细化的向量，发散与评估设计效用。即为了达成产品目标，设计师需要在哪些方面做出努力，相关利益人是哪部分的用户；而产品上线后，哪些方面的提升能够在一定程度上反映设计效果。目标分解也为设计者和管理者提供了一种共通的语言，让设计在面向项目内外其他角色的挑战时更加具有说服力。

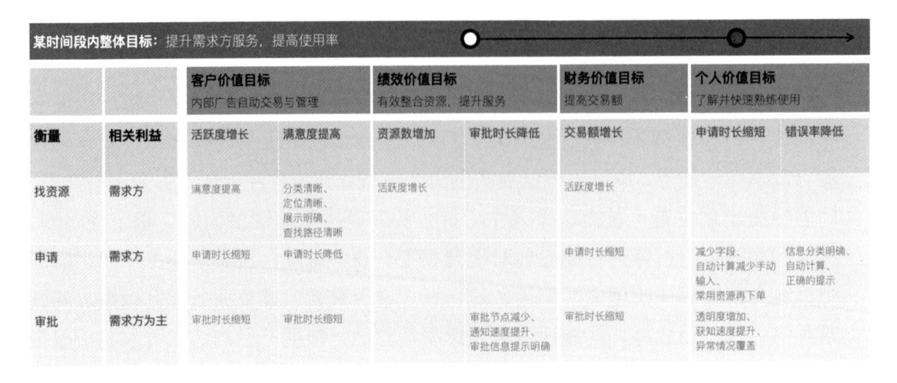

某时间段内整体目标：提升需求方服务，提高使用率									
		客户价值目标 内部广告自助交易与管理		绩效价值目标 有效整合资源，提升服务		财务价值目标 提高交易额	个人价值目标 了解并快速熟练使用	
衡量	相关利益	活跃度增长	满意度提高	资源数增加	审批时长降低	交易额增长	申请时长缩短	错误率降低
找资源	需求方	满意度提高	分类清晰、 定位清晰、 展示明确、 查找路径清晰	活跃度增长		活跃度增长		
申请	需求方	申请时长缩短	申请时长降低			申请时长缩短	减少字段、 自动计算减少手动输入、 常用资源再下单	信息分类明确、 自动计算、 正确的提示
审批	需求方为主	审批时长缩短	审批时长缩短		审批节点减少、 通知速度提升、 审批信息提示明确	审批时长缩短	透明度增加、 获知速度提升、 异常情况覆盖	

某资源交易产品的目标分解

适用场景

具有明确 KPI 的项目开始时，强目标导向发散方案。

参与人员

产品经理、设计师。

主要流程

1. 确定项目的整体目标。以此为目标发散方案，验证设计效果。
2. 按照客户价值、绩效价值、财物价值、个人价值分解整体目标。
3. 确定影响目标的关键流程和相关利益者。
4. 确定目标分解矩阵，发散方案。

产出物

目标分析图。

注意事项

- 设计师对产品目标的分析，来源于产品经理在项目启动前的早期规划，需要在项目管理者的把控下进行。

集体涌现

涌现挖掘是指项目团队内部在对产品用户拥有一定认识积累的前提下，针对行业、竞品、角色场景等进行的讨论式需求挖掘。如果说迭代是通过多次逐步提升产品和体验，涌现则是通过多人碰撞、相互影响产生目标和方案。涌现和迭代一样，是创新团队的共性。

适用场景

新产品、新功能设计，无数据支持或快速迭代的项目。

参与人员

角色多样的项目组成员：产品经理、用户研究员、设计师、开发工程师、运营人员等。

主要流程

涌现挖掘的过程可以分解为明确目标、确定方法、讨论前准备、召集成员、开始讨论、收敛讨论结果，以专题讨论（workshop）的形式呈现。

明确目标的目的与其他方法一致。确定方法指的是针对需要讨论的目标和问题确定可以使用的工具，如以竞品为突破口寻找设计差异可以使用 SWOT 方法进行讨论，以用户体验为突破口可以使用体验地图进行讨论。

在确定讨论可以借用的方法后，需准备好方便讨论、促进涌现用到的材料——绘制好讨论框架的白纸、方便大家发散观点随意修改的便笺和马克笔等。一方面涌现的基础并不是无逻辑风暴式发散，没有框架的讨论容易造成主题偏离、效率低下；另一方面，可视化的讨论过程更容易快速带领大家进入角色状态，是涌现快速而有效的基础。《商业模式新生代》一书中强调了这种可视化思考对团队和企业的价值，即利用诸如图片、草图、图表和便利贴等视觉化工具来构建和讨论事情，视觉化技术让抽象的分析变得明确而有形，讨论起来也更加清晰，促进人们共同创造。讨论成员应该是项目组里的各个角色，或者具备不同的资历、年龄、经验水平以及业务部门归属、客户知识和专业技能，相同项目角色的人具有相近的思维特点，单一的角色讨论面易覆盖不全，易导致相互影响进入误区。

讨论过程一般由召集讨论的同事主持，保持讨论聚焦（不要让讨论跑题太远），把控时间和节点（暂缓判决、一次一议、鼓励疯狂创意等），实现可视化（号召大家在流程中将创意想法画在便笺上，贴在图表相应位置，根据想法挪动便笺）。

以体验地图为例，讨论过程围绕图表依次确定接触点（用户在完成任务的体验过程中，在与产品的每个接触媒介点上，寻找设计机会点，如从电影购票到观影这个过程中使用到的手机 App、换票平台、观影设备等）；关键环节（用户在完成任务的连贯完整的主线环节，如打开手机、打开 App、浏览电影、选座、付款、兑票、检票、观影、评论分享）；填充数据（各成员填充每个环节中用户的行为、需求、痛点、心情、满意度曲线，填充依据来源于定性的用户调研或定量数据分析）；洞察机会点（即收敛讨论结果，站在图表前整体评估需要解决的问题点和产品体验提升的机会点）。

产出物

各种呈现集体发散和问题收敛的可视化的大白纸。

注意事项

并非所有人都擅长表达，涌现需要合理照顾各个角色，忌强硬否定，多问问观点产生的原因，尊重其他人的发言。涌现还需要营造平等的环境，避免领导角色发言给其他成员造成较大压力。讨论需事先设定时间，适可而止，进行阶段性总结，防止效率低下。

2.4.3 用户维度挖掘

在项目里，设计师直接代表用户利益，用户研究是交互设计师从初阶到高阶始终应该恪守进化的技能。设计前期常用到的工具，尤其是用户研究工具，最直接地来源于各设计机构、院校对心理学、市场研究领域常用方法的“本土化”改造。

用户调研

用户调研是指与真实用户接触，通过观察、访谈、测试等方式，在实际情境中，获得真实的设计资料。与对数据的观察和定量佐证相比，还原到现实环境中的调查，更易于挖掘用户的潜在习惯和真实需求，找出行为背后的原因，进行针对性设计。

适用场景

用户调研适用于有确切目标用户的设计项目、不易同理的人群（如“95 后”、商户）、不确定的设计方案或数据覆盖不到的问题。本书将在“2.5 设计调研阶段”一节中进行更加详细的介绍。

参与人员

用户研究员、设计师、目标用户。

主要流程

完整的用户研究的过程可以分解成明确目标、选择用户、实施调研、确定角色场景、实施设计，通常与数据分析配合进行。

典型的研究工具（实施调研的过程）和设计方法（实施设计的过程）将在“2.5 设计调研阶段”一节详解，这里主要介绍通用流程。选择用户和确定人物角色是用户研究过程中关键的两步。想得到 50% 的产品满意度，数据分析是让 50% 的人对产品满意，而用户调研是分离出这 50% 的人，让他们对产品 100% 满意。因为你不可能做出一个满足所有人的产品，因而用户调研关注典型用户。获得典型用户的方式有两种：来源于数据聚类结果（从数据中发现共同模式，按比例随机抽取），能代表一部分用户群体的人（如大学生，他们是你的主要目标用户）；来源于数据分离结果或日常观察，与绝大部分用户行为不一致的人（如几乎不用、不喜欢某个产品或功能的人，他们可能成为你的潜在用户）。前者获得通用方案，后者可能得到创意突破。

人物角色场景是在实施调研之后，针对目标群体的使用目标、场景、行为、观点等进行真实特征的勾勒，总结为一组对典型产品使用者的描述，以指导设计。在为糖尿病患者设计血糖仪的案例中，设计师依据访谈结果建立起两个人物角色——对疾病无所畏惧的老年患者和不想让同学们知道自己患病的青少年患者，围绕角色特点设计出了两个完全不同的产品：功能庞大专业的血糖仪和小巧到看起来不像血糖仪的机器。没有数据结果铺垫时，用户调研的过程可以概括为发现用户（谁是用户、有多少、做了什么）、建立假设（他们之间的差异）、实施调研、发现共同模式（是否抓住了重点、是否有更多的用户群，以及他们之间的优先级）、建立角色场景、实施设计。

产出物

基于问卷、访谈等结果的可视化调研分析报告。

注意事项

用户调研后设计团队将针对角色场景进行针对性设计优化，因而角色场景数量不宜过多，2~4 个较为合适，过多易分散设计注意力，带来评估难度。

体验地图

体验地图（Journey Map），是在实地调研，或者前期无任何定量定性结果时，团队内部在了解用户（无论是通过问卷、访谈还是文献、互联网获得的认知）的基础上，选择适当的用户角色，针对用户体验中的某一主要任务线进行的阶段式视觉化呈现。因而用户体验地图是从用户视角去理解用户和产品或服务交互的一个重要设计工具，并在商业、产品等非设计领域应用广泛，在互联网企业、咨询公司、知名强调服务的企业（Starbucks、IKEA、LEGO 等）中均已普及，重要性不言而喻。通过体验地图，设计师围绕用户在各阶段、各接触点上的行为、想法、感受、期待、痛点等整体体验，寻找痛点和认知差距，针对痛点发散可能的解决方案。每个角色的用户可能拥有各自的体验地图，一个完整的体验流程通常从用户产生想法开始，直至任务结束或第二次任务开始前。

体验地图不仅能够帮助我们更深入分析用户，还可以辅助我们进行产品或服务重构、流程再造，是服务设计的基础工具；它强大的讲故事与视觉化的呈现方式也是团队讨论的常用工具（你会在工作室看到贴满便笺的一张张体验地图）。因而体验地图的优势在于：全流程评估、用户真实感受直观呈现、各角色共同参与、应用便捷。

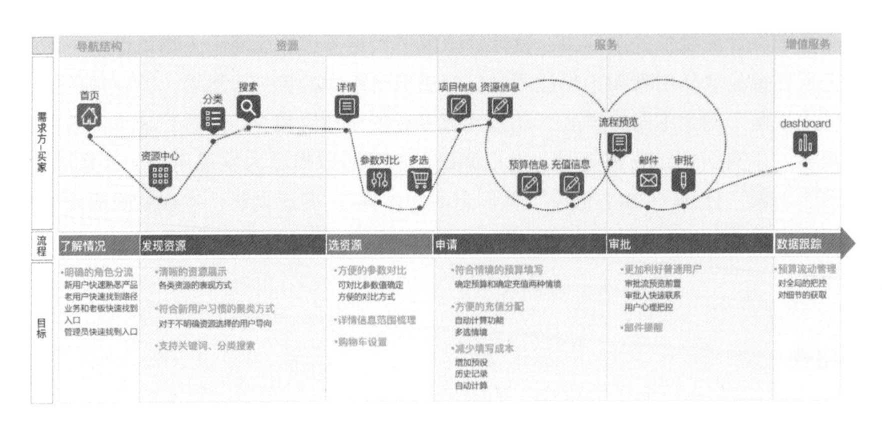

某资源交易产品的用户体验地图

每一张体验历程图都会因场景不同而各不相同，但一般而言，它们都包括了用户角色、体验的流程和机会点洞察三大区块。区域 1： 用户角色区域，包括用户的人物画像和产品的使用场景，为体验地图提供基本的人物情境设定。区域 2：体验地图的核心部分，包括用户体验历程的各个阶段划分，用户的行为、想法、感受、期待、痛点等，它们也可以通过调研中的用户反馈或视频予以填充。区域 3：此区域会因各项目商业目标的不同而不同，主要包括未来的机会点、企业的内部主导权分配等。

适用场景

在项目团队中，体验地图对于不同角色的价值体现在：产品经理、设计师基于用户的整体体验进行针对性产品设计和方案对比；开发工程师基于用户反馈寻找最合理的技术解决方案，建立技术到产品的转化；测试人员能够了解到真实的用户体验情况；运营人员可以看到真实的用户故事和产品亮点，获得产品推广素材。在项目流程中，项目初期，还原用户场景，发现用户的真实需求、评估需求；项目中期，体验地图还可以帮助团队成员记录在 Demo 测试中发现的优化点，进行方案对比和抉择；项目上线时，记录细节，持续追踪和改进，定期对比竞品体验。

参与人员

产品经理、用户研究人员、设计师等。

主要流程

在项目过程中，体验地图大致可以分解为寻找触点、梳理关键环节、灌输用户数据、制作体验地图、洞察体验地图、推动落地的步骤。

触点指的是用户与产品或服务互动的地方，以看电影为例，触点有订票时使用的手机 App、换票时的终端机或服务人员、观影时电影院的环境等。

寻找触点之前，在条件允许的情况下，设计师应该通过问卷获得满意度，通过逛论坛、跟踪、访谈、亲自参与等方式记录用户的行为、想法、感受、期待、痛点。

梳理关键环节时，需要保留主线环节，去掉非必要和与目的无关的环节，合并动作连贯、心情相似的环节，对用户行为流进行“清洗”。如在制作外卖骑士体验地图时，对于设计作用发挥较小的联系餐厅环节可以规避，核对餐品和餐品装车环节可以合并。

灌输用户数据和制作体验地图的信息来源于触点前的记录数据，形成典型案例。

在洞察体验地图的阶段寻找产品体验提升的机会点，依据问题验证程度、发生频率、用户满意度，确认问题的优先级，并推动落地。

产出物

用户体验地图。

注意事项

- 用户体验地图往往在集体涌现挖掘时，能被发挥最大效用。
- 用户体验地图几乎是设计师应用最多的用户研究工具，“漂亮”的可视化方式往往让设计师沉迷于完整的发散当中，而迷失终点和方向。用户体验地图使用之后，需进行要点收敛。

2.4.4 数据维度挖掘

数据分析

数据分析，即通过统计分析方法对收集来的大量数据进行分析，提取有用信息。分工明确的项目团队里通常配备数据分析师或由产品经理、用户研究员跟进数据。数据分析的来源有两方面：产品数据（第三方数据观测平台、自己开发的数据采集平台、迭代中增加的埋点等）和用研数据（问卷、实验等）。针对用户体验数据监测，本书将在“2.9 实践案例：产品体验监测模型”一节中进行更加详细的介绍。

适用场景

数据观察是设计师的日常工作，数据分析与定性分析多辅助使用，适用于大版本迭代、改版，针对用户反馈优化时和优化后需要数据印证的场景，或者产品数据异常时需要解析和用研印证的场景。

参与人员

产品经理、数据分析师、用户研究员作为数据分析与挖掘的主体，定期观察、整理与汇报数据；交互设计师的工作多为辅助跟进，设计时根据需求提出埋点，以印证设计效用。

主要流程

对于设计师而言，数据主要应用于发现问题、数据印证问题、分析原因、设计优化、埋点和上线数据观察印证的过程（完整迭代）中，或者发现问题、假设原因、灰度发布、数据观察印证的过程（快速迭代）中。

设计师常应用的数据挖掘的步骤可以分解成明确目的、确定关键数据、数据画像、改进方案、数据跟进。以常见的注册功能设计为例，明确目的是指弄清楚设计目标和主要问题，注册的目标是增加注册用户，主要问题可能是中途放弃的新用户多，转化率低。确定关键数据是在弄清目标和问题后，确定达成目标或造成问题的指标有哪些，如数据分析中最常用到的漏斗模型，每个界面的转化率、注册时间、最后的注册率。

数据画像是指在确定关键数据后，围绕数据背后的人群进行画像分析，找到潜在原因。如第一页填写内容过多、步骤过长，或低龄人群因理解障碍而放弃注册。在得到可能的原因后，设计师通常结合用户调研、专家评估、A/B 测试等方式优化方案，并在上线前埋点设计，观测上线后关键数据的变化，验证效果。

产出物

可视化的数据分析报告。

注意事项

数据埋点的方式主要有三种：使用第三方统计分析平台的标准 SDK 接入产品、使用无埋点方式、自己开发。数据挖掘的前提是必须有数据，在不成熟的项目团队里，其他角色不一定会向设计师传递数据信息，设计师需主动提出数据要求。没有产品每一次改版都是成功的，没有设计师每一次的优化决定都是正确的，埋点不是只为了印证自己的设计是对的，我们需要摆正自己的心态，借助数据积累经验。

2.5 设计调研阶段

设计师们其实应该是最走近用户，为用户发声的群体，既是产品的设计者也是用户的代言人。无论是以“用户为中心的设计方法”走入用户，运用设计的手法为用户解决问题提升用户体验，还是在“用户参与式设计”中更多地扮演协调者、观察者和引导者角色，感性地获得用户的第一手资料，得以从更丰富的角度挖掘用户的意识和需求，从而助力产品设计走向，都要做到真正地了解用户，能够带着同理心思考设计就不简单。在产品设计初期，不仅需要解读好产品的商业需求，还要不戴有色眼镜地从用户的角度出发看问题，更好地将商业需求与用户需求结合，从设计的角度分析并制定出合理的设计目标。明确设计目标与方向是设计师在这个阶段的首要任务，找到走入用户的突破口就有赖于用户研究这个有力的抓手，有效地运用合理的用户研究方法深入到用户中去，将会成为设计师在设计初期明确目标方向甚至找到方案突破点的关键助力。

之前在用户体验团队中也介绍过专职的用户研究人员，然而不仅仅是用户研究人员，对于互联网产品设计团队中的每一位成员，用户研究都是有效的武器，应适当了解并能够在需要时使用。好的研究方法要在恰当的时间用到恰当的地方才能发挥其应有的效果。首先需要明确用户研究目的，这往往与产品所处的阶段以及用户研究需求的层次相挂钩；接下来根据研究目的来选用适合的研究方法以达到事半功倍的效果；然后在用研执行层面充分挖掘核心用户的实际需求；最终输出具有指导价值的用户研究报告。

1. 明确用户研究的目标

根据产品发展阶段结合业务研究层次明确用户研究目标，带来好的开始。

产品开发阶段：在互联网领域的产品开发阶段，不同的周期和设计阶段，研究目的不尽相同。用户研究主要应用于三个阶段：

- 产品计划阶段。对于新产品来说，用户研究一般用来明确用户需求点，帮助设计师选定产品的设计方向。深入用户获取可能性与机会点，探索新的方向。
- 产品发布后。对于已经发布的产品来说，用户研究一般用于获取反馈，发现产品问题，倾听用户的声音，帮助设计师优化产品设计和体验，快速迭代。
- 产品评估阶段。用户研究用于辅助产品的性能测试，为产品做可用性评估、与竞品的对比等，及时评估和调整产品设计策略，提升产品核心竞争力。因此在产品设计的不同阶段，需要首先明确希望解决的问题是什么？在当前设计过程中，哪些信息是需要获取的？哪些知识缺口是需要填补的？明确研究目标是制定调研方案选择调研方法的前提。

业务研究层次：如果业务方给用户研究人员提出了明确的用户研究需求，此时最为重要的就是摸清用户研究需求的层次，对症下药。从基本的设计研究开始，由微观到宏观层层递进。初级的研究层次是设计研究，目的是借此获得设计解决方案，优化用户体验或测试设计的可用性；接下来是产品研究，目的是定位用户以及产品框架、需求和功能点；再往宏观递进是业务研究，即通过用户研究对业务方向进行指导和把关；最为宏观的层次就是策略研究，探索市场策略和商业生态模式的方向和可能性，为决策提供助力。一般来说，用户研究最为普遍的层次是设计研究和产品研究，基本也可以结合产品的不同开发周期和阶段来明确研究目的，包含产品研发前期的用户定位，以及产品上线前夕的可用性问题等，帮助解决用户痛点。到了业务研究和策略研究的层面，需要用户研究人员具备更为广阔的视角和前瞻性，结合国内外行业历史发展脉络定位研究目标，辅助业务方制定发展方向、市场策略等，通过用户研究提供战略层的业务建议。

2. 选择研究方法

搞清楚目的以后需要了解使用何种途径和方法能够帮助我们快速填补知识的空白，解答我们的需求。在时间及测试者有限的情况下，应该选择哪些研究方法达成目标呢？解答这个问题就需要对用户研究的方法有所了解，通过选定的研究方法来收集信息并将其整理成具体的调研方案。用户研究有很多种方法，一般从两个维度来区分：一个是定性（直接）到定量（间接），比如用户访谈就属于定性研究，而问卷调查就属于定量研究。前者重视探究用户行为背后的原因并发现潜在需求和可能性，后者通过足量数据证明用户的倾向或是验证先前的假设是否成立。另外一个维度是态度到行为，比如用户访谈就属于态度，而现场观察就属于行为。从字面上理解，就是用户访谈是问用户觉得怎么样，现场观察是看用户实际怎么操作。“定性”和“态度”偏主观感性，需要调研者保持中立客观的态度，适合了解调研对象对于产品最直接的反馈。而“定量”和“行为”偏客观理性，需要数据抓取和行为记录，后期分析过程中调研者若能在严谨的数据分析中迸发感性的灵感就能提炼出更多有价值的猜想。然而很多情况下定性和定量两个维度的研究是相辅相成的。因此选择合理的方法，执行调研计划，对可能出现的意外灵活应变，才能更好地获取有价值的调研数据。

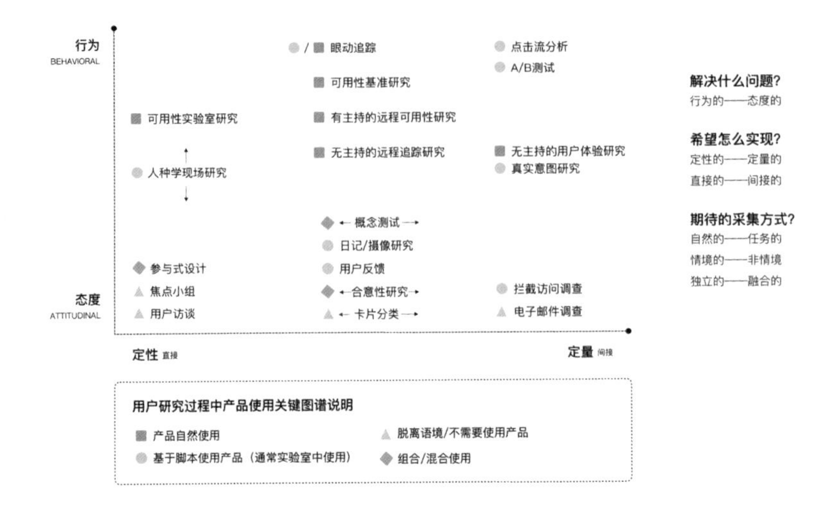

常用的用户研究方法（来源：《三维坐标系用户研究方法》，作者 Christian Rohrer）

常用研究方法包含访谈法、可用性测试、焦点小组、问卷调查、A/B 测试、焦点小组、卡片分类、日志分析、满意度评估、观察法等。在产品的不同周期和设计阶段里选用合适的用户研究方法的简单汇总如下图所示。

产品阶段	评估阶段	探索阶段	测试阶段
研究目的	衡量产品在市场和用户心目中的表现	探索产品发展方向、用户需求和机会点	检测产品设计可用性；发现并优化实际问题
研究维度	定量研究为主	定性研究结合定量研究	定性研究为主

常用研究方法

在做产品大市场分析评估时（评估阶段），需要用户研究来衡量产品表现，与历史版本或者竞品做一些比较，这时候就应该以定量研究为主，推荐使用的方法有 A/B 测试、问卷调查、可用性测试等；在产品开发的策划需求期（探索阶段），可以采用定性研究和定量研究相结合的方法，如问卷调查、焦点小组等；在产品设计及产品测试阶段，更推荐使用用户访谈、问卷调查、数据分析等用户研究方法。

3. 进行用户研究

不同的用户研究方法在具体实践过程中流程不尽相同，需要具体问题具体分析。但是在用户研究过程中有两个共性的关键因素可直接决定研究的价值。

- 找对用户，找到最佳的被访者：用户研究，顾名思义最关键的就是找到最佳的被访者。用户找不对，研究结论或有偏颇或没有目标性，可用性很低。
- 深入挖掘用户真实需求：不仅要找对用户还要通过适用的用户研究方法捕捉用户的真实需求。访谈不够深入，容易获取万人皆知的表象信息，无法获取潜在和深层次的本质需求，研究结论意义不大。

4. 产出研究结论

分析调研数据后产出具有指导性的结论与报告。同样一份报告，通过不同的分析方法可以得到很多不同的信息，解答我们要研究的问题，证实或证伪我们的假设，整合分析我们搜集到的数据，发现其中隐含的机遇和启示。研究报告的呈现方式多样，一般情况下会包含结论汇总，人物角色和用户形象如用户画像等，典型用户场景如故事板等，基础完整版数据分析，得到的分析结论点以文字结合数据可视化图表的形式展现出来。研究报告要注重结构的清晰，需要有明确的结论，往往总分总的结构能够更好地把思路捋顺。

使用到的辅助工具包括但不限于：Mic、Excel、SPSS、Paper、Docs、PPT、Keynote 等。

这里有几点注意事项。

- 充分了解产品：熟悉产品才能深挖背后的原因，调研结果才能落到地上，清晰认识它的市场定位、用户定位、已有用户特征等，才能给设计师、决策者提供参考和依据。
- 保持中立的态度：在用户调研过程中，做到态度中立，围绕主题逐层拆解问题，不要带有目的性地引导用户。
- 综合分析结果，不要被数据蒙蔽：访谈用户，挖掘收集庞大的商业数据并整理其中的发现。

用户研究的价值就体现在以用户体验的思路挖掘用户需求，结合依据提出关于产品的核心发现及洞察，推导产品定位，从而指导产品设计。在接下来的章节里，笔者将重点从实践和执行性的角度为大家详细介绍几种实用的用户研究方法：用户研究的基础——用户访谈；三大研究利器——可用性测试、问卷调研和人物角色（persona）；高效用研秘方——焦点小组、卡片分类、用户行为数据分析。

拓展阅读

- *IDEO Method Cards : 51 Ways to Inspire Design*
- 《设计方法与策略：代尔夫特设计指南》
- 《通用设计方法》

2.5.1 用户访谈

用户访谈是一种常用的定性研究方法，适用于主导或辅助各类用户研究，而且根据研究要求的不同，访谈的形式可以做很多调整，可以说是用户研究的基础方法。其核心价值在于用提问交流的方式深入用户，了解用户体验过程和感受，发现问题，挖掘问题背后的用户需求和产品价值。用户访谈一般会从用户的基本情况入手，先了解用户的基本信息，再进入开放性的问题，让用户充分表达自己，再逐步收敛，聚焦到问题的核心，追本溯源，了解背后的原因。访谈内容包括产品的使用过程、使用感受、品牌印象、体验经历等，由浅及深，由表及里，洞察真相。

适用场景

用户访谈重点在于挖掘个人用户的产品使用情况，从对于产品的观点和认知，到产品使用动机、产品体验和行为操作都可以获取较为直观的信息。用户访谈可以获取详细信息，真实性高，调研内容和主题的局限性较小。通过访谈所获得的内容，可以被筛选，组织起来形成强有力的数据。用户访谈的主要适用时机和场景包含以下几点。

- 作为新产品或产品优化的调研方法：每次产品的开发和迭代都会一方面添加新功能，另一方面进行原功能的优化。在开发新产品的时候，往往会摸不准用户需求，新功能新需求的定位需要得到验证，或者是为一部分新用户而设计开发新产品，就更需要对新用户群体进行深入而全面的了解。在做产品优化的时候，如果能够事先通过快速的用户访谈获取用户反馈，就能更快速聚焦得到优化方向，为设计背书。
- 为产品测试收集反馈：产品发布前夕，一般会做大量测试。内部人员测试都会从比较专业的角度出发，而邀请一些真实的目标用户来体验新产品，可以得到用户对于产品最真实的反馈，进而在上线前对于重大问题进行快速调整。
- 了解当前产品的问题：如果说迭代上线后的产品功能的数据没有达到预期，那么可能是需求的判断或实现出了问题。这时候应当带着开放的思路，走出产品的表面臆想，去询问用户为什么不使用相关功能了，是哪里出了问题，能够针对真实情况给出合理化解决方案。

参与人员

会议执行人：主访人、被调研用户（通常 6~8 名）、记录人员。

主要流程

用户访谈调研流程

1. 定目标——熟悉产品，确认访谈目标

明确访谈目的是做用户研究首先需要确认的问题，用户访谈前更不例外。解读调研需求后再与需求方沟通，充分交换双方的理解和想法，确保用户研究人员与调研需求方的访谈目标达成一致。相对常用的访谈目的是做探索性研究或者验证性研究。探索性研究一般结构不固定，形式较为开放，而验证性研究一般是为了检验已知观点或结论的普遍性而去做的研究，目的更为直接。在明确访谈目标的同时，还需要明确研究主题，调研的目标用户一般都是对该主题或者产品有一定体验或理解的被访者，调研人员应当自主去熟知研究主题和背景知识，在实际访谈过程中能够更好地保障其进程和品质。另外一个基础的准备工作就是熟悉产品本身，特别是调研需求相关部分的功能和特性更要理解透彻。如果访谈目标用户是产品活跃用户或深度用户，那么用户对产品的熟悉程度和理解水平可能会远高于研究人员；如果目标用户是低活跃用户或新用户，由于对产品缺乏了解，用户在访谈过程中极有可能会问到很多产品相关的问题，需要用研人员给予明确的解答。因此，访谈前对产品做足功课，不仅是对访谈对象最起码的尊重，也直接关系到访谈深度和效果。

2. 做计划——梳理访谈提纲

清晰明确了访谈调研目标并充分了解产品以后，要根据调研需求设计访谈大纲，做到对每一条具体的需求都有所涉及，尽可能做到全面详尽。考虑到用户被访体验，对于访谈题目的排布要做到由易到难，由粗到细，循序渐进。最开始提问一些简单的问题，拉近距离建立信任，通过渐进的过程逐步深入产品，和用户形成正向互动。比如访谈某产品的用户时，可以先问一些用户基本信息、产品使用频次、使用原因等一些客观描述性问题，再逐步加入用户的主观感受，如让用户描述详细的产品使用场景、特别的经历、遇到的问题和困惑，最后再切入到产品使用细节，就具体功能或操作点追问用户。到访谈后期还可以穿插一些开放性问题，特别是做探索性研究的背景下，更多地激发用户，获得一些新鲜的想法与观点。随着访谈的渐进式过程，研究人员会逐渐获得可以解读研究目标的观点，所获取的信息框架也会越来越清晰，这是典型探索性研究的特征。访谈题目的描述和语言的使用需要清晰易懂，降低用户的理解难度，尽可能避免使用专业词汇。举例来说，不同的用户对访谈主题或是产品的了解程度不同，资深用户可能了解得较多也相对专业，但对于新手用户来说，过多的专业术语只会使访谈变得枯燥耗时，让用户产生不耐烦的情绪。

3．找用户——邀约被访用户

用户访谈找到最佳被访者是获取有效研究结论的关键。根据访谈目标定义的用户范畴来锁定特定的某类或某几类特征的用户。如果是开放的探索性质的访谈，挑选访谈用户时要注意背景多元化，最好是不同性别、年龄、行业或职位的人员，这样更具代表性。如果是产品功能优化，则一定要找到核心用户深度了解他们的产品诉求。找对用户，就成功了一半。

一般找用户采取三种方式，一是自己发问卷邀约，二是邀约周边资源，三是通过中介邀约。在条件和渠道允许的情况下，自己发放问卷邀约用户，是较好的选择，但需要设计问卷，以及投放回收和邀约，整个过程较费时。邀约周边资源包括同事或身边熟人等，对邀约对象的背景有一定了解，是简单快速的方法。出于产品保密，需要敏捷评估等考虑，就可以直接邀约访谈公司内部用户，快速得到产品设计中的一些问题建议和反馈。但是具有局限性，用户的代表性也会大打折扣，在产品上线后再补充结合外部用户的测试会更好。而中介邀约用户的效率较高，省时省力，但有时也会遇到质量较差的用户甚至非目标用户。

一般深度访问 6~8 人就可得到想要的信息，考虑到项目时间成本，并不是邀约越多用户就越好。如果要验证访谈定性结论的可靠性，可以辅以基于访谈信息设计的问卷投放一定量级的用户，以此获得定量的普遍性验证。当然，也可以先定量投放问卷，后定性聚焦用户访谈，目的在于先锁定用户范围及特征分类，再有针对性地深度访谈来挖掘目标用户。

4．做访谈——用户访谈

访谈前需准备安静放松的有网环境，正式或不正式取决于项目大小和紧急程度，成熟的用户体验组织通常配备访谈室，并统一准备欢迎词、自我介绍、测试介绍、保密协议和测试后的感谢礼金等。提前准备好访谈提纲以及录音摄像设备等，访谈中使用录音笔或安排记录人员，以辅助在访谈过程中做完整详细的记录。一般每位访谈对象的访谈时间控制在一个小时左右，需要在有限的时间内快速拉近和用户的沟通交流，营造一个轻松而舒适的开头，让用户能够快速进入状态，卸下防备展现真实自然的自己。对于主持人即访谈者来说，在与用户的沟通过程中要注意把握几点：把握好时间节奏，将用户带入状态以后逐步增加问题的深度，切入重点深入挖掘用户真实的想法，在用户话题跑偏的时候，及时地拉回到正题，并且防止访谈对象过于奔放的长篇大论，一定要注意把控访谈进程和时间；特别要注意作为访谈者不要过多表达，避免带入个人想法和倾向性引导，也不要给用户关于产品上的解释和建议，做到倾听多于表达，让用户多说。可以在倾听过程中对用户遇到的问题和痛点及时追问，全面了解用户在什么情况和场景会遇到这样的问题，此问题对用户造成了多大的影响，是否有得到解决，最终结果如何等，必要的时候可以让用户进行一定的操作。访谈者只有获取足量的信息才能最大程度还原用户的典型场景和情境。虽然访谈者需要准备访谈提纲，也会控制访谈的节奏，但是在实际访谈过程中也可能会发现一些符合访谈目标并令人意想不到的亮点，这个时候可以适当调整访谈的问题和流程，以目标为导向挖掘信息并保持一定机动性。

在访谈问题的编排上也有一定的结构性技巧。预热阶段可以采用访谈问题先收后放的结构，先提出一些类似于选择题的具体的封闭性问题再逐步展开，带着被调研者逐渐进入状态，通过收放散点打开的过程开拓思路，获取一些大方向的信息。接下来进入深入调研阶段，主持人可以运用先放后收的漏斗式结构追问聚焦，将大方向归纳深入到细节信息，推理演绎一问到底。因此，访谈整体的提问过程实际上要更为灵活地把控收放的节奏，不一味定向追问把话题收紧，也不任由思绪乱飞，无法归纳总结出有效结论。通常以一个非常明确的问题开始，然后过渡到通用型问题散开，再根据单个方向进行深入，直至最终获取有价值的结论。

5. 做总结——访谈记录整理与总结

在每次访谈结束后，需要及时对访谈内容进行转录并整理，输出给需求方。可以重新过一遍记录文档，如语音、视频、文字记录等，再输出完整的原生调研记录沉淀文档供后续相关人员参考还原真实情境，最终也需要按照一定分析整理产出最终的调研总结。完整的调研再记录过程耗时较长需要付出双倍的时间，在时间不宽裕，迫切需要获取结论的情况下，可以在调研时安排多个记录人员快速记录，调研后在印象较为清晰的情况下立即讨论，整合大家记录的重点信息，快速产出书面化的转录文档，一气呵成。因此，及时地反馈讨论调研结论和沟通总结用户的想法是较为高效的方法，也能够帮助梳理出报告思路和架构，更有利于归纳总结后续的落地性方案，使得调研价值最大化。

产出物

访谈记录、访谈总结。

注意事项

- 不要用过于开放、过于模糊的问题提问。
- 问题本身要避免带有倾向性，提问要中立。
- 更多地倾听，不要随意打断用户正常的表达。
- 请用户详细描述遇到的问题，而不是只关注用户的解决方案。
- 学会追问，尝试连贯地追问。用户不太可能一次性就把所有的问题说明清楚，所以需要主访人一步一步地提问，把问题了解清楚。

拓展阅读

《洞察人心：用户访谈成功的秘密》

2.5.2 可用性测试

可用性测试是典型的任务导向性研究方法，属于偏定性（直接）的用户操作行为观察。测试者邀请有代表性的用户（被测试者）使用设计原型或产品完成指定的操作任务，并观察、记录全过程，通过分析典型用户行为和相关数据，对产品可用性进行评估的一种方法。

适用场景

召集目标用户参与产品测试，可以帮助产品开发工程师发现产品设计中具体的界面交互问题和潜在的设计缺陷。例如，产品是否简单易用；用户在使用过程中是否有障碍；产品界面是否友好；用户操作体验是否自然、人性化等。可用性测试是改善和优化产品的最佳方式之一，还可基于产品的可用性水平与行业内竞品或备选方案进行比较或筛选，是极为实用的研究工具。

此方法的主要使用场景

- 前期开发阶段的产品测试：使用可用性测试发现问题做设计改进。
- 上线后产品体验评估与产品行业效果评估：产品对标行业竞品的整体效果评估或方案的对比评估与选择。

参与人员

测试者（主持人）、被测试者（用户代表）、观察记录者。

主要流程

可用性测试主要有 5 个步骤，其中步骤 2 和步骤 3 相辅相成，可同时进行。

可用性测试流程

1. 确认测试目标

首先确认测试背景，产品处于开发的哪个阶段，面临什么样的需求，以及有什么问题待解决，与调研需求方沟通确认访谈的研究目标及要求。要搞清楚，测试是要进行形成性评估（形成性评估是反复设计过程的一部分，目的是为了改进设计），还是总结性评估（总结性评估的目的是评定界面的整体质量，例如竞品对标测试、方案选择测试等）。

2. 测试任务设定

在测试开始之前需要撰写明确的测试计划，并且在计划中说明下列问题：测试的目标；测试时间及地点；测试预计用时；测试所需设备；测试用户选择及数量；测试任务；测试人员介入度，是否设置提示与帮助；测试人员收集什么数据（屏幕、动作 / 手势、表情、声音 / 反馈、眼球焦点轨迹、鼠标轨迹）；数据收集之后如何对其进行分析。

3. 测试资源准备

主要是联络测试者，招募合适的用户，设定几类典型用户，每类用户多邀请 1~2 名作为备选。用户寻找途径包含邀请好友、同事（非来自测试产品线）；从公司用户资料库寻找；委托第三方机构；官方发声明召集等。通过电话、邮件等方式邀约受访者，需说明测试主题、时间、地点等关键信息，在测试前一天再次确认受访者是否可以按时出席。相邻两名受访者之间的间隔时间要预留充足，以便项目组人员及时讨论总结。

4. 测试执行及记录

正式测试前：测试工作准备情况在每个用户到来之前都要确认。准备好测试房间，确认测试设备和记录设备已准备就绪。关闭所有干扰设备，确保完善的测试环境。另外准备好操作脚本、用户资料表、保密协议、用户礼金等。

正式测试过程：主持人暖场，介绍测试的目的和时间，如有录音、录像需告知用户，并签署保密协议。接下来向用户说明测试任务，确保用户完全了解后再开始进行测试。每个测试结束后，主持人和记录人员最好能够进行讨论，快速梳理出用户的测试摘要。

测试人员（主持人）的任务包含提问和观察：提问分为两部分，即个人基本信息和可用性测试任务。个人基本信息一般可询问产品使用习惯与偏好等。与可用性测试任务相关的问题需要融入场景中，客观引导，让用户在场景中完成任务。主持人在聆听的同时，要观察用户的动作、神情，遇到用户有疑问的表情或是操作中的停顿时，可适当穿插问题，询问用户当前是否遇到疑问，以及操作行为的原因等，但是尽量避免提供帮助和指出用户的问题。

记录人员需要记录：用户做了什么动作，操作步骤是什么，用户说了什么，遇到了什么问题和关键节点。记录人员遇到困惑或疑问时可在适当时机提问，确保记录内容的准确性。为保障对测试记忆的时效性，建议当天完成视听材料的整理。

5. 综合分析用户痛点及感受

在所有测试完成后制作用户分析报告。有几个重要的分析维度：用户完成任务的情况；期间遇到的问题与错误，按严重程度划分；用户对于任务的主观情绪；完成任务后用户对于产品的偏好及建议。

产出物

- 可用性测试原始记录（文字、音频、视频等）。
- 每个用户的测试摘要。
- 可用性问题列表。
- 可用性测试报告。

注意事项

- 主持人调整好心态，避免不耐烦的情绪。使用户代入场景，营造轻松自然的环境。

- 任务控制在 3 个以内，可由易到难逐步进阶。
- 测试人员不应干扰用户操作，让用户自己寻找问题的解决办法。当用户求助时，可以视情况略微给用户一点提示，保证测试顺利完成。
- 在提问时保持中立，采用中性问题，不带主观感情色彩。

拓展阅读

- *Handbook of Usability Testing*
- *Usability Testing and Research*
- *Measuring the User Experience*

2.5.3 问卷调研

问卷调查法也称问卷法，属于定量（间接）的用户反馈收集方法。调查者设计统一的问卷并抽取一定量的用户调查其产品使用情况或征询其意见。问卷调查的关键在于问卷的设计、选择被测试用户和数据结果分析。

适用场景

问卷调查特别适用于帮助解决一些不确定性问题和假设猜想，调查用户对于产品的态度和观点，以及用户的使用行为习惯和使用目标等对于产品使用的现状反馈。

- 项目前期：收集用户资料，了解用户需求，验证设计想法，为产品设计提供参考。
- 项目后期：了解用户满意度，收集用户建议，为设计改进提供参考。

参与人员

用户研究员（问卷设计者、数据分析人员）、若干问卷填写用户。

主要流程

问卷调查流程

1. 明确调查目标

问卷调查的问题设计需要根据业务目标来设定。首先需要进行市场数据分析、用户问题收集等。产品初创阶段和发展成熟阶段的调研目的各不相同，在项目初期以收集用户日常行为习惯、产品使用需求为主要目标和诉求；在项目后期多以了解用户使用产品的态度、满意度为调研目的，通过问卷调查可以收集大量产品改进建议。因此需要先明确调研目标，可以更好地设置问卷问题的指向性以及侧重点。

2. 选定用户，提取用户对于产品的关注维度

在正式问卷设计之前，需要对用户做一个快速分析，以确定用户的分层维度（圈定调研用户范围），以及提取所有用户关注的重点（提取变量）。对于这一步，如果对于选定用户不够了解，可以通过查阅文献、搜集资料或开展少量用户访谈来找到用户的兴趣点，为设计问卷环节的提炼问卷维度及核心问题提供帮助。

3. 设计问卷

问卷设计是最为关键的一步，是针对产品真实用户群的调查，所以题目的设计必须非常具有针对性，并且通过结果能够达到预期的效果。一般问卷结构包含标题和指导语、用户信息、具体问题和结束语四部分。在设计阶段，问卷询问逻辑、问题长度是否合理，直接影响最终结果的覆盖面和有效性。问卷设计时切忌什么都想知道，问卷长而问题点分散会影响结果的准确性和运营成本，不符合用户思考习惯的跳跃式询问容易造成理解偏差。做好之前的准备工作就可以很好地整合出问卷调查的核心内容：明确调研目标提炼出业务方关注点；提取用户关注维度获取用户关注点。根据问卷核心内容设计每一个具体问题，问卷问题会有五种类别的设计：甄别性问题、变量问题、建议性问题、综合满意度、开放性问答。问题顺序要安排合理，封闭式问题在前，开放式问题在后。像甄别性问题、变量问题、建议性问题会作为核心问题穿插出现在问卷的首要部分；综合满意度多以评分的形式作为封闭式问题出现；开放性问答作为开放性问题安排在问卷的最后部分。

问卷设计的方法。

- 标准问卷结构包括四部分：标题和指导语、用户信息、具体问题、结束语。
- 具体变量问题（问卷核心内容）：业务方关注点、用户关注点。
- 具体问题会有五种类别模块：甄别性问题、变量问题、建议性问题、综合满意度、开放性问答。

4. 问卷的投放及回收

问卷投放：主要有线上投放和线下投放两种方式。线上投放可以通过问卷星等网上问卷调查软件、新浪微博 / 邮箱 /QQ 通信工具、某产品官方网站等方式投放问卷；线下投放可以通过招募用户或随机拦截的方式让用户填写纸质问卷，或者通过调研公司投放。为了提高问卷的回收质量，可以适当地给用户奖励。

问卷回收：回收已发放的问卷，剔除无效问卷，录入数据。

投放听起来简单，但渠道是否合理直接影响调查数据的有效性。若只在自己的用户池中以邮件的方式投放问卷，则基础用户范围将被缩小。在投放过程中，问卷活动的奖励机制也会影响用户参与的积极性和回收数据，需提前做好准备。

5. 数据处理及报告撰写

回收得到的数据，可以进行常规数据统计及分析，即求出平均值或者份额进行相应比较分析，得出综合的数据结果。通过 SPSS、AMOS 等统计软件来处理数据，根据项目情况的不同，可以采用平均数、标准差、方差分析、T 检验、因子分析等指标。最后整理数据处理结果，从调研方法、过程到结论，撰写完整调研报告。可通过如 Tableau 等 BI 工具对结果数据进行可视化呈现。

产出物

问卷数据结果、问卷调研报告。

注意事项

- 问卷题目不宜过多，防止用户出现厌烦情绪而影响问卷填写质量。
- 问卷投放最好找准目标用户群，减少无效问卷。
- 问卷的数据处理要剔除极端值和无效问卷。
- 不要在一个问题内涉及多个测试项。
- 问题顺序要安排合理，封闭式问题在前，开放式问题在后，容易回答的问题在前，较难回答的问题在后。
- 检查问题语句是否通顺。对语意不清的句子进行修改确保用户可以清晰理解；对描述重复的项目进行合并以保证各题目之间的相对独立性。
- 类似于满意度之类的封闭式问题，可以采用评分的方式；如果有用户需求或建议的调查，可以采用开放式问题的方式。

拓展阅读

- 《问卷统计分析实务》
- 《问卷设计手册：市场研究、民意调查、社会调查、健康调查指南》

2.5.4 人物角色

人物角色（persona），是指通过勾勒描绘的方式展现出产品目标群体 / 典型用户的真实特征，创建生动且易于感知的用户综合原型，概括一类真实的用户群体的产品使用目标、行为、观点等，从而加以分析研究，是一种以用户为中心辅助产品决策和设计的方法。人物角色一般包含人物基本信息、工作情况、家庭状况、生活环境，以及产品使用目标、需求、痛点等在相关场景的行为描述。场景描述通常使用故事板的展现方式，运用图文结合或动态视频的形式生动地还原典型用户场景，描绘用户与产品的交互行为及完整任务 / 操作流程。

适用场景

人物角色是传统用户研究与设计方法的重要补充和有力武器，其作用主要在于通过人物和情景引入的方式帮助设计者及产品团队理解不同类型用户的真实需求，还原产品使用场景，帮助团队沟通交流，对产品设计提供设想并制定规划，最终达成共识。

而故事板是人物角色里最主要的表现手法，作为一种视觉化的语言，将目标用户的关键使用场景可视化有利于团队理解用户目标和动机。故事板能够形象地表达用户的产品使用场景、与产品的交互、可能遇到的问题等，在产品设计的各个阶段能够积极促进大家对于情境的交流和情感体验。

人物角色研究方法的特点与优势

- 以用户为中心，为产品设计带来更好的决策：帮助团队花更多时间和心思来认清“为谁而设计”这个核心问题。人物角色源于用户研究，关注的是用户的目标、行为和观点，帮助产品团队明确目标客户群，了解他们的需求，从而得到合理的产品解决方案，实现预期的商业目标。
- 创造效率和共鸣，促成意见统一：人物角色在产品设计的各个阶段均可使用，特别是在团队意见不统一的情况下，能把团队成员集中在一起探讨和解决，最终由设计师进一步发散和深入，并将产出可视化供大家使用和参考。这样能够在整个产品团队内建立一个理解和沟通的基础，共同代入场景消除不恰当理解，避免在无谓的争论上浪费时间。

参与人员

全员参与，以设计师为主导。

主要流程

创建人物角色流程

1. 全员参与讨论，明确方向、维度及目标群体

成功的商业模式通常只会针对特定的群体，在创建人物角色之前需要明确这个核心问题：我们的产品是为谁而生，产品的目标用户是哪几类群体？这个阶段需要全员参与，至少保证团队的核心成员针对产品方向和目标群体这个问题发表看法，提出猜想。人物角色能把团队成员集结在一起去共创一个精确共享的版本。设计师也能更加明确是在为谁而设计，什么是他们想要的。在团队相互理解，达成共识的前提下使用定义人物角色模型和故事板的方法才能为团队所接受，最终推动设计创想落地。

2. 调研目标群体，细化人物角色属性

根据团队定位的目标人群特性可以进行进一步的用户调研来细化并明确用户角色模型。按用研类型和分析方法来区分，定义人物角色模型的调研方法可以分为：定性、定量或二者相结合的调研及验证方式。通过用研的数据支撑完善或调整预先假设的目标群体人物资料，创建定性人物角色模型、定量人物角色模型或经定量验证的定性人物角色模型。三者使用的具体调研方法、优缺点和适用性如下页图所示。

人物角色模型包含的信息

- 个人信息：姓名、照片、职业和公司、住址、年龄、家庭情况、爱好、性格。
- 领域行业信息：过往经历、当前状态、未来计划、动机、抱怨和痛处。
- 产品使用信息：产品使用情况、程度、目的，使用时长、需求、痛点等。

	研究步骤	优点	缺点	适用性
定性人物角色	1. 定性研究：访谈、现场观察、可用性测试	1. 成本低：与15个用户访谈，细分用户群和创建人物角色	1. 没有量化证据：必须是适用于所有用户的模式	1. 条件和成本所限
	2. 细分用户群：根据用户的目标、观点和行为找出一些模式	2. 简单：增进理解和接受程度	2. 已有假设不会受到质疑	2. 管理层认同，不需要量化证明
	3. 为每一个细分群体创建一个人物角色	3. 需要的专业人员较少		3. 使用任务角色风险小
				4. 在小项目上进行的实验
经定量验证的定性人物角色	1. 定性研究	1. 量化的证据可以保护人物角色	1. 工作量较大	1. 能投入较多的时间和金钱
	2.细分用户群	2. 简单：增进理解和接受程度	2. 已有假设不会受到质疑	2. 管理层需要量化的数据支撑
	3. 通过定量研究来验证用户细分：用大样本来验证细分用户模型	3. 需要的专业人员较少，可以自己进行简单的交叉分析	3. 定量数据不支持假设，需要重做	3. 非常确定定性细分模型是正确的
	4. 为每一个细分群体创建一个人物角色			
定量人物角色	1. 定性研究	1. 定量技术与定性分析相结合：模型第一时间得到验证	1. 工作量大，需要7~10周	1. 能投入时间和金钱
	2. 形成关于细分选项的假说：一个用户定量分析、拥有多个候选细分选项的列表	2. 迭代的方式能发现最好的方案	2. 需要更多专业人员	2. 管理层需要量化的数据支撑
	3. 通过定量研究收集细分选项的数据	3. 聚类分析可以坚持更多的变量	3. 分析结果可能与现有假设和商业方向相悖	3. 希望通过研究多个细分模型来找到最适合的那个
	4. 基于统计聚类分析来细分用户：寻找一个在数学意义上可描述的共性和差异性的细分模型			4. 最终的人物角色由多个变量确定，但不确定哪个是最重要的
	5. 为每一个细分群体创建一个人物角色			

三种创建用户角色方法对比（表格引自《读书笔记——赢在用户：如何创建人物角色》，作者博客地址：www.uegeek.com）

3. 讲故事，绘制产品使用场景故事板

故事板可以将目标用户的关键使用场景视觉化，在理解用户目标和动机的基础上，需要设计师重点尝试以下几方面：体验使用情景；发现用户问题；寻找解决方案；发现设计灵感。在绘制故事板的过程中，设计师需要带着目的性构建人物故事场景和故事内容，通过代入式问题分析，提出解决方案，并结合到故事串联中。

构建人物故事场景：包含时间、地点、环境、人物活动空间、范围等一系列要素，需要特别融入产品的应用场景和细节，构建出一种犹如看电影般的代入感。

构建故事内容：具体的人和系统的交互行为，将人、物和环境结合起来，构成整个故事的内容。故事中应该包括场景的代入，对用户问题的暴露，以及一些想法、灵

感甚至解决方案。

问题分析及解决方案：对故事中各个阶段与主题相关的问题进行分析，基于分析的问题，探讨影响因素，提出想法和概念，梳理设计思路。基于分析问题和梳理思路两大模块，得到产品解决方案并将方案与想法融入故事板中。

4. 定期更新

最后将完整的人物角色模型和故事板印制出来挂在团队成员能够看到的地方，为产品设计带来潜移默化的影响。在产品的不同发展阶段，有影响性变化的情况下定期更新人物角色。

产出物

主要人物角色设定及关键信息、场景故事板、海报大图。

注意事项

- 要明确了解人物角色既不是用户细分也不是平均用户，更不是真实用户。人物角色描述的结果是一个勾勒的原型，对象是产品目标群体，内容是目标群体的真实特征。
- 人物角色能够被创建的重要前提是认同以用户为中心的设计理念。前期一定需要团队全员参与，统一目标和诉求。

拓展阅读

《赢在用户：Web 人物角色创建和应用实践指南》

2.5.5 焦点小组

焦点小组是一种定性的研究方法。由经过训练或做足准备工作的主持人以一种无结构的自然形式与一个小组的被调查者对某一主题或观念进行深入讨论。主要用于了解被访谈者对一种产品、想法或服务的看法。这种方法的价值在于研究人员往往可以在快速了解用户的过程中获取对产品有关问题的深入了解，并能从用户自由进行的小组讨论中得到一些意想不到的发现。

适用场景

焦点小组调研法主要适合用于探索性目的的用户研究，不适合涉及具体功能操作的研究。在产品设计初期，通过焦点小组调研预设的核心用户，能够迅速汇集这一类人群的想法，了解用户对新产品的需求及预期。焦点小组通常用于获取用户使用产品的习惯，确定产品的功能界定，探查用户的需求，建立用户模型，为新产品开发收集创意，评估新产品市场接受度等。也适用于辅助其他调研方法，如为问卷调查等定量方法前期了解用户特性、收集问题等。在实际项目中，焦点小组的调研方法适合在对产品或用户有一定了解的基础上进行，快捷高效地汇集真实的用户心声。

参与人员

主持人、被调研用户（通常 6~12 名）、记录人员。

主要流程

焦点小组调研流程

1. 确认访谈目标

与调研需求方沟通确认访谈的研究目标方向：是获取用户信息需求、探查产品功能方向、收集新产品开发创意，还是评估产品市场接受度。

2. 确定被访用户群体

根据业务或访谈需求确定被调查者群体的选择范围：甄选中应保证一个组内的用户背景和使用产品的用户定位保持一致，以确保调研结果的真实性和准确性。

联络参与者：通过电话、电子邮件等方式邀约被调查者，并说明访谈主题、场次、时间、地点等关键信息。

3. 研究人员会前准备，制定访谈指南

根据访谈的要求，确定需要讨论的问题及各类数据收集目标。确定访谈沟通的方式及沟通的规则。需要研究人员设计如何从焦点小组获取信息的方式，如问答、专题讨论、穿插体验地图等。总之，找到一种让用户都能参与进来的方式。

焦点小组对研究人员的要求非常高，需做好充分的准备工作，对用户的背景特征有基本的了解。研究人员（主持人）需要调动气氛，促使参与者更积极投入调研中，更为积极地与大家交流想法。主持人要把控节奏，防止大家被意见领袖引导。

4. 会议组织及记录

会前准备

调试设备，布置会场，准备访谈所需的硬件设施，将参与者带入会场。

会议开始时

为防止冷场，有一些暖场的小技巧可以帮助参与人员进入状态。例如，让大家做简单的自我介绍，对参与者进行分组，或者组织一些暖场小游戏。

会议过程中

主持人需要有很强的控场能力，把控讨论的方向。当有人跑题时，要适时拉回；当有人提到有价值的新内容时，要立即带领大家深入展开探讨；当话题讨论不够深入时，需要再次切入跟进深入的讨论。

给每个讨论小组发放白纸或者配备白板，将讨论结果直接记录下来。分组讨论结束后安排每个小组现场陈述并展示讨论结果。会议结束后也方便记录人员记录每组的讨论重点。

5. 结论分析产出报告

在访谈结束后，在印象较为清晰的情况下立即展开讨论，整理每个焦点小组的讨论重点和关键信息，梳理出清晰的访谈记录。根据访谈记录还原真实情境，分析整理出最终的调研结论和报告。

产出物

焦点小组访谈原始记录稿、调研结论及报告。

注意事项

- 焦点小组是一种定性方法，要避免通过焦点小组收集定量数据。
- 鼓励每位参与者说出自己内心的真实想法和意见，每位参与者都是平等地参与讨论，防止对其观点进行评判。
- 最好进行录像记录，在焦点小组访谈报告撰写过程中可以重新观看录像，观察发言者的面部表情和身体语言，更好地辅助判断。

拓展阅读

- 《倾听顾客的弦外之音：焦点小组座谈会操作指南》
- *Rapid Problem Solving with Post-it Notes*
- *Focus Group Methodology*

2.5.6 卡片分类

卡片分类是作为构建产品结构的方式，也是可靠且成本低的用户观察、分类的工具，借助它能够发现用户期待的产品结构，高度还原用户心理。卡片分类是一个以用户测试为中心的设计方法，研究者在每张小的索引卡上写下一个观点，召集多个参与者按照自己的理解对其分类。分类过程包括对卡片分类，给每个标签带上内容或者功能，并最终将用户或测试用户反馈进行整理归类，可结合使用统计方法进行合并归纳和分析，是在一堆无序的观点或意见中发现潜在结构的方法。测试用户在卡片分类过程中展现了其真实的心理模型和认知方式，为研究者提供了高度还原的用户心理以及使用视角，从而构建更为合理易用、易于理解的产品架构，最终让产品变得简单易用。

适用场景

卡片分类的主要目的是帮助产品开发者对产品、项目或信息进行逻辑整理归类，是一种快捷定位产品功能与架构的方法。虽然具有一定的局限性，但能够为产品架构设计、导航设计、产品菜单及分类设计提供极大帮助。

卡片分类的三大适用场景

- 项目设计初期信息结构构建：了解用户对产品功能点的真实使用心理及视角，为架构设计提供依据。
- 当前产品架构问题微调，功能点有命名不确定的情况：当前产品功能命名和优先级有哪些需要调整的点，了解对于用户来说易于理解的命名方式，发现当前产品架构存在的问题并及时优化。

- 设计改版涉及架构重构：通过使用卡片分类了解用户对当前产品架构的看法和问题，为改版方向提供依据。

参与人员

主持人、用户、记录人员。

主要流程

卡片分类流程

1. 卡片准备

卡片准备阶段首先需要框定一个需要调研的内容范围，可能包括：现有产品里的内容；业务考虑或者项目需求添加进产品的新内容；潜在的新功能；存在的有争议或不确定性的问题。卡片的内容不宜过多，因此一般会剔除一些产品层面认知较深的通用性内容，如设置项、个人中心等。选定内容后可以开始准备卡片了。可以事先将准备好的内容分别细化成个别的条目（可能是产品功能点、产品分类的类别或标签）并对其进行编号，以电子文档的形式进行备案存储。每个条目和其编号对应写在一张卡片上，多使用数字或者字母来作为卡片的代号，在完成卡片分类后测试人员可以快速记录并进行排序整理。要确保每张卡片内容的可读性和相对独立性，避免重复和难以理解的描述。必要时，可在卡片的背面标注简短的描述辅助用户理解卡片内容。

2. 寻找测试用户

接下来需要寻找测试用户，如果是已上线的产品，那建议寻找产品的实际用户作为被测试人员；如若正在设计一款全新还未面世的产品，就要寻找具有潜在目标用户特性的被测试人员；对于大众产品则建议寻找具有不同人口统计学特征的用户，比如不同的年龄、收入或职位，确保测试用户的覆盖度。

3. 会议执行：开放式与封闭式

正式会议前做好最后的准备工作，并提前安置好记录工具。主持人在开始测试时要向被测试人员说明面前的一堆卡片代表了产品的内容或者功能，他们需要以自己的想法和分类方式将卡片归类到不同的组别。当用户在测试过程中卡住的时候，主持人需要及时了解用户遇到的困惑及原因并记录下来。向被测试人员说明如若遇到不易理解的卡片标签时，可以直接用笔修改它。当有需要补充的条目或想法时可以写在提供的空白卡片上，补充到大归类里。如果被测试人员对一些卡片难以归类时，把这些卡片放在一边做好记录。最后主持人需要询问用户分类的原因并记录下来。

卡片分类可以所有人一起以小组的方式进行，也可以一对一的方式进行。成组进行测试的方式可以更好地调动用户积极性和参与度，能够快速地处理较大量级的卡片并获得非常丰富的数据，通过记录测试者之间的相互讨论和质疑来建立更为完善的用户心理模型。但主持人要充分调动每个人积极参与并发表其主观想法，防止“领袖人物”对其他用户的影响。而一对一测试的好处是可以观察用户操作的每一个细节，随时捕捉用户行为，了解用户完整的思维过程；缺点是耗时较长，在一对一过程中需要避免不当操作引起用户反感。

具体的卡片分类测试方法主要有开放和封闭两种形式，也可以两者相互结合。

开放式卡片分类：让被测试者参与卡片分类，在思考或讨论后，将其认为具有相似属性的卡片归类，并为分类命名。这种开放式的让被测试者自主分类的方式特别适用于新项目或产品设计，帮助深入了解用户是如何组织产品内容的，获取用户真实开放的信息组织观点，避免开发者的思维偏见对项目的影响，对于产品设计提供更直接、有用的帮助。此外，开放式卡片分类也是帮助产品设计者理解用户对于卡片和标签的想法、建议，以及获得类别名称的很好的方法。

封闭式卡片分类：在产品内容有清晰、明确的分类方案时，请用户经过思考或讨论后，将他们认为属于每个分类标签的卡片放在该分类标签下，分类标准和标签是固定的。当已知产品应当如何分类，或者有新内容需要安插到现有产品架构中时，封闭式的卡片分类方法是更为直接有效的，在很大程度上减轻了被测试者的负担。

混合式卡片分类：在开放式分类方法结果不明确或者测试结果需要反复考证敲定的情况下，可以混合使用开放式和封闭式这两种分类方法。即先使用开放式卡片分类方法帮助产品设计师了解产品可能存在的合理分类架构，以及每一个类别的名称，优先确定高层级的分类类别，再在开放式卡片分类结果的基础上更换一组测试用户进行封闭式卡片分类，观察用户能否较为轻松地将存在的卡片内容归入上一组用户得到的分类类别中去，以达到对分类结果进行二次验证的目的。

4. 结果分析与理解

完成卡片分类测试后，需要针对手机导航的大量数据进行严谨的分析，得到调研结论。可以通过两种方式进行分析与理解：通过人工寻找广泛的相同数据进行分析，或者使用集群分析软件来辅助完成。如果只有小部分数据卡片或者分类的相关性很强很清晰，可以人工标记分组和归类，直接归纳出群组，那么可快速处理相同数据并总结共性结论，得到产品分类架构和明确的分类命名方式。如果研究所获数据量很大，或者研究结果不明确，那么可以使用统计软件来分析得出结论。

产出物

卡片分类研究报告。

注意事项

- 卡片上的条目命名要准确，确保用户可以理解不会产生偏差。如果用户对卡片上的条目名称不了解，应该及时向用户解释。但是要注意，在向用户解释的过程中，不要引导用户进行分类。
- 当看到用户对某个卡片分类犹豫时，应该立即向用户询问原因并记录下来。
- 如果使用封闭式卡片分类方法，那已有的分类命名一定要准确，让用户能够准确理解。

拓展阅读

《卡片分类：可用类别设计》

2.5.7 用户行为数据分析

用户行为数据分析是指通过产品的数据监测和后台数据工具来收集产品的访问量等用户访问产品相关的行为数据（产品流量、日志分析等）。对数据进行统计分析，获取目标用户特性、用户产品操作行为以及产品关键指标等，结合实际场景分析发现用户喜好、产品可用性问题，衡量营销效果，并为用户关系管理、产品体验提升以及产品营销策略提供方向和依据。

适用场景

- 页面数据分析：产品移动端或 PC 端页面层级的用户行为数据收集及分析。尤其是运营相关活动或订购页面，可以衡量页面内容吸引度、关注点以及用户的浏览使用深度。可以依据用户行为数据分析结合营销策略对页面内容、结构和设计来进行调整，以提升页面的转化率，达成相应的商业目标。
- 产品数据分析：针对产品功能和体验也可以通过产品用户行为数据来评估，对功能使用的频率、产品操作流程和关键节点的数据及用户活跃度进行综合分析，监测产品健康度和用户体验。这里也涉及基本的产品性能数据分析，包含页面加载、响应时长、宕机和闪退次数等数据。然后依据数据来调整产品功能，优化操作链路，提升整体用户体验。可以定期定项地根据产品用户行为数据输出体验健康度报告。
- 用户数据分析：在制定产品策略以及做用户关系管理和运营时，可以特别分析用户分层数据，了解不同层级用户的产品使用或付费购买情况，再针对特定目标用户群体构成及使用特征来制定相应的产品升级计划或用户运营计划。用户数据帮助定位目标用户和产品决策，再进一步结合可用性测试、用户访谈等定性方法补充和完善用户行为分析信息，为产品发展思路和运营策略制定提供指导。
- 营销链路分析：在产品营销策略制定后，无论日常的渠道链路运营、活动营销还是精细化的用户运营，均可通过监测营销链路的每一个环节的转化留存效果来评估渠道健康度、活动效果及目标达成度，构成一个完整的监控、评估、优化的营销数据体系。通用的营销整体链路为：渠道曝光—兴趣引导—效果转化—客户留存，相对应的用户行为流程为：接触—访问—购买—回购。

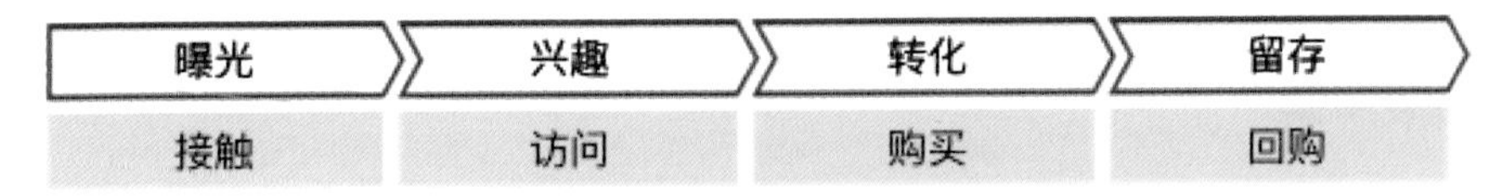

营销整体链路 & 用户行为流程

在营销前完成这四个环节的数据布点，统一数据口径。营销后收集整体营销链路各个环节的数据，通过统计分析，获取不同层级的用户与产品发生的一系列关键行为的数据，以及营销链路每个环节的效果数据，从而根据数据反馈调整营销引流渠道和落地页的设计与内容，辅助改进产品营销策略。可以有针对性地做定向用户运营，提高用户黏性和留存率，提升用户关系管理。

参与人员

用户体验研究员、交互设计师、数据分析师 。

主要流程

用户行为数据分析流程

1. 前期准备及数据布点

大公司内部往往会构建自己的一套产品用户数据平台以支持产品设计团队对于产品数据的统计与分析。若没有内部的数据后台，也可以借助第三方产品数据监测统计工具的支持，通过接入相应工具获得产品数据监测能力。常见的第三方工具有Google Analytics、百度统计、友盟+、Power BI 等。具备数据检测能力以后需要在产品上线前或调研前预先做好数据布点准备工作，应当保证产品数据布点的全面性和充分性，特别是在流量统计方面要避免遗漏并保证布点的覆盖度，以确保检测效果的准确性，同时方便后续的数据统计管理。这里需要注意，在数据布点后，经过一定时期的数据积累再进行下一步的数据采集工作。

2. 数据采集

数据采集分为两部分，第一部分是基本数据采集，以用户基本特征为主，包括用户数量、用户特征、分层画像等。

第二部分是核心数据采集，以用户行为数据为主，通过数据研究目的和场景来制定数据采集目标。

- 页面数据分析场景：首页及其他关键页面的热图分析；关键着陆页面的跳出率分析；页面停留时长访问深度等。
- 产品数据分析场景：用户的路径分析，如 PV（页面访问量）、UV（唯一访客）、点击量、平均访问时长、搜索关键词等。
- 用户数据分析场景：用户分层数据；用户行为数据——用户在产品上干了什么，转化漏斗情况，使用的搜索引擎、关键词、关联关键词和站内关键词等。
- 营销链路分析场景：用户分层数据分析和用户特征喜好分析；用户从哪里来，用户的来源地区、来路域名和页面；渠道来源转化漏斗分析；各环节转化效果和流失用户分析等。

数据采集执行方式

- 日常产品监测：定期执行产品关键指标数据采集，以监测用户日常产品使用稳定性是否存在异常。按周期采集产品关键数据指标，并完成梳理和分析工作。
- 定期体验监测：重点关注产品用户体验及用户行为指标，定期输出产品体验监测报告和用户行为数据分析报告。
- 按营销需求与运营健康度指标体系产出专题数据分析报告：按运营健康度指标体系与既定数据统计周期，产出产品运营数据分析报告；按用户运营活动周期产出营销活动效果报告。

3. 数据分析

采集好的数据结果需要根据业务需求，产出相应的可视化报告或简易报表，大致分为周期数据报告、专题分析报告和快速简报三种形式。可以选择数据分析工具辅助数据的处理提炼。

常用数据分析工具

- 日志分析工具——Splunk、SunFire、XpoLog。
- 网站流量分析工具——百度统计、Google Analytics、友盟。
- 小流量测试工具——Google Analytics。
- 用户行为分析工具——ClickTale、Heatmaps。

常用数据分析方法

（1）基于服务器日志 (Serverlog) 收集和分析用户行为数据的方法。

目前，对于网站来说，自动获得用户行为数据最流行的方法之一是基于服务器日志的方法，就是通过从 Web 服务器所产生的日志文件来获取有用的数据。服务器日志文件就是用来记录 Web 服务器的活动，提供了详细的客户和服务器的交互活动日志，其中包括客户的请求和服务器的响应。通过日志文件收集到的数据形式依赖于具体的 Web 服务器类型，不同的 Web 服务器产生的信息是不一样的。

（2）客户端收集和分析用户行为数据的方法。

由于通过日志文件获得的信息会出现失真的情况，而且有很多重要的数据只通过日志文件很难获得，这些信息对研究网站的可用性问题却很重要，因此为了进一步获得更多的有价值的可用性数据，发现更多的网站可用性问题，逐渐产生了很多技术，用于从客户端直接获得用户与网站的交互情况。由于是直接从客户端获得数据，所以，能够获得大量的难以从服务器端获得的用户行为数据，这对进一步分析用户浏览网站行为，改善潜在的网站可用性问题提供了更大的帮助。

数据分析结果使用：根据产品和运营健康度指标体系与报告中分析结果的对比，发现问题，进一步分析问题找到影响因素，再进行优化和改善。以用户行为数据的收集和分析指导产品决策和用户运营方向。

产出物

用户行为分析报告、运营数据分析报告、产品数据分析报告。

注意事项

- 产品监测及数据统计有不同的数据计算和统计方法，同一个产品需要保证各个指标计算口径的统一和监测模型的统一，在保持时间变量唯一的情况下才能对比出问题和差异。
- 产品用户数据监测及运营健康度监测体系中的监测指标需根据产品的商业目标来制定，可以作为综合衡量产品目标达成度的标杆。
- 数据监测需要经过一段时间的积累，达到一定的量级才具备参考价值。可以进行多指标、多维度的对比，也可以关注时间段的对比。

拓展阅读

《眼动研究心理学导论：揭开心灵之窗奥秘的神奇科学》

2.6 概念设计阶段

经过需求分析、设计调研后，我们明确了产品的业务目标和设计目标，接下来开始进入具体设计实施阶段，主要分为两个阶段：概念设计和详细设计，另外可能存在附加产物设计规范。

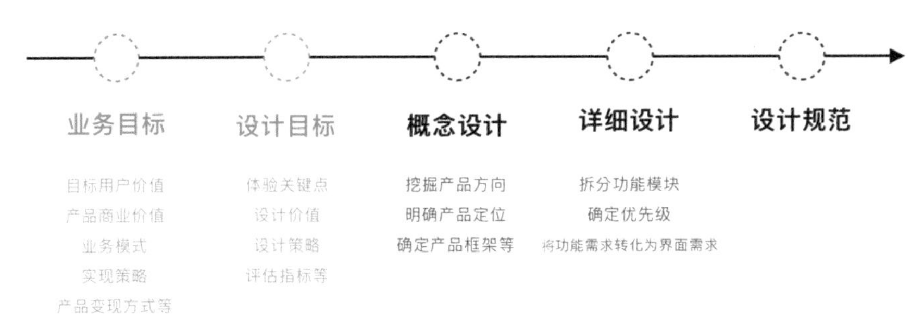

设计阶段过程拆解

概念设计阶段，利益相关人（产品经理、设计师等角色）一起脑力激荡，挖掘产品方向和定位，确定产品功能、产品框架以及交互逻辑。此阶段，我们将一些常用工具划分为概念探索、概念归纳、方案产出、评估决策四大类，带领你一步步地探究产品设计策略，完成简单产品的概念设计。

概念探索	概念归纳	方案产出	评估决策
头脑风暴	亲和图法	平行设计	知觉图
类比和隐喻		故事板	C-BOX 象限评估法
渔网模型		概念原型（见第 3 章）	目标权重评估法
情绪板			
竞品分析			

概念设计不同阶段采用的方法

2.6.1 概念探索阶段

顾名思义，就是集思广益，以不同产品定位方向、不同表现形式等进行产品概念点子发散，这个阶段主要有五种探索方法：头脑风暴、类比和隐喻、情绪板、渔网模型、竞品分析。

头脑风暴

头脑风暴法（Brain Storming），又叫智力激励法、自由思考法、畅谈法、集思法等，是一种激发创造性思考的方法。由美国创造学家A.F.奥斯本博士于1939年首次提出，1953年正式发表。

头脑风暴法以“收集创意”为目的，通常聚合具有相关知识素养的人形成一个小组，围绕某个中心议题，采用集体讨论的形式，互相启发思考，激发每个参与者的创意灵感，产生尽可能多的创造性设想。

它是一种群体创造性活动，比单个个体更具有创新优势。

头脑风暴过程

适用场景

头脑风暴可用于设计过程中的每个阶段，同时在执行过程中有一个至关重要的原则：不要太早否定任何想法和创意。因此头脑风暴阶段，参与人员可以抛开思想束缚，暂时忽略设计限制条件。

此方法的主要使用场景

- 明确了产品的业务目标和设计目标之后的概念设计发散阶段。
- 针对一个特定的设计内容进行一次头脑风暴，如针对“如何改善QQ空间的礼物赠送体系”进行一次头脑风暴。

头脑风暴分类

头脑风暴根据具体实施过程的不同主要分为四种类型：默写式头脑风暴法、卡片法（也称卡片智力激励法）、电子头脑风暴法和德尔斐法。

- 默写式头脑风暴法：由西德创造学家荷立创造，规定每次参会人员为 6 名，每个人在 5 分钟内提出 3 个想法，即 635 法。在 635 会议中，会议主持人宣布议题以及创造发明的目标；然后每个人发几张设想卡片，并在每张卡片上标上编号；第一个 5 分钟内，每个人在 3 张卡片上写下 3 个设想，然后由左向右传递给相邻的参与者。每个人接到卡片后，在第二个 5 分钟内再写 3 个设想，然后再传递出去。如此传递 6 次，半小时即可进行完毕，可产生 108 个设想。
- 卡片法：又称卡片智力激励法（CBS 法），由日本创造开发研究所所长高桥诚根据奥氏智力激励法改良而成。特点是对每个人提出的设想可以进行质询和评价。针对要讨论的议题，参与者各自在卡片上写出 5 个以上设想，然后轮流向其他参与人员介绍。其他参与者倾听他人设想时，如果产生新设想或启发，应立即写在卡片上，以此尽可能多地收集想法和创意。
- 电子头脑风暴法：信息时代产生了一种新形式的在线头脑风暴法，来代替面对面的头脑风暴法。参与者使用电脑和互联网进行在线讨论沟通，诸如 QQ、微信等 MSN 群讨论发散，通过协作共享等方式，参与者可以及时观看、知晓他人观点。注意，据研究表明，8 人或 8 人以上的小组才能产生最好的结果。
- 德尔斐法：属于头脑风暴的一种变式，由美国咨询机构兰德公司在 20 世纪 40 年代发明，是一种结构化的决策支持方法。它的目的是在信息收集过程中，通过多位专家独立的反复主观判断，获得相对客观的信息、意见和见解。项目组通过匿名方式对选定专家组进行多轮意见收集，并对每一轮的专家意见进行汇总整理，并将整理过的材料再寄给每位专家，供专家们分析判断，专家在此基础上提出新的论证意见。如此多次反复，意见逐步趋于一致，得到一个比较一致的并且可靠性较大的结论或方案。

头脑风暴按照目的划分，主要有两种类型：直接头脑风暴法（通常的头脑风暴法）和质疑头脑风暴法。前者尽可能地激发创造性，产生尽可能多的想法。后者对直接头脑风暴法的设想和方案逐一质疑，分析其可行性。

头脑风暴按照组织形式划分，主要有五种类型：自由发散型、辩论型、击鼓传花型、主持访谈型和抢答型。

参与人员

设计团队内部成员，包括交互设计师、视觉设计师、用户研究员、项目经理等。

主要流程

头脑风暴在实施过程中，主要包括会前准备、开放讨论和成果整理三个阶段。

1. 会前准备

- 确定头脑风暴议题和任务目标：议题应由主持人在召开头脑风暴会议前告诉参加者，并附加必要的说明，使参加者能够收集确切的资料，并且按照正确的方向思考问题。
- 准备会场，安排时间：会议时间以一小时为宜，不要超过两小时。时间过长，与会人会疲倦，缺少创意，也会失去兴趣。
- 明确头脑风暴法小组的组成：确定小组人数，一般以 5~10 人为宜，包括主持人和记录人员在内以 6 ~ 7 人为最佳。设定 4 条规则——在开会时保持轻松、愉快、热烈的气氛；参与人员需要有积极参与意识，集中注意力，从各自的专业角度献计献策；参与人员需站在同一立场上提出设想；不消极旁观，不私下议论，不褒贬他人。
- 确定会议类型：依据头脑风暴所需要达到的目标，参照前文的头脑风暴分类，明确当前头脑风暴的会议类型，如采用默写式头脑风暴法等进行思维传递。

2. 开放讨论

- 介绍头脑风暴议题和任务目标：会议前由主持人介绍会议议题、与主题相关的参考资料，以及头脑风暴原则，从而使所有参与者可以对会议议题达成一致，并突破思维大胆联想，从而产生更多设想。
- 举行头脑风暴：①各抒己见。主持人或领导者重新叙述议题，要求小组人员讲出与该问题有关的设想，小组成员依次发表意见。②激发思考。在小组人员提出设想的时段，主持人必须善于运用激发思考的方法，妙趣横生，使场面轻松，但却能使参与者坚守头脑风暴法的规则。③评估设想。将每个人的观点重复一遍，使每个成员都知道全部观点的内容，去掉重复的、无关的观点，对各种见解进行评价、论证，最后集思广益，按问题归纳总结出关联议题的结论。如概念设计阶段，通过头脑风暴提炼设计理念的原则，确定概念设计要做的关键页面及关键业务流程。

3. 成果整理

- 头脑风暴会议中记录整理：这一阶段实质上是与提出设想阶段同时进行的。执行记录任务的可以是组员，也可以是其他职员，根据提出设想的速度，有时应配备两名记录人员。记录下来的设想是进行综合和改善所需要的素材，所以必须放在全体参加者都能看到的地方。
- 头脑风暴会议后整理：在头脑风暴会议结束后，通常会利用思维导图工具对讨论内容进行系统梳理，包括层次结构、关键内容、页面图形布局等，导出诸如 Word 文档、PDF 文档，以及 png、jpg 格式的资料等。
- 成果报告：将整理过的符合创新性、可行性或其他标准的头脑风暴成果进行汇总报告。成果通常是各种创意的优势组合，以及相关方案的优劣势分析。

产出物

主要用户使用场景、人物角色模型、概念设计方向等。

注意事项

- 明确头脑风暴小组的组成时，小组中不宜有过多行家。如果行家太多，就很难避免在头脑风暴过程中做各种评价，并且难以形成自由奔放的气氛。
- 明确头脑风暴小组的组成时，小组成员最好具有不同学科背景。如果成员背景不同，他们提出的观点就可能千差万别，从而达到头脑风暴的目的。
- 确定议题时，注意议题应尽可能具体，最好是实际工作中遇到的亟待解决的问题，目的是为了进行有效的联想。
- 提出设想时，要注意发言力求简单扼要，不要做任何论述，一句话的设想也可以。小组成员可以相互补充自己的观点，但不能评论，更不能批驳别人的观点。
- 记录设想时，要当场把每个人的观点毫无遗漏地记录下来，持续到无人发表意见为止。
- 评估设想时，注意问自己是否还有更好的想法，是否可借用过去相似的创意，是否可以变更，是否可以替代 。

拓展阅读

- *Product Design：Fundamentals and Methods*
- *Creative Facilitation：A Delft Approach*
- *Problem Solving Techniques*

头脑风暴拓展：互动式头脑风暴

传统头脑风暴通常面临效率低下以及惯性思维等瓶颈，因此常常导致我们的头脑风暴会议最后变成了吐槽茶话会，因此人们在此基础上进行了创新拓展，开发了强调思维传递的互动式头脑风暴。

具体操作如下：

- 确定每个环节的时间限制和传递纸张的方式（比如规定第一轮写下创意的时间为 3 分钟，之后以顺时针方向把纸传给旁边的人，每轮 2 分钟）。如果没有完全清楚互动式头脑风暴的流程和每轮的时间把控的话，很可能会在后面具体执行阶段浪费时间。

- 提醒大家在快速阅读别人的创意后，可以随意对其增删、合并和修改。如果白纸用完了还有备用的。
- 询问成员对整个流程是否还有问题。
- 开始计时，指挥大家每轮完成后进行传递。

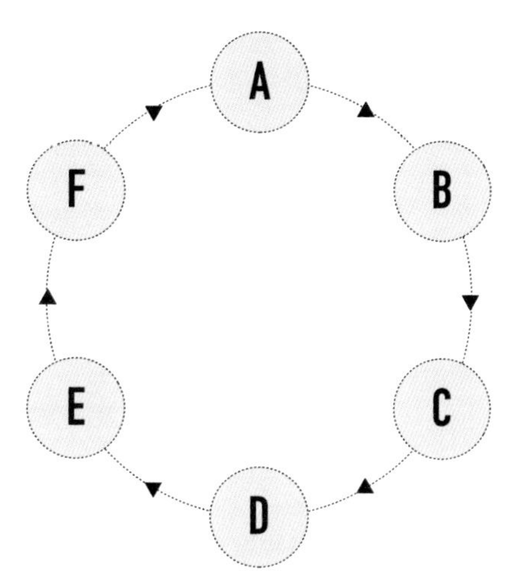

互动式头脑风暴流程

类比和隐喻

类比，也叫类推，是一种认知过程，将某个特定事物所附带的信息转移到其他特定事物上。通过比较两件事情，清楚揭示二者之间的相似点，并将已知事物的特点，推衍到未知事物中。比如，通过建筑设计类比我们现在的 UX 设计。

隐喻，有时也称暗喻，是一种隐性比较的修辞手法，用一种事物暗喻另一种事物，让这两个无关事物形成关联。通常，一个事物可以被描述成其他事物。

设计师通过类比和隐喻可以从灵感源（启发性材料）得到启发，透过另一个领域来看到现有问题，从而衍生出新的解决方案。

适用场景

类比和隐喻主要应用于概念探索阶段，比如使用类比方法有助于我们更好、更形象地理解现有问题，使用隐喻法则有助于向用户传递特定的信息，形象表达产品的特征和愿景，从而激发设计同理心。

此方法的主要使用场景

- 类比法通常用于设计中的概念生成阶段，通常以一个明确的设计问题开始。
- 隐喻法常用于早期的问题表达和分析阶段。

参与人员

设计团队内部成员，包括交互设计师、视觉设计师、用户研究员、项目经理等。一般以 5～10 人为宜，包括主持人和记录人员在内以 6～7 人为最佳。

主要流程

1. 阐述表达

- 类比：清晰准确地阐述所需解决的设计问题。
- 隐喻：明确表达出新的设计方案的用户体验目标和愿景，比如“通过……可以带来……”。

2. 收集

- 类比：收集该问题被成功解决的各种案例。
- 隐喻：收集一个与产品明显不同的实体，同时该实体需要具备你想要传达的愿景特征。

3. 提取与应用

- 类比：提取已有元素之间的关系，整理排布灵感内容的相关性，抓取这些相关性精髓，并将所观察的内容抽象化。最后将抽象出的关系变形或者转化以适用于需要解决的设计问题。
- 隐喻：提取灵感源的物理属性，并抽象出这些属性的本质，最后将其转化运用，匹配到手头的产品或服务商。

产出物

概念设计的抽象化关系图、概念设计愿景和目标等，概念设计相关方向。

注意事项

- 使用类比法时，设计师可能会花费大量时间确定合适的灵感源，并且不能保证一定能找到有用的信息。如果这些启发性材料不能帮你找到解决问题的方法，那么你可能会陷入困境。因此要相当熟悉启发性材料的相关知识。

- 使用类比法时，与现有问题的相关性较近和较远的灵感源都需要探索，这是最重要的一点。如果只选择相近领域，则很可能得出显而易见的、非原创的解决方案。运用该方法能否取得成功，在一定程度上取决于如何将这些灵感抽象化为创新的解决方案。
- 使用隐喻法时，较有成效的做法是先找到需要在设计概念中强调的特质，然后找到包含这些特质的象征物。运用隐喻时，试着与本体建立含蓄但又能明显辨别的联系。要避免直白地运用实体，否则很可能得到一个很“俗”的产品。

拓展阅读

- *Expertise and the Use of Visual Analogy：Implications for Design Education*
- *Analogies and Metaphors in Creative Design*
- *A Guide to Metaphorical Design*
- *Product Expression：Bridging the Gap Between the Symbolic and the Concrete*

渔网模型

渔网模型能有效地帮助设计师设计有形的产品概念，例如辅助设计师生成概念、开发产品概念、决定产品集合形态等。它形象地展示了综合、发散和归类等一系列过程，就像一张渔网捕捉最终解决方案。

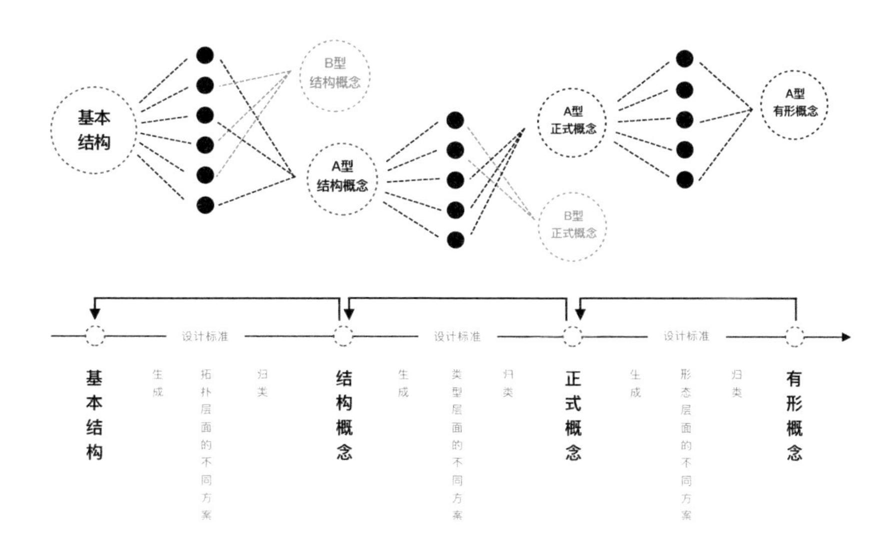

渔网模型图谱

适用场景

产品目标功能的基础框架与满足这些功能所需的元素确定后，即可开始使用渔网模型。运用该方法所得的结果为有形的产品设计概念（草图规划或初步设计）。所谓有形的产品设计概念，即能够描绘产品组件如何有效结合为一个整体产品的详细设计方案。该模型的关键之处是在形成产品设计概念的同时完善设计标准。此外，渔网模型还着重打破视觉空间思维，主要通过联想启发和草图探索的手段发散思维，创造新产品概念并同时完善设计标准。在最初阶段，设计标准可以从视觉探索材料和产品使用情境（包含用户、使用方式和使用环境）的分析中提取。然后，通过诸如草图、拼贴画、3D 建模等视觉化手段探寻设计的空间。

此方法的主要使用场景

- 产品概念设计阶段。
- 产品设计原则提取阶段等。

参与人员

设计团队内部成员，包括交互设计师、视觉设计师、用户研究员、项目经理等。一般以 5～10 人为宜，包括主持人和记录人员在内以 6～7 人为最佳。

主要流程

设计师可以从以下三个层面探索不同的设计方案，并不断增加产品的细节和意义。在这三个有序层面探索设计方案时也会产生三种不同类型的产品：从拓扑（topological）层面得出结构概念（structural concept）；从类型（typological）层面得出正式概念（formal concept）；从形态（morphological）层面得出有形概念（material concept）。可以在上述每一个层面发散出大量不同的设计方案，然后将其归类评估并选出最具前景的设计概念，进而推进到下一个更细化的概念生成阶段。

1. 建立架构概念

从定义基本功能元素入手，即使用功能所需的具体技术和子功能，然后依据各种元素的空间排列顺序推敲出多种不同的拓扑变化。将所有的拓扑变化进行分类，将每个类别的拓扑变化进行分类，并分别将每个类别的拓扑结构深入发展为架构概念，例如，开放式架构、压缩式架构或平行架构等。运用该过程中同时建立的初步设计规范选择一个或者几个结构概念进一步发展。

2. 建立正式概念

集中关注功能架构的整体形式，并绘制草图表现多种方案的可能性。根据功能结构、元素整合性、所需技术等因素，综合评估正式概念草图的可行性，并将这些概念草图按照形态进行分类。将整理好的不同类型的草图进一步发展成一个或多个正式概念（每个概念代表一种形式类别）。每个概念需展示出其正式的特征和期待的用户反馈，例如，“很酷”、“童趣”或“好玩”等。最后运用该过程中逐步完善的设计规范选择一个或几个正式概念进一步发展。

3. 建立有形概念

探索详细的设计方案（交互路径、技术限制等各方面因素），实现上一步所得的一个或几个正式概念，并规范说明实现该概念所需的技术、交互路径质感和色彩等。

产出物

产品设计概念草图规划、概念设计方向、产品设计原则等。

注意事项

- 渔网模型属于比较系统定义的设计规范性设计方法。若开始阶段能够清晰定义产品功能架构和功能子集，那么渔网模型在设计过程中极为有用。然而，通常情况下在开始阶段很难清晰定义这两者。是否选择使用渔网模型，与产品所处的阶段，以及设计师个人是否能系统思考相关。
- 结构概念需要融入具体的使用情境，在具体场景中思考用户与产品之间的交互方式，并评估相应的结构概念。这样，设计师可以更好地评估决策。

拓展阅读

- *H-POINT：THE FUNDAMENTALS OF CAR DESIGN & PACKAGING*
- *Vormgeven：Ordening en Betekenisgeving*
- *Order and Meaning in Design*

情绪板

情绪板是一种借助于图像，启发和探索用户的体验，然后再作用于视觉设计的研究方法。可以调查并形成具有指导意义的“风格感受”和“设计元素”。可以对如下问题进行研究：图像风格（photography style）、色彩（color）、文字排版（typography）、图案（pattern），以及整体外观和感觉。

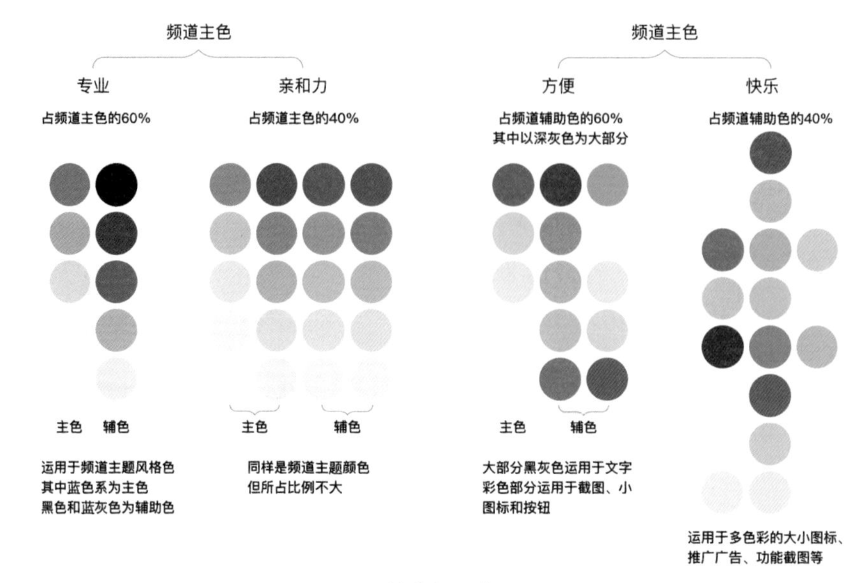

情绪板图谱

适用场景

在没有产品实物前，人们并不清楚自己想要的是什么。但是在看到成品后，他们可以轻易地判断是否符合自己的喜好或期望。因此在为错误的设计方向投入过多前，了解用户对风格的期望和需求，从而确定整个网站或产品的视觉风格是有必要的。同时从商业角度来说，通过不同职位的工作团队成员共同制作情绪板，可以与产品各部门达成一致的视觉体验共识；在早期就决定了主要的产品调性，并且以较高层次的方式，可以节省时间成本且符合预期。

此方法的主要使用场景

- 在早期，用来发掘、概括产品的个性，减轻后期设计工作成本。
- 建立产品的色彩规范及图像风格，从而减少重复性设计工作。
- 结合人物角色探索使用者的真实内涵，塑造产品性格。
- 用来了解并传达客观的产品个性。

参与人员

可以是设计师，也可以是工程师和产品经理，职位不限，人数若干（按照制作情绪板的规模而定），其中包括一名主持人、一名记录者。

主要流程

基于研究目的的不同，可以从关键词出发寻找视觉形象、从视觉形象出发归纳关键词。

1. 明确体验关键词

- 明确定义目标用户：色彩搭配并不是什么十全十美的科学。在一种情况下十全十美的东西在另一种情况下可能是完全错误的。要想知道什么情况下什么颜色最适合，需要理解以下几个问题的答案，从而明确定义产品目标用户。
  a. 目标客户是谁？
  b. 年龄段是什么？
  c. 男性还是女性？
  d. 管理者还是白领？
  e. 在你的行业中传统和文化是不是一个影响因素？
  f. 你们的产品或服务中有没有为不同国家或地区特别设计的产品？

- 平衡商业需求，根据目的制定出相应的关键词：通过用户研究、竞品分析等方法，可以收集大量的体验关键词样本。在获得这些样本后，进行内部讨论，通过归纳整理精简为几个关键词。通过内部讨论该组关键词的合理性、准确性、内涵所指等，确定体验关键词。

2. 基于关键词收集视觉素材

- 根据已有的体验关键词，广泛收集视觉素材，可以通过杂志、网络收集人像、风景、环艺、产品、界面、摄影、插画等素材，注意尽量收集不同的风格。比如，找到风格感受方面的具体图库（包含具体的实物和场景），找到设计元素方面的抽象图库（包含色彩、质感等元素）。
- 可邀请用户、设计人员或决策层参与素材收集工作。

3. 视觉素材展示与讨论

- 邀请用户来创建情绪板。
- 让用户选择情绪板模式。应基于时间限制、个人工作习惯以及用户的需求对情绪板的呈现方式进行选择。一般来说，可以从实体 / 数码和拼贴 / 精致模板两个维度来区分情绪板的呈现方式。
- 向用户说明规则，呈现图片，让用户挑选并根据关键词进行归类：配合定性的访谈，了解选择图片的原因，挖掘更多背后的故事和细节。

4. 提取视觉元素

- 查看用户偏好，对选中次数较多的图片进行总结：将选中次数最多的图片当作主色，超过 60 度范围的色彩可以当作辅色。
- 提取视觉元素——风格、色彩、质感等，作为最后的视觉风格的产出物。

产出物

情绪板用户研究报告、视觉关键词说明、视觉指定说明（色彩、风格、材质）——从情绪板到设计原型。

注意事项

- 情绪板的整个制作过程是一个协作的过程，在整个过程中主持人应充分调动整个项目团队的参与性。
- 主持人需要不断询问被访者，去探究选择图片背后的原因："为什么你会选择这张图片，能否和大家分享一下你的想法？"
- 注意差异的挖掘。注意挖掘被访者之间的观点差异，一千个人心中有一千个哈姆雷特，同一张图片对于不同被访者可能会有不同的解释，如果好几位被访者同时选择一张图片代表他们各自对某个品牌的感觉，注意询问他们选择这张图片的原因是否一样。
- 可以呈现给用户的图片是有限的。因此，在挑选图片时，需要内部研究人员和设计人员协同工作，根据视觉设计所需要考虑的几个维度结合已有的关键词进行图片的筛选。
- 在收集视觉素材时，允许使用图片搜索引擎和素材网站查找图片，在素材的选择面上更广。
- 从视觉形象归纳关键词时，注意尽量收集不同风格的素材，给用户提供更多样的选择。

竞品分析

竞品分析，是对现有的或潜在的竞争产品进行对比分析、优劣势评价，借以了解行业动态变化、整体市场格局，从而找到细分机会点；同时获取灵感，吸收经验，少走弯路。了解的内容包含：市场的整体发展趋势、行业巨头正在做什么、哪些产品深受用户喜爱（为什么）、行业最新技术是什么等。

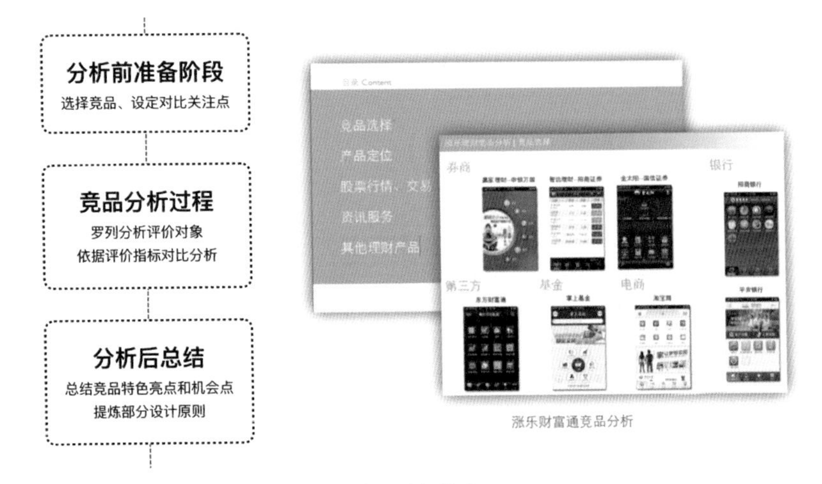

涨乐财富通竞品分析

竞品分析维度

适用场景

竞品分析的过程，通过对比调查收集信息并分析，基于不同的目的，可用于设计过程中的每个阶段。

此方法的主要使用场景

- 产品定位阶段：尤其是在切入某一个领域，寻求细分机会点时，重点分析竞争产品的优缺点，细分人群的需求满足情况，通过多维度的横向对比判断全局。
- 设计阶段：尤其是想学习竞品优点时，通过竞品界面设计表象，不断思考“为什么这么做”，从而触摸设计内在的本质。

参与人员

由项目经理确认，用户研究人员、交互人员或运营人员均可。根据竞品分析目的，确定竞品分析的参与人员，一般情况下一人即可。

主要流程

竞品分析主要分为三大阶段：分析前准备阶段（包括选择竞品、设定竞品对比关注点），分析过程中的目的、对象和关注点，分析后的总结（包括总结每个竞品的整体情况、特色与亮点，以及基于竞品提炼出的设计原则），具体如下所示。

1. 分析前准备阶段

- 选择竞品：竞品选择的范围，可根据行业，从不同角度选择竞品，有助于从不同维度对比分析，发现不同定位下的同类型产品的优劣势和策略上的异同。一方面调查和自身产品有直接竞争关系的产品；另一方面扩大调查范围，选择非直接竞争关系的同行业 / 同领域等关联产品。例如，传统上认为直播的竞品就是直播（如斗鱼直播，对应竞品为 YY 直播、虎牙直播、花椒直播等），但是由于直播也属于视频领域，都占据用户浏览观看时长，短视频（如 Snapchat）也属于其竞品。
- 设定对比关注点：根据竞品分析目的，设定竞品对比关注点，才能在各产品之间横向对比关注内容（即不同产品对同一个问题的处理方法）。关注点可以是产品定位、目标用户、功能点、交互流程、视觉细节、同一类信息的展现方式等设计中涉及的维度。

2. 分析过程中的目的、对象和关注点

- 罗列分析评价的对象：根据设定的关注点，将不同产品的关注点一一呈现。
- 按照一定的分析评价指标或分析原则等对罗列的对象进行对比分析，得出每个关注点的结论。具体所有的关注内容和输出物，请参阅下页图。

3. 分析后总结

- 总结每个竞品的整体情况、特色、亮点以及机会点。总结分析竞品的哪些点值得参考，可以借鉴，比如功能亮点、交互处理方式等。找到竞品目前存在的问题，从而发现机会点。从各项内容的分析中辅助分析并得到产品定位、盈利模式。
- 提炼部分设计原则。通过分析结果，反推目标人群的需求，从而归纳确定适合目标人群普遍解决方案的部分设计原则。

任务类型	分析目的	分析内容	输出物
产品定位	得出产品定位、设计策略、整体功能模块、优劣势等	信息结构、功能设置维度、首页内容以及布局方式	产品定位对比
目标人群	确定产品的目标用户群	产品介绍、功能模块、营销方式等	目标用户、目标用户群体特点分析
产品功能	查找产品的亮点功能	基础功能、特色功能模块	功能对比分析表
交互流程	挖掘用户核心交互流程	功能入口、操作步骤、流程指引、引导信息等	流程对比分析、入口对比分析等
交互细节	走查发现现有交互细节的优劣势	交互控件的使用、操作前提示、操作中提示、操作后反馈（成功反馈、错误反馈）、文案表达、交互动效等	交互细节、对比分析表
视觉细节	发现视觉设计与品牌形象关联，分析视觉传播点	整体视觉风格、图标（合理度、精美度等）、字体、颜色搭配等	色彩策略对比分析、内容对比度分析、字体分析、图标分析
盈利模式	了解产品的业务形态和商业盈利模型等	收费模式、广告、关联营销等	盈利模型对比分析
推广、营销、运营	挖掘符合产品特点且较合理的运营方式	榜单类型、营销方式等	营销方式对比分析、营销策略对比分析

竞品分析关注点和输出

产出物

竞品分析文档。

注意事项

- 选择竞品，不能仅仅局限于有直接竞争关系的产品，而应该根据行业的竞争范围，从多个角度选择竞品。
- 竞品要根据此次分析的目的和受众来确定，从而界定此次竞品分析的范围，减少资源损耗。
- 为保证信息传递的准确快速，要将不同关注点对比分析的结论放在前面。
- 不同产品的功能及数据的对比分析需要在统一的评测标准下完成，设定统一的评分标准。
- 竞品分析的目的就是为自身产品的战略、节奏、功能点、交互视觉等多方面提供参考，因此不能简单地罗列分析其他产品的功能点等，一定要根据对比分析得出结论，进而能够指导自身实践工作。

2.6.2 概念归纳阶段

在概念探索阶段，会发散出多个小的概念点，需要将所有小的概念点整理、归纳、合并，得到大类概念方向。这个阶段主要使用亲和图法。

亲和图法

亲和图（Affinity Diagram）是分类体系（taxonomy）的视觉化表达形式。所谓分类体系，是指在特定设计问题的上下文当中涉及的语汇经由分类而形成的体系。Affinity 的意思是“相像程度”（likeness），意味着两个词语概念之间的相似性（similarity）。设计师寻求相似性的目的在于，辨识出问题空间中的核心要素，同时剔除所谓的“边缘用例”（edge case），即特殊情况。一般来说，亲和图法是设计归类初期采用的方法，旨在从大量数据中辨识出特定的模式和基调。

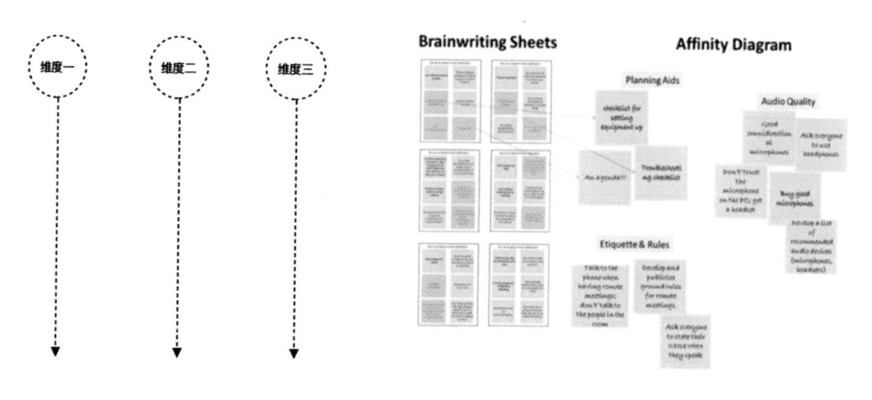

亲和图图谱

适用场景

亲和图法用于整理表达关于新经验、情况、对象的感觉和点子。这个方法建立了一个模型，根据不同语言数据的相关性和层次关系的分组，该模型收集了来自不同源头的不同数据，并提供了一个总体想法的推演和组织的大致结构。

亲和图法帮助人们解决以下问题：

- 辨认深层次问题，揭示其他隐藏问题。

- 对模糊的点子进行整理和分类。
- 揭示解决问题的正确方法。

参与人员

交互设计师、视觉设计师、业务方、用户研究员等（以 5~8 人最佳）。

主要流程

1. 选择一个题目或者问题。
2. 通过头脑风暴、观察和研究收集相关上下文情境涉及的所有数据元素。
   这些元素可以是字词、引述的语句、图片、照片，或者任何与问题情境相关的数据。设计师经常会将从访谈或实境调查（Contextual Inquiry）中获得的数据转录到记录卡片上，把直接来自目标受众的原始数据外化成亲和图的元素。
3. 根据想法的相似性或关联性将所有卡片归类。从根本上来说，所有这些元素表达的概念其实都是相互关联的，因此归类的过程也是解释和判别的过程。为什么认为一个元素与另一个元素有关联，以及两个元素之间如何相似，这些都需要设计师自己来判定。
4. 在另一张空白卡片上写下一条陈述，用于描述每一个排列好的组的特性。这张卡片就叫作亲和卡。
5. 把亲和卡和数据卡堆在一起，把亲和卡放在它所描述的数据卡上面。
6. 继续重复步骤 4~6 排列卡片，直到亲和图的维度少于或等于 4 组的卡片。
7. 把堆好的卡片放在一张大纸上，根据亲和卡的相似性排列这些卡片。
8. 制作一张亲和图：把卡片贴在纸上，并且在每组卡片的周围画上边缘。

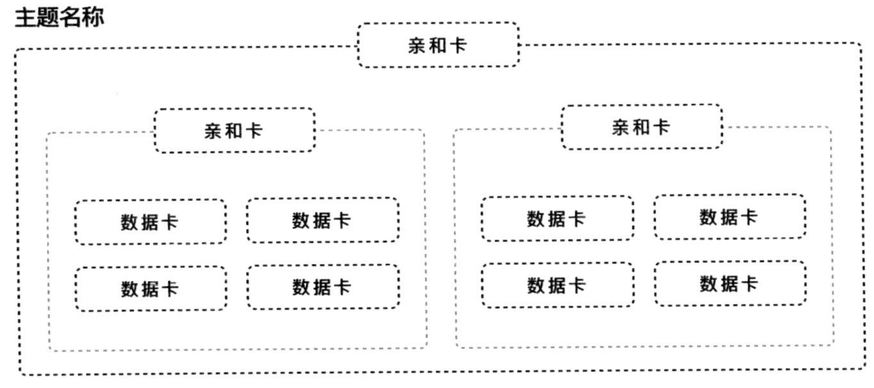

亲和图分类卡片

产出物

亲和图概念报告。

注意事项

- 亲和图通常由小组或团队共同构建。
- 有些实践者建议，要以完全沉默的方式来完成整个归类过程，以避免个人意见影响整个活动。而另一些实践者则推崇归类过程的主观性，主张对每次归类都进行口头表述，以期将整个归类过程理性化。无论采用哪种方式，产出物都是一组一组被归类的离散的元素，分组体现了各种数据在主题上的相似性。

拓展阅读

- *Asaka&Ozeki（1988）*
- *Show Cards*

2.6.3 方案产出阶段

将概念归纳为大类概念方向后，为了更好地与各角色进行沟通，将讨论价值最大化，我们需要将归纳的概念方向可视化，构建可视化逻辑主体（概念功能点、框架、布局、交互流程等），最终以产品概念原型形式输出。整体的概念方案产出阶段，根据原型输出成本从低到高可分为：纸面原型、静态原型和动态原型。具体的原型制作方法可详见第 3 章。

这个阶段主要有三种方案产出方法：平行设计法、故事板和概念原型（详见第 3 章）。

平行设计法

在多概念方向情况下，为了提升此阶段的产出效率，团队中经常会有多名设计师参与，每人负责单个概念方向，这种方法统称为平行设计法，也称为比稿 / 竞稿。

平行设计是在设计执行过程中的一种项目安排方法，属于替代设计方法，通常在概念设计阶段采用。一般由 2~4 个设计小组在同一时间内创建多个概念设计方案，目的是在选定设计概念之前可以评估不同的想法。它是探索一系列可能设计概念非常有效的方法。

适用场景

平行设计可以快速表达产品需求，减少其他开发流程的工作量，从而降低开发成本。为产品赋予品牌特征，从而突出整体品牌形象。规范设计文档及模板，提高效率。

此方法的主要使用场景

- 产品概念探索阶段。
- 产品详细设计阶段。

参与人员

设计团队成员，包括交互设计师、视觉设计师、用户研究员、项目经理。

主要流程

1. 确认参与平行设计的设计小组

- 与设计团队内部成员沟通，确认时间安排。
- 根据设计团队内部设计师的水平和各自时间安排，组合出 2~4 组设计水平相当的设计小组。

2. 概念设计前的前期准备

- 明确平行设计的边界条件：确定设计的目标、人物，以及用户特征等需求文件。
- 明确概念设计的输出物： 主要是统一概念设计的输出物，一般建议使用低保真原型。
- 制定评估概念设计的准则：设计团队内部对此次如何评估平行设计的概念设计方案达成一致，制定相应的评估准则。
- 设定概念设计的时间限制：评估概念设计工作时长，事先设定一个明确的时间限制；每个设计小组通常的概念设计时长是 10~20 个小时。

3. 概念设计

- 研究洞察：通过专家评估、竞品分析，掌握设计目标现存问题，深入了解市场状况，并基于对产品和市场的理解制定出用户心智模型。
- 设计机会：基于研究探索的结论、对设计目标的理解和用户心智模型，通过头脑风暴等方法找出设计的机会点，并转化成概念设计。

- 概念设计：通过对设计机会点的深度理解，将设计理念转化为产品信息结构、流程设计、视觉设计等概念设计。

4. 评估概念设计方案

- 根据制定的评估概念设计准则，单独讨论每一个概念设计方案，得出优缺点。
- 讨论所有概念设计方案的优缺点，寻找不同概念设计方案的结合点。
- 组合不同概念设计方案的优点，得出一个组合的概念设计方案。

产出物

评估概念设计方案准则、概念设计报告。

注意事项

- 参与平行设计的各个设计小组之间的设计水平应该大致相当，确保设计概念呈现出百花齐放的局面，而不是一边倒。
- 在明确平行设计的边界条件时，注意开始概念设计之前，要求每个设计小组接收到的设计需求相同。
- 设计小组之间不能互相讨论设计方案，直到他们产生了草图设计概念，并且在概念提案中展示了设计概念。
- 平行设计方法同时需要许多设计团队成员能够提出设计概念，需要在一段时间内投入大量的时间来实施这项设计工作。
- 平行设计方法必须合理地分配时间，从而可以适当地比较每个设计小组输出的设计概念，从中采纳每个概念的优点 。

故事板

故事板，是用图文结合的形式来描述一项完整任务或一个交互动作的可视化剧本。故事板的主要作用在于帮助设计者理解用户需求、相互沟通和对未来产品的使用行为做出设想和规划。

10:00 am

Ann had an important conference at the multi-function Hall where she met Mr Wang---- the project manager of the CVV company

08:30 am

On a Sunny Friday Ann left home and walked to the bus station wait ing for the NO.9 Bus to got to the company.

12:30 am

The lunch time came.,Ann went to the staff canteen with several colleagues. When arrived the canteen, Ann remembered there wasn't enough money in her meal card, so she need to recharge her meal card first.

14:30 pm

Getting half a day to rest Ann decided to go to the fitness center her friends told her. It's the first time she went to this fitness center, so she need to apply for a membership card.

18:30 pm

Went came out the M, Ann wanted to go shopping at the night market, she need to withdraw some cash. So she checked her bank balance on AIO to view which bank has enough money(Or which bank she wants to withdraw)

21:00 pm

Afer having a busy day, Ann washed herself and used her computer to do some arrangement on bed. She logined the AIO net, opened her own space, deleted some coupons she needn't, and added some new cards into AIO. When connected with computer，AIO also was in charge.

故事板可视化概念示例

适用场景

故事板是传统交互设计方法的重要补充，平时我们的原型设计仅仅局限于屏幕环境的设计，而忽略了屏幕之外的使用情境，通过故事板绘制的关键使用场景有利于我们理解屏幕之外的用户目标和动机。作为一种视觉化的语言，它在各个设计阶段能够积极促进情境交流和情感体验，形象地表达用户与产品的交互、使用情景对交互行为的影响，以及过程和时间变化等诸多方面。同时读者能够容易地通过代入角色或者情景获得视觉化的交互体验。这样能够在设计团队内建立一个理解和沟通的基础，消除一些不恰当的理解。读者可以把自己的经历反映在故事板上。这种有目的的观察方式支持分析、有针对性地挑选交互内容和获得与时间发展有关的想法。故事板记录和描述了很多承接关系，使得设计小组内部得以回想、探讨和确定主题。

此方法的主要使用场景

- 数据采集阶段——用故事板发现设计问题。
- 调研分析阶段——用故事板营造用户情景。
- 概念设计阶段——探索概念设计方案。
- 详细设计阶段——任务逻辑分析。
- 用故事板展现产品。

故事板分类

故事板按照表现手法，主要分为两种：纸面绘制和电脑绘制。

参与人员

会议执行人：交互设计师、视觉设计师。

主要流程

1. 了解故事板及其四要素

故事板是通过讲故事的方法构建用户使用场景，从而发现和确定产品体验问题。一个完整的故事板一般包括四个要素：人（Human）、物（Object）、环境（Environment）、事件 / 行为（Action）。

- 人：故事中的人物角色，在故事板中使用产品的个人或一群人。
- 物：也可以认为是媒介或者接触点，故事中的人物角色通过这种媒介（产品、物品、设计创意或某个实体功能等）体验产品。
- 环境：包括物理环境和社会环境，即社会、经济、技术、文化等因素的综合反映，包括时间、地点、周围情况等一系列内容合集。
- 事件 / 行为：故事中人物角色的交互行为，从而将故事中的人、物和环境结合起来，形成整个故事内容。

2. 明确使用故事板的目的

在交互设计中使用故事板，是设计中把概念视觉化的第一步。目的是通过故事板，在发现的问题的基础上，体验问题情景。

- 寻找并视觉化解决方案。
- 发现新的问题，产生新的创意。

3. 绘制故事板要点

- 确定人物角色：可以根据故事和设计的需要确定角色描述的内容。
- 构建故事场景：包含时间、地点、环境、人物活动空间、范围等一系列要素。
- 构建故事内容：事件 / 行为是具体的人和系统的交互行为，它将人、物和环境结合起来，构成了整个故事的内容。故事中应该包括对问题的研究和自己的想法。
- 分析问题：对故事中各个阶段与主题相关的问题进行分析，提出初步解决方案并进行分析。

- 梳理思路：基于分析的问题，探讨决定因素和解决方案，提出想法和概念，引导设计向着最终的形态发展。
- 针对故事场景，进行视觉化表达：基于分析问题和梳理思路两大模块，设计整体或某一部分的视觉化故事板原型。视觉化故事板原型遵循时间线概念，形成有系统、有逻辑的排列，风格上尽量保持统一。

产出物

故事板、故事板设计报告。

注意事项

- 故事板法是一种十分有效的交互设计方式，不同的设计阶段，故事板的表现形式会根据需求有所变化。
- 故事板可以根据不同的目标侧重选择不同的表现形式：采用何种形式基本取决于你构建的故事情节和屏幕任务或线下任务的相关度。
- 故事板关注的是屏幕任务和线下任务结合的边缘地带：通过故事板绘制的关键使用场景有利于我们理解屏幕之外的用户目标和动机。
- 故事板的具体应用过程中可能会受一些手绘能力的限制。大家可以尝试做一下，画得丑一点也没关系，只要能将关键任务场景表达清楚就可以了 。

拓展阅读

- 《About Face 4：交互设计精髓》
- 《走进交互设计》
- 《设计方法与策略：代尔夫特设计指南》

2.6.4 评估决策阶段

概念方案产出之后，通过有效且合理的评估方法，辅助决策具体的概念方向。如制定评估概念设计准则，单独讨论每一个概念设计方案，得出优缺点，继而讨论所有概念设计方案的优缺点，寻找不同概念设计方案的结合点组合不同概念设计方案的优点，得出一个组合的概念设计方案。

此外，在这个过程中可以逐步形成产品概念想法库，并进行后续管理，发挥设计团队的横向优势，最终合力扩大影响力。

这个阶段主要有三种评估决策方法：知觉图、C-BOX 象限评估法、目标权重评估法。

知觉图

知觉图又称认知图，也就是“维度图”，起源于市场营销分析领域。它常常直观地展示用户对一系列产品或品牌的感觉和偏好的形象化表述，常用来分析、比较用户对事物在多个维度上的看法。

知觉图是一个定量数据分析工具，通过打分、调查问卷、评估问卷等收集特定目标用户对于某一事物的多维度看法，可以直观地展示事物和属性之间的准确关系。

适用场景

- 设计阶段——评估设计方案，如概念设计阶段可评估概念设计方案的可行性、可预期效果。
- 设计定位决策——知觉图可以用来支持产品决策，如查看市场情况，为设计提供有力依据。

知觉图分类

知觉图根据评估维度可分为：二维知觉图（也可称为二维象限分析法）和多维知觉图。

- 二维知觉图：相对简单，在平面直角坐标系的 *X*、*Y* 轴上标明相应分析维度。如下页图所示，根据项目的两个重要属性作为分析依据。
- 多维知觉图：绘制和解读更为复杂，对事物进行多维度对比分析。

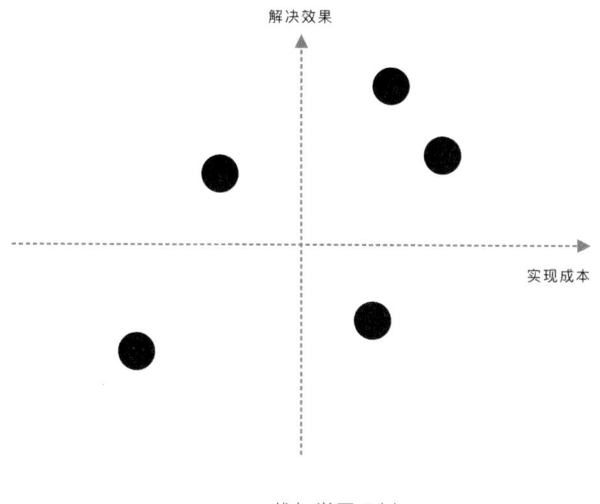

二维知觉图示例

主要流程

知觉图通常根据定量数据来绘制，不过在特殊情况下可以根据经验和直觉直接绘制二维知觉图，但是这样绘制的知觉图不够严谨，缺乏说服力。下面介绍如何根据定量数据绘制知觉图。

1. 确定产品（方案）或需要评估的产品属性

根据评估或者调研目的的不同，可以有不同选择。但大体需要以下几个要素：待评估的多个产品 / 方案、竞品、评估维度、负责评估的用户群体。

2. 获取用户评价数据

可以通过用户访谈或者打分问卷等调研方法来获取用户对产品每个属性的评价。打分可以采取两种策略：

- 第一种是具体打分评估，让用户对涉及的所有产品的所有属性都进行打分评估（1~10 或 1~5）。
- 第二种是泛打分评估，如让用户选择最符合某个属性描述的产品。

第一种方法更为细致，获取的用户数据更为精准，但耗费的用户时长也更多。具体的方法选择可依据具体的项目灵活应用。

如在概念设计阶段，将产品的概念创意，按照可执行、可预期和可创新三个维度分别记录。

- 可执行：能够付诸行动（有用且可行）的概念。
- 可预期：有趣的概念，虽然不能立即实践，但是是未来大的发展方向，有潜力和价值可储备创新。
- 可创新：对于产品不可行的概念，可以作为行业趋势探索创新的一部分沉淀下来。

	新颖（创新）	实用（预期）	可行（执行）	总分
方案 1				
方案 2				
方案 3				

概念方案的用户评价打分表

3. 绘制知觉图

绘制知觉图的方法主要有三种：因子分析、多维尺度量表和对应分析。

产出物

知觉图，以及相应的分析结论。

注意事项

- 知觉图仅仅把握产品大方向，并不意味着能深入到具体某一个设计决策中，还需要进一步深层分析用户为什么这样认为的原因，才能更好地支持设计决策。
- 在数据收集不到位的情况下，制作知觉图，容易得出错误、形式化的结论。

C-BOX 象限评估法

C-BOX 象限评估法，是二维象限知觉图的具体化应用，是一种归纳评估大量设计概念的矩阵图。将概念方案从“可行性”和“创新性”两个维度进行分析，依据每个维度的高低程度或者分值大小，将其排布在一个坐标系中，从而直观地查看所有概念方案。

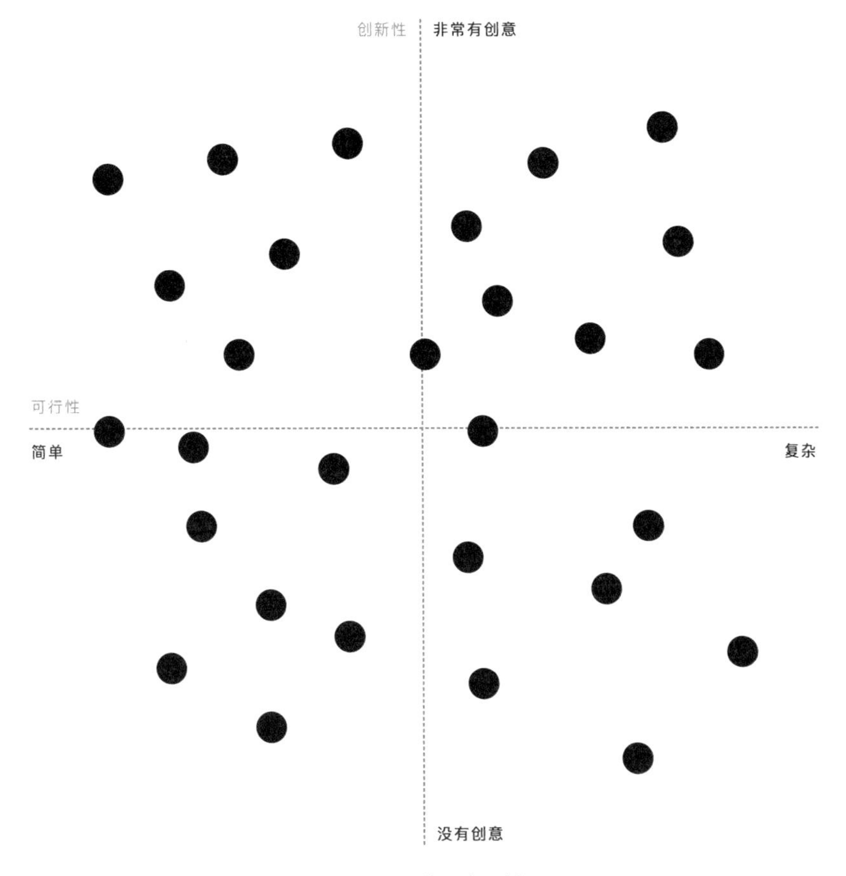

C-BOX 评估图表示例

适用场景

- 概念设计的早期，筛选可执行概念方案。比如在头脑风暴后汇集了很多想法和创意，可将其以 C-BOX 图表方式呈现，帮助团队更好地从全局了解概念，并针对创意展开讨论，也有助于各个项目成员对于整体方向达成共识。
- 概念设计后期。当团队成员输出具体概念原型方案后，采用 C-BOX 图表，可以针对具体概念原型展开讨论，并与项目成员达成共识。

主要流程

绘制 C-BOX 图表，是将概念想法标注在 C-BOX 图表对应象限的坐标位置，从而评估决策概念想法 / 方案的过程。主要分为三个阶段：准备阶段、绘制阶段和评估决策阶段。

1. 准备阶段

绘制 C-BOX 图表，首先需要将所有的概念想法 / 方案收集汇总，形成概念想法库。

2. 绘制阶段

有了概念想法 / 方案库之后，即可开始绘制 C-BOX 图表。

- 步骤 1：在大的白板上（或者大幅画纸上）绘制一个坐标系，形成一个二维坐标矩阵。
  a. *X* 轴为创新轴，代表创新性：从上到下创新性逐渐减弱，越往上创新性越强创意越好，越往下创新性越弱创意越不好。
  b. *Y* 轴为可行轴，代表可行性：从左到右可行性逐渐增加，越往左可行性增加，创意越好实现；越往右可行性降低，创意越难实现。
- 步骤 2：将所有的概念想法 / 方案分别单独呈现在纸上，可以使用便利贴或者 A4/A5 大小的纸。
- 步骤 3：有了 C-BOX 坐标轴和概念想法 / 方案后，所有项目成员进入创意讨论，并将相应的概念想法方案粘贴到 C-BOX 坐标轴的对应位置。

3. 评估决策阶段

所有概念想法 / 方案都填充到 C-BOX 图表后，所有项目成员可以从“创新性”和“可行性”两个维度整体查看概念想法，从中选择一个最符合产品设计要求的象限。再从该象限选择一个最符合设计目标的概念想法 / 方案，并基于此进行更深入的详细设计（如选出最具可行性的创意方案，快速实现落地验证），摒弃那些没有创新且可行性很低的概念想法 / 方案。

产出物

C-BOX 图表及相应的分析结论。

注意事项

C-BOX 作为评估决策方法之一，只能比较粗粒度地评估概念想法 / 方案，一定条件下可能存在误差，如果跟后文介绍的目标权重评估法结合使用，效果最佳。

目标权重评估法

目标权重评估法，针对产生的多个概念方案，从产品目标、用户目标等多维度设定评估标准，依据评估标准给不同的概念设计方案打分（如非常符合 5 分、符合 4 分、差不多 3 分、不符合 2 分、非常不符合 1 分），并依据每个设计标准的重要程度赋予其一个权重系数，最后得出一个权重总分，并从中选出最佳设计方案。

适用场景

概念方案输出后，可采用目标权重评估法评估概念方案，从中选出一个或几个设计概念，进行概念细化（甚至进入详细设计阶段）。目标权重概念评估法，可直观明了地从多维度对比概念方案，从中选出最适合的概念设计，进入接下来的详细设计。

主要流程

目标权重评估法，根据产品、用户等多维度的设计标准评估打分。同时由于不同维度设计标准的重要程度也不尽相同，因此目标权重评估法将每个评估维度设计标准的重要程度计入考虑范围，并赋予其一个权重系数，从而增加评估结果的准确性。主要有三个阶段：准备阶段、评估打分阶段和决策阶段。

1. 准备阶段

- 从产品、用户、技术等多维度设定概念评估标准。
- 确定不同评估标准的重要程度，并赋予每个评估标准相应的权重系数。

产品方向	用户方向
是实现产品关键指标的必备潜质吗？	是否与用户相关？
与同类产品或服务相比，是否有其产品核心价值点？	是否解决了用户核心痛点问题？
与产品的品牌定位是否切合？	在相关领域是最佳解决方案吗？
存在技术可行性方面的问题吗？	产品独特性易于阐明和理解吗？
在没有大笔投资情况下能否成功？	能否带给用户惊喜感和超出预期的满足感？

从产品、用户维度选择相应的评估标准示例

2. 评估打分阶段

针对具体的概念方案，依据概念评估标准进行打分评估。

- 步骤 1：建立评估打分表格，标题行为不同的设计评估标准，标题列为不同的概念方案。

- 步骤 2：根据每个设计评估标准，分别对每个概念方案进行打分，可以按照 1～5 的梯度打分（也可以按照 1～10 的梯度打分）。
- 步骤 3：每个概念方案打分完成后，计算每个概念方案的总分（权重系数 × 设计标准得分）。

	0.1× 评估标准 1	0.3× 评估标准 2	0.2× 评估标准 3	0.2× 评估标准 4	0.2× 评估标准 5	总分
方案 1						
方案 2						
方案 3						
方案 4						
方案 5						

目标权重评估打分表

3. 决策阶段

得到每个概念方案的总分后，可依据所看重的评估标准和总分选择概念方案。一般建议选择总分最高的概念方案，并将剩余概念方案纳入概念库中进行沉淀。

产出物

多概念方案打分表，以及相应的分析结论。

注意事项

- 目标权重评估法在设计过程中保证了评估结果的准确性，在确定设计评估标准时需要从产品、用户、技术等多维度思考，参照所有的设计标准和设计概念。
- 在确定设计评估标准的权重系数时，建议将设计标准两两分别比较，以获得相对合理和正确的评估标准权重系数。

2.7 详细设计阶段

概念设计阶段，确定了具体的某个概念设计方向后，就进入到详细设计阶段，将产品设计细节细化并具体化。以用户为中心，分析产品使用场景和任务操作，设计具体的操作流程和页面布局，将功能需求转化为设计原型。设计方法包括：基于具体产品方向 / 需求的交互设计（包含低保真、高保真、动态原型）、交互设计自查、交互设计评审（内审和外审）。

2.7.1 详细交互设计

在详细设计阶段，交互设计将产品需求转换为可视化内容及元素。它将抽象的“点子”及“想法”使用界面语言表现出来。交互设计一般是指从功能需求到交互原型的整个过程。

而详细交互设计可以分为两类：小需求、大需求（包含多个产品模块小需求）。

在常规迭代项目中，尤其是大公司的设计师通常面临的需求都是小需求，这类需求基本上是点对点需求，不需要再次细化拆解。通常可以直接采用以用户需求为导向的设计思路，聚焦用户核心路径和关键触点，进行详细交互设计。

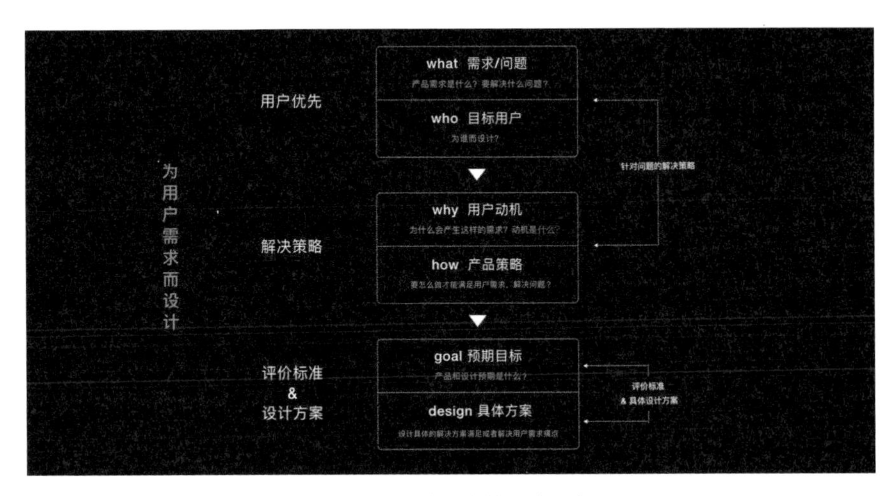

以用户需求为导向的设计思路

而一个大需求（如某个产品新版本改版设计）通常包含多个小需求，通常采用化繁为简的方法——先规划后开工，拆解设计任务，即从整体出发，系统化思考产品策略，明确了产品业务目标和设计目标后，将产品需求拆分为多个模块，然后针对单个小模块做具体设计（单个小模块的具体设计可参照以用户需求为导向的设计思路）。同时采用化繁为简的方法，拆解设计任务，一方面帮助我们将交互设计工作量化，另一方面让我们不遗漏产品需求的任何细节，使整体的交互设计文档结构清晰易阅读。

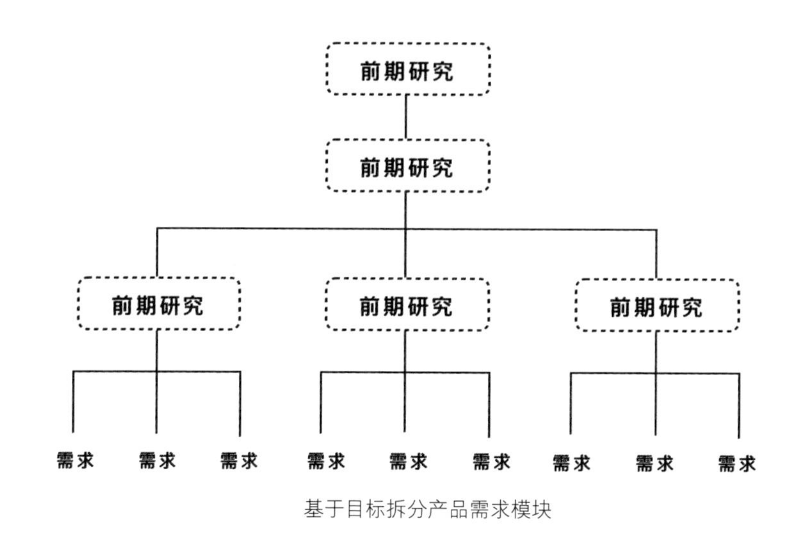

基于目标拆分产品需求模块

参与人员

原型设计：交互设计师。根据项目范围确定交互设计人员参与的数量，一般较小的项目一人即可。

主要流程（这里以单个小需求举例说明）

如前文所说，针对小需求可以采用以用户需求为导向的设计思路，聚焦用户核心路径和关键触点，进行详细交互设计。整个过程分为五个大阶段：what（需求 / 问题）、who（目标用户）和 why（用户动机）、how（产品策略）、goal（预期目标）、design（具体方案）。

1. what（需求 / 问题）

首先需要明确正在设计的产品需求到底是什么？该需求要解决什么问题，或者满足了用户哪一方面的诉求。

比如在社交产品 A 快评表情产品设计中，由于快评表情存在多个可能的用户使用场景（如 Feeds 评论、发表 Feeds、直播场景等）。为了让快评表情快速上线，验证其可促进用户活跃度，首先确定了快评表情的具体产品需求，将其使用场景缩小为优化 Feeds 评论表情功能。

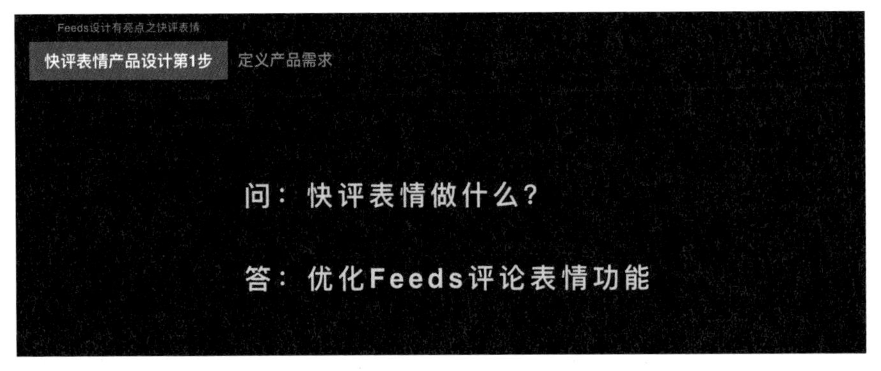

定义快评表情的产品需求

2. who（目标用户）和 why（用户动机）

明确产品需求后，为了更好地满足目标用户，我们需要深度探索目标用户的特性，明确目标用户的喜好；从中分析用户需求动机，探究用户为什么会产生这样的需求，为之后的具体设计做准备。比如社交产品 A 的用户群体为“95 后”，他们具有“创造”“个性”“有趣”“表达”等特性，他们爱玩的产品有“弹幕”“变声语音”“斗图”“鬼畜视频”，这些产品都满足了用户“DIY、个性互动、满足成就感”等心理层面的需求。

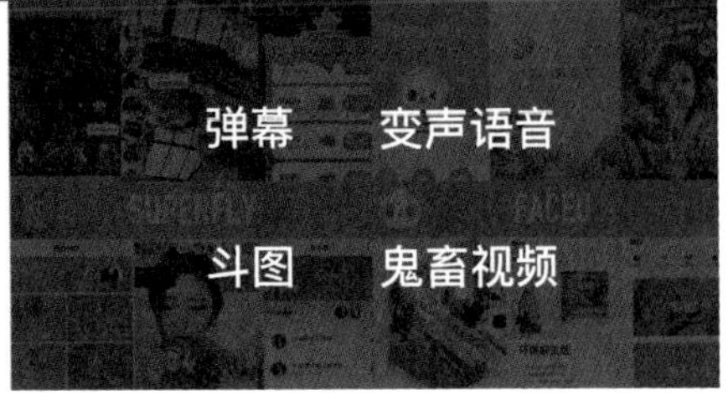

探寻目标用户的特性和喜好

明确了目标用户和用户动机，需要更深层次地挖掘用户使用产品的心理动机，从而探索用户的使用心智模型。心智模型有助于我们在更深层面让用户得到超出预期的使用体验。

如在社交产品 A 的快评表情设计中，基于目标用户探索用户互动心智模型，发现了以用户互动诉求为基础，满足用户个性化、专属感、控制感的深层心理动机，从而可以让用户获得最终的成就感，建立起用户与产品之间的情感联系。

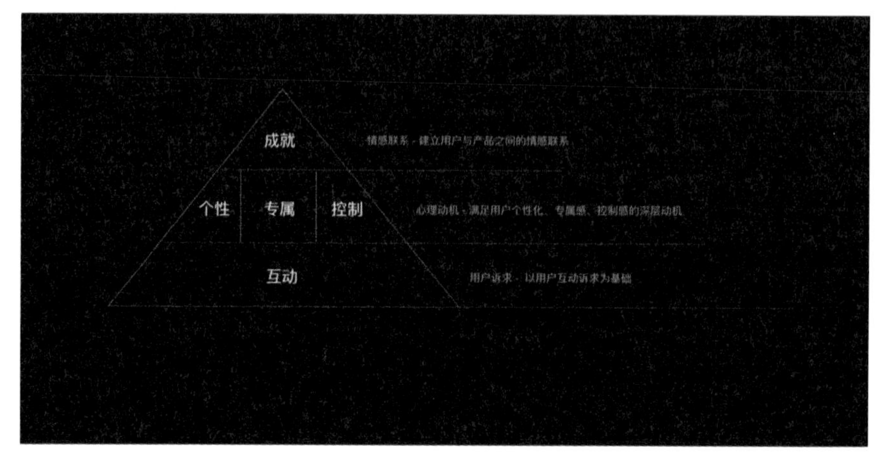

探索用户互动心智模型

3. how（产品策略）

分析了目标用户特性和动机后，可以尝试定义“如何做”的产品设计策略，搭建 / 聚焦用户使用核心路径，在核心路径上明确用户关键触点，并基于核心路径形成关键页面，并最终给予用户超越预期的产品体验。

如在快评表情设计中，由于是原有的评论表情优化，因此在定义解决策略时，首先聚焦评论表情的核心路径，基于核心路径寻求机会点，并且根据机会点搭建全新的快评表情使用路径。

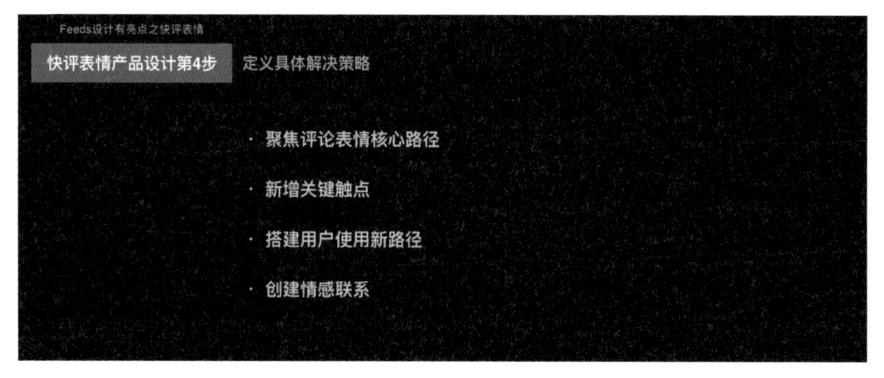

定义产品设计策略

4. goal（预期目标）

确定了产品如何做后，为了更好地评估、衡量设计效果，我们需要在具体设计之前先确定设计预期目标。如在快评表情产品的具体设计之前，明确了产品设计预期目标，如增加评论趣味性、增强用户互动欲望、提升用户活跃度等。

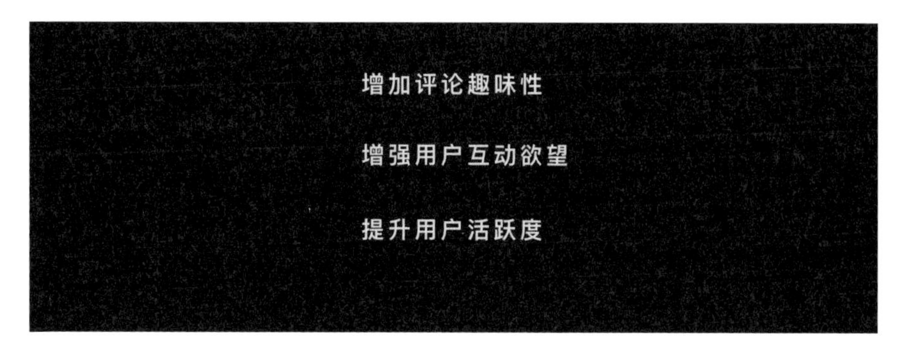

明确产品设计预期目标

5. design（具体方案）

在具体的设计解决方案中，依据步骤 3 如何做中所言，主要有以下几个步骤：用户任务分析、搭建用户使用路径、整理各个流程步骤中用户信息的输入以及输出、确定页面布局和内容、进行具体的原型设计。

用户任务分析

基于目标用户和动机，我们梳理出目标用户的产品使用流程，并对用户在界面上进行的所有操作按照场景进行重组。在这个过程中，需要列出在不同场景下的任务，以及任务下面的子任务，再把子任务细分到每个步骤，形成列表。

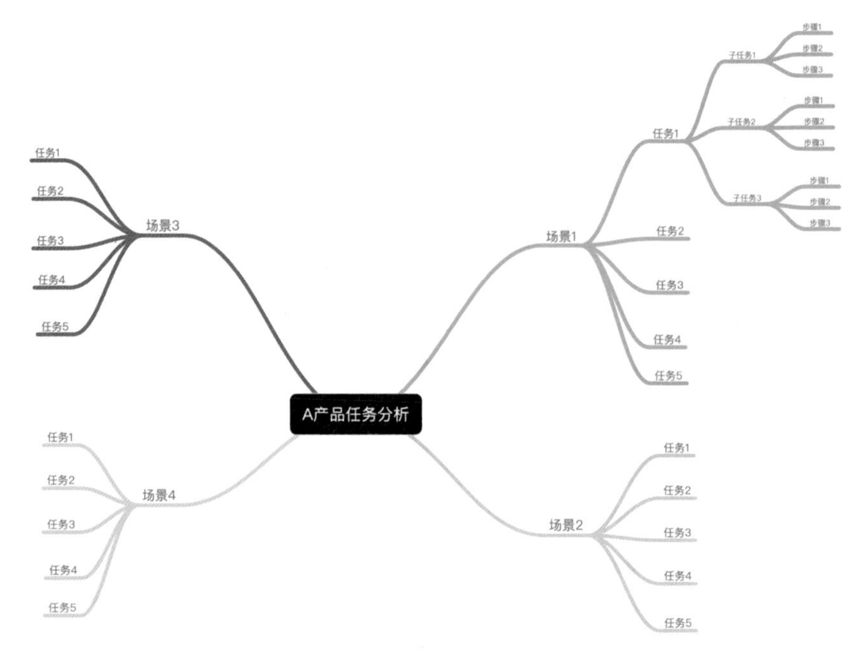

用户任务分析列表

搭建用户使用路径

用户任务分析完成后，进入设计的下一步，即搭建用户使用路径。搭建用户使用路径是设计的开始，也是重要的一环。它决定用户如何使用产品，需要经历哪些步骤才能完整体验产品，决定了整个界面的信息结构和操作逻辑。搭建用户使用路径是上一步任务分析的自然转化，针对用户任务列表中的每个子任务逐一搭建线性使用路径，从而形成一个整体产品网状使用路径。

在社交产品 A 的快评表情设计中，为了找到设计机会点，首先聚焦了快评表情原有的核心路径，发现多个机会点后，基于机会点搭建新的使用路径。

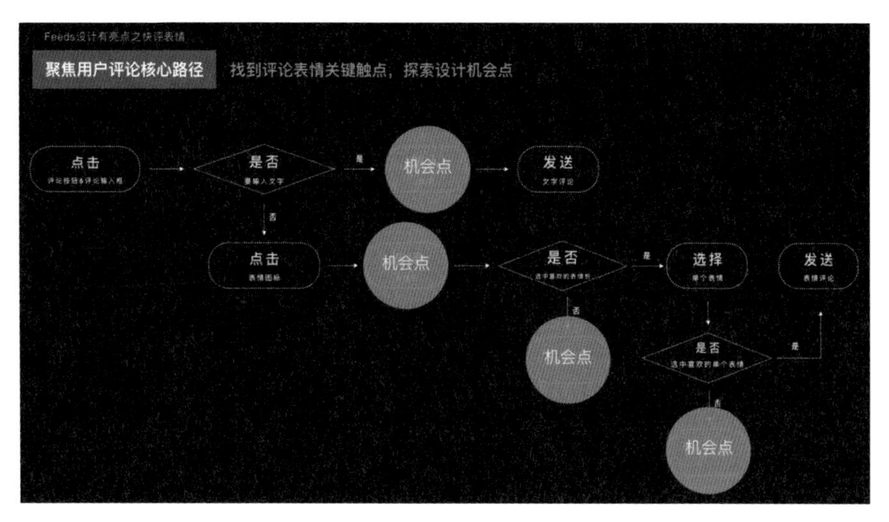

聚焦原有的核心路径，发现机会点

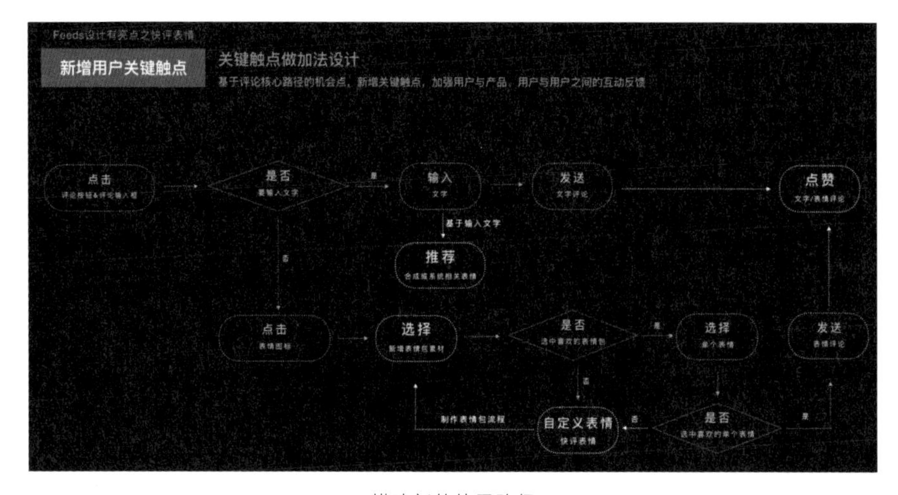

搭建新的使用路径

整理各个流程步骤中用户信息的输入以及输出

用户使用路径搭建完成后，对用户使用产品的关键流程会有一个初步规划。接下来要做的是明确用户在与产品交互的过程中，每一步骤的输入及输出。这样可以清晰地了解到用户在交互过程中与产品的哪些信息进行交换。具体做法是：沿着用户使用流程图，分析流程中的每一个步骤，看一下用户到这里时，用户的输入以及输出信息。

a. 用户信息的输入：用户在操作过程中，需要了解哪些信息才能有效地继续接下来的操作。

b. 用户信息的输出：产品需要用户进行怎样的操作才能进入接下来的操作。

确定界面布局和内容

a. 首先确定在产品界面设计中需要哪些具体界面，这里可以根据用户使用路径来确定。如快评表情的使用路径中，包含 Feeds 浏览界面、点击触发后评论界面、输入过程中表情推荐界面、快评表情制作界面等。

b. 确定单个界面中用户的浏览和操作信息，明确用户的关键触点。如在快评表情设计中，在 Feeds 动态页面，用户浏览信息为 Feeds 动态相关内容，操作入口（也就是用户关键触点）为输入框，点击输入框用户进入评论过程；在评论过程中，当用户输入文字时，会推荐相应的快评表情。

c. 确定页面表现方式。 根据场景、平台规范、设计原则等确定页面布局，也就是具体的呈现形式，比如设计原则为扁平化的层级，那页面的呈现形式可能会是浮层，如快评表情的基于文字的表情推荐。

d. 确定页面具体布局。根据页面中要体现的信息及信息的受关注程度进行页面布局。设置总的布局，即通用布局，适合所有页面。页面布局的作用是赋予零散的信息逻辑性，以分区的形式将页面对应的功能区确定下来，减少设计的随意性。同时布局把逻辑上有关联的功能放在一起，对于用户来说是可以预见的，用户能够判断哪个操作在哪个区域，减少盲目寻找带来的困难和疑惑。

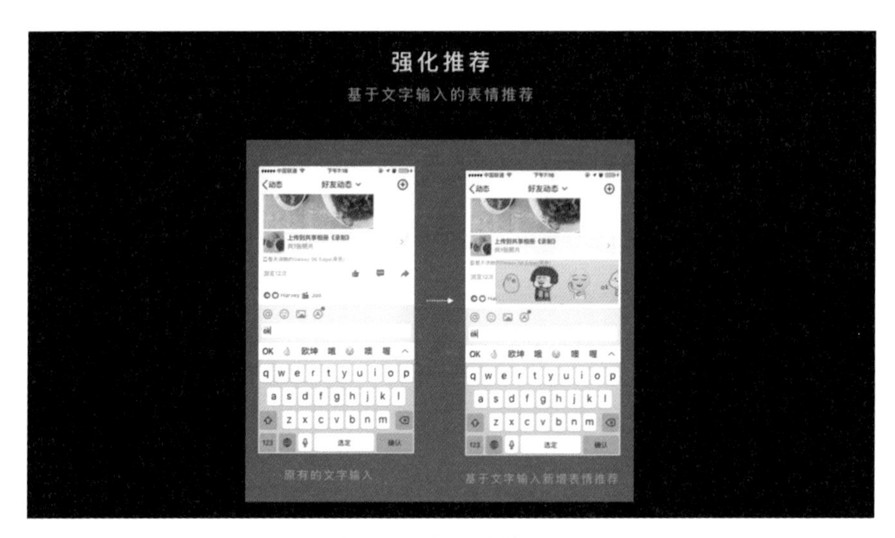

基于文字输入的表情推荐

具体原型设计

原型设计是将页面上要呈现的信息元素表现出来。一般会使用 Axure、Sketch 等原型工具画线框图的方式。

步骤如下：

a. 根据页面信息的类型选择适合的控件或设计模式。

b. 根据页面信息的受关注程度，提炼设置设计模式及控件规范。比如不同功能入口会采用不同的按钮形式；那设置规范时，应该按照功能的受关注程度设置按钮的形态。重点功能采用大按钮，次要功能采用小按钮，不重要的功能采用文字链接的形式。

c. 将设置好的模式和控件呈现在对应的功能布局中。

d. 使用线条及灰度色块表现页面信息的层级。

e. 最后完整的原型撰写内容包含：项目名称 + 版本记录 + 产品框架 + 流程图 + 原型方案（包含交互状态说明，页面默认状态 + 用户交互动作 + 操作反馈 + 异常态 + 极限条件），但实际工作中原型方案通常根据实际情况采用“原型方案 +N（项目名称、版本记录、产品框架、流程图中的一个或几个）”的策略。

完整的原型撰写框架

产出物

目标用户分析报告、任务分析列表、用户使用流程、原型设计图（线框图）。交互设计阶段最重要的输出是原型设计图。

2.7.2 交互设计自查

交互设计自查，是在设计之后，设计评审之前设计师基于完成的具体交互稿查漏补缺的过程。交互设计自查属于设计师的设计稿复查过程，有助于及时发现细节是否考虑完善、是否对特殊状态有遗漏等问题，提升设计质量的同时，有利于设计师形成更为缜密的思考方式。这里主要介绍两种自查方法：基于设计目标的检查和基于用户输入输出的原型方案检查表，通常这两种方法会结合使用。

基于设计目标的检查

在具体设计之前，为了更好地评估设计上线后的效果，设定了设计预期目标，所以设计完成后也可以基于设计目标进行原型检查。

设计目标	是否满足
目标用户无遗漏	✓
与用户预期相符	✓
架构层级清晰	✓
关键设计节点充分思考/多方案对比	✓
体验流程闭环	✓
对应表达设计目标/功能导向	✓
用户激励/奖赏机制	✓
解决/优化现有体验问题	✓

基于设计目标的原型检查

基于用户输入输出的原型方案检查表

原型方案检查表，梳理了用户在完成具体任务过程中经历的各个阶段，从架构和导航、布局和设计、内容和可读性、行为和互动、特殊使用场景 / 状态等五个维度全面梳理交互原型。

架构和导航	布局和设计	内容和可读性	行为和互动	特殊使用场景/状态
是否采用了用户熟悉或容易理解的结构?	是否采用了用户熟悉的界面元素和控件?	文字内容的交流对象是用户吗?	是否告知、引导用户可以做什么?	考虑无图模式下如何呈现
是否能识别当前在网站中的位置?	界面元素和控件的文字、位置、布局、分组、大小、颜色、形状等是否合理、容易识别、一致?	语言是否简洁、易懂、礼貌?	是否告知需要进行哪些步骤?	考虑夜间模式如何呈现
是否能清晰表达页面之间的结构?	界面元素/控件之间的关系是否表达正确?	内容表达的含义是否一致?	是否告知需要多少时间完成?	空状态
是否能快速回到首页/主要页面?	主要操作/阅读区域的视线是否流畅?	重要内容是否处于显著位置?	是否告知第一步做什么?	网络相关不同状态，如网络慢、超时、无网络等
链接名称与页面名称是否相对应?	主要操作/阅读区域的视线是否流畅?	是否在需要时提供必要的信息?	是否告知输入/操作限制?	
当前页面的结构和布局是否清晰	其他文本（称谓、提示语、提供反馈）是否一致?	是否有干扰视线和注意力的元素?	是否有必要的系统/用户行为反馈?	
			是否允许必要的撤销操作?	
			是否页面上所有操作都必须由用户完成？	
			是否已将操作步骤、点击次数减至最少?	
			是否所有跳转都是必需的（无法在当前页面呈现）？	

原型方案检查表

2.7.3 交互设计评审

交互原型是产品研发过程中的重要产出物，而交互原型方案的确立，通常是由多种职能人员共同进行的评审。无论设计公司还是 BAT 的用户体验部，作为交互设计师，组织或参加各类大大小小的设计评审是产品设计流程中必不可少的一环，这有利于各方设计方案达成共识，从而使产品整体流程更加高效。怎样进行一场高质量的设计评审？设计师应该如何应对设计评审，更好地表达设计意图，并收集意见改进方案？怎样避免设计评审变成竞稿？如何让小伙伴聚焦，以及聚焦在哪里？如何把控评审过程，解决共同关注的问题，推进评审工作卓有成效地进行？

设计评审会受很多因素影响，比如组织形式、参与者数量等，并且对于每个公司来说，无论规模大小，设计评审都是不同的。然而，是否清晰地知道正在尝试解决什么问题，是一场评审能否成功的关键，这样才能确保可以从每项评审中都有所收获。因为归根到底，所有的设计方案，都是为了解决那个特定问题的。

交互设计评审，通常可以分为交互内审、交互外审。

参与人员

- 主讲人：交互设计师。
- 评审人：产品经理（必要）、视觉设计师（必要）、前端开发工程师（必要）、项目经理（必要）、测试人员（必要）等。

产出物

评审计划、问题记录表、修改后原型。

交互内审

交互设计师完成设计方案后，为了保证交互外审质量和效率，设计团队内部会进行一场交互内审（有时为设计互评）。设计评审时，其他设计师会针对设计方案提出各种各样的问题，探索问题本质并讨论潜在的多个可能方案，帮助设计师拓宽思路并做出最终决策。

交互外审

交互外审的过程主要有以下六个步骤。

1. 与项目决策人员预沟通

产品经理负责产品需求，设计师负责设计方案，开发工程师负责产品实现，因此在评审会之前和产品经理、开发工程师预沟通设计稿，可以提前评估设计可行性。可以先和产品经理、开发工程师达成一致，让评审会更高效，同时其他参与评审的同事有问题时，还可以让产品经理和开发工程师来一起解答。

2. 发起评审通知

至少提前一天发起交互设计评审通知（以邮件形式），预定会议室、投影等设施。通知中说明评审的内容（附件中附带交互原型，最好以 html 形式）、会议时间、会议地点、参加人员等。

3. 准备评审资料

交互设计师准备原型，并将原型导出为方便展示的形式，比如全屏幕查看的 html 页面。准备设计参考资料、产品分析资料、数据分析资料，可以更有效地表达设计方案，也可以更有效地表达设计方案。

设计评审可能提出的问题：

- 最后为什么考虑使用这个设计方案？
- 这个需求要解决什么问题？能不能一句话说清楚？
- 之前已有的功能的数据是什么样的？
- 我们的竞争对手是怎么做的？有没有同类型的设计？
- 这个新设计和我们之前的设计不一样，是怎么考虑的？能不能沿用之前的控件？
- 这些元素没有对齐，是有意为之还是失误？
- 设计稿上面的内容是接近真实内容的吗？如果不是可以改成真实内容看看效果。
- 为什么使用这些在平台规范中没有出现过的颜色？

4. 评审过程

- 介绍产品定位、使用场景、目标用户群、营销策略等。在评审时，简要地介绍背景，让与会人员快速了解原型的产生背景。
- 按照用户完成目标所需的步骤来介绍设计方案，这样能够有助于将与会人员的评审视角转换为以用户为中心。
- 从整体到细节讲述交互原型，优先讲解创新部分。先从功能流程图开始，再到交互方式、交互细节、表现形式、文案等是否满足需求。
- 让不同职能的与会人员参与讨论，与营销人员、产品经理讨论原型是否实现产品定位、营销策略；与前端人员讨论交互方式能否实现、是否有其他的实现方式等问题；与后台人员讨论是否提供数据，是否会有延迟。

5. 确定评审问题，并以邮件形式同步

评审结束时由会议记录人将问题再重复一次，避免漏掉，汇总问题并以邮件的形式同步发出来，有利于同步确定问题并解决所有问题。

6. 评审结束后，归纳整理评审问题优先级

归纳整理评审问题，并确定问题优先级。根据评审人员提供的参考意见，对问题进行修改，并将修改后的原型设计稿发给参会人员，确保没有疑问。如有必要，可进行二次评审。

2.8 设计评估阶段

交互设计师往往需要站在很多角度权衡多方面的利弊，如业务方要求、盈利商业要求，还有很多内部因素——比如交互方案对于视觉设计的影响和对于开发团队的难度和风险，以及最现实的最后期限（deadline）和预算限制等问题。

在大多数情况下，这些方面都会有冲突，这时候就需要团队能够找到其中的主导因素，并且要在这些限制下做出最佳的妥协以求其他的因素也能得到满足。

这个过程很可能是混沌、主观且难以复制的，它的有效推进取决于多方面因素，但一般都少不了积极有效的沟通和优先化。整体而言设计评估分为概念设计评估、详细设计评估和上线跟踪评估（更好地优化产品）。

其中概念设计评估和详细设计评估在设计阶段已经介绍过了，本节主要介绍上线跟踪评估，通过用户行为和数据反馈等多维度评估，为下一轮产品迭代打好基础。

概念设计评估	详细设计评估	上线跟踪评估
知觉图	基于用户输入输出的原型自查	可用性测试 （参阅“2.5.2 可用性测试”）
C-BOX 象限评估法	基于目标的设计自查	A/B 测试
目标权重评估法	尼尔森可用性十原则	满意度评估
		接受度测试
		数据验证 （参阅“2.5.7 行为数据分析”和“2.9 实践案例：产品体验监测模型）

设计评估方法

2.8.1 A/B 测试

A/B 测试也称分离测试（split testing），是一种测试不同设计方案如何影响页面甚至用户行为的方法。A/B 测试需要两个设计方案 / 版本，A 代表方案一，B 代表方案二。当我们有两个以上的设计方案要做出取舍的时候，可以采用 A/B 测试，将它们分到不同的用户组测试。在设定时间或者访问量内，记录用户使用情况，跟踪设计师关心的各种指标（转化率、跳出率等）；基于真实用户群实际数据的效果反馈，设计师选择更符合设计目标的方案。

适用场景

当有了一个新的设计原型后，你可能会对某些地方存有疑虑。通过分析布局中不能准确表达目标的设计元素，开启一场 A/B 测试之旅。比如，单个按钮或输入框的设计目标是吸引用户进行操作，那么如何设计页面布局，才能提升页面布局中元素的可见性？如何修改现有设计，才能让更多的用户与这些网页元素产生交互行为？通过 A/B 测试，研究者可以获取新设计用户使用数据，用数据支撑研究决策，如通过 A/B 测试获得不同设计方案对于用户行为的影响，从而提高转化率，减少跳出率。

常见的 A/B 测试场景

- 设计改版或者新设计上线前，验证新设计是否可以优化相应数据，也可称为灰度测试。此时 A 代表现有版本，B 代表新设计。
- 验证两个或多个不同新的设计方案。

参与人员

产品经理、用户研究员、交互 / 视觉设计师等。

主要流程

1. 确定 A/B 测试目标

A/B 测试需要根据测试目标选择测试内容，比如目标是提升页面内容转化率，可以测试以下内容：页面标题、页面布局、页面内容等。此时，A/B 测试的目标是要弄清楚哪些因素影响了页面转化率，是页面标题表现形式，还是页面布局方式，或者是页面内容对用户不具有吸引力。所有这些问题都可以通过 A/B 测试来确定。

- 确定测试目标，常见的 A/B 测试目标维度包括：流量、转化率、跳出率、停留时长等。
- 选择常见的 A/B 测试方法：
  a. 单个元素测试，在测试页面加载前替换元素。如果测试的是页面上的单个元素，如登录按钮，需要在测试工具中设置按钮。当测试时，测试工具将在给用户展示页面前随机替换按钮。
  b. 整个页面的测试，重新定向到另一个页面。如果测试的是整个页面，比如 A 主题页面和 B 主题页面，那么就需要创建和上传新的页面。例如，如果主页是 http://www.xiaowangzi.com/index.html，那么需要创建另外一个页面 http://www.xiaowangzi.com/index1.html。当测试运行时，测试工具将一部分访问者重新定向到第二个网址。

- 当使用了上述某一测试方法后，接着就需要明确转化目标页面。通常我们会得到一段 JavaScript 代码，可以复制并粘贴到一个需要访客到达的目标页面。例如，一个网站报名页面，想测试“立即报名”按钮应该使用什么颜色，那么转化目标页面就是点击“立即报名”按钮后的“立即报名”页面。

2. 确定 A/B 测试内容和线上版本分流比例

确定了 A/B 测试目标后，需要根据测试的内容设计开发需要测试的版本方案 A 和方案 B。其次确定线上测试版本的分流比例，即如何将其分发到用户。可以对用户进行分组，不同版本方案的分发可以直接按组分发，也可以通过更加复杂的方式进行分发，例如按照用户活跃度分组后分发等。

3. 选择 A/B 测试工具

关于 A/B 测试，前面已经提到了一些技巧，接下来将介绍一些相关的工具。即使设计师对测试过程不熟悉，这些工具也可以轻松上手。和任何工具一样，A/B 测试工具也能熟能生巧。

浏览下面推荐的这些网站，看一看它们的功能是否和你的目标一致。无论是客户项目还是自己的私人项目，A/B 测试都是行之有效的工具。只是要记住，为了获取可靠的结果，需要测试真正有价值的指标。

推荐常用的 A/B 测试网站

- Visual Website Optimizer

正在寻找 A/B 测试平台的设计师和开发工程师请注意，Visual Website Optimizer（简称 VWO）也许就是你的最佳选择。其网站上有很多案例分析、操作手册等，为刚刚起步的新手提供充分的指导。VWO 在这个领域拥有多年的经验，一直提供高品质的服务。

它们的功能页面涵盖了从 A/B 测试集成服务到数据跟踪仪表盘的方方面面。可以根据制定的指标跟踪哪个设计表现更出色，甚至通过图表或热点地图来阅读数据。

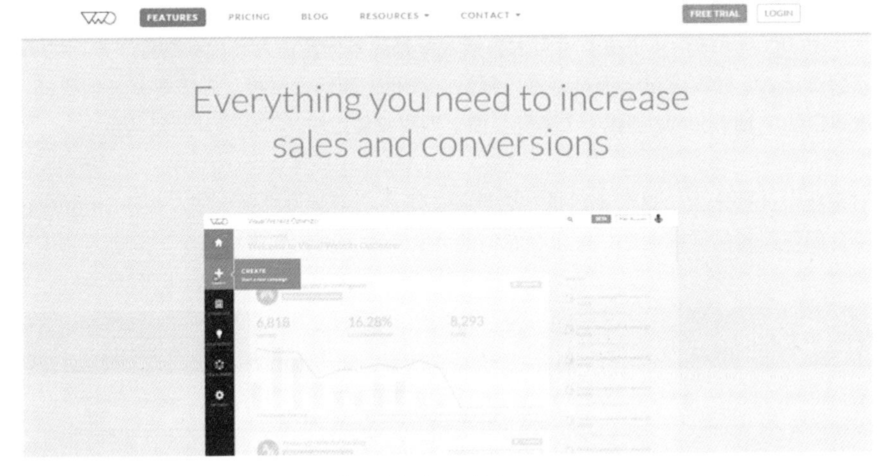

Visual Website Optimizer

- Optimizely

另一个可靠的线上解决方案提供方是 Optimizely。由于它们的产品不仅仅是 A/B 分离测试，因此平台显得更复杂一些。通过它们的产品可以监测任何网站或 App 的分析数据，来查看用户与哪个部分发生了最多的交互行为。也可以测试每个页面的用户停留时间，以及不同的交互方式是否会对结果产生影响。

Optimizely 也提供免费方案，仅包含有限的测试功能。对于想要步入用户体验跟踪与分析领域的新手来说，是一个不错的起点。

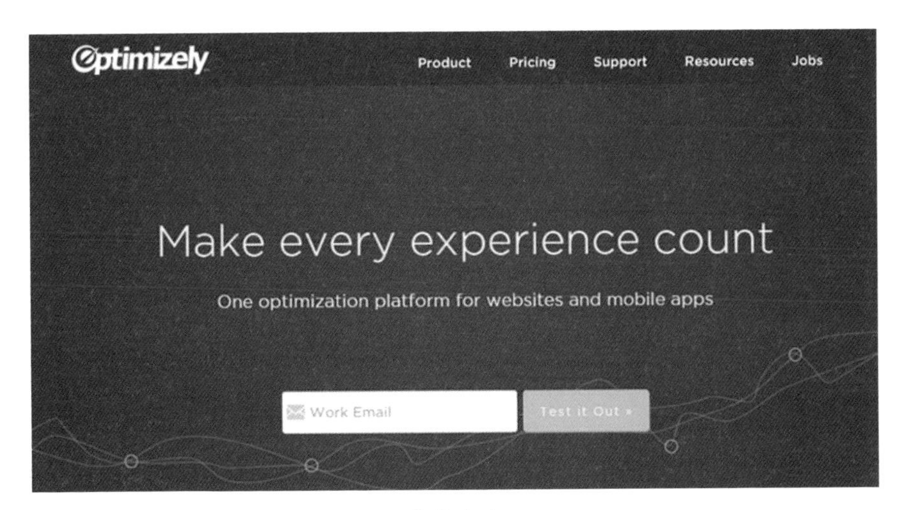

Optimizely

- Unbounce

使用 Unbounce 的群体主要是没有太多技术背景的市场营销人员和网络管理员。这个平台除了 A/B 分离测试，还可以进行网站上线和定制网页模板。不需要写任何代码，就可以通过 Unbounce 创建一个着陆页面，同时收集用户对不同设计策略的反应。

对专业设计师来说，这个平台是一个选择，不过价值就没那么大了。关于 Ubounce 平台如何运转的详细信息，可以在它们的 A/B 测试页面找到。

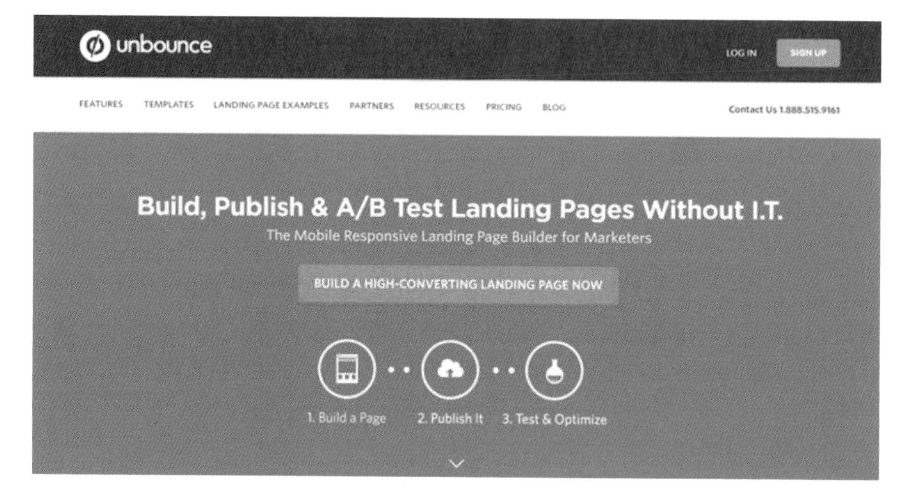

Unbounce

- Google Experiments

也许对于一个新手来说，最快捷、最便宜的解决方案就是 Google Experiments 了。通过 Google 分析平台，实现免费的嵌入式分离测试。通过测试，可以得到有价值的测试结果，推动网站发展。

开始内容实验之前，需要先对 Google 分析有所了解。如果从未使用过 Google 平台，学习过程可能会有些痛苦。但是假如 A/B 测试在你未来的工作中必不可少的话，这些付出就是值得的。想要开始学习使用 Google Experiments 的读者，可以通过以下链接直达教程基地：www.newmediacampaigns.com/blog/Google-analytics-ab-split-test-tutorial。

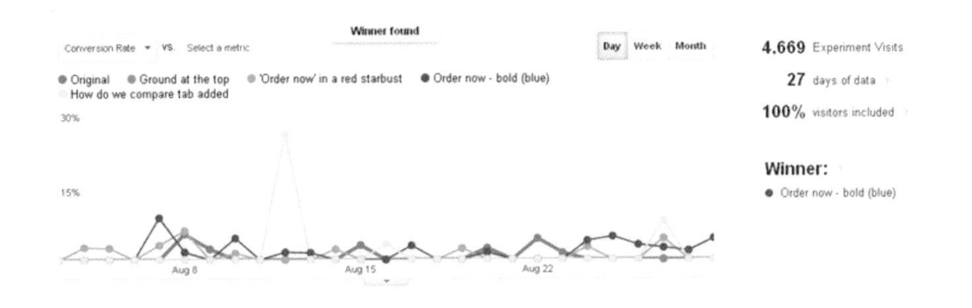

Google Experiments

4. 解读 A/B 测试结果

基于变量元素的数量，每一项测试会产生不同的测试结果。这也意味着为了取得精确的结果，需要的测试总天数可能会有很大的差异。

不过总体来说，A/B 测试仅仅是计算用户做出某种特定行为的比例而已。将两种或两种以上的不同布局随机呈现给不同用户组，由于每个用户只能看到一个页面类型，因此他们并不知道正在参与测试。

你的测试目标是监测到做出某种特定行为的用户数量的增长。这里所说的行为可以指任何事情，包括更多的用户注册、更长的阅读时间、提升的产品销量等。

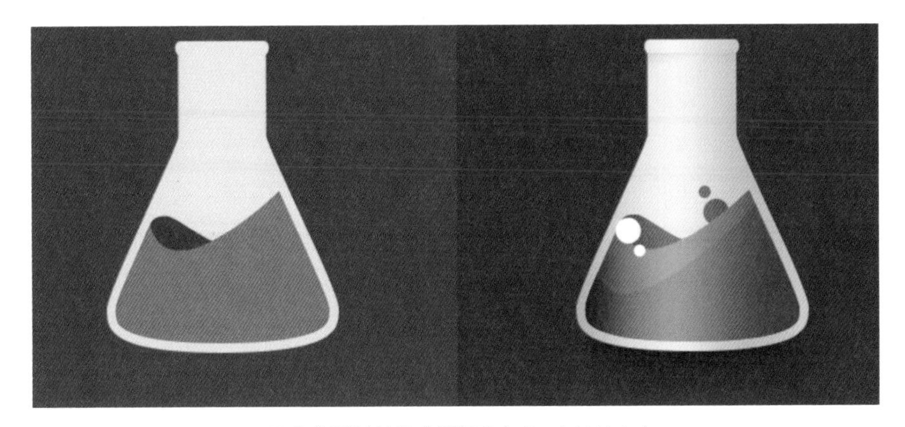

A/B 方案测试结果（插图来自 Daniel Máslo）

如果无法确定测试的时长，不妨尝试用免费的时长计算器来估算一下。当然，所需时间会随着设计中可变元素数量的变化而变化。不同的平台可能会呈现差异化的测试结果，但是要记得百分比的增长始终是测试的关键。

5. 根据测试结果，修正设计方案可能存在的用户体验问题

A/B 测试的意义在于发现并修正设计中的潜在问题。通过 A/B 测试，可以帮助设计师对于如何修正现有页面，来提升用户留存率或增加“行为召唤”（call-to-action）按键的点击数量做出决策。

开始 A/B 测试前，先对设计做一些分析总是一个不错的选择。思考哪些功能在旧的浏览器中可能无法实现，或者哪些功能可能需要向下兼容，而这些功能是否会影响用户留存率。

也许你已经尝试了各种可能的设计方案，不知道还能做些什么来改善设计，此时可以尝试使用 A/B 测试发现更多设计机会点。

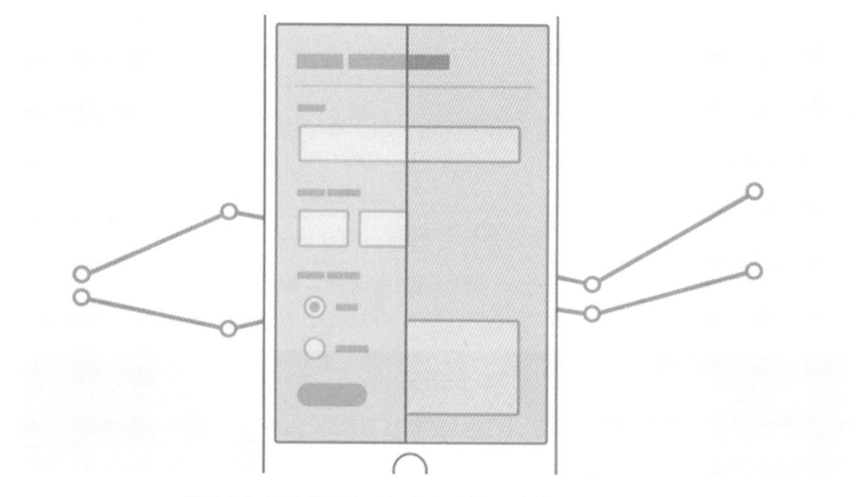

利用 A/B 测试发现设计机会点（插图来自 Aaron White）

除了正常的 A/B 测试结果，还可以将网站与一小群人分享，来收集他们的反馈信息。这是一个很棒的策略，可以从本没有打算分享想法的人或人群中，收集不同的反馈信息。

对设计纠错并不容易，它需要耐心和持续反馈。当你已经持续设计了几天甚至几周的时候，发现其中的设计不足是很难的。此时不妨休息几天，看看不一样的风景，

再用新的眼光重新审视你的设计。

同时，不要担心浏览其他网站会干扰你的设计。通过研究其他网站的设计形态（如框架布局、交互设计、视觉设计等），你会受益匪浅。

产出物

A/B 测试报告及相关改进分析方案。

注意事项

- 在 A/B 测试中，不同的用户在一次浏览过程中，看到的应该始终是同一版本，即如果开始看的是 A 版本，那么在整个浏览过程中，应该一直看到的是 A 版本，不能出现 A、B 版本切换的情况。
- 在 A/B 测试中，需要控制访问各个版本的人数，可以根据 cookie ID 的方式来切割流量。

学习资源

- 5 Basic Tips for A/B Testing
  http://www.vandelaydesign.com/5-basic-tips-for-ab-testing/
- 免费的时长计算器
  https://vwo.com/ab-split-test-duration/
- 着陆页面分析
  https://vwo.com/landing-page-analyzer/
- 案例分析
  https://vwo.com/resources/casestudy/
- 功能页面
  https://vwo.com/features/
- Optimizely 的免费方案
  https://www.optimizely.com/pricing
- Unbounce A/B 测试页面
  http://unbounce.com/ab-testing/
- A/B 测试教程
  http://www.newmediacampaigns.com/blog/Google-analytics-ab-split-test-tutorial

2.8.2 满意度评估

满意度评估是指主要从用户的角度关注用户对产品的主观情感体验与感受，评估用户对产品的主观满意度水平。通过用户满意度评估，可以了解用户对产品的主观评价，从而有针对性地进行优化与改进，提升用户满意度与忠诚度。

适用场景

- 评估产品改版 / 优化效果。
- 确定改进的优化优先级，为进一步的优化提供借鉴。

参与人员

用户研究员（满意度问卷编辑者、数据处理者）、交互设计师、问卷填写用户（若干）。

主要流程

1. 前期研究洞察

通过可用性测试、座席访谈、内部访谈及结合平时的项目经验等方法，来收集满意度评估的前期资料。

2. 指标模型建立

通过前期的资料收集，确定初步的指标假设模型，通过对假设模型的多次评审与指标调整后，最终形成定稿的假设模型。

3. 问卷的编制

问卷包括标题、指导语、人口学信息、具体问题、结束语五部分。根据假设模型，细化各个模型维度，团队成员一起或者找其他专家，检查语句是否通顺，对语意不清或者有歧义的句子进行修改，描述重复的项目进行合并，以保证各题目之间相对的独立性。确保每个问题用户都可以看得懂。

4. 问卷投放

- 线上投放：可以通过问卷星等网上问卷调查软件、新浪微博 / 邮箱 /QQ 通信工具、某产品官方网站等网络方式投放问卷。

- 线下投放：可以通过招募用户或随机拦截的方式让用户填写纸质问卷或者通过调研公司投放。

为了提高问卷的回收质量，可以适当地给用户奖励。

5. 数据分析与模型验证

- 剔除无效问卷，输入数据。
- 对数据进行探索性因子分析（用 SPSS），探讨模型有哪几个因子，每个因子下的题目有哪些，对之前的模型假设做出修改。
- 对调整后的结构进行验证性因素分析（用 Amos/lisrel 做结构方程模型），通过观察 X^2/df、GFI、NFI、RMSEA、CFI 等数值指标，来判断该模型是否合理。

6. 计算权重

根据结构方程的路径图，可以得出各个指标的权重，从而计算出每个因子的权重。

7. 确定优化优先级

计算出每个因子的满意度平均数，结合权重，可以通过四象限图来分析哪些因子是急需优化的。

产出物

满意度指标评价体系、满意度评估报告。

注意事项

- 问卷的指导语，必须慎重对待，要以亲切的口吻询问，注意措辞，做到言简意明，亲切诚恳，使被调查者自愿合作，认真填好问卷。
- 问卷的问题设计，语言措辞要准确，描述要符合人们的交谈习惯，不要使用过多的书面语和生僻字。语气要中立，不要带有强制性和引导性。
- 问题顺序要安排合理，同一类型的问题不要放在一起排列，容易回答的问题放在前面，比较困难的问题放在后面。
- 不要在一个问题内涉及多个测量项，比如“工作可以带给我自信和安全感”，这里涉及自信和安全感两个测量项，应该分成两个问题来让用户回答。
- 可以适当考虑增加测谎题。

- 问卷题目不宜过多，防止用户出现厌烦情绪而影响问卷填写质量。
- 问卷投放最好找目标用户群，减少无效问卷。
- 问卷的数据处理要剔除极端值和无效问卷。

2.8.3 接受度测试

接受度测试是产品上线前的最后一步也是关键的一步，通常请一组目标用户在真实的使用场景中测试产品，看其是否能够接受该产品（通常是为客户定制的产品，如ERP 软件等）。

适用场景

帮助客户树立信心，同时帮助修正产品的可用性问题。

参与人员

真实用户、用户研究员、开发团队、商业分析人员。

主要流程

1. 制定测试计划

测试计划需要包括用户接受度测试目的、关注点、入口以及退出条件等。

2. 设计测试用例

- 测试用例能够帮助测试执行团队对产品进行全面测试，也能够确保测试覆盖到所有的使用场景。
- 测试用例可以结合产品前期的需求定义、商业分析以及行业专家的意见来制定。
- 每个测试用例都需要用简单的语言描述出执行的准确步骤。
- 测试用例制定完成之后要请商业分析人员及项目团队来检查是否有遗漏。

3. 选择测试用户

参加测试的用户必须能够很好地代表真实的用户，或者那些将要使用产品的用户。

4. 测试执行

用户执行测试用例。另外，有可能会增加一些跟他们自己相关的测试。

5. 记录测试发现问题

记录测试用户关于产品的看法，以及测试中发现的任何缺陷和问题。

6. 解决问题 / 修正 Bug

开发团队、专家、商业分析人员对测试中发现的问题或缺陷进行讨论，达成一致后着手解决问题，以满足最终用户的需求。

7. 客户验收

一般接受度测试完成，问题也被解决后，就可以说产品通过了用户接受度测试，客户现在可以对产品放心并且付钱了。

产出物

测试发现问题列表、讨论后的解决方案。

注意事项

- 在接受度测试之前，产品必须已经完全成型，并且已经做过相应测试（单元测试、集成测试、系统测试等），技术上的 bug 大部分都已经被修正过。
- 在制定测试用例时，产品的所有场景都要考虑到。这些场景可以结合产品前期的需求定义、商业分析，以及行业专家的意见来制定。
- 测试环境要接近真实使用环境。

2.9 实践案例：产品用户体验监测模型

"如今，数据已经成为了一种商业资本，一项重要的经济投入，可以创造新的经济利益。事实上，一旦思维转变过来，数据就能被巧妙地用来激发新产品和新型服务。数据的奥妙只为谦逊、愿意聆听且掌握了聆听手段的人所知。"

——维克托·迈尔·舍恩伯格《大数据时代》

在互联网 + 数据时代的当下，数据资源是极具意义的产品资产，需要利用好产品的用户数据资源，为产品设计带来价值。根据产品的商业目标和业务需求制定产品用户监测体系，通过多维指标模型就能够对用户产品使用情况、用户运营健康度，以及产品用户体验有全局而清晰的了解，从而转化成相应的产品设计能力，即用户行为数据监测指导产品设计决策和产品体验评估。因此，在大数据时代，设计师同样承担产品数据分析的责任和能力，通过产品数据分析透析产品现状，并且通过数据验证帮助业务方为产品发展做决策，进而做出产品发展方向和优化的决策。

在这里引入一个关于设计师能力的关键词：数据化设计。数据化设计是在产品设计过程中，通过运用数据，支持和指导设计决策的能力，贯穿整个产品设计流程。为什么需要数据化设计？作为最为关注用户体验的设计师，是如何判断设计的好与坏的？在团队把重心放在产品营收的情况下，又是如何说服团队重视产品体验，抓体验升级的？作为注重团队设计管理的设计主管，又要如何直观清晰地证明团队设计能力和业绩产出？对于产品和运营职能来说，有产品用户数、营收额等硬性指标作为产品和运营业绩产出及衡量标准，但是对于产品的交互、视觉和体验设计师来说，工作的价值与用户使用产品的体验息息相关，而用户对于一个产品好用与否的评价都是极为主观和感性的。若能将用户这种主观而感性的评价转化成可以量化的数据指标，那么体验设计的价值也变得更为明朗化，做到设计可评估，价值可衡量。因此数据化设计的核心价值在于，运用数据指导体验设计的方向，再运用数据衡量体验设计的价值。

数据化设计

数据化设计包含两个部分，一个是数据化设计目标分析及用户研究，另一个是数据化设计监测及验证。数据化目标分析主要在产品设计前期阶段，可运用于产品需求挖掘和产品用户研究阶段，通过对产品的用户数据和使用数据进行分析，猜测产品的核心用户群体、潜在功能需求及方向，从而指导设计和研究方向。数据化设计监测及验证主要应用于产品开发后期上线及产品长期迭代过程中，通过收集产品设计相关的重要指标的埋点数据，验证设计效果是否达成预期的设计目标，并可将产品价值数据化、指标化，对其做定期的体验指标跟踪和监测，及时发现问题，持续优化迭代。

综上所述，设计师对于数据的基本运用场景包含产品开发前期的需求挖掘和用户研究，以及产品开发后期的体验监测和效果验证。设计师在发挥创意的同时要学会充分运用数据这一有力资源，为自己的设计背书，充分验证设计的价值。

产品数据监控

有针对性地对产品进行分析，评估和考核产品的结构、效率及体验是数据化分析的重要依据。数据分析的核心维度包括产品及体验数据分析、用户数据分析、运营数据分析和前后端开发稳定性数据监控四大维度，基本涵盖产品开发团队各类核心职能的数据监控领域。产品数据分析与监控旨在运用统一的指标评估当前产品价值和现状，是否很好地解决用户痛点并带来不错的体验，也包含产品日常的稳定性评估，通过定期的数据跟踪获取业务调整带来的产品数据变化。作为设计师也应当对这些产品分析的核心领域有一定程度的了解，并灵活运用数据、分析数据、定期复盘，担负起产品综合性监控和优化的重要使命。

1. 产品及体验数据分析维度

通过制定评估产品价值的核心数据指标来评估对比产品价值和所处现状，产品经理和交互设计师最为关注此类数据。重点从产品的市场份额、用户活跃度占有率以及产品体验满意度几方面入手来做综合评估。

产品体验满意度：这里要特别说明的是，产品体验满意度是设计师需要着重了解和监控的数据（在用户研究方法章节也有提及），直观地以用户对于产品的使用满意度展现体验设计的效果，是设计师的隐形 KPI（关键绩效指标）。常用的用户满意度监控模型包括：

- PSAT（Product Satisfaction）用户满意度问卷，通过发放问卷让用户打分的形式，广泛应用于阿里巴巴用户研究团队，作为产品满意度评估标准。
- HEART 模型，包括满意度、参与度、接受度、忠诚度、完成度五项用户数据的综合评估。

满意度指数PSAT说明

	满意度打分的原始分布					满意率算法	平均值	PSAT Product Satisfaction
	1分 非常不满意	2分 比较不满意	3分 一般	4分 比较满意	5分 非常满意	非常满意+比较满意的百分比	加权平均值	非常满意-（非常不满意+比较不满意）*100+100
A场景	10%	15%	10%	55%	10%	65%	3.4	85
B场景	5%	5%	40%	40%	10%	50%	3.45	100

PSAT优点：

1. “比较满意”在商家群体中是相对客气的答案，考察商家业务满意度建议不考虑；
2. 同时考虑了两端的选择情况；
3. 不考察中间情况“一般”，只看两端结果，敏感性更强；
4. 用一个指标，便于连续比较。比较增减幅度时，不加100进行计算波动指数。

体验评级	优秀	良好	较差	糟糕
PSAT	150及以上	120~149	100~119	100以下

PSAT 满意度算法（阿里新零售设计事业部——用户研究团队）

2. 用户数据分析维度

通过制定评估产品用户价值的核心数据指标来评估产品用户质量和现状，产品经理和产品运营人员最为关注此类数据。重点从用户对于产品使用的忠诚度和贡献度两方面来评估产品用户价值，了解产品功能与核心用户需求的契合程度。

衡量产品用户忠诚度最重要的两点，即用户活跃黏性和用户产品使用深度。它是对量和质的双重监测，也是体现用户对于产品体验健康度的核心指标。

3. 产品稳定性监控维度

通过制定评估产品稳定性的核心数据指标来评估产品是否稳定，产品开发工程师最为关注此类数据。重点从产品前后端稳定性以及问题处理效率来做产品整体稳定性的综合评估。

4. 用户运营数据分析维度

通过制定产品运营的核心链路来评估运营手段在各个链路的转化效果及运营内容的效果，产品运营人员最为关注此类数据。通过详细的用户分层，获取用户的构成、特征，以及用户使用产品的偏好和使用路径行为等数据，深入了解用户，进行精细化用户运营管理。重点从用户产品订购链路和用户培育链路两方面入手来做用户运营效果的综合评估。

用户体验监测模型实用案例

针对以上产品数据监控维度的说明，为大家详细说明一下设计师如何将产品用户体验数据监控整合成方法模型，并在产品中得以实践。

笔者在工作中亲身实践并将其运用于某款商业化产品的体验监测中。以此商业化产品为试点，以其付费产品的客户运营及体验监控体系为案例，为大家介绍如何对商业化产品做用户体验的全方位监测，构建通用的产品用户体验监测模型。根据数据评估产品问题，提升用户产品体验，并将用户数据转化为业务能力，为业务创造成长空间，最终作为平衡商业和体验的决策天平。

对于一个商业化产品来说，做产品用户体验监测体系的核心目标就是解决产品团队各个角色在产品商业化过程中遇到的痛点，以及在这个过程中为用户带来的困扰和随之带来的部分体验损耗。

产品运营人员（PO）的痛点

- 渠道投放存在局限性——无法对各渠道转化效果进行追踪及对比。圈人手段、投放渠道有限，无法沉淀投放标签优化营销工作流。
- 难以做到定向的精细化用户运营——无法进行有针对性的精细化用户关系运营维护。

产品经理（PD）的痛点

- 用户管理无从下手——无法从全局视角盘点客户在各生命周期的存量资产，缺少用户维系分层管理依据和方法。
- 产品价值难以衡量——不清楚产品发展现状及所处生命周期和应对策略，难以沉淀用户标签，做精细化的用户分层，从而针对用户特征做精细化的投放触达，提升营销转化效果。更无从对比其变化，进行产品的长期监控和评估。

设计师（UED）& 测试工程师的痛点

- 产品体验无法评估及监控——难以获取商家产品使用情况、功能使用的数据反馈渠道。
- 体验优化方案无法在产品上快速落实——难以对商家产品使用过程中的体验问题及时总结及优化落实。

产品用户（USER）的痛点

- 购买决策困难——全平台广告轰炸，直觉上忽略广告，有活动也不清楚。订购前不清楚哪些产品适合自己的店铺，有什么用，能怎么用。

- 产品使用痛点得不到解决——反馈很多产品问题，用户不知道产品使用的痛点何时能得到改善。

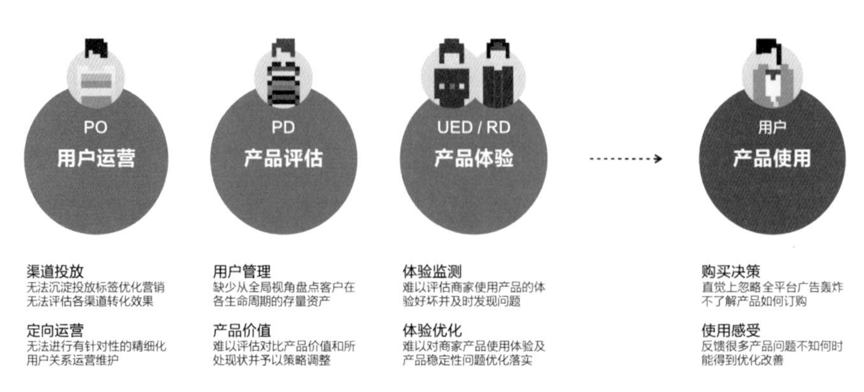

产品商业化发展中各相关角色的痛点

在这样的业务背景下，商业化产品开发团队需要提升和建设自身的业务能力，运用数据监控的手段达成产品推广渠道的效果评估、精细化用户分层运营、产品综合管理评估以及产品用户体验监控的目的。需要建设的核心能力为以下四点。

运营效果评估：可通过点击、访问、订购等一系列用户交互数据的监控，评估各个运营渠道效果和投放内容的效果。

精细化用户运营：支持定向的用户分层圈定投放，对低活跃用户进行用户培育，对高活跃用户进行用户营销，精细化针对性运营。

产品管理评估：通过数据后台支持用户分层，监测用户价值核心指标，评估产品用户价值现状及变化，制定合理的客户关系管理方案，进行产品客户关系管理。

产品体验监测：通过产品市场占有率、增长率等数据监控产品价值现状，在产品生命周期所处阶段，并监控产品用户体验和稳定性等指标。通过产品数据分析制定产品设计战略及方向。

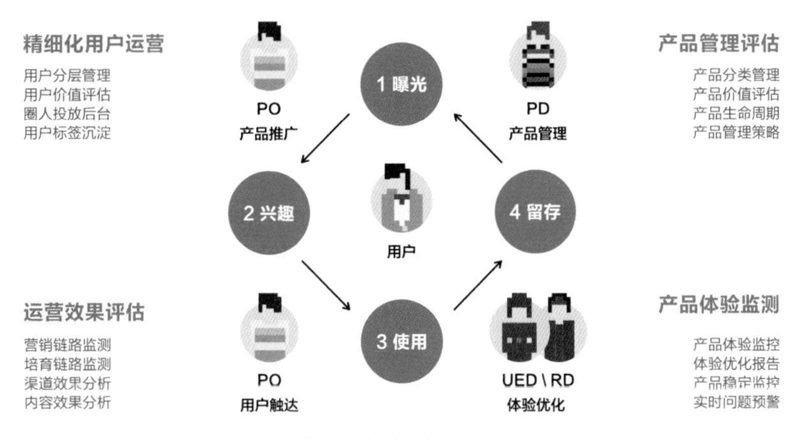

业务能力建设核心需求

对于很多产品的业务运营、产品和体验管理层面都是相通的。那么如何做到运用数据的支持来辅助业务的呢？解决思路就是产品团队运用数据来提升业务能力，对用户的了解加深后，为用户带来更完善的产品功能和更好的使用体验。

作为一个成熟的商业化产品平台，承担着对外赋能用户，对内链接业务的使命。需要建立客户分层、产品分层、产品链路、订购链路分析模型，评估用户使用黏度和深度。监测不同层级用户覆盖度、活跃度，以及整体的产品营收规模，用户留存、流失、续订等。因此数据监测方面涵盖商家业务数据监测和业务链接度监测两方面。商家用户数据包括客户、产品分层管理，订购链路和产品链路监测。业务链接度数据包括业务链接广度数据和深度数据（为业务带来的效率提升或营收提升）。通过获取并监控对外的用户数据以及集团内部业务链接度的数据来支持商业化产品开发团队自身的业务能力建设，数据化指导渠道运营、客户运营管理和产品监控。产品内全方位构建产品运营和体验监测体系，建立产品、运营、UED 能力模型，建立精细化的用户运营、渠道效果评估、产品管理评估和产品体验监测体系，优化产品体验、扩大用户覆盖面和驱动收入增长。

平台型商业化产品使命

1. 制定产品用户及体验监控方法

接下来详细拆解一下产品的数据监控体系要如何构建，如何通过数据的维度对产品整体做一个较为全面的监测。

产品数据监控的流程链路大致是这样的：①首先建立产品的后台数据采集及分析体系；②然后运用产品数据分析方法来监测评估产品现状；③最终运用数据评估结果指导业务管理决策。

在第一步后台数据分析中，需要在后台建立产品的数据采集及分析体系，从用户分层、产品以及运营活动等维度多方采集较为全面的数据。可以整合付费产品、免费产品等不同类型的产品，以及运营活动等维度的数据，满足共性及差异化数据需求。

在第二步的产品监测评估阶段可以运用一些方法或制定一些规则来对后台采集好的数据进行一系列监控。如定期产品监测报告、不定期专项专题报告和产品数据异常预警的形式。

最后在第三步的业务管理决策层面，运用好数据，综合分析评估结果来指导用户运营、渠道推广、产品发展和产品体验等业务方向，做出对产品有利的进一步动作。

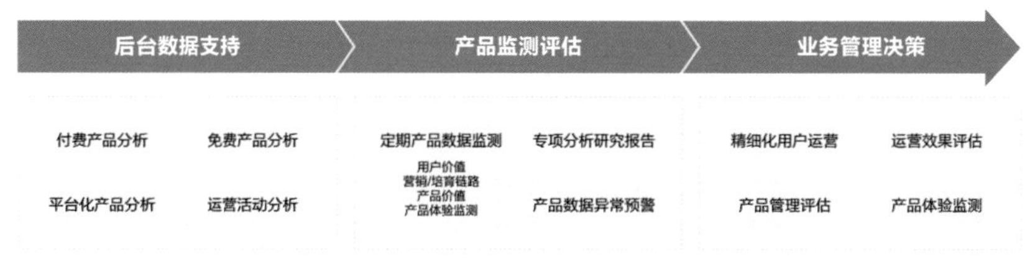

产品数据监控体系

对于产品全方位的数据评估可以从“人”“场”“货”，即“用户”“运营”“产品”这几大核心维度入手。

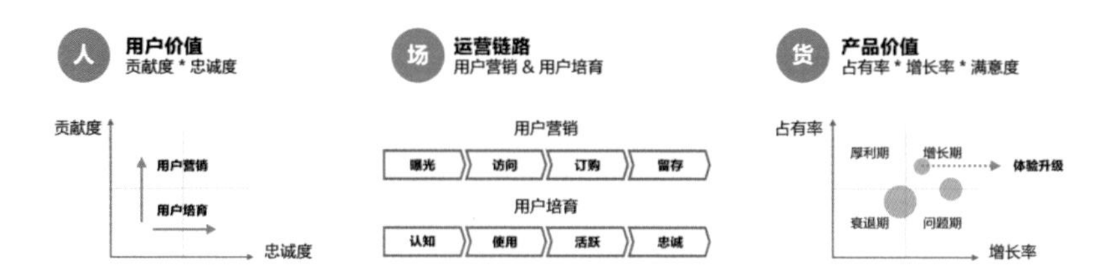

搭建产品全方位数据评估核心维度

人——用户价值评估

通过用户分析，在为“谁”而做产品这个层面可以有更清晰的认识，并了解产品不同层级用户的差异、需求和喜好。用户价值的评估可运用波士顿矩阵的分析方式，建议从用户对产品的贡献度以及用户使用产品的忠诚度两个维度综合分析评估。高忠诚度高贡献度的用户是最具价值的用户，可以邀请用户更深入地参与产品建设，成为产品满意度和用户体验智囊团的成员，为产品献计献策；高忠诚度低贡献度的用户是适合产品营销的重点发力用户群体；而低忠诚度高贡献度的用户则需要做用户培育，促进用户对产品使用、学习和尝试更多功能的热忱；那么忠诚度和贡献度双低的用户群体需要产品运营人员有针对性地对其做需求引导和品牌触达，帮助他们了解产品。做用户价值评估的目的在于，通过了解产品的用户资产现状，在产品运营时做到有针对性地精细化定向用户运营。

场——用户运营链路监控

参考用户价值评估的数据针对不同特性的用户采取不同的运营手段，从量和质两个维度来监控用户运营价值。量的维度是对于产品运营做“用户营销”的监控，关注产品营收和用户量级，整体监控链路为“曝光—访问—订购—留存”，重点监控各个节点的效能和转化；质的维度是对于产品运营做“用户培育”的监控，关注用户使用活跃度和深度，整体监控链路为“认知—使用—活跃—忠诚”，重点监控各个节点间的流转变化。

货——产品价值评估

通过分析产品本身，从而对产品所处现状与问题有清晰的掌握与认知。产品价值的评估同样可运用波士顿矩阵的分析方式，建议从产品市场占有率以及产品市场增长率两个维度综合分析评估。高占有率高增长率的产品是最具价值的产品，可定位为处于高度增长期的明星业务；高占有率低增长率的产品是厚利润期产品，保持稳定发展但增速放缓，属于金牛业务；而低占有率高增长率的产品则是问题业务，需要定位原因发力产品创新；那么占有率和增长率双低的产品处于明显衰退期，对于此类瘦狗业务可以考虑翻新或放弃。另外一个更重要的维度是产品体验维度，对于相较而言体验较差需要重点深耕的产品，则要把体验升级摆在重中之重的位置上去落实。

另外，有一些关于产品稳定性等基础维度的数据也是值得长期监控的，当数据异常时进行预警，保障产品的用户体验。

2. 设定核心产品检测核心指标并进行数据获取

用户数据分析维度

- 用户产品使用贡献度：建议监控用户自身的消费能力，另一方面监控用户在生意参谋上对于付费产品的消费金额，综合评估用户贡献度。举例来说，一个高消费力的用户在产品上每年花费 1 000 元，和一个低消费力的用户在产品上每年花费 1 000 元，后者对产品的贡献度更高。
- 用户对产品的忠诚度：建议监控用户活跃度、使用黏性和用户量级等数据。

产品价值评估

- 产品的市场份额：建议监控产品营收和用户量级等数据。
- 用户活跃度占有率：建议监控产品营收变化 / 增长和用户量级变化 / 增长等数据。
- 产品体验满意度：建议监控产品用户满意度指标（运用问卷评分收集的形式，在“2.5 设计调研阶段”一节介绍过具体的实践方法）和用户舆情及反馈率等数据。

产品稳定性监控维度

- 前后端稳定性：建议监控前端界面稳定性数据和产品后稳定性等数据指标。
- 用户反馈量：建议监控 bug 量级和用户反馈量级等数据。
- 运维解决效率：建议问题解决效率和问题相应时长等高相关度数据。

以一个营收产品，对于产品用户及产品价值监控所需的数据为例，以下是产品监测各衡量因素所需要考察的核心指标及其重要 / 影响程度的拟合占比。

特别要注意的是，“忠诚度”和“满意度”为平台性通用的指标需要保持统一性和评分占比的一致性，“贡献度”接近产品 KPI 的商业指标范畴，可以根据运营及产品目标差异性调整构成指标评分占比。

评估对象	评估维度	核心指标	构成指标	指标定义	拟合占比
用户价值	贡献度	用户层级	用户交易规模	最近365天支付金额	50%
		订购量级	订单金额	365天内付费产品支付金额	50%
	忠诚度	活跃黏性	访问频率	最近30天访问天次	40%
		使用深度	平均访问页面数	最近30天内，有访问日访问页面数平均值	40%
			平均访问时长	最近30天内，有访问日访问时长平均值	20%
产品价值	市场占有率	产品营收	订单金额	上一财年本产品gmv	35%
			用户数	上一财年本产品付费用户数	35%
		活跃黏性	访问频率	月均登录用户数	10%
		使用深度	平均访问页面数	最近30天内，有访问日访问页面数平均值	10%
			平均访问时长	最近30天内，有访问日访问时长平均值	10%
	市场增长率	营收增长	营收增长率	本财年同比上一财年订单金额增长率	35%
			用户数增长率	本财年同比上一财年用户数增长率	35%
		活跃黏性	访问频率	月均登录用户数	10%
		使用深度	平均访问页面数	最近30天内，有访问日访问页面数平均值	10%
			平均访问时长	最近30天内，有访问日访问时长平均值	10%
	满意度	满意评分	用户满意度	最近30天内用户对于产品的满意度统计评分	50%
		舆情反馈	用户问题反馈率	最近30天内用户问题反馈条数 / 最近30天内访问用户数	50%

产品检测各衡量因素所需要考察的核心指标及其重要 / 影响程度的拟合占比

产品的用户运营数据分析维度

- 用户营销链路：用于评估对用户的运营营销手段的整体效能。监控用户从关注到使用产品过程中每个关键节点（曝光—访问—订购—留存）的数据，以及每一个节点到下一步的转化效果。
- 用户培育链路：用于评估对用户的产品使用培育手段的整体效果。监控用户从认知产品到逐步成为产品的忠实用户的转化过程中每个关键节点（认知—使用—活跃—忠诚）的数据，以及每一个节点到下一步的流动转变。

以一个营收产品团队，对于产品用户以及产品价值监控所需的数据为例，以下是用户营销链路整体考察的核心指标。

营销链路	发现	>	访问	>	订购	>	续订
切入方向:	产品推广渠道		升级页面		升级页面		升级策略
数据监控:	曝光人数	访问率	访问人数	订购率	订购人数	续订率	续订人数

用户营销链路整体考察的核心指标

3. 定期产品数据报告及异常预警监控

- 定期产品整体监控报告：报告周期为 1~2 个月一次，为产品定期监控报告。
- 产品数据异常预警：日常数据出现异常第一时间预警相关人员。
- 产品专项报告：报告跟随重点产品或项目发布，为不定期报告。

PART1. 定期产品数据监测

定期报告（如周报、月报等）

平台概况
营收&用户数概况

产品价值
付费产品价值评估
免费产品（PC&无线）价值评估
用户满意度
产品稳定性

用户价值
付费产品用户价值评估
付费产品用户培育链路监测

事件&行动
专题问题汇总：用户问题反馈+用户满意度+用户调研
产品优化行动：体验优化+功能创新+用户管理

PART2. 专项分析研究报告

不定期报告

产品版本升级
产品运营活动
……

PART3. 产品数据异常预警

日常预警

产品稳定性
前后端异常指标预警
数据准确性预警

用户舆情反馈
用户高频反馈问题预警

产品专项报告

最后，根据报告内容做数据分析，发现异常，逐步分析拆解找到问题所在。最重要的是罗列出待解决问题和潜在产品方向，带着团队成员复盘落实进一步落地的行动。特别是设计师在做产品满意度数据收集的过程中会收到很多产品反馈，也应当更加关注用户舆情，收集整理问题并落实产品体验优化。

2.10 规范和组件库

规范化和组件化几乎是所有成熟的品牌公司和注重设计的互联网公司在提升设计效率、加强设计管理、传承品牌基因、扩大影响力时的必经之路。如之前提到的 LG 公司从品牌概念描述，到产品圆角细节、Logo 的设计标准以及使用规范，品牌公司会十分注重整套品牌系统的规范化管理。除了产品本身，甚至细化到店面陈列、服务人员工作方式，以保证产品服务在不同文化、不同环境下的高质量、高速度输出和品牌一致性。

缘起和意义

到了互联网时代，特别是移动互联网的出现，产品的生产和更新迭代的速率成倍增长，以月甚至周的速度迭代功能，设计本身需要是快速的。屏幕之内的工作很容易产生同质化的设计范式，并流行开来成为“用户习惯”。特别是在相似性产品的设计过程中，往往存在很多具有共性的页面和组件，设计师与前端开发工程师大部分时间可能在进行大量重复性工作，大大降低了产品的研发效率，需要有一种方式将他们从体力劳动中解放出来，有时间进行创新工作。大部分人从事体力劳动对设计组织而言是危险的。通过提炼产品共性，沉淀统一前端 UI 设计的方式构建规范和组件体系，便能屏蔽不必要的设计差异和开发成本。当产品经理要求你将几乎所有页面底栏 tab 互换位置时，在组件基础上，完成这一改动只需 1 秒。

与此同时，员工流动频率和设计工具的多样化也在影响着互联网设计的效率和设计的一致性。如果设计师使用各自的工具，那么相互之间的沟通和交接会受到阻碍，设计师之间的重复性工作仍然在增加。产品经理、前端开发工程师也可能因为时间和排期问题自行设计或私自修改设计，给体验带来风险。代码化的组件能够模糊产品经理、交互设计师、视觉设计师、前端工程师、开发工程师等角色的边界，全面提高团队合作效率和质量。

除了团队合作，在手机上，相当多的产品之间互通，对于平台型多业务复合的产品，在接入对方业务时，为了保证用户体验的一致性，通常需要提供设计规范和开发接口（用户通常可能无感知进入了其他产品）。一致化的设计有助于让品牌形成有效的辨识度，提升团队影响力。

因而规范化和组件化解决了团队对内对外过程中的 4 个问题：

- 提高设计速度，节约重复性设计，特别是交互设计时间。

- 提高团队合作效率和质量。
- 保证设计一致性和品牌辨识度。
- 有利于提升团队影响力和人才招聘。

规范化、组件化或控件化是设计复制过程中的不同阶段，或为解决不同问题出现的产物。规范化在解决设计一致性的过程中，产生了对控件细节的要求和可被其他设计师直接复用的设计控件，由开发工程师实现后，成为产品团队共享的控件库。而控件相互组合、集合所产生的组件库，既可以作为一个产品的规范，也可以集合多个产品的组件库，在生产其他同类产品或管理后台型非用户产品时，由前端开发工程师在产品经理的指导下自行组建，节省了设计工序和开发时间。规范针对设计，而组件更倾向于指向全流程开发。

规范

各个知名互联网产品官方网站均可见提供给开发者和设计师的规范，对于影响力较大的平台，不符合平台标准的产品可能在接入审核时被拒（本节的最后将列举各平台规范地址）。设计师既要考虑自身产品的规范沉淀，也要在与其他产品进行业务合作时关注它们的规范。

常见的规范类型为平台接入指导型、设计指导型和资源提供型。Google 的 Material Design 和 Apple 的 HIG 是大家最熟悉的平台接入设计规范，旨在作为平台型系统或产品，在持续接入第三方应用时能够保证用户在平台上的体验一致性，提供设计指导并具备严格的审核机制。Mail Chimp 的 Patterns 或蚂蚁金服的 Ant Design 则主要针对企业内部各子产品和设计开发工程师进行统一设计指导。Facebook 的 Brand Guidelines 提供了大量的外观和模板资源。而 GitHub 的 Primer 提供了规范化代码资源。专业的规范对设计组织和产品对外价值的提升是显而易见的。

从内容上看，规范通常包含设计原则和设计规格。设计原则指整体方向上对设计的定位，包括设计定位和原则描述、主要范式描述、使用场景描述、正反案例展示。而设计规格倾向于数字化表达，定义基础元素：图形、字体、颜色、文案等；并按照场景进行控件规范化：栅格、按键、导航、弹窗、数据输入、数据输出、反馈、动效等，规定具体控件边距、icon、字号、色值、状态等细节，结合场景示例应用和可自定义的范围，提供相关代码。

作为系统平台，Google 的 Material Design 更加基础。以按键设计为例，Google 在设计指南中，将按键类型划分为浮动操作按键、普通按键和字符按键，并以金字塔的形式交代了判断按键使用和频率之间的关系：浮动操作按键代表的功能一定在页面中非常重要（使用频率最低），普通按键或字符按键适合层级简单的页面（使用频率高），应尽量避免在同一页面使用多种样式的按键。从使用情境看，会话适合字符按键，内部跳转适合普通或字符的按键，提供持续性功能的应用适合浮动或底部常驻按键。在案例展示中，Google 介绍了平台中的几种通用的按键：系统导航栏文字按键（要求文字为少于 4 个英文字符的简短动词）、详细信息按键（通常见于表单并通过单击符号本身跳转）、添加键（需考虑键盘调用）等。在设计规格中，我们看到了对普通按键的高度、圆角、文字字号、边距要求和在各种状态（默认、获得焦点、点击、禁用）下的背景、文字色值变化，字符按键点击区域大小等。

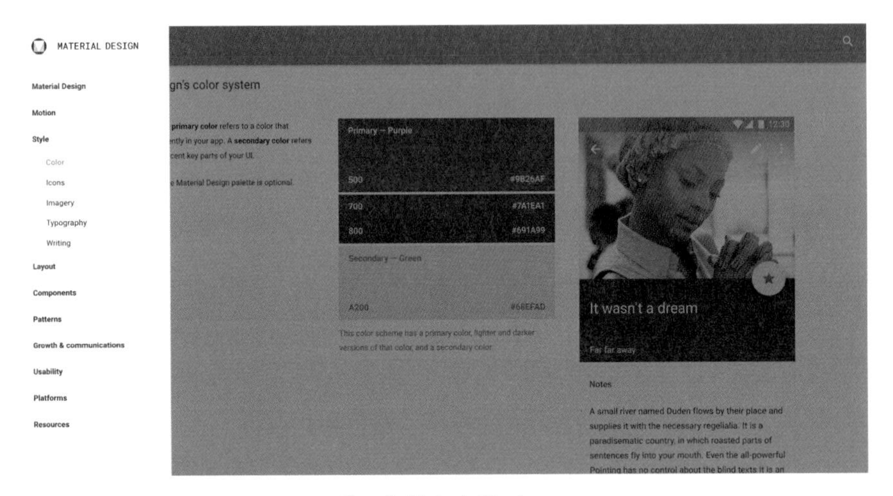

Google Material Design

作为商业平台产品，Ant Design 更加注重信息的场景化列举。蚂蚁金服明确了更加细致的设计原则，从亲密性、对齐、对比、重复、直截了当、足不出户、简化交互、提供邀请、巧妙过渡、即时反应十个方面列举设计。以亲密性为例，规范在纵向间距关系和横向间距关系上指出信息之间的距离和关联性之间的关系。纵向间距关系依靠小号、中号、大号三种规范间距划分信息层次，距离越近则信息关联性越强。在横向间距关系上，不同组件之间和组件内部，元素的横向间距也有所不同。在遵循设计原则的基础上，Ant Design 从色彩、图标、字体、文案、布局、导航、数据录入、数据展示、反馈、动效十个方面指导设计。以文案为例，Ant Design 指出语言需要明确表述立足点，表述一致，使用用户熟悉的语言，重要的信息放在显著位置，专业精准、完整精简；语气需要拉近彼此距离，友好正面；注意英文大小写，具有统计意义的数字用阿拉伯数字，提供标点使用规范。

Ant Design

控件化和组件化过程

在规范的建立过程中，对元素的划分使用催生了控件库，控件库的综合使用又带来了组件库。Kyle Cassidy 在文章 *How Creating A Design Language Can Streamline Your UX Design Process* 中总结了生产设计模式的过程：标准文件模板建立、设计语言模式建立和文档化指导方针展示建立。

标准文件模板的建立能够帮助用户体验设计师在新项目或紧急项目开始时，快速借用常规项目中建立的视图、网格、布局等进行设计，并不断根据产品更新模板，通过核心基础框架模板促进跨项目的统一性。

设计语言模式与规范类似，应包含介绍使用方法的通用指南（设计的方向）、控件页面的使用指南（设计的细节分类）、结构化的案例指导（设计的场景分类）、建立响应式的方法（设计的硬件通用化）。与设计模板强调字体、颜色、图像、话术不同，设计语言模式强调的是从布局到用户输入、动效和反馈的范式规则。因此典型的设计模式涵盖了栅格系统、通用指导、布局原则、排版图像、交互指导、视觉元素。响应式建立可能是设计模式建立过程中最难的一步，栅格本身是为了规范视觉层次、页面布局和功能，而在不同硬件尺寸上的响应，在保证设计多端一致性的同时，极大节约了设计和开发时间，也是对栅格设计能力的考验。随着个人和团队项目积累，设计模式库——控件库和组件库正在建立，如百度 MUX 团队的移动界面模式库，记录了各类手机通用设计样式。

最后增强模式库适用的方式是依据项目大小、团队规模、时间规划创建文档化的指导和注释，包含前面提到的大方向上对组件作用的描述，细节上对元素的描述，和通用性上对网络状况、浏览器、用户角色权限和管理的支持。以常见的搜索功能为例，一个完整的文档结构化指导既梳理了各类产品和情境中可使用的搜索分类，页面位置，搜索前、中、后的焦点和可使用的交互方式，关键词策略，结果呈现、排序，特殊情况下的页面反馈等，还涵盖了桌面上快捷键支持、移动端网络环境和缓存策略、不同学习习惯的用户可使用的搜索查找方式。

组件库

一个好的组件库，衡量标准包括灵活性、复用性、全面性。灵活性指一个组件的字段、Icon、配色都应该可以灵活改写，以应对多样化的需求。设计师可以利用 Sketch 合理拆分和嵌套组件，提前仔细考虑如何拆分和嵌套组件最有利于提高设计效率，让组件以一敌十。复用性是指通用组件应该可以在不同的项目间复用。全面性是指一套组件库应当覆盖尽可能多的常用元素，并以树状结构呈现，方便使用者快速找寻，以及组件制作或维护者随时检查。灵活性和复用性需要在建立组件前提前考虑，而全面性是一个日积月累的过程。

Ant Design 的组件库

阶段一：依据平台和产品类型拆分模块。在准备针对某一产品类型建立组件库时，同类型产品中口碑最好的竞品和系统规范，是最好的学习资源。以移动端即时通信产品为例，除了 iOS HIG 和 Google Material Design，还可以参考微信和 QQ 的设计规范，将组件分解为顶部导航栏、地导航、键盘、表单、按钮、会话、弹窗、Toast、上拉菜单、发布、内容、Icon。以情况复杂的商业网站为例，蚂蚁金服 Ant

Design 将组件库分解为通用（按钮、图标）、图层（栅格、布局）、导航（固钉、面包屑、回到顶部、下拉菜单、导航菜单、分页、步骤条、标签页）、数据录入（自动完成、多选框、级联选择、日期选择框、表单、数字输入框、输入框、提及、评分、单选框、开关、滑动输入条、选择器、树选择、穿梭框、时间选择框、上传）、数据展示（徽标数、折叠面板、走马灯、卡片、日历、气泡卡片、树形控件、文字提示、时间轴、标签、表格）、反馈（警告提示、对话框、全局提示、通知提醒框、进度条、气泡确认框、加载中），以及其他（锚点、国际化），建立了庞大的组件帝国。

阶段二：参考交互自查表。除了基础模块，组件在制作时需适当考虑平时在进行交互设计时参考的自查规范：设备、系统、新老版本兼容等软硬件特性（如布局适配性）、网络特性（如页面加载中或部分加载中的状态样式、加载样式出现时间、加载失败时间、加载失败样式等）、从 A 到 B 的中间状态（表单提交后结果出来前动效提示等）、内容展现（当前为空、极值数据过期样式等）、用户个人属性（如何展示不同账号权限等）、特殊情况（网络中断、自连提示样式等）以及快捷键，让组件库既能覆盖不同产品，也能适应同一功能不同状态下的表现。

阶段三：按模块制作组件。模块分解完成后，模块内部的组件需要按照使用场景分类。以常见网站中的布局、导航、下拉菜单组件模块为例：

- 布局。常见网站布局有上中下布局（适合功能模块简单的网站）、顶部侧边通栏布局（多用于应用平台型网站）、顶部侧边布局（多用于一般网站中某个功能分类明确集中的页面）、侧边通栏布局（通常网站一级导航模块较多时适用并固定位置、适应屏幕）和响应式布局。制作时需指出导航是否在浏览时固定在页面上。
- 导航。常见的导航可以分为顶部（水平）导航和侧边导航两类。导航需要考虑是否包含首页和如何回到首页，是否包含多级菜单和如何展开子级菜单。水平导航能够承载的一级分类有限，但符合一般用户从上而下的阅读习惯。多级导航需要注意父级点击时内容页面是否会刷新，有的父级菜单点击时只能控制子级的展开和收起。
- 下拉菜单。常见的下拉菜单按样式分为文字式和按键式，按触发可分为 hover 出现和点击出现，按层级可分为一级菜单和多级菜单。按键式菜单除了一级菜单下显示子级样式，还存在左边为功能，右边下拉点击后展示同级其他功能入口的样式。菜单内部需考虑多级菜单、禁用菜单样式和分割线的使用。
- 弹窗。弹窗需要考虑是否带标题，有几行提示文字，带不带图片，带不带全屏或半屏遮罩，有几个操作按键，操作按键是否含正向操作（支持快捷键），并明确同类型操作反馈（弹窗、Toast、状态栏等）中弹窗的使用场景。
- 按键。按键按样式可分为文字式和按键式，按使用场景分为主按键、次按键、虚线按键、危险按键。主按键在同一个操作区域最多出现一次，需考虑是否固定在页面中。按键组件在制作时要注意禁用状态、加载中状态和组合状态。

阶段四： 合理规划组件。合理规划组件可以帮助组件制作者和使用者更加快速地复用和修改组件。组件在制作时可以准备浅色和深色两套，以应对绝大多数产品的需求。以常见移动应用中的顶部导航、地导航组件模块为例：

- 顶部导航。导航栏左右两端的控件可以分别作为组件嵌套进导航栏，这样加号、返回、搜索、拍照、用户、更多等图标按钮和文字按钮可以方便地直接切换，而不用重绘整个导航栏。导航栏的样式需要考虑普通样式、页面滚动时最小化样式和缩进展开动效、直接作为搜索栏及获得焦点展开动效，直接作为 Tab 样式、二级导航等。二级导航栏要注意不同样式的搜索栏及获得焦点时的状态和 Tab 页。
- 地导航。以四分式地导航为例，四种不同激活状态可以制作四个组件，绘制不同的一级页面时可以直接切换。图标建议单独制作成内嵌控件，修改一个时实现全部更新。除此之外，红点提醒也应该作为内嵌控件，并准备一位数、两位数、红点、无四种状态，页面其他地方可以复用。

阶段五： 制作示例。给出组件在本产品或同类产品中的使用案例，帮助使用者更加明确合适地使用样式。

时机和使用

规范建立时机取决于产品性质和项目大小。建立规范本身耗费精力，过早或过晚都有可能成为设计师的负担，起到增加设计成本的反作用。Kyle Cassidy 给出的设计模式的产生过程中提到，在设计早期阶段通过建立标准文件模板带动规范生成的经验，在团队人力不足的时候，设计师可以通过集中产品 Sketch 设计文档的方式积累模板素材，适时沟通制定规范，借用专题讨论（workshop）的形式推动。很多初级管理者要求设计师在设计初期就建立明确的规范，这是奢侈而不科学的。建立规范需量力而行，切忌急于求成和大而全。在项目早期存在太多不确定性，我们准备得越早，预见能力越强，学得就越快。新产品开发和产品改版阶段是建立规范的好时机。

规范化的过程具有计划性，控件库和组件库的适用性通常与前端开发密不可分。在制定前，需明确规范类型（不同产品的规范深入程度不同），建立规范框架（包含哪些内容）；规范样式，如果是平台型产品，可能需要一个动态的不断更新的代码库，而不是一个个画满标注的 PDF 文档；预估人力和时间，依据团队大小安排设计师、开发工程师设计、维护规范和组件库，建议预留时间集中建设，做好长期维护的准备。建议给规范取个名字，让其影响力从名字开始。

控件库和组件库不适合跨团队建立，却应该随着时间推移，结合设计师、客户和用户的反馈调整与丰富。相关维护人员需控制在一定范围之内，不可由不了解产品和设计的其他组织的设计师或其他角色参与修改。技术、流行趋势、用户体验本身是在不断变化的，控件化和组件化是一个日积月累的过程，我们的设计语言模式不能流于形式，建立了又遗忘了，规范的更新从某种意义上来说体现了产品和设计团队的能力和影响力。

学习资源

- Google Material Design
  https://material.io/guidelines/#
- Ant Design
  https://ant.design/index-cn
- Mail Chimp Patterns
  https://ux.mailchimp.com/patterns
- Facebook Brand Guidelines
  https://en.Facebookbrand.com/guidelines/brand
- 规范收集网站
  http://designguidelines.co/index.html

2.11 实践案例：智能搭建组件平台

基于可视化组件沉淀的数据产品搭建平台

阿里大数据设计团队基于多年的可视化分析设计沉淀，积累了丰富的多终端可视化组件、场景化可视化卡片以及多业务可视化分析模型。围绕数据业务的可视化分析场景，深化可视化组件的业务应用场景，沉淀可视化设计规范，构建数据可视化应用的智能引擎。服务设计师、产品经理、前端及业务合作团队的数据产品设计需求。

建设数据产品搭建平台的背景和目的要从数据分析产品的设计研发痛点说起。**数据分析产品包含如下三大类：数据分析型产品、数据分析工具以及商业智能工具。**在这几类数据产品和界面落地过程中，从产品设计到用户使用会经历较长流程，包含对于可视化组件、卡片、页面的重复性设计研发。如何通过可视化组件和可视化分析能力的复用，保障产品研发品质的同时提升生产效率，就是要解决的核心问题。因此设计团队联合前端团队决定共建数据产品搭建平台，提升业务、设计、研发效率，这便促成了可视化应用平台 Dataing 的诞生。

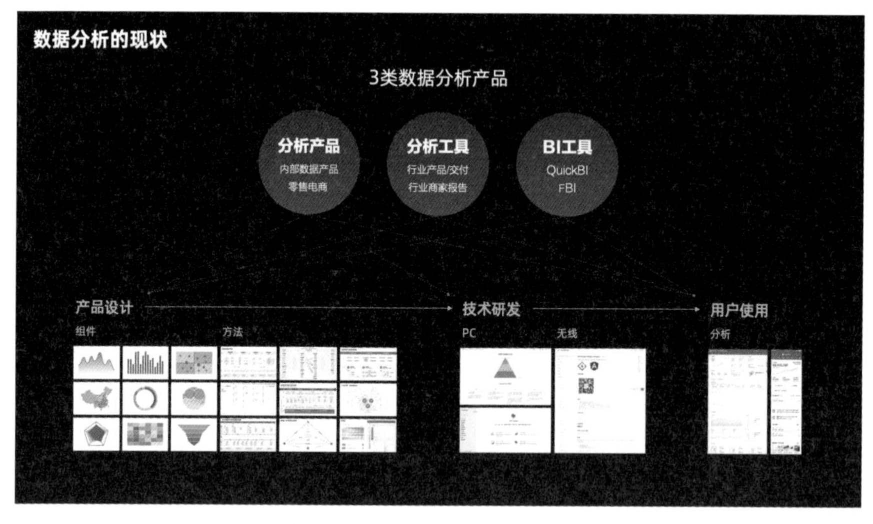

常见数据分析产品类型与研发流程

那么要如何从无到有构建数据可视化搭建平台呢？

首先，设计师们在长期的产品设计中沉淀了丰富的数据可视化组件。

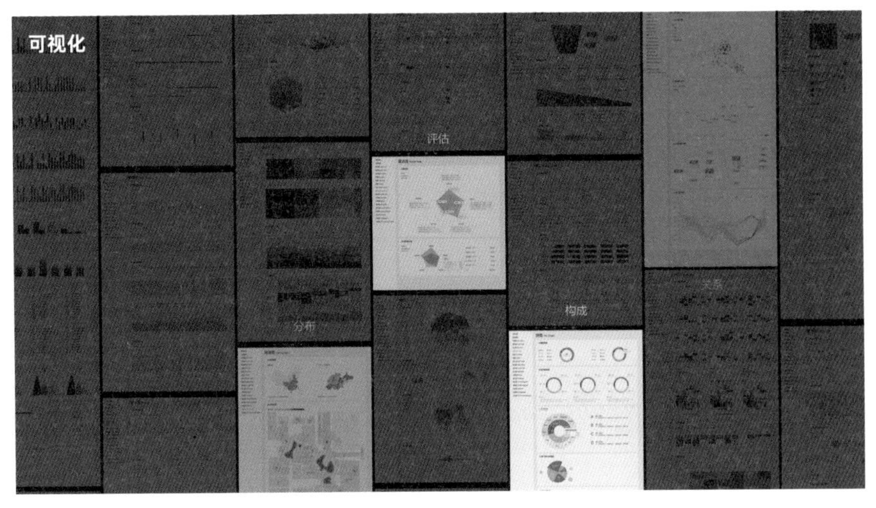

数据可视化图表组件

再基于不同的商业场景沉淀了数据可视化分析组件（卡片粒度）。

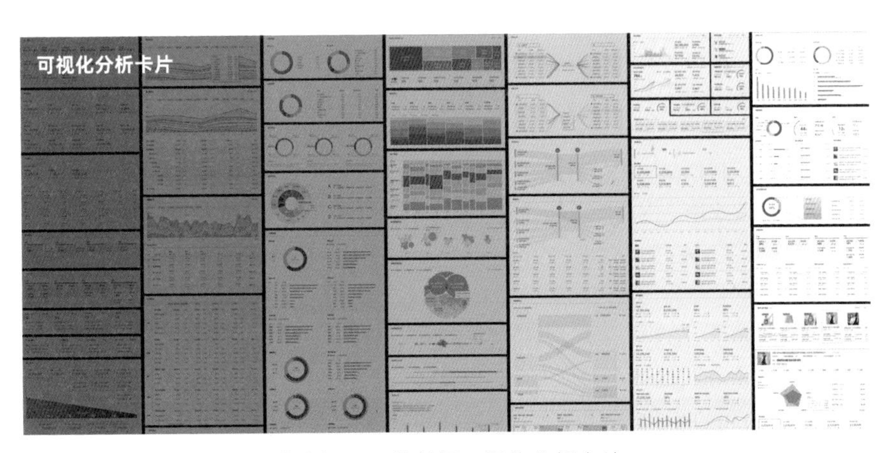

业务场景下的数据可视化分析卡片

接下来基于用户数据分析的核心场景进行可视化分析模型模板的抽象处理，由此了得到了具备广泛复用性的可视化素材库。**通过对素材的应用场景、分析维度和业务对象的打标归类管理，结合智能算法的匹配推荐，可以支持平台用户“傻瓜”创建数据可视化分析界面，形成从可视化搭建、界面智能生成到产品研发落地的完整闭环。** Dataing 可视化搭建及应用平台应运而生。用户来到 Dataing 平台，在搜索框中简单地输入数据应用场景和需求，通过后台解析匹配相对应的可视化分析模型，智能生成可视化分析页面。帮助设计师进行便捷的可视化创作，帮助产品经理搭建 Demo，下载 Sketch，支持研发的代码复用。

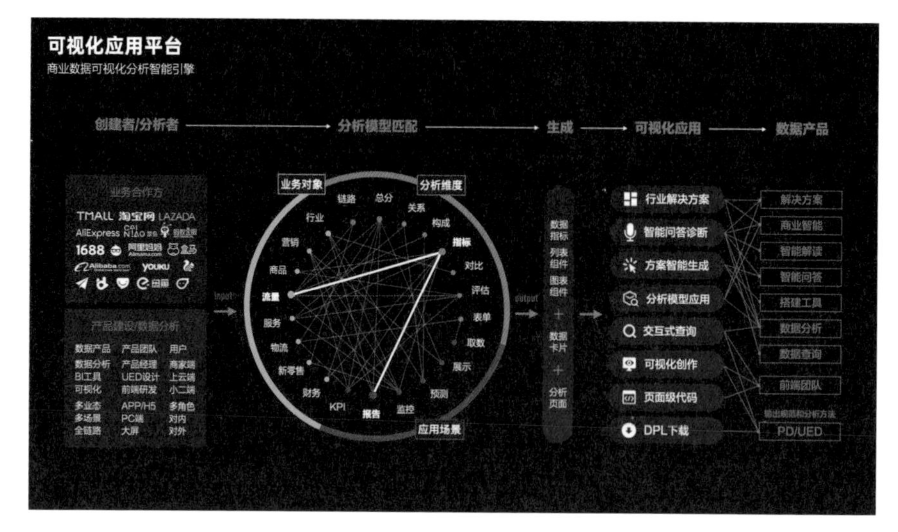

数据可视化应用平台架构图

Dataing 平台由后台和前台两部分构成：在后台，将类型丰富的可视化图表进行多种维度的打标分类，就可以赋予图表数据分析的含义，进而可以像乐高积木一样对组件进行管理、重组；用户在 Dataing 产品前台，通过搜索框简单输入数据分析需求，比如“我需要搭建一个用于商品评估的监控页面”，通过前后台模型匹配和联动，识别出商品，评估和监控这几个关键词，一键智能生成多终端商品评估监控的数据分析页面。生成结果支持下载和研发代码的复用，大大提升产品经理、设计师、开发人员的研发效能、产品统一性以及专业度。

以下为 Dataing 前台的一些详细功能界面，包含首页、可视化创作、模板市场、组件库等核心模块。一进入平台首页就引导用户快速开启可视化创作。

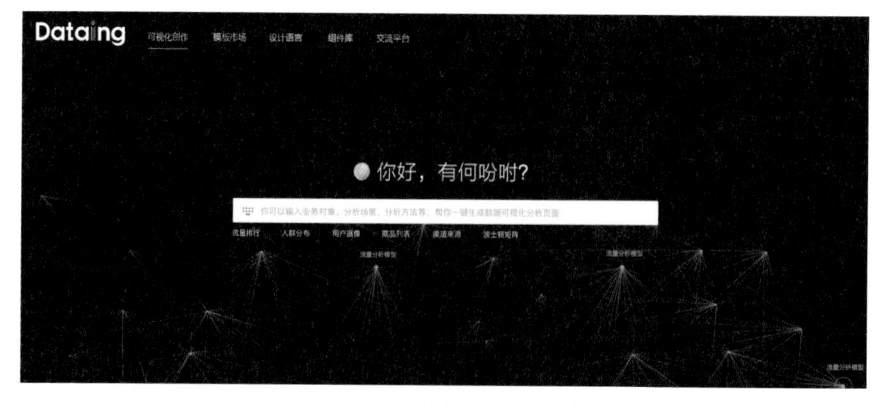

Dating 数据可视化应用平台首页

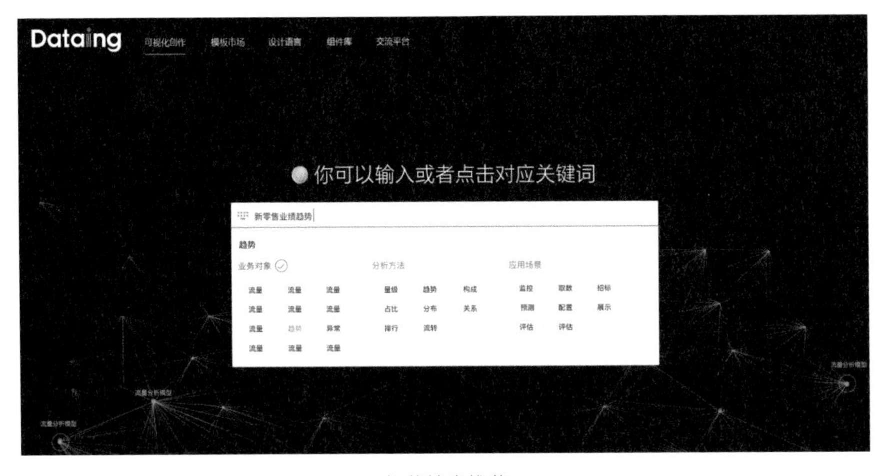

智能搜索推荐

服务产品、设计团队的可视化创作功能，基于用户分析需求场景的输入，智能生成数据可视化页面，支持页面级研发代码复用。

可视化创作

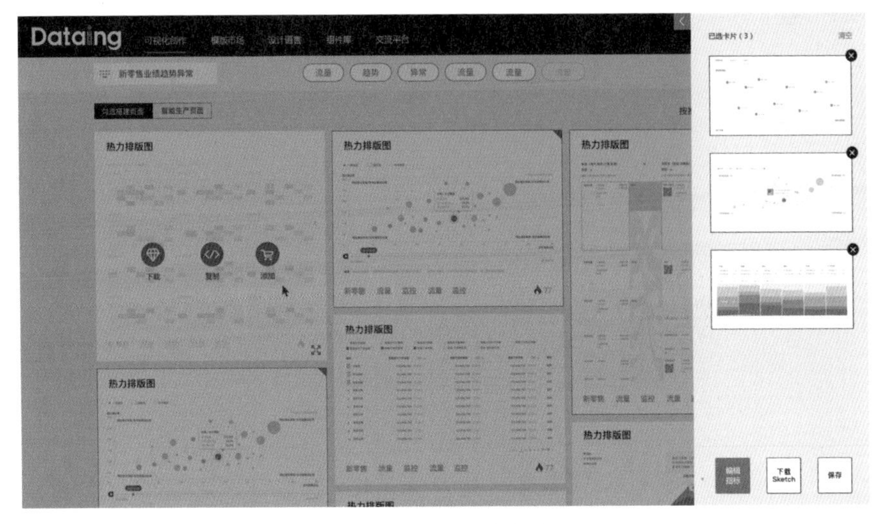

可视化创作——编辑与应用

丰富的数据分析模板市场，为用户提供数据分析方法和数据产品设计灵感。

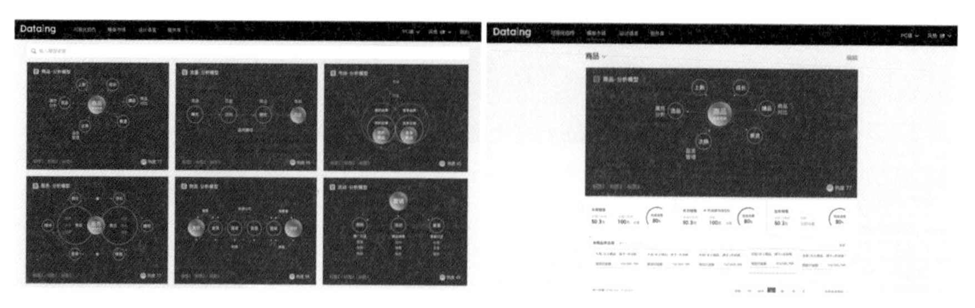

可视化分析模板市场

面向研发人员的数据可视化组件库，支持多端风格样式，支持可视化研发代码复用。

可视化组件库

由此实践案例可以看到设计师对于组件积累的探索与实践，结合技术智能创造出更大的价值。

2.12 开发支撑上线

2.12.1 前端支撑

配合前端工程师完成页面制作。主要任务包括以下三个方面。

- 传达要点：将设计图中的关键点传达给前端工程师。
- 迭代修改：修改前端工程师反馈的一些不符合页面制作规范的设计问题。
- 检查页面：检查前端工程师完成的页面是否与设计图一致。

参与人员

交互设计师、视觉设计师。

主要流程

1. 建立沟通机制

与前端工程师一起明确沟通的机制，主要包括以下两方面。

- 制定联系的方式，邮件、电话或是面对面的沟通。
- 设计前端页面问题跟踪表的内容格式，该表应该至少包括问题描述、问题截图、解决方案、完成度、解决人等条目。

2. 支撑执行

- 即时沟通：前端工程师遇到问题随时与设计师进行面对面的沟通。必须要注意的是，需要将沟通的结果记录下来，方便后期进行查阅。
- 定期沟通：在固定的时间与前端工程师进行交流（如每天下午 2 点至 3 点），集中解决页面制作过程中遇到的问题，并将沟通的结果记录在前端页面问题跟踪表中。

3. 迭代修改

必要时根据与前端工程师的沟通结果，修改方案，之后再交给前端工程师制作，此过程可迭代循环。

4. 检查前端页面

检查前端页面是否与最后的设计图一致。检查的方法是逐页进行检查，将问题点记录在前端页面问题跟踪表中，之后前端工程师根据该表进行修改，直至与设计图一致。

产出物

网站 / 客户端页面问题跟踪表。

注意事项

- 与前端工程师保持沟通，因为有些细节，无论将用户界面设计规范或原型做得多么细致，都是难以理解的。
- 主动将重要的设计点与前端工程师进行沟通，否则他们很可能会忽略你认为很重要的东西。
- 仔细思考前端工程师提出的建议，而不仅仅是机械地反驳他们没有按照设计图制作。
- 对一些重要的原则性的设计点要坚持，即使前端工程师说实现它很困难。
- 反复检查前端输出的页面，因为一旦进入到后台的开发，修改的成本就会成倍增加。

2.12.2 后台开发支撑

配合后台工程师、测试人员完成网站最后的上线。主要任务包括以下两方面。

- 迭代修改：修改后台工程师反馈的一些无法实现的设计。
- 检查页面：配合测试人员检查最后上线的页面是否与设计图一致。

参与人员

交互设计师、视觉设计师。

主要流程

1. 建立沟通机制

与后台工程师一起，明确沟通的机制，主要包括以下两方面。

- 制定联系的方式，邮件、电话或是面对面的沟通。

- 设计网站页面问题跟踪表的内容格式，该表应该至少包括问题描述、问题截图、解决方案、完成度、解决人等条目。

2. 支撑执行

- 即时沟通：后台工程师遇到问题随时与设计师进行面对面的沟通。必须要注意的是，需要将沟通的结果记录下来，方便后期进行查阅。
- 定期沟通：在固定的时间与后台工程师进行交流（如每天下午 2 点至 3 点），集中解决页面制作过程中遇到的问题，并将沟通的结果记录在网站页面问题跟踪表中。

3. 迭代修改

必要时根据与后台工程师的沟通结果，修改方案，之后再交给后台程序人员制作，此过程可迭代循环。

4. 检查网站问题

协助测试人员对网站进行测试。此时设计师的责任与测试人员有所区别，更侧重于一些在后台开发过程中产生的与设计图不一致或可用性方面的问题。检查的方法是逐页进行检查，将问题点记录在网站页面问题跟踪表中，网站页面问题跟踪表作为输出物以一定的频率（例如：每天）传递给后台工程师，并督促其根据该表进行修改，直至上线。

产出物

网站 / 客户端页面问题跟踪表。

注意事项

- 始终与后台工程师保持沟通，因为有些细节，在多次传递后，可能会有所疏漏。
- 仔细思考后台工程师提出的建议，在不影响设计效果的情况下听取他们的改进意见。
- 对一些重要的原则性的设计点要坚持，即使后台工程师说实现它很困难。
- 配合测试人员反复检查前端输出的页面，不是所有测试人员都完全深入地理解了设计图，而这是网站正式上线前的最后一道安全锁。

2.13 项目中的通用能力

作为设计师，尤其是大公司的一员，与多个团队合作、参与敏捷迭代项目，可以说是司空见惯的。在产品设计过程中，如何更加高效地参与团队协作，让产品效果最大化，就显得尤为重要。下面介绍几种常用的工作方法。

2.13.1 每日站会

如果项目规模比较大，迭代比较多，建议项目组组织每日站会，便于项目组内实现及时的信息同步，让组内的每一个人都清楚知道自己在做的事情，使得大家在早上互相了解对方的相关情况，了解项目进度，为即将到来的一天设定工作方向。

2.13.2 周报的提炼总结

大公司内部或者设计团队通常会有例行的周报制度，简而言之就是对自身一周工作的总结提炼，同时让上级了解你本周的工作进程。所以，周报制度通常会被认为是一种比较强制性的被动制度，由此产生的大量周报类似于记录流水账或者简单地记录本周工作内容，对个人的成长价值几乎为零。不过在百度 MUX 任职期间，笔者的导师让我逐渐明白周报如何以小见大地影响个人成长。它其实是另一种形式的项目，相对于流水账式的内容，周报也可以做到以下几点，锻炼你的提炼总结归纳能力，同时通过对比分析提前预判项目：

- 提炼重要的事情 。
- 提炼重要事情里的重要内容 。
- 可以以周报流的形式，让自己的工作可追踪。

举例来讲，某一周周报我写了“整合控制台体验的交互问题和视觉问题，输出控制台改版目标”。这样写的话其实与上周的内容无太大差别，同时看起来本周工作也没有任何进度 ，但其实一周之内做了很多事情，怎么体现呢？思考这周做的事情与上周的区别，可以做如下总结提炼：

- 确定控制台体验问题优先级，并依据评审内容进行修改，将各模块内容进行区分。
- 确认问题集中在框架和引导两方面，其中框架十个问题、引导十个问题。

2.13.3 如何更有效地沟通

在一个完整的项目团队中，可以说设计师和产品经理、开发工程师经常相爱相杀。用户体验设计是在做选择题而不是判断题，交互设计没有对错之分，只是立场不同而已。对于交互设计师而言，如何通过有效沟通促进团队内部快速达成共识，在于发现问题和解决问题的能力。我们需要跟用户沟通发现问题点，跟项目协作方沟通解决分歧点。

典型场景就是当你和产品经理产生分歧了，你该怎么办？其实无论什么时候遇到分歧点，在项目角度其实就是遇到问题了，可以通过沟通发现问题、解决问题。以下为总结的解决问题“三部曲”。

1. 通过沟通明确产生分歧的原因，确认对方关注问题的核心是什么

换位思考，了解合作方的工作内容；学习站在对方的角度思考问题，理解他们在意的点、思考问题的方式，从而去寻求共同目标（立场相同、目标相同 / 立场不同、目标不同等）。比如，产品经理关心的 KPI 点是什么？开发工程师关心的点是什么？

2. 在不同阶段，评估分歧可能带来的影响

在早期，设计没启动或者刚启动不久，此时遇到分歧点，对产品影响最小，完全可以消除分歧点后，再继续进行产品设计，甚至完全推倒重来。

在中后期，往往交互设计 / 视觉设计已完成，甚至进入开发阶段或者开发完成，此时需要评估产生的分歧对整个项目的影响。比如，是否会严重延误项目进度？对产品的影响大不大？

3. 明确分歧原因和评估分歧影响后，找到共同目标，给出解决方案

尝试引入第三方，找合适的人参与共同决策，达成统一目标。比如，项目的各相关方或更高阶的有决策权的产品经理、设计师、开发工程师等，从产品设计的多个维度讨论确定共同目标。

巧用用户研究辅助沟通决策，如采用简易的 A/B 测试对多个不同设计方案进行测试，用定性的用户研究结果来辅助决策采用哪个方案。

建立完善的合作沟通机制，让产品经理、设计师、开发工程师避免产生无意义的分歧，促进有效沟通，共同创造优质的产品体验。

达成统一目标后，合适的设计方案是解决分歧的根本；在极端情况下，如在产品开发的中后期遇到分歧，又必须快速解决分歧，可以根据对项目的不同影响，快速产

出合适的优质设计方案。而这其实就需要产品经理和设计师共同进行深入思考，在达成共同目标的基础上，协同合作，快速产出。

至于其他沟通小技巧，通常由于认知差异，不同的人对于一个问题的理解可能千差万别，这就很可能导致你们经过了一下午的沟通讨论发现谁也没说服谁，或者说原来我们说的只是表面看起来一致的问题，这时可以尝试将问题“由面到块再到点”进行拆分。先确定问题 A，将问题分拆为 A1、A2、A3 等多个子问题。沟通的时候，就某个子问题先达成问题共识，再寻求方案共识；通常通过概述问题场景，可以有效地达成问题共识；如果可能的话，可以基于共识子问题，快速给出各种情况下的解决方案，可以提高寻求共识方案效率，同时有利于进一步确认是否达成了问题共识。

2.13.4 当你表述一个问题时，你到底想做什么？

爱因斯坦曾说，“如果他有一个小时的时间拯救世界，他会花五十五分钟阐释这个问题，然后用仅剩的五分钟来寻找答案”。这说明了解决问题最重要的是清楚地阐释问题！而这需要了解问题或产品全貌，一而再再而三地问为什么，并且花足够的时间分析、了解，从而找到问题的核心。所以当你表述问题时，你需要知道你到底想做什么。试一试按照以下方法深入思考你的问题，看看会不会有什么沟通魔法发生。

- 这个想法 / 问题是什么？ 范围是什么？——描述事实。
- 为什么会产生这样的想法 / 问题？——探索本质。
- 对任何结论和问题都退一步，从批判思维的角度出发，验证结论，解决问题。
- 对这个想法 / 问题的预期是什么？——预估结果和目标。
- 实际采用了哪种解决方案？效果如何？——解决问题并进行验证。

2.13.5 设计验收环节

开发上线前的设计验收环节，通常是开发完成版本开发提测后，各个角色对产品的功能、内容、交互、视觉设计细节等进行测试走查，确保最终的上线产品可以尽可能还原设计稿。一般来说，大的团队（比如 BAT），都有专门的测试团队负责在上线前对产品进行测试，设计师负责设计部分的还原度；而小一些的团队可能没有专职测试工程师，在上线前会有一个全员自测。

通常来讲，开发提测后的验收环节，设计师除了按照“2.11 开发支撑上线”中所讲的，依据用户使用路径验收产品功能、内容、交互、视觉细节，输出设计还原问题跟踪表。接下来的问题改进就是比较关键的环节，如何让产品经理、开发工程师等各角色对于走查出的问题进行修正，其实有一个很好用的办法 ——“bug 责任人制”。也就是团队内部对于发现的问题的优先级达成一致，分配到具体的责任人，通常来讲该环节的责任人主要有三类：

- 代码类——对应开发工程师，比如研发工程师。
- 功能类——对应产品经理。
- 设计类——对应相关设计师 & 其他人员。

我们要做的就是走查问题，输出表格，明确不同 bug，确定具体由谁负责，各个岗位的责任人各尽其责。

而针对以下问题，可在项目组内进行邮件沟通：
- 该 bug 引起巨大的问题，后果很严重。
- 反复出现的 bug，开发工程师迟迟没有修改，并且该问题引发了严重后果。

2.14 实践案例：社交产品设计探索

以社交产品的 Feeds 为例，用设计解决未知问题

前面的章节主要介绍了基本的产品设计流程，以及各个阶段可能会用到的辅助设计或决策的设计方法，让用户体验设计师在互联网团队中发挥设计的最大价值，最终达到“解决用户问题，创造美好体验”的终极目标。本节笔者将结合自己的从业经历，以具体项目切入，探讨设计到底是什么，如何才能采用正确的方法探索、创造未知的产品体验。

作为互联网的用户体验实践者——交互设计师，经历过成熟期产品的常规迭代项目，这时我是哪里需要就在哪里的问题解决者；也会和产品经理一起探索新的产品方向，经历从 0 到 1 的探索型项目（如 AR 相机、英语早教等），此时我是主动探索的问题解决者。

经历过这么多不同种类不同维度的项目后，有时候也会和大家一样问自己，设计到底是什么？是关于美？关于解决问题？……思考后，我尝试以自己的角度给设计做个定义：设计就是从已知探索未知的过程，是一个不断解决问题的过程。

设计是从已知探索未知的过程

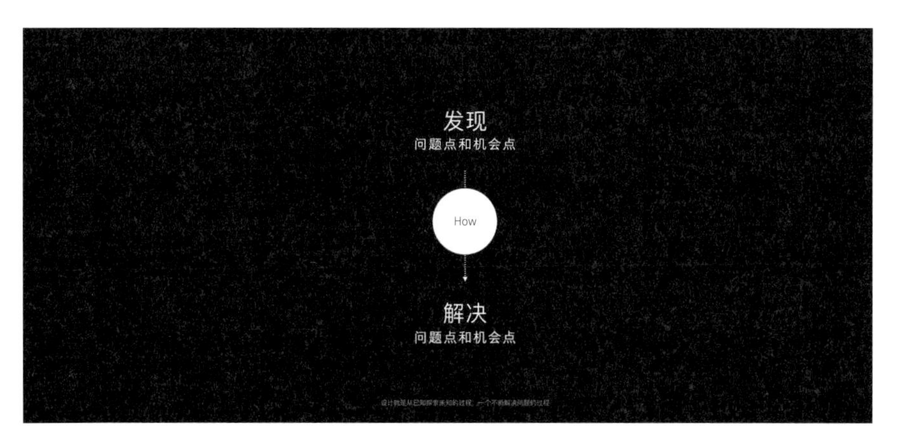

“发现 - 解决”问题点和机会点

具体来讲，就是从发现问题点和机会点后，通过“How”等各种方法手段去解决问题点和机会点的整个过程。

而解决问题点和机会点的各种方法手段“How”就至关重要，在寻求“How”的过程中，受到 MIT 媒体实验室教授 Neri Oxman 的 *Design and Science - Krebs Cycle of Creativity* 一文的启发。Neri Oxman 在文中提出的类似克雷布斯循环的创造力的克氏循环（KCC），创造性地将人类的创造力的四种模式——科学、工程、设计和艺术，形成创意循环的地图假设并进行了相应解读，阐释了学科之间不再是割裂离散的孤岛这一命题。

区别于“点对点”地解决问题，为了从更高的角度更好地解决问题，类比克雷布斯循环和创造力的克氏循环（KCC），将“发现 - 解决”问题点和机会点这一过程整体系统化，尝试提出系统性解决问题之 < 思考 - 行动 > 模型——Krebs Cycle of Design。

系统性解决问题之 < 思考 - 行动 > 模型主要包含以下八个阶段：发现问题点和机会点—系统性思考、判断问题点和机会点—挖掘行动—挖掘出真正的问题点和机会点—解决行动—构建更好的产品—迭代进化思考—重新发现问题点和机会点。

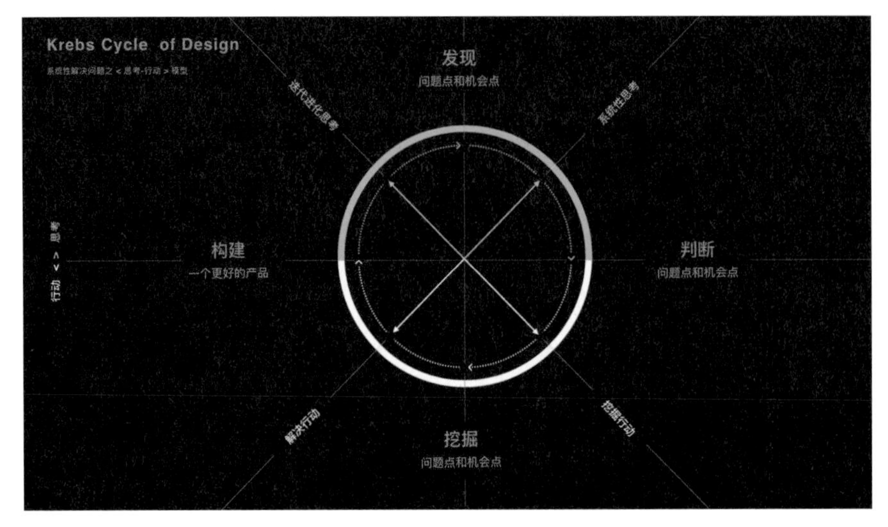

系统性解决问题之 < 思考 – 行动 > 模型——Krebs Cycle of Design

以社交产品 Feeds 信息流为例，解析系统性解决问题之 < 思考 – 行动 > 模型——Krebs Cycle of Design

下面通过具体的项目，说明如何通过系统性解决问题之 < 思考 – 行动 > 模型全局解决问题。这里以成熟型社交产品 A 的基础 Feeds 信息流产品为例进行说明。

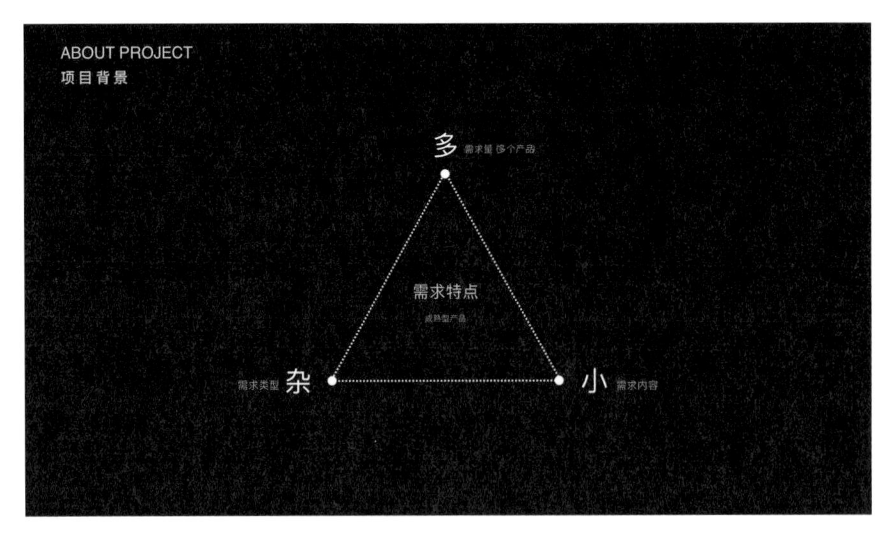

成熟型社交产品 A 的 Feeds 信息流产品背景

项目背景

社交产品 A，作为一个典型的成熟型产品，它的 Feeds 信息流产品的日常需求，整体来讲具有以下三个特点：需求量大（面对多个产品不断快速迭代）、需求类型杂、需求内容少。

基于这样一个前提，为了更好地解决问题，仅仅满足需求是不够的，需要设计师发挥主人翁意识。这样首先角色定位无形中发生了变化，从单纯的设计师（产品需求转换者）转变为产品设计师（产品需求洞察者）。

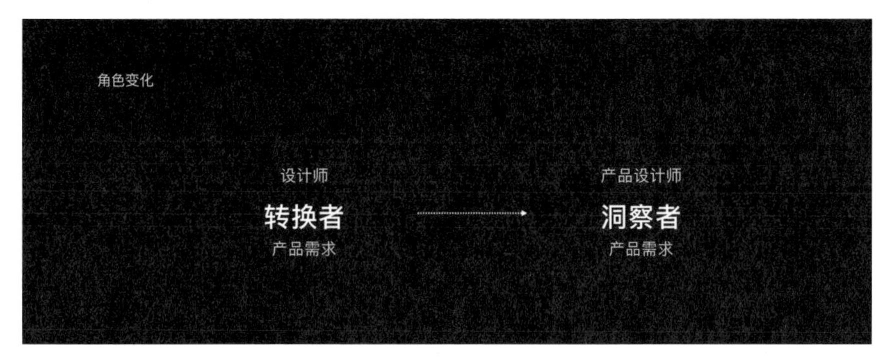

角色变化

角色的变化，进一步带来了解决问题思维模式的变化，从之前为单一用户需求而设计的线性解决问题思维模式转变为从点触发的系统性解决问题思维模式。

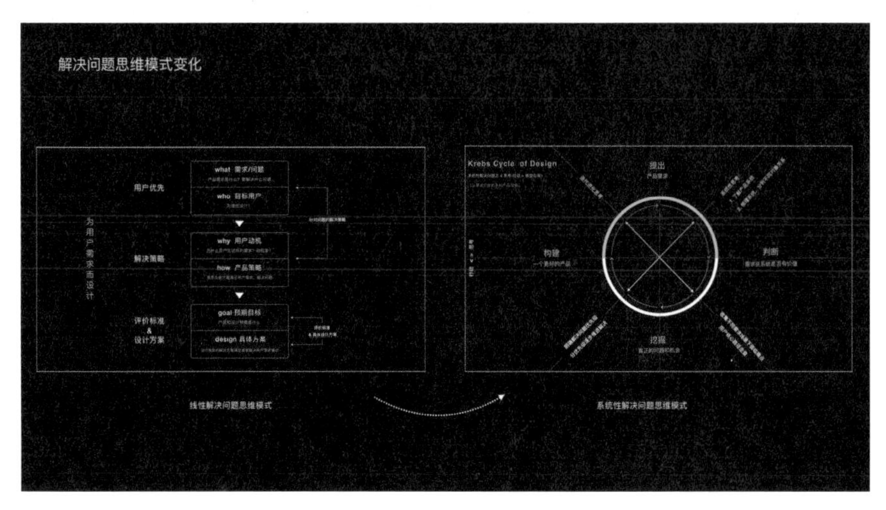

解决问题思维模式变化

总的来讲，系统性解决问题之 < 思考 - 行动 > 模型，以成熟型社交产品的 Feeds 信息流产品为例，主要有以下几个阶段，并且每一个阶段都是上一个阶段的自然转化。

- 提出产品需求。
- 基于产品需求，从点触发，通过系统性思考，全面地思考分析当前产品。
- 基于系统性思考，判断需求在系统中是否有价值。
- 判断有价值后，继续深入挖掘更多的问题点和机会点。
- 综合判断，深入挖掘真正的问题点和机会点 。
- 确定真正的问题点和机会点后，有针对性地进行解决行动。
- 进行阶段性的解决行动后，就向构建一个更好的产品迈出了一小步。
- 构建更好的产品后，为了产品后续更好发展，进入新一轮的迭代进化思考。
- 迭代进化思考后，就开始了新一轮的系统性解决问题，构建越来越好的产品和更加美好的体验。

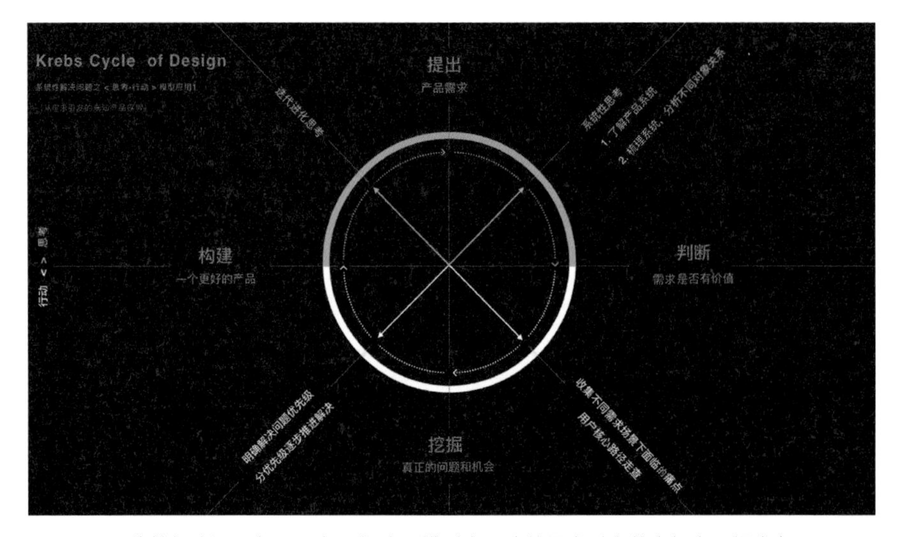

系统性解决问题之 < 思考 - 行动 > 模型应用（从需求引发的未知产品探索）

1. 提出产品需求

在互联网公司，尤其是互联网产品比较成熟时，设计师通常扮演着产品需求转换者的角色，在常规迭代项目中面对产品经理一个又一个的需求，很多设计师是基于点对点的需求进行功能细化的，有些甚至可以直接开始详细设计；而针对仅仅转换产品需求的这一类设计师，系统性解决问题之 < 思考 - 行动 > 模型给出了很好的思维转换方法，建议这类设计师可以跳出日常点对点的常规需求，更加系统地思考需求、问题点和机会点。

2. 系统性思考

从已知的需求、问题点和机会点出发，从点触发设计师全局思考产品。通过系统性思考，了解产品整体系统，通常从用户、产品、商业、数据等多维度思考，如商业维度（理解商业模式的商业模式画布、理解行业位置的 SWOT 分析法等）、产品维度（站在整体产品服务角度的全链路分析、产品日常问题的积累等）、用户维度（定性 & 定量的用户研究、模拟分析场景的体验地图等）。关于该部分内容，可参阅“2.4 需求挖掘阶段”。下面以成熟型社交产品 A 的 Feeds 信息流产品为例，阐述如何更全面地系统性思考产品。

系统性思考第 1 步：从日常烦琐的小需求中跳出，从“资源输入－内容输出”维度，从全局出发了解空间的整体产品体系，比如核心 UGC 业务、运营相关业务、分支业务、广告业务等。

系统性思考第 2 步：基于“资源输入－内容输出”维度全局了解产品体系后，针对 Feeds 信息流模块，梳理出资源输入类型和各个类型所包含的内容，以及触达用户的内容输出 Feeds 类型以及包含的内容信息，分析不同对象关系，明确社交产品 A 的 Feeds 信息流的空间枢纽作用，为下一步判断需求、问题点和机会点的价值提供依据。

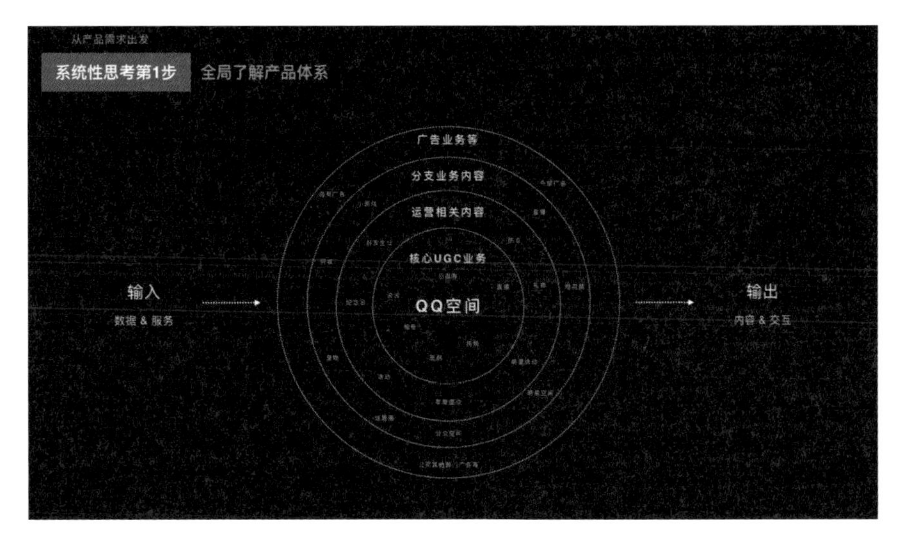

系统性思考第 1 步：全局了解产品体系

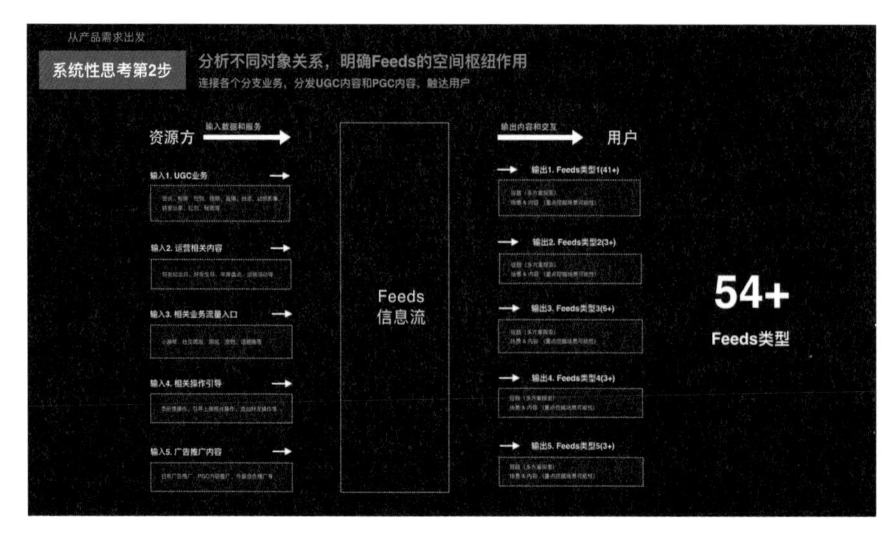

系统性思考第 2 步：分析不同对象关系，明确 Feeds 的空间枢纽作用

3. 判断需求在系统中是否有价值

基于系统性思考分析，判断需求在系统中是否有价值。对于成熟型社交产品 A 的 Feeds 信息流产品，通过对产品的系统性思考，会发现 Feeds 基于社交产品 A 的枢纽作用，连接产品各项业务内容，并以 Feeds 产品形态分发给 UGC 和 PGC 用户。因此 Feeds 信息流的产品设计优化对于整个社交产品 A 而言，都有极大的商业和用户价值。

4. 深入挖掘行动

判断需求有价值后，继续纵向深入挖掘更多的问题点和机会点，该部分思考的维度和方法可参阅“2.4 需求挖掘阶段”和“2.5 设计调研阶段”，从产品、用户等多角度思考，如现有问题挖掘的日常积累法、数据定量分析法、用户调研访谈等定性研究方法、头脑风暴等涌现挖掘法、用户核心行为的全链路分析法等。下面以社交产品 A 的 Feeds 信息流产品为例讲解如何进行深入挖掘行动。

挖掘行动第 1 步：从项目团队内部（产品经理、开发工程师和设计师）收集现有痛点问题，并将问题梳理归类整理，确定内部收集的痛点问题的重要程度优先级。

挖掘行动第 2 步：从用户“发表－浏览－互动”的 Feeds 信息流相关的核心行为路径切入，收集用户 / 专家反馈，分析归类用户核心行为路径中存在哪些用户 / 专家反馈的问题，聚焦其中与 Feeds 相关的问题。

挖掘行动第 1 步：从项目团队内部收集痛点问题

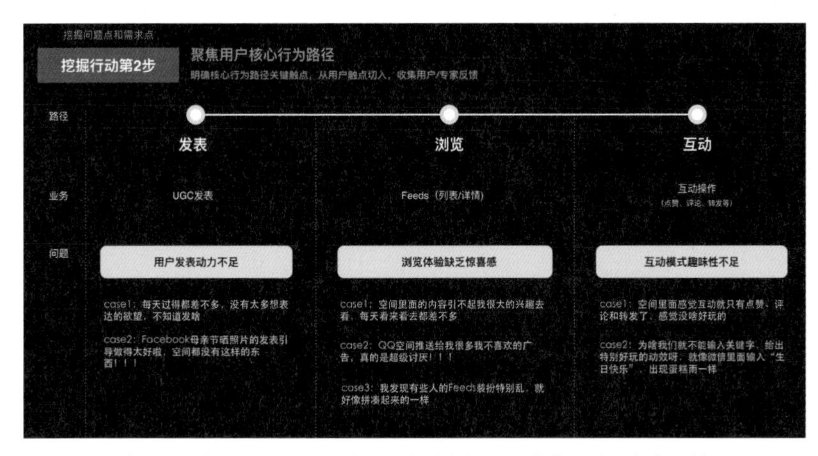

挖掘行动第 2 步：从用户核心行为路径切入，收集用户 / 专家反馈

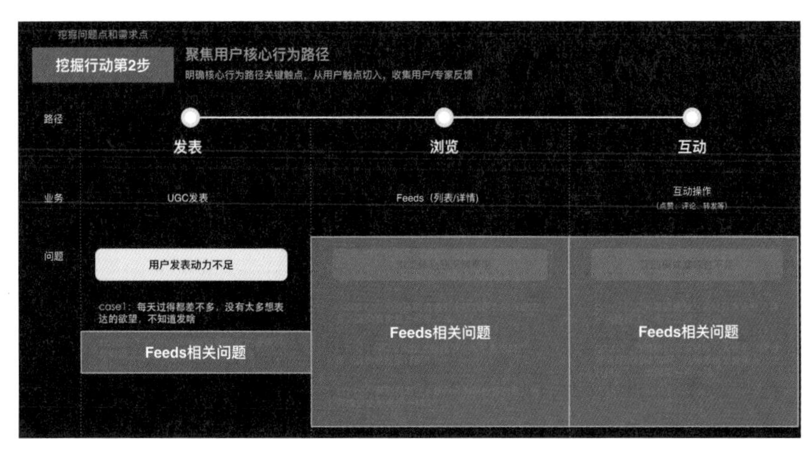

挖掘行动第 2 步：分析确定用户核心行为路径中存在哪些问题与 Feeds 相关

5. 确定真正的问题点和机会点

进行深入挖掘后，就可以从产品内部、用户本身等多维度得到多个问题点和机会点，通过对问题点和机会点进行整理、判断和分析，得出真正的问题点和机会点。如社交产品 A 的 Feeds 信息流产品的真正的问题点和机会点有两个：Feeds 缺失系统化、Feeds 关键触点暴露的用户问题。

挖掘真正的问题点和机会点

6. 采取解决行动

确定真正的问题点和机会点后，再有针对性地进行解决行动。针对不同的问题点和机会点，可根据需要采取适合的解决行动。通常解决行动用到的方法可参考“2.6 概念设计阶段”“2.7 详细设计阶段”“2.8 设计评估阶段”“2.9 实践案例：产品体验监测模型”“2.10 规范和组件库”“2.11 开发支撑上线”等章节的内容。下面仅以社交产品 A 的 Feeds 信息流产品为例讲解如何实施解决行动。

解决行动第 1 步：针对有多个问题点和机会点的情况，首先需要明确解决问题的优先级。可以参考第 2 章中介绍的知觉图或 C-BOX 象限评估法，定义问题管理四象限，从重要程度和紧急程度两个维度分析并确定解决问题的优先级。其中横坐标轴代表紧急程度，从左到右紧急程度降低；纵坐标代表重要程度，从上到下重要程度降低。正所谓建造房子地基很重要，Feeds 缺失系统化代表 Feeds 信息流的地基不稳，在地基打牢之后可以有针对性地解决用户关键触点暴露的问题，分优先级逐步推进解决问题。因此形成了以解决“Feeds 缺失系统化”为基础，有节奏地探索解决 Feeds 关键触点暴露问题的解决策略。

解决行动第 1 步：明确解决问题的优先级

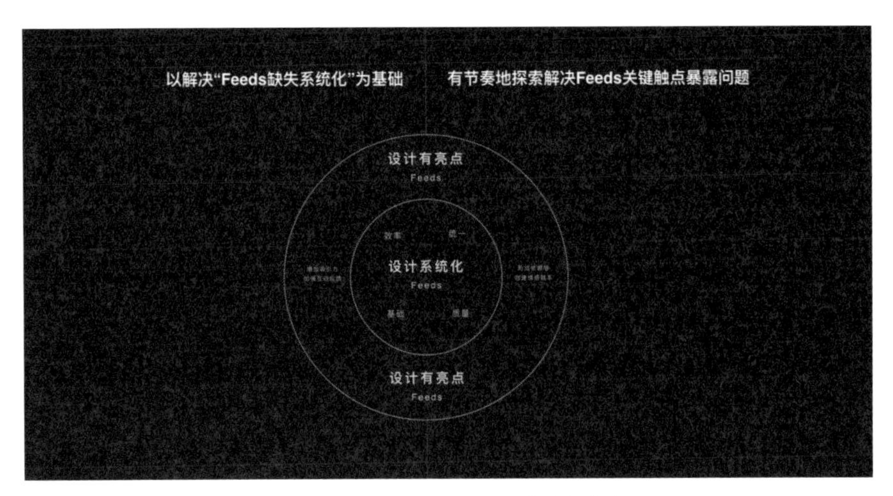

解决行动第 1 步：解决问题优先级策略

解决行动第 2 步： 解决“Feeds 缺失系统化”问题，也就是将整个 Feeds 产品体系化，进行设计的规范化和组件化，并在设计层面和开发层面统一共享资源，并应用到产品的后续迭代中。而设计系统化的典型代表 Material Design，就通过从真实世界观察到数字世界，模拟构建了一个数字世界观，包含设计理念、设计原则、设计元素（如输入框、按钮、文字等控件 / 组件）、设计模式（如空状态、手势、搜索等）、工具等内容。对于设计系统化感兴趣的读者可以参阅 *Design Systems* 一书。

解决行动第 2 步：Feeds 设计系统化

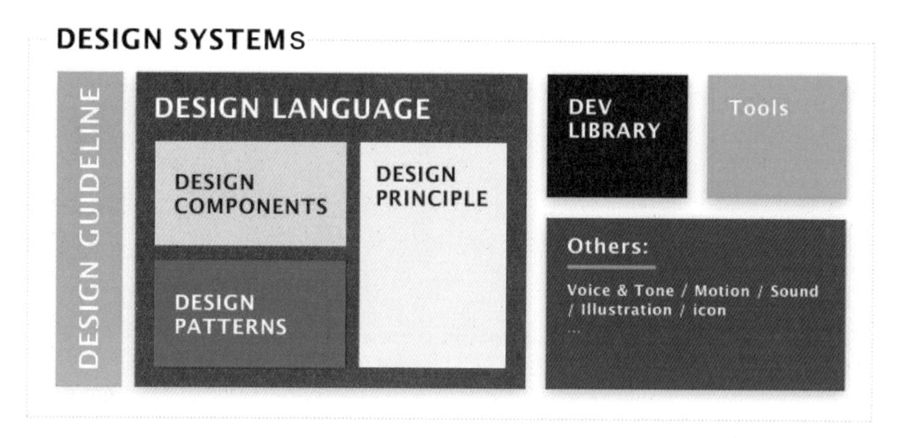

Design Systems 的内容概览图

Feeds 设计系统化主要有以下 3 个阶段：明确设计系统化目标、明确设计系统化思路和设计系统化过程。

首先是明确设计系统化目标，明确预期目标有助于在项目后期更好地评估系统化设计的价值和效果，社交产品 A 的 Feeds 信息流产品主要从 3 个维度明确目标：规范化（形成 Feeds 基础设计体系，保障 Feeds 整体设计的统一性）、提升效率（可以快速复用，保质保量地支撑业务需求的快速迭代）、可持续原则（跟得上潮流，不断地迭代进化）。

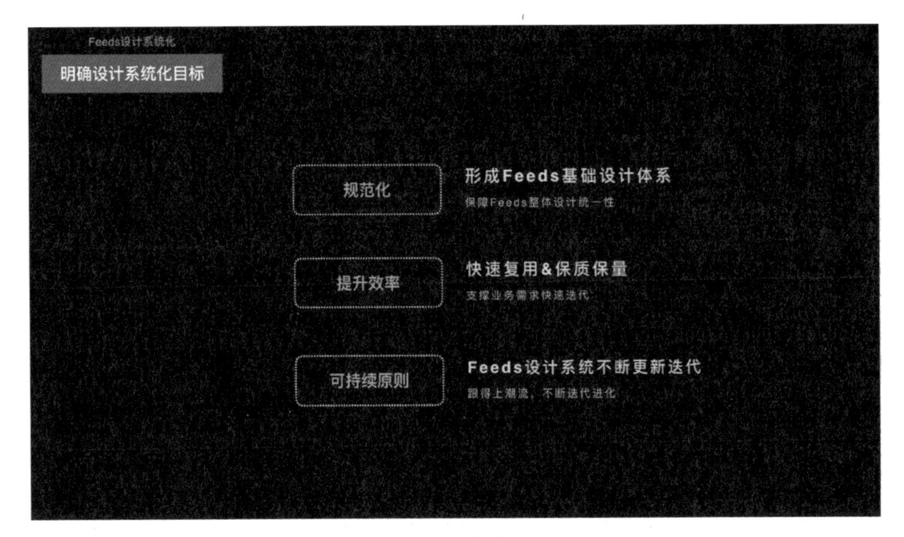

明确设计系统化目标

其次是明确设计系统化思路。明确了目标之后，需要定义如何进行 Feeds 设计系统化的思路，主要有以下4个阶段：场景类目梳理、抽象框架、填充框架和建立设计规范。

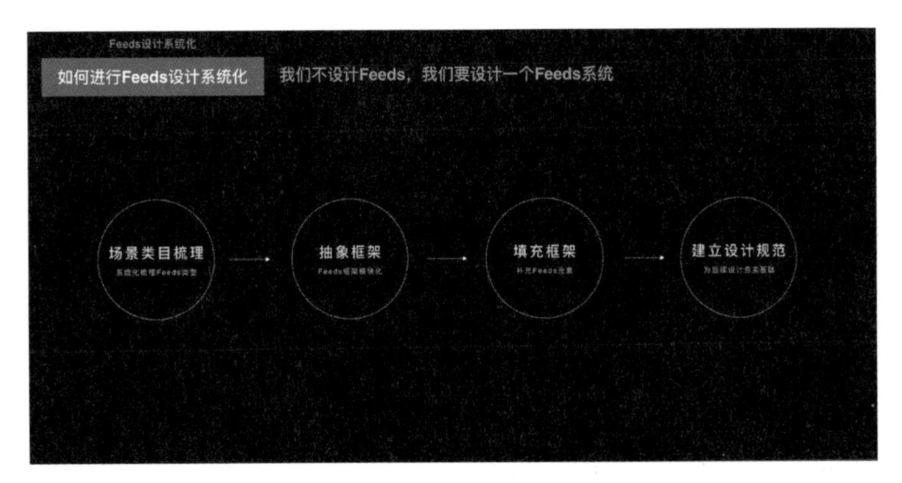

明确设计系统化思路

- 场景类目梳理。从场景出发对所有的 Feeds 类型进行归类。
- 抽象框架。首先将所有 Feeds 类型的每个结构模块化，其次通过“类比 – 分析 – 聚类”归类同类型框架，最后设定 Feeds 框架应用策略（不同框架的每个模块可采用 LEGO 自由组合策略）。
- 填充框架。补充 A/B 框架类型中的填充元素（控件 / 组件等内容）。
- 建立设计规范。提升产品设计效率，为后续设计夯实基础。

Feeds 设计系统化项目，在产品团队和设计团队均得到了广泛好评，且在一定程度上提升了产品设计效率。

场景类目梳理

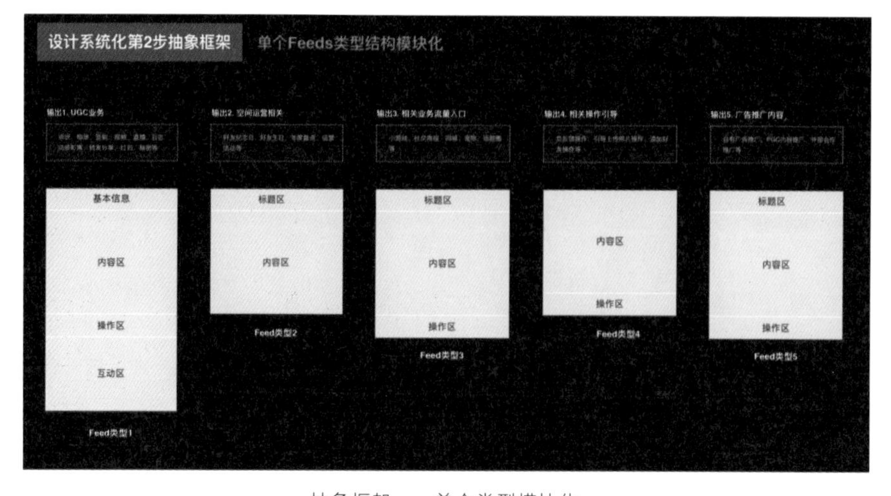

抽象框架——单个类型模块化

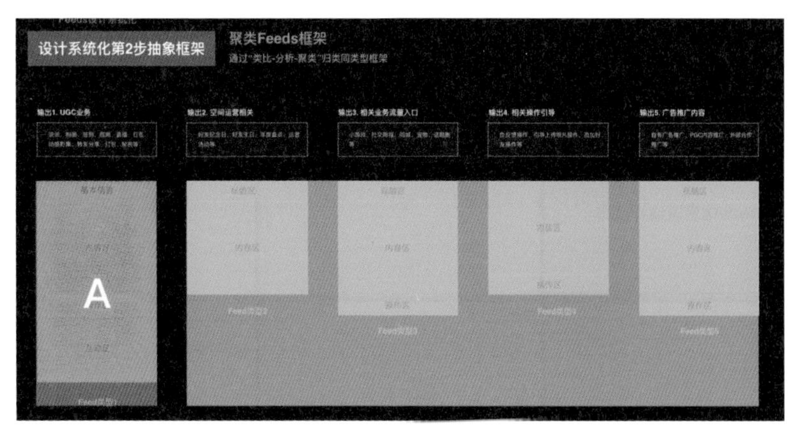

抽象框架——聚类 Feeds 框架

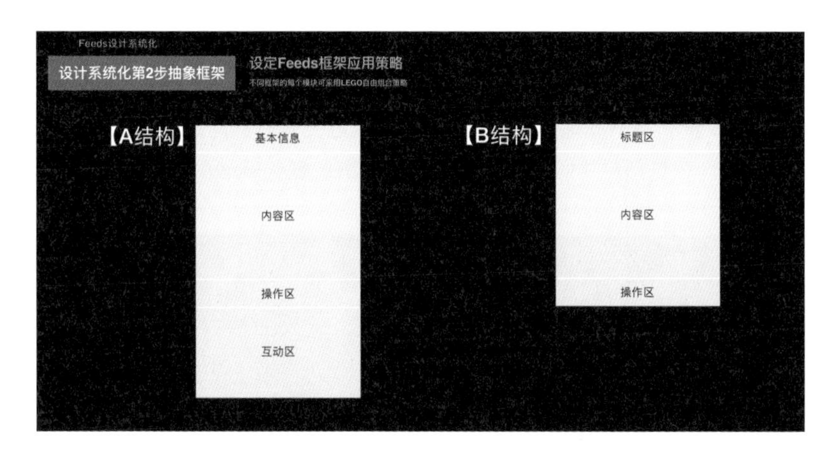

抽象框架——设定 Feeds 框架应用策略

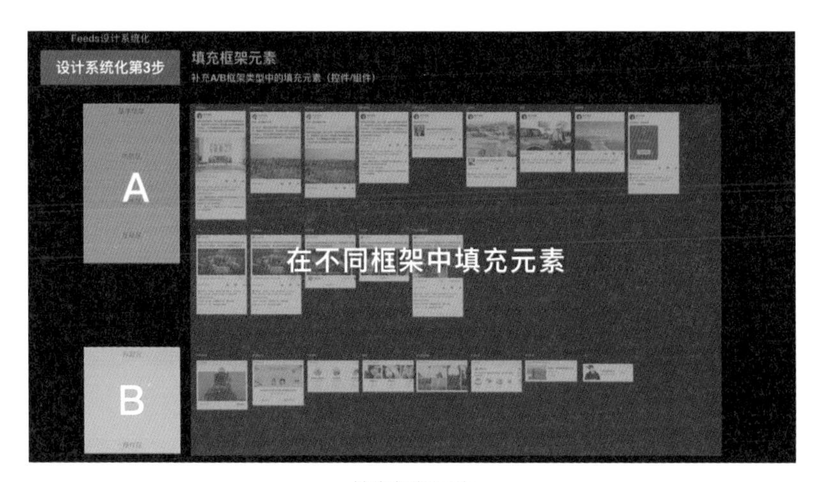

填充框架元素

建立 Feeds 设计规范

解决行动第 3 步： 有节奏地探索解决 Feeds 关键触点暴露的问题，也就是进行有亮点的探索设计。在该部分我们聚焦用户核心行为路径，在关键触点上发现设计机会点。

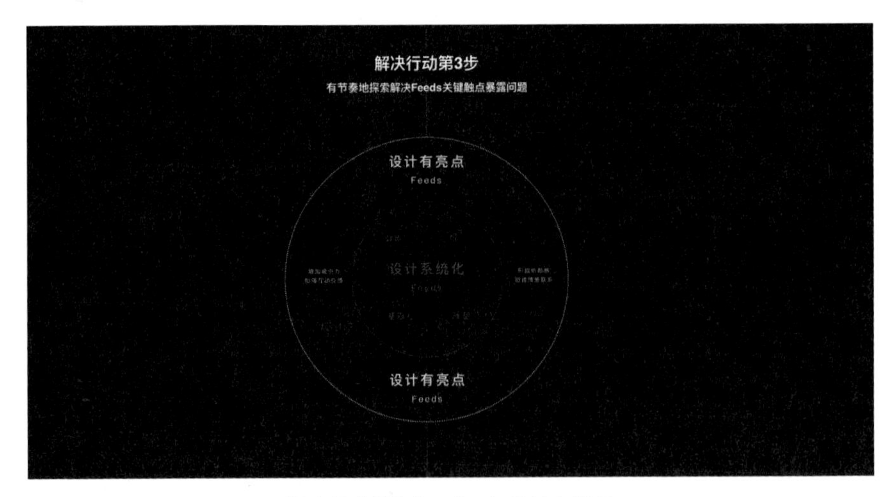

解决行动第 3 步：Feeds 设计有亮点

首先是聚焦用户核心行为路径，从用户触点切入，深挖不同关键触点，收集用户 / 专家的反馈，并针对用户的关键触点问题探索出相应的解决方案。

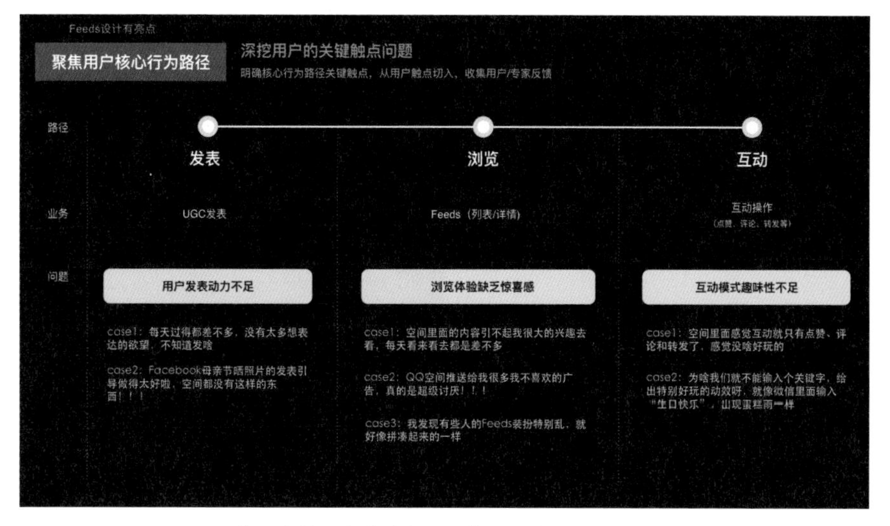

聚焦用户核心行为路径，深挖用户的关键触点问题

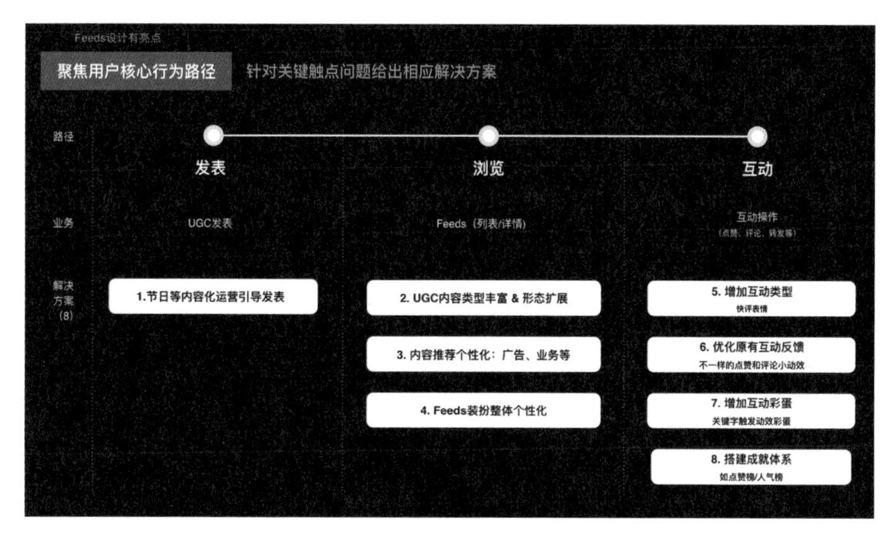

聚焦用户核心行为路径，针对关键触点问题给出相应解决方案

其次在有了这么多的亮点解决方案后，需要明确亮点设计功能实践优先级。此时就需要回归产品目标用户群，深度探索目标用户的特性。比如，社交产品 A 的用户群体为“95 后”，他们具有“创造、个性、有趣、表达”等特性，他们爱玩的产品有“弹幕、变声语音、斗图、鬼畜视频”，这些产品都具有“DIY、个性互动、满足成就感”等心理因素，因此针对 8 个 Feeds 亮点解决方案，优先在互动层面实践快评表情。

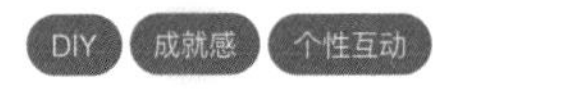

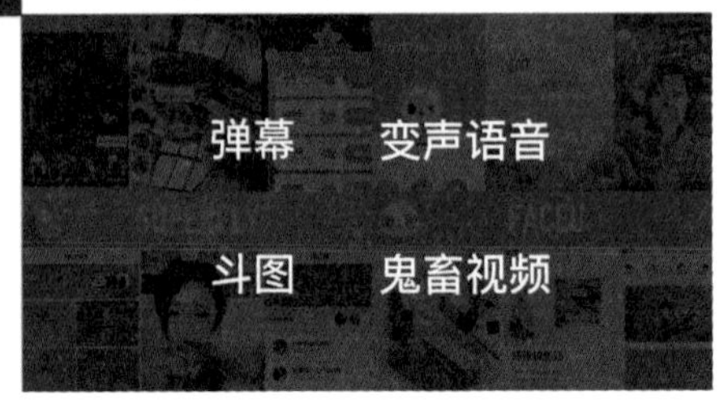

回归产品目标用户群，明确亮点设计功能实践优先级

接下来就是如何进行快评表情产品设计，该部分在详细设计阶段简要地举例说明过了，此处就不再赘述了。

7. 解决行动结果——构建更好的产品体验

在进行了阶段性的解决行动后，如进行了 Feeds 设计系统化打好根基，探索了快评表情的亮点设计后，已经向构建一个更好的产品迈出了一小步。从产品内部评价和上线后数据验证结果来看，均达到了预期目标。对于数据验证部分感兴趣的，可参阅“2.5.7 用户行为数据分析”和“2.9 实践案例：产品体验监测模型”的内容。

8. 迭代进化思考

正所谓“潮流是在不断发展变化的”，互联网的发展更是日新月异，因此为了后续产品发展得更好，需要进入新一轮的迭代进化思考。如果设计师在横向有一个属于自己的设计中心（或者设计团队），可以定期讨论、挖掘创意想法，沉淀为创意资源库，讨论并向上汇报推动产品侧落地，从而更好地发挥设计中心横向优势，合力扩大影响力。

总的来讲，系统化解决问题之 < 思考 – 行动 > 模型可以让你“找对事 & 做对事”，“为用户需求而设计的模型”将做对事的过程具体化，两者相辅相成，合力打造更美好的产品体验。

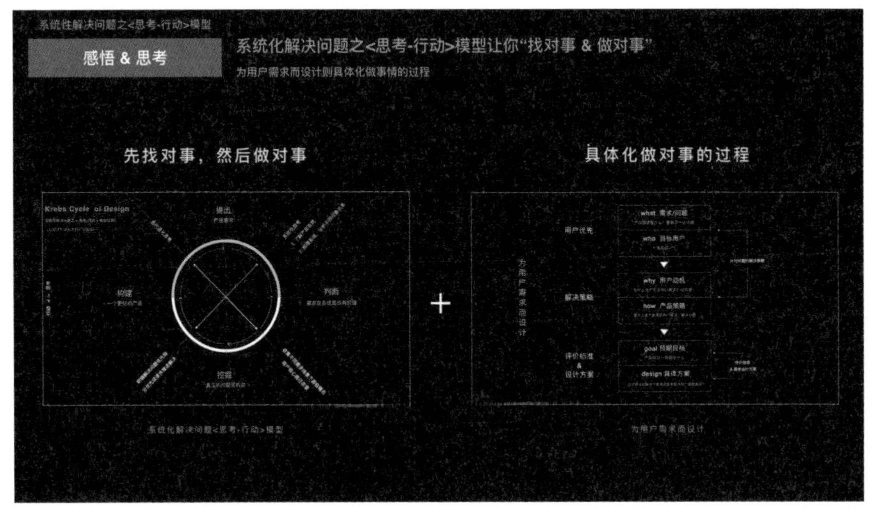

系统化解决问题之 < 思考 - 行动 > 模型的继续思考

2.15 实践案例：商业数据产品设计

上文为大家详述了 C 端产品设计案例，接下来从 B 端产品设计角度分享一个商业数据产品设计的实战案例。

项目背景

某商业数据平台，覆盖商业全链路经营流程，为商家用户提供数据披露、分析、诊断、建议、优化、预测等一站式数据产品服务。通过完善的产品建设，赋能商家数据化运营能力，加速商业数据化进程。在这个商业数据平台中，某数据分析产品 B 帮助用户解决流量运营问题。接下来就以 B 产品为案例，为大家介绍在实战中积累的商业大数据产品设计方法。

主要流程

1. 背景分析——透过版本演进看业务需求

对于 B2B 商业产品来说，其核心是清晰了解商业策略以及商家诉求，从而定义清晰的设计方向。随着 B 产品的版本迭代，基于商业运营策略调整和商业用户需求演变，需要制定有针对性的解决方案。先来看一下 B 产品的版本演进。

- 产品 1.0：这是产品初步搭建的版本，解决商家对于来源渠道分析的基础需求，设计中多以榜单列表形式展现数据。
- 产品 2.0：国内的人口红利仍然存在，是商家争夺消费者流量的关键时期。在商家日常营销中，关注提升多渠道的引流和转化成交，在设计上强调对于流量来源的全链路流转分析引导。
- 产品 3.0：过了流量红利时期，当前以及未来的趋势就是基于消费者的运营和会员沉淀，带来多次触达和转化。商家将运营重点逐渐转移到消费者资产管理以及分成营销触达上。在 3.0 版本设计中，从可视化的广度和深度入手，引入了对于消费者全链路、多节点流转的数据可视化设计。

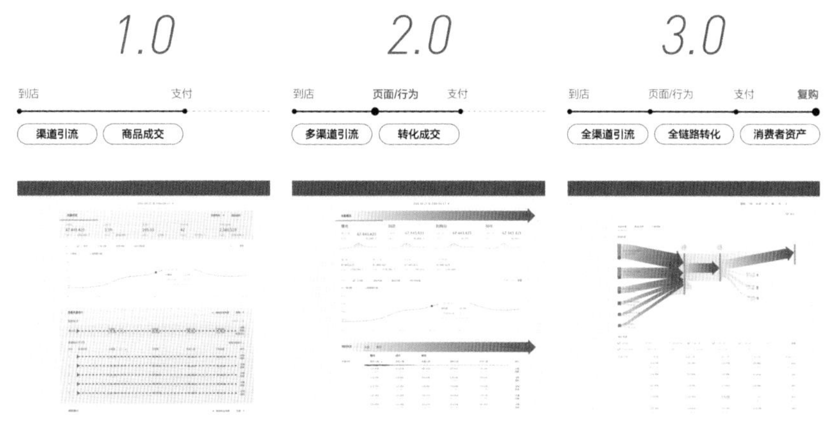

产品 B 的三版设计演进

2. 设计目标

基于产品中数据日益增多难以负载的现状，作为设计师，核心的设计目标就是要基于商业思维和用户需求做深度可视化分析设计，通过数据可视化设计，展现多维、海量的数据，满足更深层次的分析需求。

3. 业务理解——产品 3.0 版本：消费者运营的商业思维 & 商业流量的本质

消费者运营的商业思维

在做产品 3.0 的项目时，我们深入分析和调研了商家从 1.0 时期到 3.0 时期的转型思路，将商家的运营实操拆解为三部分：①关注从公域渠道和私域渠道的全渠道引流，吸引消费者流量；②将消费者从触达到访问，到成交的全链路转化引导，关注的是上游渠道为下游带来了多少转化成交的影响；③将这一池子的消费者资产沉淀，进行精细化的分层管理，然后基于人群偏好进行二次营销触达，回到引流。这三部分是一个循环往复的过程，逐步构建和消费者的关联，加深消费者对商家的品牌认知，帮助商家沉淀粉丝消费群体。

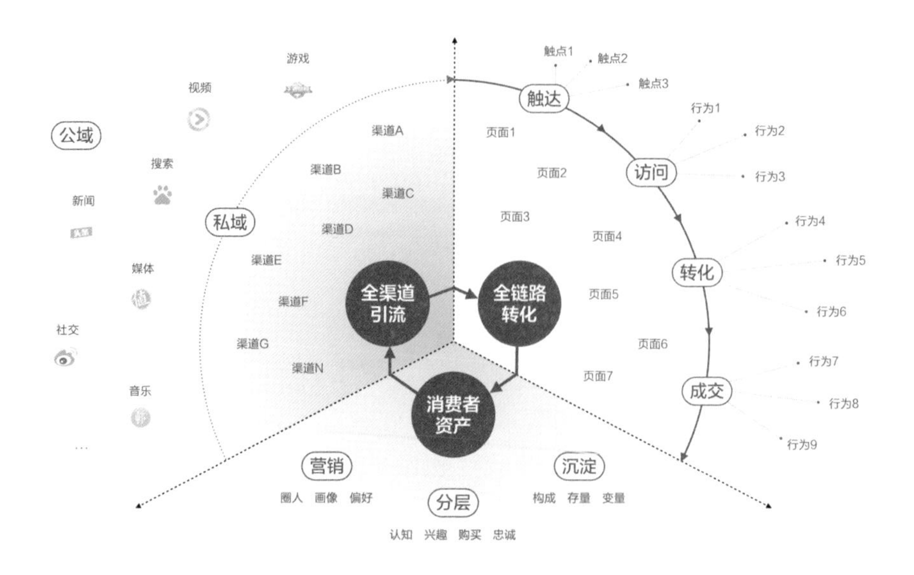

版本 3.0——消费者运营的商业思维

商业流量的本质

基于对消费者商业运营的理解剖析，我们认为商业流量的本质可以用简单一句话概括：消费者在消费链路上的流动。

将这句话进一步拆解，可以这样描述商业流量：谁，从什么地方，看到什么东西，做了什么事情，达成什么效果。那么流量分析产品所涉及的核心对象就是相对应的人群、渠道、页面、行为和转化 5 个维度，共同促成从人流到信息流，到金融流的全链路转化。

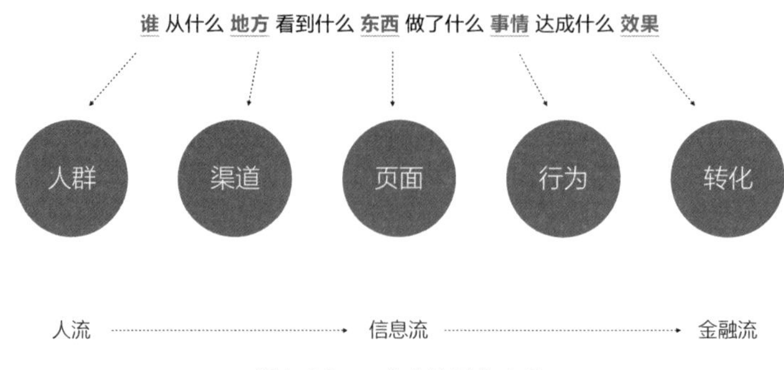

版本 3.0——商业流量的本质

4. 设计推导

我们基于如上提炼的商业全链路运营需求，再做一层合并简化，将 B 产品拆解为三大流量产品核心分析维度：人群分析、渠道分析、转化分析。基于产品用户在这三大维度上的数据分析需求，逐一匹配相对应的可视化解决方案。通过产品用户体验地图的梳理，得到三个维度下用户数据分析需求的可视化设计解法分别为消费者资产透视、渠道价值评估、消费动线分析。

以渠道分析维度为例，用户在数据分析中主要关注几部分内容：① 用户关注所有引流来源，使用堆积趋势的可视化设计可直观展现全渠道构成和趋势。② 用户关注付费渠道的投入产出比（简称投产比），多维可视化矩阵设计便于构建渠道评估模型。③ 用户追踪某一渠道的全链路转化效果，在可视化设计层面，流转数据使用桑基图呈现最为清晰。

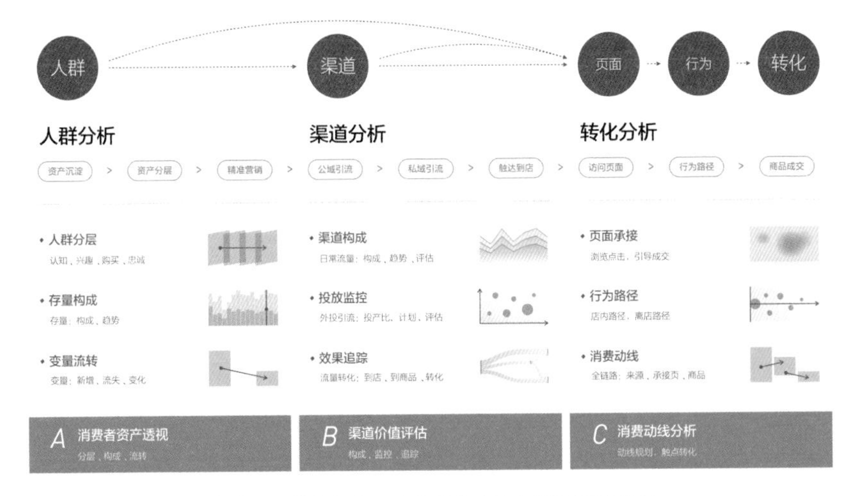

人群、渠道和转化三个分析维度下的设计策略制定

5. 方案落地

以下是消费者资产透视、渠道价值评估、消费动线分析三部分的可视化设计解决方案。

消费者资产透视方案

设计师基于消费者资产管理需求拆解，设计了消费者存量数据和变量数据的可视化分析方案，使用消费者运营模型 A（认知）—I（兴趣）—P（购买）—L（忠诚）划分消费者群体。通过堆积趋势图设计，直观展示存量构成及变化；通过桑基流转图表设计，可视化展现一段时间的消费者分层变化流转关系。

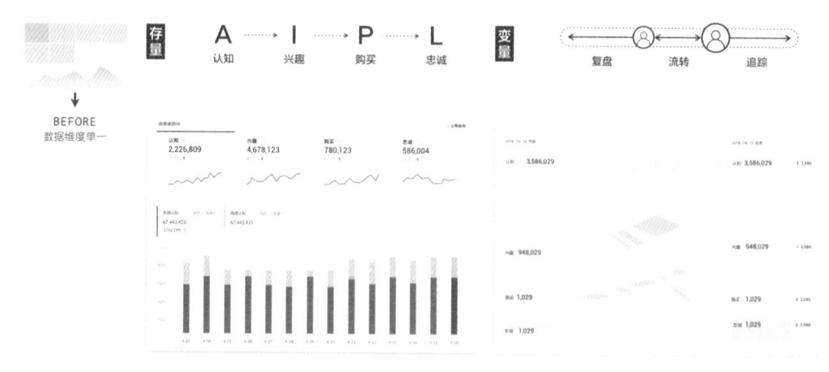

消费者存量数据和变量数据的可视化分析方案

渠道价值评估方案

商家用户通过全方位的渠道评估，监测渠道效果。随着渠道数据日益增多，面临难以全局性概览、难以直观评估等问题。通过设计重构，优化了看数据的体验。针对店铺全渠道概览设计了店铺一级流量渠道堆积趋势构成，可点击一级渠道展开其二级流量渠道构成，帮助商家概览全局，流畅下钻、定位问题；针对付费投放渠道的效果评估，设计了全年投产比数据分布热力看板，以及对于投放媒介的投入产出二维矩阵评估，帮助推广负责人做全盘监控、解读和决策；另外，针对单一渠道的效果追踪，设计了单一渠道的全链路多节点可视化流转追踪图表，有利于用户直观地分析各渠道的量级、构成和转化效果。

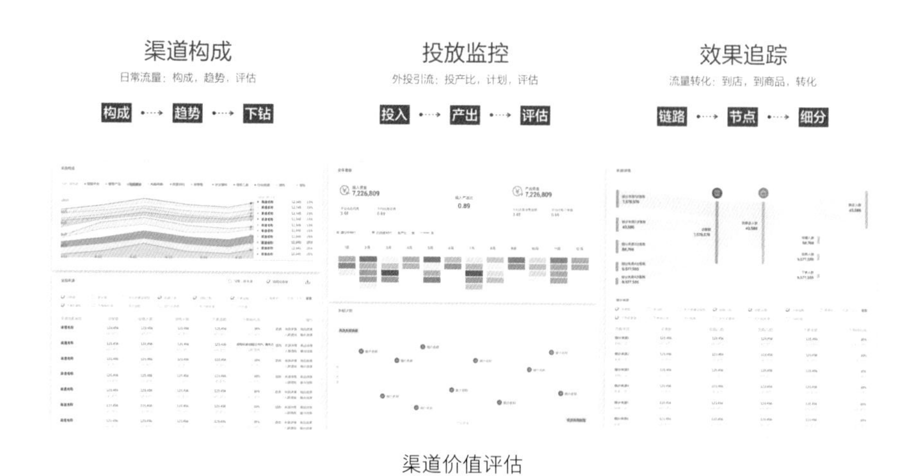

渠道价值评估

消费动线分析方案

在消费者运营中，不同人群的消费转化动线的差异化，是消费者个性化运营的关键。产品中原始数据的平铺展现已无法清晰提炼路径和流转。通过可视化设计重构数据展现，增加人群分层和渠道转化的交叉动线分析，覆盖从流量来源到承接页，到商品转化的全链路消费者流转过程，帮助商家洞察不同人群分层的偏好转化路径，制定“千人千面”的引导营销策略。

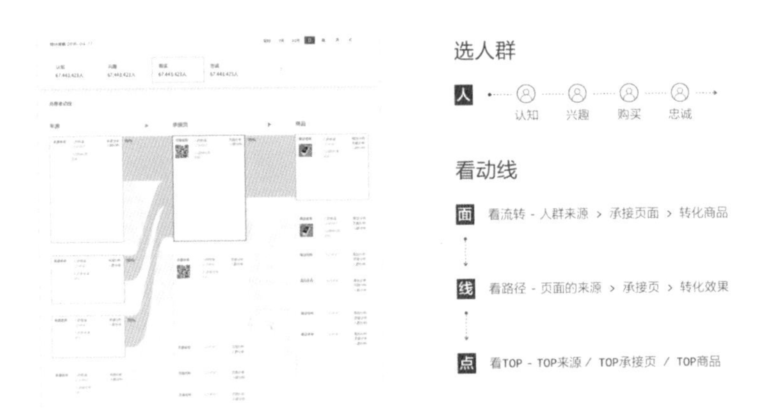

消费者动线分析

在 3.0 产品方案设计中，通过对用户核心分析维度的提炼和数据可视化方案的设计，给商家用户数据分析带来更流畅、更顺滑的体验，带来用户满意度的提升。

6. 方法沉淀——从承接需求到设计驱动

在商业数据产品设计中，往往需要设计师对可视化图表及其适用场景充分理解，将无序的数据组织起来，以分析思路串联，转化为清晰易读的可视化分析界面。通过沉淀可视化组件库，提升效率，赋能产品体验设计。

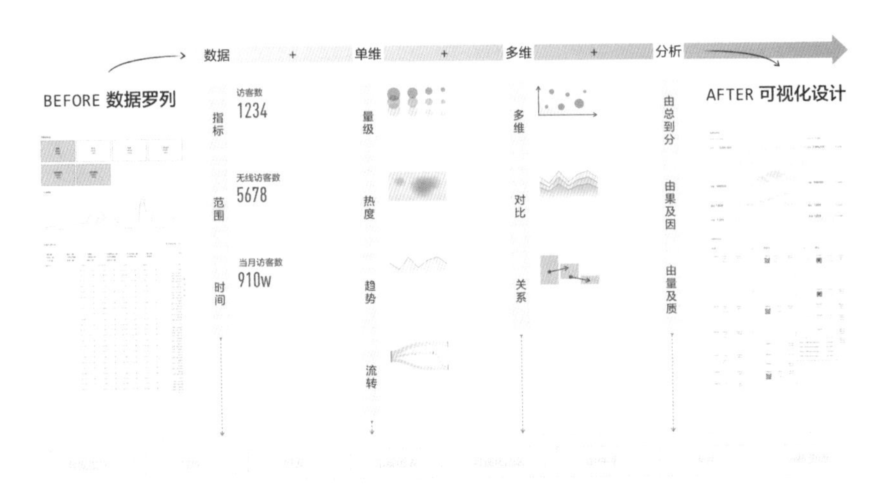

商业数据分析产品的可视化设计沉淀

T 形分析模型

笔者在前文需求挖掘方法中有提及全链路需求挖掘的方法，这就要求设计师更加前置地介入产品初期构思阶段，和业务方共同定义产品方向。提前介入的好处在于设计师对业务的理解会更有深度，更懂用户，就更有利于设计创新，这也对设计师的需求分析能力提出了更高的要求。这个 B 端商业数据分析产品的设计就是运用全链路需求挖掘的方法，在产品设计初期与业务方共同探讨产品目标和设计策略的案例。在此推荐一个很好用的方法——T 形分析模型，为大家提供全链路需求梳理和拆解的详细思路。

T 形分析模型的运用方法如下图所示，由横向链路、纵向思维两个维度的一横一纵构成一个 T 形。

T 形分析模型

T 形模型在运用上仅有简单两步。清晰的横向思维是理清思路的第一步。横向思维就是找到一根线，把所有零碎的需求点串联起来，按照一定的逻辑排列。这个逻辑可以是还原 C 端用户的体验流程，可以是 B 端商业用户的经营步骤，也可以是一套服务体系的服务流程等，都应是有顺序的、完整的一条链路。接下来是一个纵向递进的思维发展，是找到用户痛点、设计机会的重要过程。纵向思维就是在横向主链路理清后，在主流程上的每一个节点或触点下深化，向下递进成一个逐步深化的分支。纵向递进的维度包含不同用户类别在横向链路上各触点的需求、核心用户在各触点的行为、用户在各流程节点的情绪感受、各触点上最大的痛点、各节点上体验优化的机会点、各阶段相对应的设计目标和策略等，都应是与用户紧密相关、依次递进的，逐步引导出最核心的解决方案。

以上述 B 端商业数据分析产品设计为例，在产品需求挖掘阶段，就是运用 T 形分析模型完成了设计推导，构建了一张产品设计蓝图，定义出设计策略。其中，横向链路使用的是商家用户的数据分析思路，圈人－引流－转化分析（简称“圈引转”）。在这个大框架下，纵向分析的层面选用了“行为”“机会”“目标”几个思考维度，层层递进。由横向链路“圈引转”三个节点对应的用户行为挖掘，到对应的设计机会点挖掘，细化得到三个设计目标：消费资产透视、渠道价值评估和消费动线分析，最终决定了后续设计方案的发展方向。

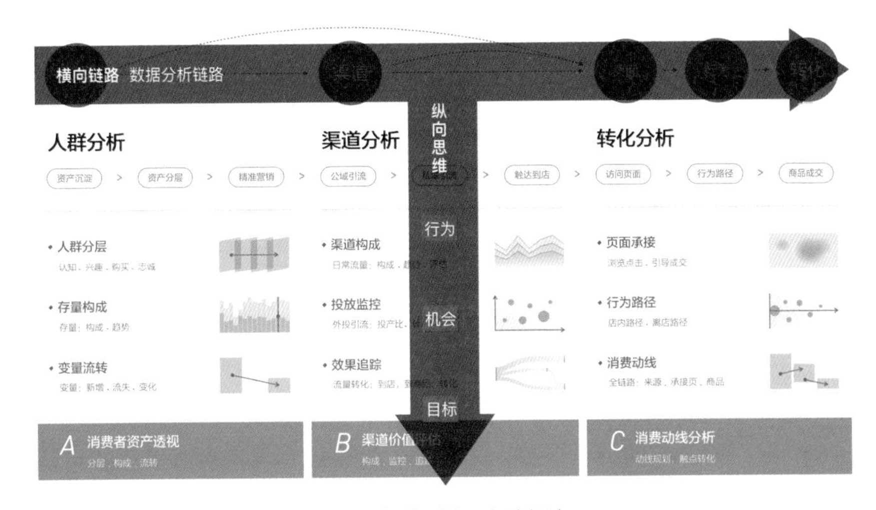

T 形分析模型使用方法解读

CHAPTER

交互原型制作工具

什么是人工智能 /

可穿戴设备 /

智能家居 /

无人驾驶 /

VR、AR、MR/

智能聊天机器人（Chatbot）/

实践案例：多模态智能音箱体验设计 /

未来设计师 /

To be
a user experience designer

俗话说，工欲善其事，必先利其器。作为一名用户体验设计师，在不同的项目需求下，通过合理地运用原型制作工具来表达想法，准确地传达设计理念，清晰地展现设计方案，是设计传达中不可或缺的重要技能。就像视觉（UI）设计师玩转 Photoshop，交互（UE）设计师借助工具熟练制作交互原型一样，不仅大大提高工作效率，还能轻松展示设计方案，降低与各职能角色沟通的成本。

3.1 了解常用原型制作工具

从最早设计师没有多少工具可以选择，大都使用静态原型制作工具 Viso，到如今的 OmniGraffle、Sketch 等，再到富有生命力的动态可交互原型制作工具 Axure、简捷的 Keynote，以及热门的 Pixate Studio、Hype、Quartz Composer（简称 QC）等，原型制作工具如雨后春笋般涌现，为设计师们提供了更多的选择。

如何选择适合的原型制作工具

一款优秀的原型制作工具应该具备易用性和可靠性，新手可从如下角度评估。

- 制作成本：操作方式是否简捷快速，好上手。
- 素材资源：是否有丰富的控件库可高效复用，交互动作和动画资源是否足够丰富。
- 演示效果：原型可达到的保真程度，是否可以生成全局流程或可交互 Demo，移动端产品是否支持移动端演示。
- 系统平台：适用系统——Windows/Mac OS/iOS，适用平台——Android/iOS。

基本来说，一个全面的用户体验设计师需要掌握 3~4 种产品原型制作工具，根据需求选择快速有效的原型展现形式以及相应的制作工具。这里选取了十款常用的原型制作工具，将从工具本身的实用性和设计流程的需求两个维度来对比评估各款工具的优点、缺点及适用场景。

常用原型工具实用性对比

首先是常用原型工具实用性方面的对比，主要从交互性、系统、保真度等维度进行对比分析。具体可参见常用原型制作工具评估表（根据原型产品易用性由易到难排列）。

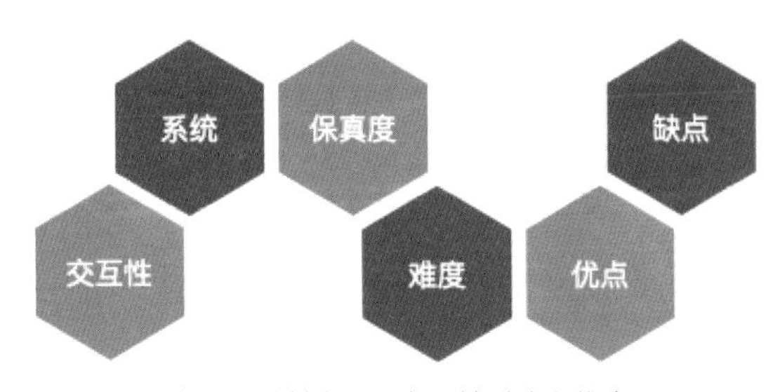

常用原型制作工具实用性对比六维度

工具名称	交互性	系统	保真度	难度	优点	缺点
纸面原型	低，手动交互		低	低	1. 快速原型绘制，随时记录灵感 2 适合多人沟通讨论方案，随时修改记录	保真度低，不精细
Visio (Microsoft)	低，静态原型	Win	中	低	老牌原型制作工具，适合静态低保真原型绘制	1. 静态原型 2. 单系统
OmniGraffle (The Omni Group)	低，静态原型	OS iOS	中	低	1. 有大量模板可以用来快速绘制线框流程图，还可用钢笔工具绘制自定义的模板和图形 2. 所见即所得界面，可自由拖曳的简捷操作方式	不能制作动态可交互原型，在原型展示效果上有一定局限性
Sketch (Bohemian Coding)	低，静态原型	OS iOS	高	低	矢量制图，界面简单易上手，控件丰富，拥有强大的图形编辑和文字渲染能力。可实现版本管理，多尺寸一键导出各种格式的图片	不能编辑位图，为静态原型制作工具，需要搭配其他工具来制作动画
Keynote (Apple)	中，鼠标点击	OS iOS	中	低	1. 傻瓜级工具，极易上手无门槛 2. 原型制作快速、高效	1. 效果少，局限于简单的动效 2. 需鼠标点击操作
Axure (Axure)	高，动态原型	Win/ OS	高	中	1. 学习成本低 2. 界面逻辑关系清晰 3. 可导出实操网页交互原型	1. 不适合移动端交互原型制作 2. 界面复杂、老旧
Pixate Studio (Google)	高，动态原型	Win/ OS	高	中	1. 专为移动端打造的高保真设计软件，支持Apple Watch 2. 适合交互、视觉设计师使用，支持 Windows 和 Mac OS 双平台 3. 学习成本较低，容易上手，不需要任何软件基础、代码 4. 可以进行可用性测试 5. 可以加入一些简单逻辑的判断 6. 被 Google 收购，应该说前景还是不错的	1. 控件库不够丰富 2. 适合做页面层级的动画，不适合做类似形变等复杂细腻的动画 3. 功能还不够完善
Hype3 (Tumult)	高，动态原型	Win/ OS	高	中	1.H5 实现软件，可以完成细腻的动画效果并支持实现原型制作 2. 适合交互、视觉设计师使用，仅支持 Mac OS 平台 3. 学习成本较低，容易上手 4. 可以进行代码编辑	1. 控件库不够丰富 2. 做复杂的动画修改时需要重做 3. 功能还不够完善
QC+Origami (Apple+Facebook)	高，动态原型可手机演示	OS iOS	高	高	1. 还原度高，满足常规交互展现形式及手势，并且可对动画细节做精确调试 2. 可制作模块组件库，便于快速制作 3. 在不同尺寸的苹果产品上均可进行展现（iMac、iPhone、Apple Watch） 4. 部分简单动画可直接生成代码使用 5. 结合 Sketch 使用，在制作中可对图像进行实时修改调整	1. 学习成本较高（原因：无汉化版；非常规制作思维）； 2. 不适合多人协作 3. 交互动效过多时在手机上演示不了
Xcode (Apple)	高，动态原型	OS iOS	高	高	为 iOS 和 Mac OS 开发而设计	复杂的交互需要编程基础
Kite Compositor	高，动态原型可手机演示	OS iOS		中	1. 可以实现复杂的动画和交互 2. 可在 iOS 设备上查看原生动画效果 3. 支持可交互原型	复杂的动效和交互设计需要编程基础
Principle	高，动态原型可手机演示	OS	高	低	1. 上手容易，可快速零代码制作可视化操作原型 2. 支持多端预览，能在 PC 端、移动端演示 Demo，并可以输出高质量 mov 视频	目前支持的动效功能较少，不适合交互比较复杂的动效

常用原型制作工具评估表

如何巧妙地选择原型制作工具

不难发现，在原型制作工具实用性层面上，上页图中的这几款热门产品各有利弊，需要根据设计需求，如保真度、时间排期和平台的要求等来选择事半功倍的辅助工具。因此，设计流程的需求是评估原型制作工具是否适用的另一个重要维度。

需求沟通

需要可以快速表达和沟通的草图

适用原型制作工具：手绘/纸面原型

方案设计

静态多方案设计

适用原型制作工具：Sketch/Visio/OmniGraffle等

动态多方案设计

适用原型制作工具：Keynote/Axure/Kite Compositor等

方案展示

需要更好更清晰地展示设计方案，进行demo演示

适用原型制作工具：Principle/Pisate Studio/QC+Origami等

设计流程与适用原型制作工具

3.2 Keynote

设计小白们看到 Keynote 大概会很惊讶吧，作为 Mac 办公工具里的预装应用，Keynote 一直被当作和 PowerPoint 一样的演示文档来使用。实际上苹果公司在 WWDC 2014 年大会上专门演示了如何使用 Keynote 进行原型设计，详细视频地址可在本节最后查看。Keynote 中的动效广泛应用于文档演示，不是为了原型设计而存在。但作为设计师，依据场景和目的使用不同的表达工具，能有效节约制作时间。

Keynote 诞生于 2003 年，是苹果 Mac OS X 操作系统中演示幻灯片的软件。与 Windows 操作系统中的 PowerPoint 相比，基于内置的 Quartz 等图形技术，Keynote 的表达更加图形化，视觉效果更好，影院品质的动效更多。在苹果官方展示的 Keynote 动效制作的演示视频中可以看到，相当多类似电影开场宣传动画的效果能够由 Keynote 完成。

特点：制作速度快、操作简单。

适用人群和场景：交互设计师（需要快速演示的基础动效）、视觉设计师（需要简单的动效演示，如 H5 页面设计）、产品经理等非设计人员。

不适用场景：高保真原型、表达复杂的网页原型等。

为什么用 Keynote？

Keynote 支持多端预览。演示是设计师使用 Keynote 制作动效最根本的原因，原型可以按照习惯的叙述和展示方式被编排，甚至脱离屏幕之外，还原到实际使用场景。

Keynote 对 Mac 用户来说几乎是学习成本最低的动效处理软件，因而制作速度快。和 PPT 演示文档添加动效时一样，Keynote 将每个动作拆成前、中、后三部分，内置超过 40 种动效，包括部分 3D 动效，支持各种交互的时间控制。你需要做的只是将元素与元素之间的过渡衔接分解和理顺，将对象（图片、单词或字符）和细节串联在一起。值得一提的是神奇移动功能，对象可以连续在几张幻灯片中变换位置、大小、透明度及旋转角度。

Keynote 让设计者更加关注真实细节的交互。Keynote 中 40 种动效的组合能够满足设计师 90% 的需求。Keynote 中傻瓜式动画制作的衔接过程，迫使设计师思考动作在实际使用场景中触发先后的变化顺序和时机。例如，这个字符如何隐藏得更自然，这个控制会不会影响用户的工作流，什么动作能够通过更好的过渡将展示元素带入用户视觉焦点等。

为什么不用 Keynote？

Keynote 不适合做细致的动效研究或整体的逻辑表现。如果你没有演示需求，或者交互表现的页面量大、逻辑性强，Keynote 会让你事倍功半。

Keynote 不适合用于用户测试。和 After Effects 一样，静态展示型应用几乎不可交互，虽然不是完全不可能，但实现成本过高。

如何用好 Keynote？

1. 熟知 Keynote 基础操作，初始化设置

初学者应掌握 Keynote 中基础的图形编辑功能（颜色填充、阴影、模糊、曲线等），这里不做赘述。在正式制作前，可以在右侧“显示或隐藏文稿和音频选项”（最右侧图标）中的“文稿”属性面板中，勾选“幻灯片放映设置”中的“打开时自动播放”和“循环幻灯片放映”复选框，避免在演示过程中动效每演示一遍就会退出播放，需要手动重复播放的情况；并将“演示文稿类型”设置为“自行播放”，设置“延迟”中的“过渡”和“构件”时间为 0，避免演示时动效重复播放之间出现间隔，影响演示效果和观者对动效的判断。

2. 准备切图

任何动效制作软件都需要切图的配合，高保真的演示需先按照预期动效规划视觉元素分组，让视觉设计师提供分组切图和标注，在 Keynote 中还原位置。具备视觉能力的交互设计师可以打开 Sketch、Photoshop 等软件，配合使用。Sketch 中的图册可以直接通过快捷键 Command+C 和 Command+V 粘贴到 Keynote 中，无须导出。

3. 学会与 Sketch 等图形软件配合使用，统一尺寸单位

Keynote 与 Sketch 之间的配合并不是完全无缝和联动的，如果要做较高保真的动效展示，需要明确 Sketch 中各元素的相对位置，才能在 Keynote 制作动效时较好还原。不同软件开始配合前，应当确保基础尺寸单位一致，如将单位设置成通用的像素单位 pt，这样可以在对照和沟通时避免麻烦的换算，节约时间。

应用案例

目标：制作启动动效。

Keynote 的动效制作区域位于面板右侧的属性区域——第 2 个图标“显示或隐藏动画选项”中。在未选择任何图层的情况下，可以对整张幻灯片的转场切换进行动效设置；选中某一元素，则可以对其进行单一动效设置。在有需要的情况下，可以在“文稿”属性面板中设置幻灯片主题、放映设置、尺寸、背景音等。

最终效果：登录时，启动页 Logo 向上移动后出现登录和注册入口。

1. 准备切图

将页面的各变化状态按照前、中、后在 Sketch 中制作好，并进行分组，如登录文字和背景按键为一组。

2. 制作变化前的样式

在 Keynote 中新建文档，将“文稿”属性面板中的幻灯片大小设置为和 Sketch 中手机界面尺寸一样大的 750 × 1334（iPhone 6 的屏幕分辨率）。在“幻灯片布局”中，单击“背景”下拉箭头，出现背景颜色编辑入口。选择调色板中的吸管工具，吸取 Sketch 文件中的手机背景颜色（操作过程中需要将两款软件并排平铺在屏幕上）。再复制 Sketch 文件中的 Logo 图层，将其粘贴到 Keynote 中，调整相对位置：选中 Keynote 中的 Logo，查看右侧“排列”属性面板中“大小”和“位置”的数值，与 Sketch 中的“Size”和“Position”的数值分别一致，达到 100% 还原。

制作变化前的样式

3. 制作变化后的样式

用上一步中的方法，在 Keynote 中新建幻灯片，将 Sketch 中变化后的背景图、按键等页面元素粘贴进来，并调整大小和位置。使用“形状”工具插入矩形，将其大小调整为和幻灯片大小一致的 750 × 1334，位置的 *X* 轴和 *Y* 轴均设置为 0。填充颜色为黑色，“不透明度”设置为 70%，覆盖在背景图上作为蒙版。需要注意的是，两个按钮可以成组，在制作蒙版前选择右键快捷菜单中的“移到顶层”命令，避免被蒙版覆盖。

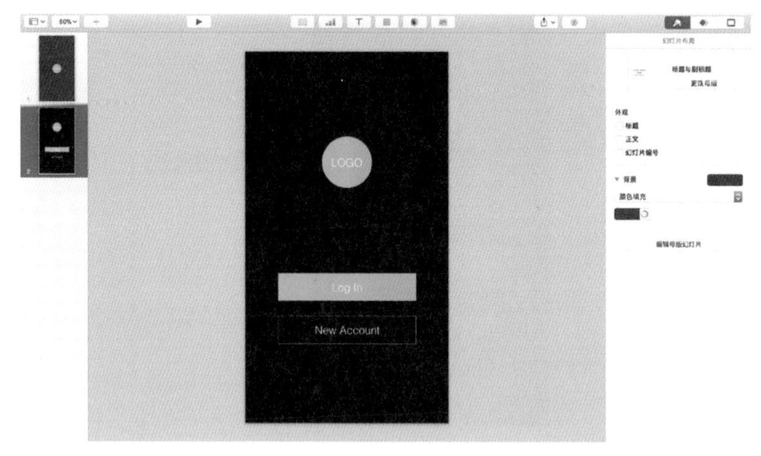

制作变化后的样式

4. 添加动效

在第 1 张幻灯片中添加“神奇移动”效果，设置时间为 1s，为启动页加载的时间。在第 2 张幻灯片中，依次选中背景图、蒙版和按键层，设置“动画效果”工具的“构件出现”效果为“渐隐渐现”，持续时间为 0.5 秒。

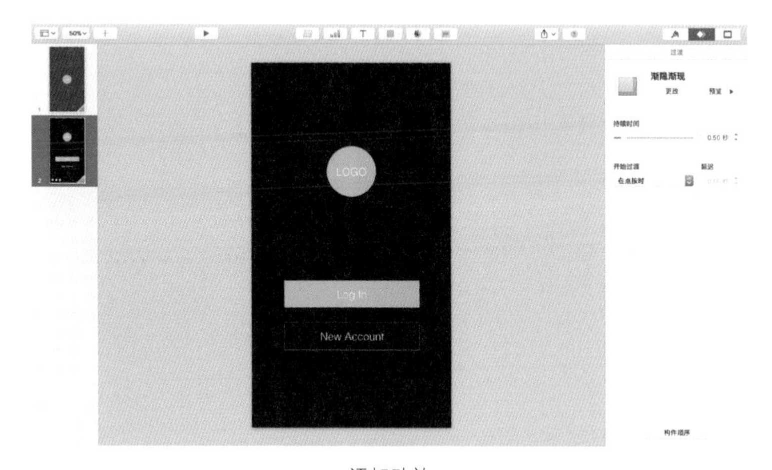

添加动效

5. 整体动效顺序调整

单击“构件出现”属性面板中的“构件顺序”按钮，可以看到之前设置过该动效的图层。第 1 个图层的“起始”选择“过渡之后”,“延迟”为 0 秒；第 2 个图层的“起始”选择“与构件 1 一起”，“延迟”为 0 秒。同理，设置剩下的图层。至此简单的启动转场动效便制作完成了。

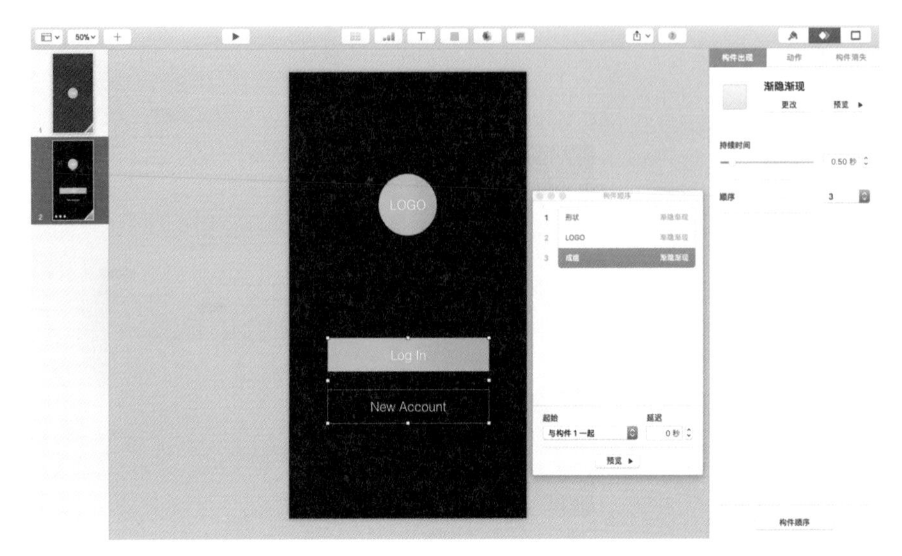

整体动效顺序调整

学习资源

官网教程

https://developer.apple.com/videos/play/wwdc2014-223/

3.3 Sketch

Sketch 是一款推出于 2010 年的矢量作图工具，其开发商 Bohemian Coding 是一个成立于 2008 年，专注于开发 Mac 软件的小团队。Bohemian Coding 在成立初期是一个一人公司（One Man Company），创始人 Pieter Omvlee 利用大学课余时间开发制作设计精良又好用的 Mac 应用，奠定了公司专注产品、高效务实的基础。虽然小团队的产品难免有瑕疵，但依然抵挡不了“挑剔”的设计师们对它的喜爱，Sketch 2 在 2012 年获得当年的苹果设计奖。

特点：设计覆盖面广，高保真原型制作，可直接生成可开发的素材文档。

适用人群和场景：有精细化设计需求的设计师（交互设计师、视觉设计师、前端开发工程师等）、承担多重角色的设计师（如身兼交互设计的视觉设计师）、设计团队。

不适用场景：快速出图的交互设计、复杂的网页设计。

为什么用 Sketch？

Sketch 诞生在各种设计工具爆发式出现的时代，它们相互之间形成稳定的生态系统。Sketch 作为新生代的一员可以自由导入与导出各种格式的文档，并对其进行编辑，连接其他动效制作、开发软件。

Sketch 是协作软件。BAT 的设计团队已经开始普及 Sketch 了，它的真正威力在于其通用能力和协作能力。对于身兼数职的设计师，Sketch 可以方便地覆盖从交互设计到视觉化制作整个设计过程。你需要做的只有拖曳，无须费力地用 Photoshop 表现逻辑，或者在交互稿的基础上重新作图。对于设计团队，视觉设计师可以在精致的交互稿上同步修改，并快速生成标注好的文件和开发素材，一键导出多尺寸设计，提高团队合作效率。

Sketch 适合精细化设计，尤其是微交互设计。移动端小界面的细节和动效推敲，往往需要关注按钮大小、点击区域、栏高、间距、字体大小等，无论研究、制作还是测试，都需要像素级的支持，更何况 Sketch 还提供了各种尺寸的设计模板和持续开源的高设计感的组件库、扩展插件。

Sketch 适合“视觉动物”。得益于像素级的表现，符合苹果风格的组件配色，即使是强调逻辑的交互设计，Sketch 也绝对能让有“洁癖”的设计师欲罢不能。

为什么不用 Sketch？

Sketch 只适用于 Mac 端。从 Bohemian Coding 的 Twitter 及官方博客来看，暂时没有做其他平台的打算。虽然大多数设计师都喜欢使用苹果系统，但 Sketch 暂时无法满足多端操作需求。

Sketch 不适合非设计师使用。Sketch 作为 Axure 和 Photoshop 之间的中间产品更偏向于后者，精致的产出、复杂的图层，都会让一个产品经理陷入他本不应该纠结的怪圈之中。

Sketch 不适合逻辑复杂的网页设计。相较于 Axure，Sketch 没有层次分明的目录结构，近似 Photoshop 的强图层特性让交互设计的过程变得更加烦琐；文件夹与文件夹之间相对封闭，逻辑关系表现复杂；导出过程麻烦，导出图片文件过大。如此来看，Sketch 并不适合交互设计师，尤其是那些非设计背景的交互设计师。

Sketch 不适合单独的交互交接。 试想一下从其他设计师手中接过来的交互设计，每个文字、线框都是由单一图层的元素构成的，即使成组，修改起来也相当烦琐。

如何用好 Sketch？

1. 视觉要求

Sketch 是一款协作软件，无论交互与视觉协作，还是端上设计产出，都要求交互设计师作图时考虑得更加细致，深入微交互层面。需要和视觉设计师提前沟通好的细节可能包括：画布尺寸（即被设计端具体的界面长宽像素）、栅格断点（页面内切割的网线，特别是在做响应式设计时，应提前考虑不同分辨率下的响应式效果）、按钮大小和状态（文字、图标或按钮可点击区域，正常、悬停、点击、禁用等情况下的状态）。

2. 管理好图层

视觉设计师通常会抱怨从其他人手中接过来的源文件图层管理混乱，找不到对应的图标，需要花费精力重新整理。同样，由于 Sketch 自带协作基因，因而在团队中，你的文件必然需要能够被其他人使用。管理好图层是自我管理，也是具有合作精神的企业人必备的基础素质。

3. 尝试用 Sketch 做组件库

平台型产品保持设计一致性的基础是交互和视觉规范，如 Google Material Design。

而最快最有效的统一设计的方式是输出可被其他产品团队直接使用的组件，这也是大团队竭力推行 Sketch 的原因之一。

交互设计使用技巧

目标：掌握交互设计使用 Sketch 的要点。

如前文所述，Sketch 在视觉设计上的优势更胜于交互设计，它对于交互设计的价值在于团队协作和高保真设计，它与其他软件的快速衔接是其他软件无法比拟的，因而交互设计需要掌握的不是图形制作案例而是使用技巧，不是单一软件的制作而是与其他软件的协作。

Sketch 的软件界面简单到只有六大块：菜单栏、工具栏（添加工具、编辑工具、导出等）、页面区（不同于 Axure 的树状页面目录，Sketch 为平级页面结构）、图层区（类似 Photoshop 的图层）、画布区（主要画图区域）和图层编辑区（所有与文字、图形相关的编辑工作都在这里进行）。

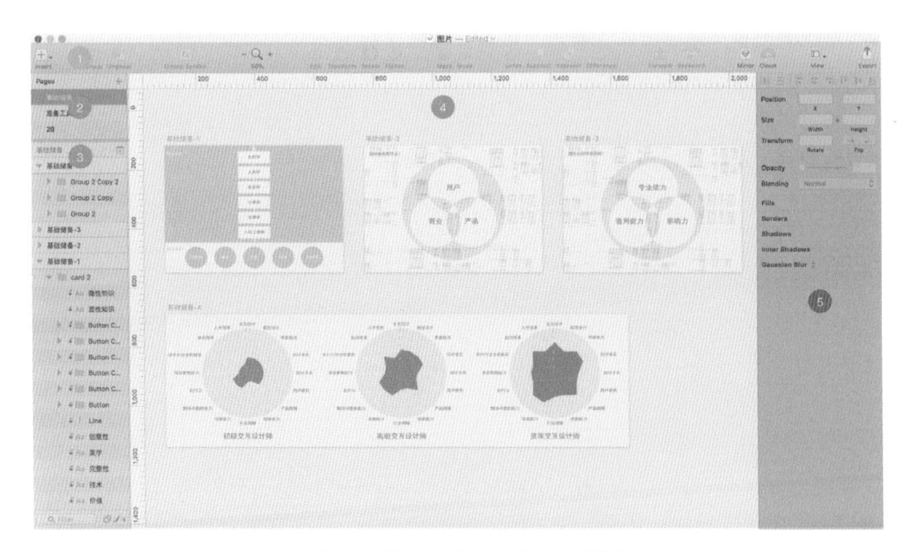

1.工具栏　2.页面区　3.图层区　4.画布区　5.图层编辑区

导入和生成模板。简单到类似 PPT 和 Axure，交互设计使用 Sketch 的基础动作就是拖曳 + 编辑，你所需要掌握的仅仅是，牢记“文件”下的导入模板、生成模板和共享式样功能，否则不能重复使用，散布的单一图层将会降低工作效率。Sketch 按照终端设置好了几种设计常用尺寸：iOS、Mac、Web 等，拖入即可快速开始设计。此外，越来越多的设计师正在为它提供精美的资源。当完成基础模块的设计之后，与视觉设计师一起制作基础规范并生成模板，作为可复制、统一品牌的设计基因。在设计过程中，可重复使用的元素分为三种：符号、共享图层式样和共享文字式样。符号是针对一个图层组的复用，比如导航或某个按钮；共享图层式样仅仅针对图形，如使用统一填充和边框、阴影和模糊；共享文字式样类似论文排版，用来保持文字字体、字号、颜色的一致性。所有这些符号和式样可以在共享列表中进行统一管理。

一键输出图层。 Sketch 的一键输出画布和图层功能与其他动效软件（Quartz Composer、Principle、Zeplin，甚至 Keynote）配合通常可以达到双剑合璧的效果，我们将在动效制作软件中进行普及。

几乎可以预测，在使用 Sketch 的过程中，你将会对视觉设计产生越来越浓厚的兴趣，时不时地尝试创作，你需要拓展的便是图形制作技巧了。

学习资源

- Sketch 官网

http://www.sketchcn.com

- Sketch 社区（涵盖软件、教程、素材、插件下载）

http：//www.sketchs.cn

- 推荐书籍

《动静之美：Sketch 移动 UI 与交互动效设计详解》

3.4 Axure RP

Axure RP 是 Axure Rapid Prototyping 的缩写，意为专业快速原型制作工具，是美国 Axure Software Solution 公司的旗舰产品。

特点：快、简单。

适用人群和场景：商业分析师、信息结构师、可用性专家、产品经理、IT 咨询师、用户体验设计师、交互设计师、界面设计师、架构师、程序开发工程师等所有想要快速画出产出想法的人，网页或桌面客户端设计、用户验证。

不适用场景：高保真精细化设计、移动端动效设计。

为什么用 Axure？

作为普及程度最高的原型制作工具，Axure 的上手程度近似大家熟悉的 PPT 或 Keynote。极低的学习成本和可扩展的部件库、效果库让 Axure 无论在人群的覆盖范围上，还是交互设计师个人专业化路径上，都能占据重要一席。

Axure 是创意软件。灵感产出需要速度，Axure 可以在最短时间内表现产品功能点分布、布局、跳转逻辑，表达设计思路。没有什么比利用 Axure 制作 PRD（产品需求文档）更快捷的了。

Axure 是沟通软件。产品经理、前端开发工程师、服务端开发工程师及测试人员不必翻看 MRD（市场需求文档），便可以快速直观了解整体业务逻辑和表现，逆推服务端功能与接口设计，写出测试用例。在交互讨论过程中，Axure 可以随时对原型进行快速修改，推进设计。在设计完成后，Axure 可以快速做出可交互文件，进行用户验证。

为什么不用 Axure？

Axure 不适合做复杂的动效设计。不是不能，就像用筷子夹鸡蛋，等到做成的时候黄花菜都凉了。强调动效、设计感而逻辑性不强的原型设计可选择其他工具代替。

Axure 不适合进行移动端交互模拟。Axure 软件在设计上一直没有重视移动端的应用需求。移动端页面小而特殊情况多，为防止过长而烦琐的菜单造成理解与沟通不便，多数设计师在制作 App 原型时，通常会将一个功能模块，甚至整个 App 的页面放在 Axure 的一个页面层级上来说明交互逻辑。

Axure 不适合视觉强迫症。Axure 适合以网页格式浏览，而导出的图片格式分辨率不佳，软件内的配色并不能满足多数设计出身的交互设计师。

如何用好 Axure？

1. 尝试用 Axure 做产品需求管理

Axure 的站点地图可以很好地展现产品的层次结构，方便设计师随时梳理、查阅与更新需求变更，并一次传递给项目其他角色成员。

2. 尝试用 Axure 做设计管理

对于多人设计项目来说，Axure 的共享协作功能类似于集成开发环境，可以将需求拆分成多个模块，每个模块尽量保证有单独的描述，不同设计人员制作不同分支，最终共享集成验证。一个设计师不可能永远跟进一个项目，对更新信息、版本功能重点、任务流程、控件、内容信息、特殊情况等交互细节的记录和规范进行整理，既是设计师的自我修养，也是降低沟通难度的有效方式。

利用 Axure 站点地图做设计管理

3. 清楚地表达设计

制作原型的目的是让项目组其他人员正确并完整地理解设计，领会要点并赏心悦目。完整的原型设计需要在站点地图中涵盖更新记录、全局框架说明、主要流程说明、主要交互说明、控件说明，表现主要功能模块；重视色彩运用，对于交接给视觉设计师与开发、测试人员的原型，需减少页面中的视觉干扰（如彩色图片等），借用颜色深浅突出重点，标注信息的颜色突出，不与页面主题颜色重叠。

经典案例：滚动网站

目标：制作可自动向下翻滚或点击翻滚背景图的网站首页。

Axure 的软件界面分为九大块：菜单栏、工具栏（文字、尺寸等设置和快捷操作）、站点地图（树状结构页面管理）、部件区域（要做的就是拖曳）、母版区域（实现更改一个模板而相关模板同时更改）、页面编辑区域（主要画图区域）、页面交互区域（页面样式与交互设置）、部件属性区域（部件样式与交互设置）和动态面板区域（动态面板的可视与隐藏设置）。

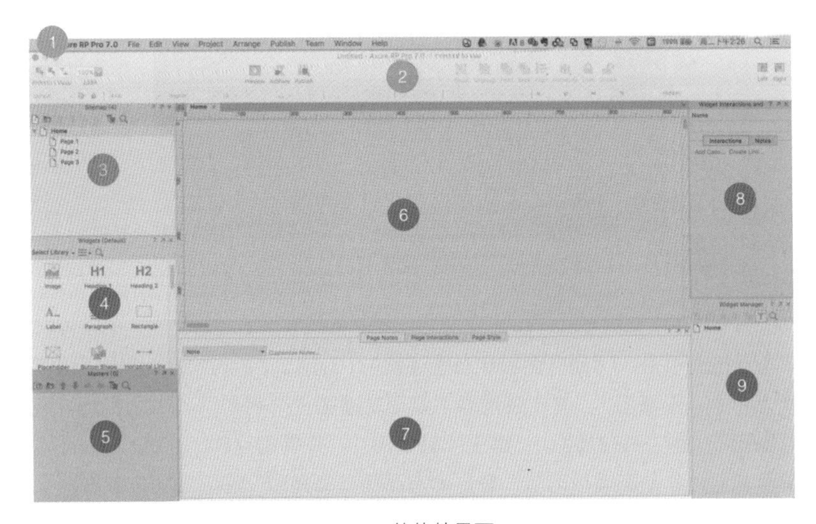

Axure 的软件界面

最终效果：背景图片的轮播由动态面板实现，其他静态功能入口位于动态面板上方。

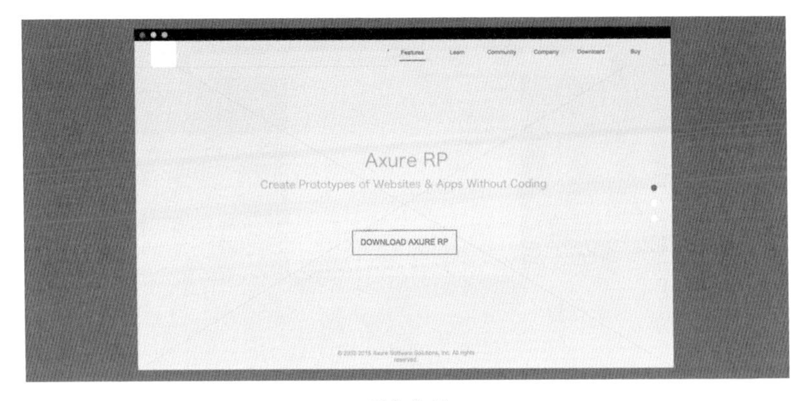

最终效果

1. 从“部件库”（Widgets）中将“动态面板”（Dynamic Panel）拖曳至“页面编辑区域”，设置尺寸为 1440 × 860，动态面板区域便是图片轮播区域。将页面剩余静态元素画于动态面板上，图片以占位符代替，使用亮色突出重要操作。

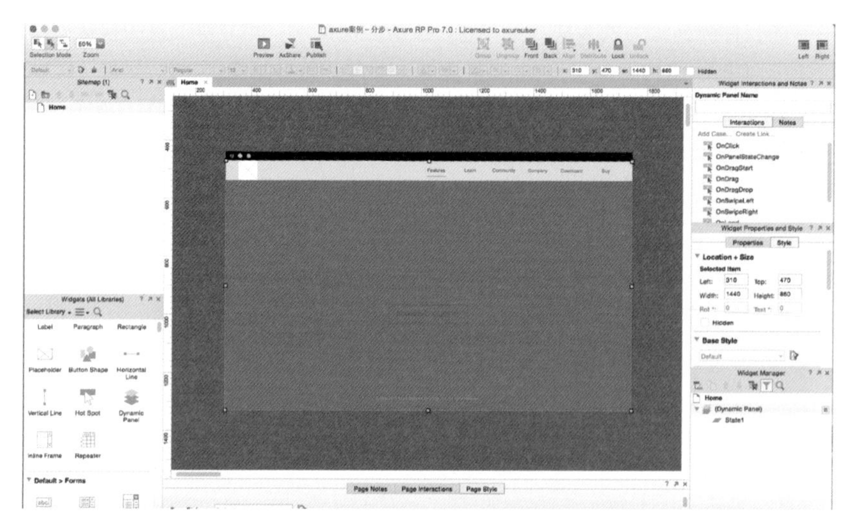

将动态面板拖入“页面编辑区域”

2. 双击动态面板进入“动态面板状态管理器”（Dynamic Panel State Manager），将其命名为“轮播图”，并在管理器下赋予轮播图三个状态，分别命名为“第一张轮播图”“第二张轮播图”“第三张轮播图”，并单击“OK”按钮。此时可以在页面右下角“动态面板区域”看到动态面板“轮播图”和它的三个状态。

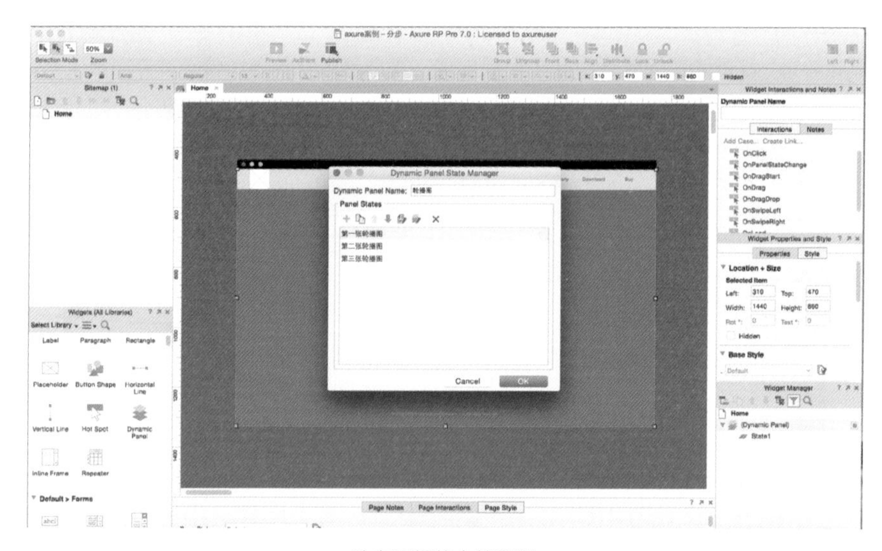

动态面板状态管理器

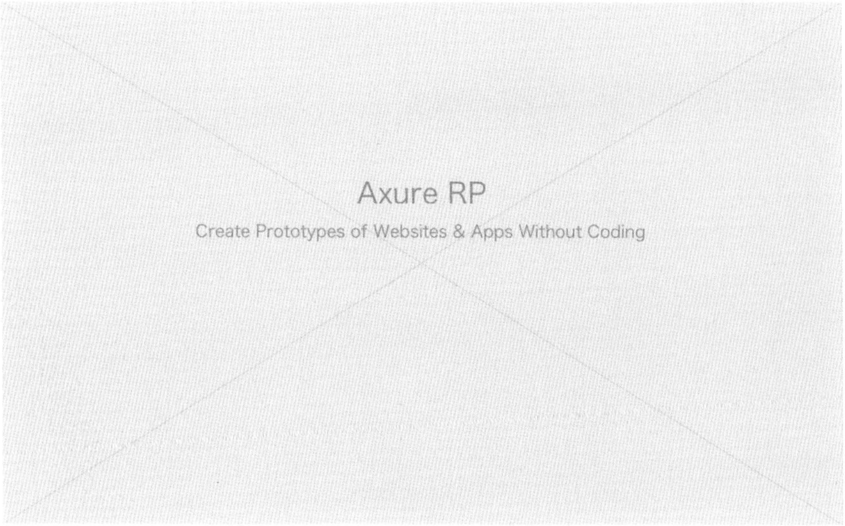

Axure RP

Create Prototypes of Websites & Apps Without Coding

第一张轮播图

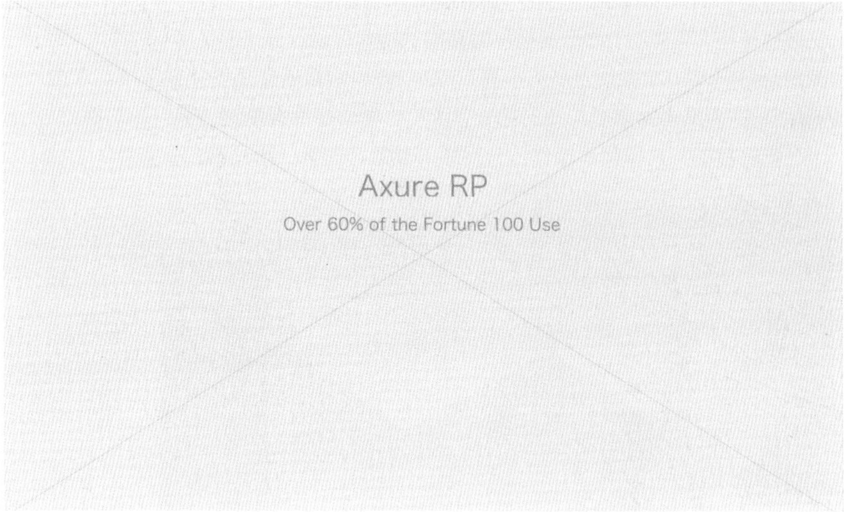

Axure RP

Over 60% of the Fortune 100 Use

第二张轮播图

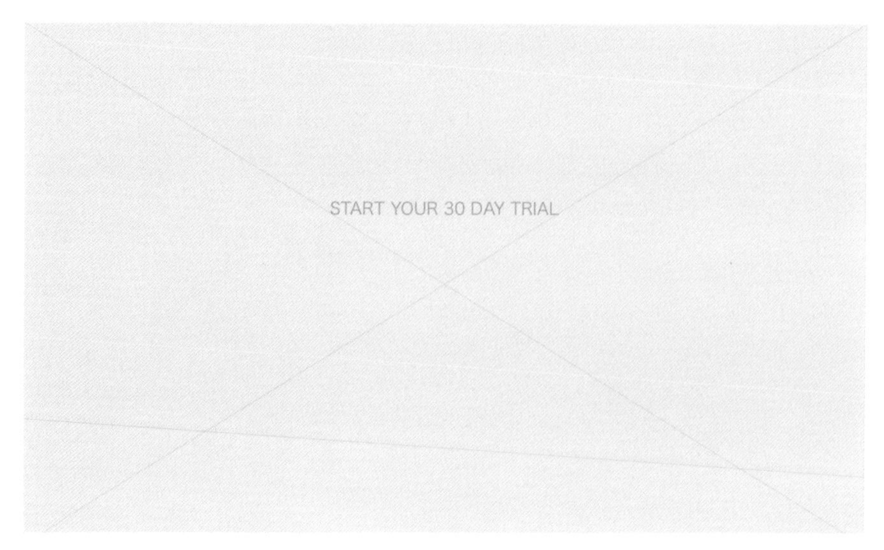

第三张轮播图

3. 双击动态面板区域中的“第一张轮播图”，开始对其进行编辑，页面中框出的区域便是与“轮播图”动态面板尺寸相同的操作区域。从“部件库”中拖入“图片”（Image）部件，并调整其大小为 1440 × 860，放置于轮播图操作区域。双击“图片”，加入准备好需要轮播的第一张图片。在动态面板中对“第二张轮播图”“第三张轮播图”执行相同操作，分别加入准备好的第二张、第三张图片。

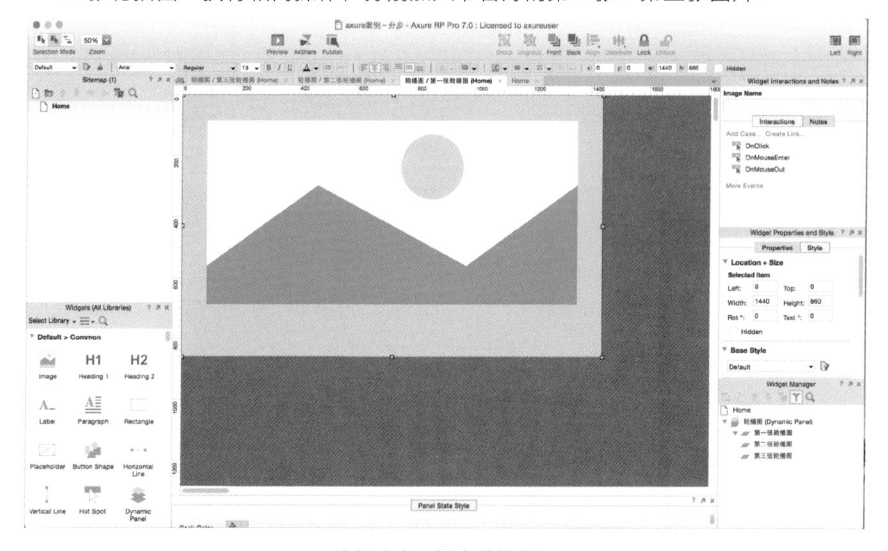

编辑动态面板中的轮播图

4. 在“第一张轮播图”中绘制三个圆点，将这三个圆点分别复制到“第二张轮播图”“第三张轮播图”中，查看是否处于页面同一位置。分别将三张图中的应该亮起的那个圆点的颜色设置成红色。

5. 准备工作就绪，回到 Home 页面，制作自动轮播。单击“轮播图”动态面板，在右侧“部件属性区域”的“交互动作”（Interactions）中双击“加载中”（OnLoad），进入“事件编辑器”（Case Editor）。单击“设置动态面板状态”（Set Panel State），勾选“轮播图”配置动作。在“配置动作”操作区域，选择状态为“Next”，勾选“从最后一个到第一个循环”（Wrap from last to first）复选框，并将间隔时间设置为 5000 毫秒，单击“OK”按钮。单击工具栏中的“预览”（Preview）按钮，便能看到图片以 5000 毫秒为间隔自动轮播了。

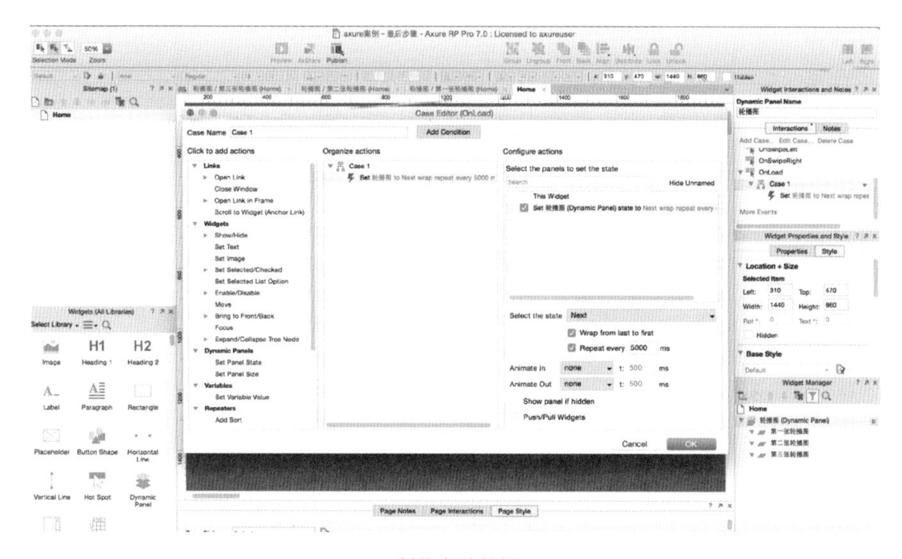

制作自动轮播

6. 设置单击切换。进入“第一张轮播图”，单击第一个圆点，在右侧“部件属性区域”的“交互动作”中双击“单击”（Onclick），进入“事件编辑器”。具体操作如下：

- 单击“设置动态面板状态”，勾选“轮播图”，选择状态为“第一张轮播图”。
- 单击“等待”（Wait）按钮，设置时间为 2000 毫秒，单击后图片将在 2000 毫秒时切换到相应页面。
- 单击“设置动态面板状态”，勾选“轮播图”配置动作。在“配置动作”操作区域，选择状态为“Next”，勾选“从最后一个到第一个循环”复选框，并将间隔时间设置为 5000 毫秒，单击“OK”按钮。

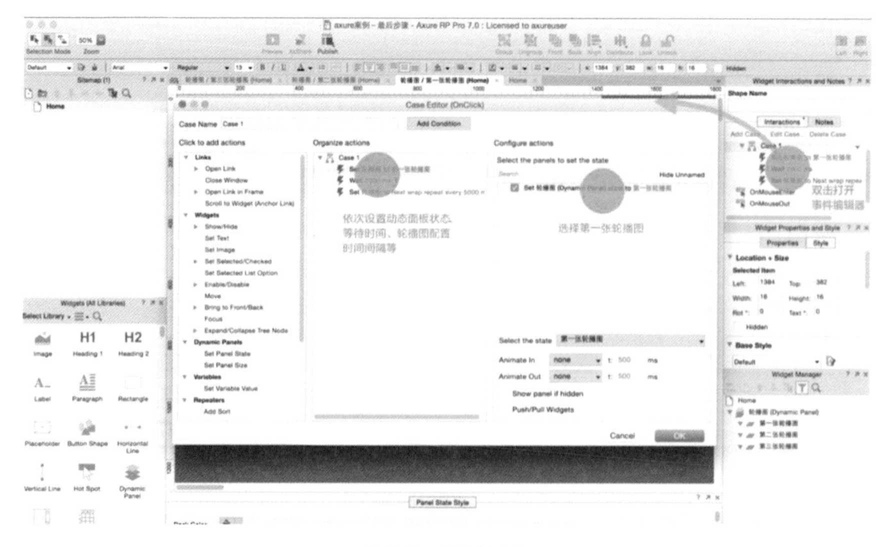

编辑第一张轮播图

继续给第二个、第三个点以相同设置。不同的是，在第一步选择状态分别为“第二张轮播图”和“第三张轮播图”。完成第一张轮播图所有点的设置后，对其余两张轮播图上的点进行相同设置。单击轮播效果制作完成。

轮播图做完后，可尝试利用部件属性区域，设置各可单击控件的鼠标滑过状态。

拓展阅读

《Axure RP 7 原型设计精髓》

3.5 Origami

了解 Origami 之前得先知道 Quartz Composer。Quartz Composer 是由 Facebook 推出的苹果 Xcode 开发工具包中的一个重要程序，帮助开发者合成拥有丰富视觉动效的动画。无须编写代码，只要将 Quartz Composer 提供的各种功能封装好的代码模块进行连接和组装，就可以输出可交互的动画了。项目设计中，将功能模块的连接方式、详细参数告知工程师，就可以用 Xcode 转化为对应的实现代码，既保证了实际产品与设计的一致性，又节省了开发时间。

从产品定位可知，为开发者设计的工具对设计师来说门槛较高，效率低下。2014 年，随着 Facebook 拥有华丽界面和动效的应用 Paper 的面世，Facebook 设计师们所使用的自行开发的 Quartz Compser 插件 Origami 火了。作为动效合成工具，Origami 降低了设计师制作动效的门槛。在不写一行代码的前提下完成复杂动画的合成和编辑，让 Quartz Composer 的操作变得更加友好。

当然，在 2018 年的 Facebook F8 大会上发布的 Origami Studio 已经脱离 Quartz Composer，成为了独立的 Mac 应用。其界面交互更加可视化，并增加了与 Sketch 的无缝链接、基础接口（如摄像头功能、高斯模糊）和非常实用的 iOS、Material 预置图层，使用逻辑上与 Sketch 更加一致，上手难度再次降低。但 Origami 中导出代码的能力被舍弃，官方解释为此功能本身适用范围有限（无法导出 iOS 直接可用的代码），正在寻求更好的方式。

特点：精细化原型制作，可直接生成可开发的代码。

适用人群和场景：交互设计师（尤其是桌面端和移动端交互设计师）、动效设计师、视觉设计师。

不适用场景：不需要推敲元素交互的设计、网页设计。

为什么用 Origami？

Instagram、Paper、Messenger、Slingshot、Rooms、Groups 等都是借助 Origami 而设计的，使用它们，便可直观感受到 Origami 在精细化动效设计上的优势。

Origami 是协作软件。Quartz Composer 和 Origami 是图形化编程软件，需要与 Photoshop、Sketch 之类的绘图软件配合使用。在与视觉设计师配合时，Origami 可以在图层、Sketch 或 Photoshop 文件中构建动态链接，同步 Sketch 上更新的静态素材。在与开发工程师配合时，Origami 可以导出原型部分代码，一键将动画参数分端导出给工程师参考，以达到开发完全还原，再也不会因为工程师“怕麻烦”而无法测试基础动效。

Origami 是可交互动效软件。与 After Effects、Flash 等静态动效、视频制作软件不同，Origami 的产出是可使用的交互设计。一方面，Origami 提供了大量免费、开源的动画库（自带生成的代码片段），保证跨平台的一致性，降低了普通设计师制作动效的门槛；另一方面，除了移动端的点击、长按、拖曳等常用动效，Origami 还支持桌面端和网站文本输入、光标设置、Facetime 相机、OS X 拖放手势和网页响应式布局，简直无所不能。

Origami 适合视觉动物和动效创意者。没有“洁癖”的设计师很难克服从熟练使用 Sketch 和 Quartz Composer 中带来的操作习惯。屏保解锁、立体感互动等局部的微设计才更适合使用 Origami 来操作。

为什么不用 Origami ?

为什么不用 Origami 的原因几乎与不用 Sketch 的原因一样。

Quartz Composer 和 Origami 只适用于 Mac 端，支持 10.8 以上的 OS X 系统和 Retina 显示器。和 Sketch 等新兴设计工具一样，使用 Origami 的第一步是拥有一台 Mac 电脑。面对设计师几乎人手一台 Mac 电脑的现状，Quartz Composer 和 Origami 没有开发其他系统端的必要。此外，把 Quartz Composer 生成的动效移植成 iOS 代码的能力还不太成熟。

Quartz Composer 和 Origami 不适合普通网页设计。Origami 的学习曲线很陡，即不易上手。与同样能够覆盖到基础网页交互的“傻瓜”Axure 甚至 PPT 相比，非响应式非动效型网页设计根本不需要劳驾烧脑的 Origami。

如何用好 Origami ?

1. 适应模块

Quartz Composer 和 Origami 的上手体验就像一个习惯了正常线性、树状层级思维和所见即所得产品的人，第一次使用 Rhino（空间建模软件）一样感到别扭，埋了一堆的逻辑线和字块，最后居然生成了模型。这过度考验想象力。Quartz Composer

有 400 多个模块，每个模块实现一个小功能，使用的过程就是将这些模块像积木一样拼装在一起。Origami 提供了 24 个基础模块，分为静态显示类、交互触发类、交互响应类和其他类型。

2. 尝试“飞”

在上手之后可以对一些选项进行精细调整，比如对于手势、动效曲线、拖动距离的推敲，因为在这之前与静态页面设计相关的交互设计已经基本完成了。设计师需要具有研究精神和对基础物理认知的好奇心，否则 Origami 的使用意义不大。Origami 相关网站上开源的动效库越来越多，动效设计的门槛越来越低。

3. 联动和导出（新发布的 Origami Studio 自带 Sketch 联动，但取消了代码导出功能）

在项目协作过程中，上游设计的 Sketch 添加“Export for Origami”等插件后，可一键以文件夹形式导出，并实现 Sketch 再次更新导出后与 Origami 同步，因此 Sketch 中的图层分解规划将影响 Origami Studio 的动效设定。为保证稳定性，建议使用相同的文件名和路径。

4. 录屏和分享

Origami Studio 的预览区具备录屏功能，可以录制并剪辑操作视频，将视频展示给其他同事，还可以将 Origami 文件分享给朋友和用户。

应用案例

目标：制作聊天界面中的点击并查看图片动效。

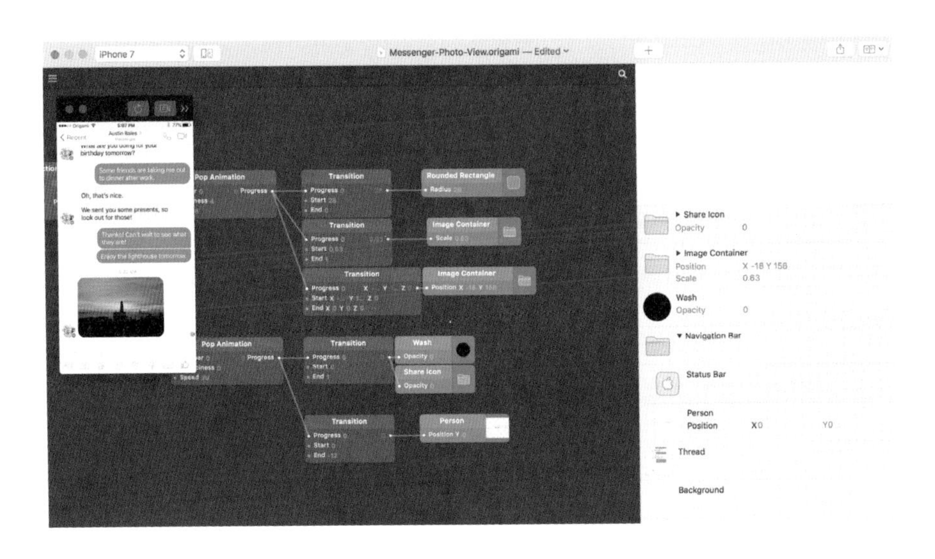

如果你是 Origami 新手且不急于使用导出代码功能，直接在 Mac 电脑上安装 Origami Studio，放弃 Quartz Composer 吧。与 Origami 一样，Origami Studio 的基础元素是 Patch（模块），通过连接不同的模块使导入的图片相互之间可以交互。操作界面和 Sketch 一样简洁，由主操作区、图层区（可直接复制粘贴 Sketch 中的图层并同步）、编辑区（编辑动效模板）和预览区（测试原型）组成。

最终效果：在聊天界面中，点击图片后放大查看原图。再次点击图片查看器中的图片，原图缩回至聊天界面原位置，过渡自然。

1. 导入图层

将 Sketch 中的交互图按照可交互元素编好组（涉及动效细节可能需要对交互图进行补充，如同一个按键的悬停、点击状态），复制到 Origami Studio 的图层中（分组后的图层在 Origami Studio 中会变成一个整体的切片），或者直接导入视觉切图。

2. 设定动作

每个图层上鼠标悬停后都有一个“Touch”按钮，点击之后可选择点按、上滑、下滑、双击、长按等交互动作。选中可点按图片所在的图层，并选择 Tap（点按）行为，便在编辑区中添加了一个 Interaction Patch（交互模块）。若要设定点击之后只有一次变化并维持，则需要在交互之后添加 Switch 模块，连接 Tap 与 Flip，否则每次点击动效将重复。

3. 添加点击图片放大效果

Origami Studio 提供了 Pop Animation（流行动效）、Classic Animation（经典动效）和 Repeating Animation（重复型动效）等动画模块选项，位于菜单栏模块中。将 Switch 模块中的“On/Off”点按开关与 Pop Animation 相连接，以添加动效。图片在点击之后的变化可以分解为尺寸变化、位置变化和圆角变化，因此需要为动效产生的变化结果添加三个 Transition 模块。为第一个模块设置尺寸，Start 值（点击前的数值）为 0.63，End 值（点击后的数值）为 1，并将初始数值与图片容器图层组相连接。为第二个模块设置位置，Start X、Y、Z 数值分别为 -18、158、0，与图片容器图层组连接，End 值分别为 0、0、0。为第三个模块设置容器圆角，Start 圆角值为 28，与矩形容器图层连接，End 值为 0。由此，图片在界面上点击后可全屏显示，再次点击则还原。

4. 添加点击背景变化效果

再次添加 Pop Animation，动效产生的背景变化结果可以分解为底色、分享符号的出现和顶导航上移，因此需要添加两个 Transition 模块连接进程。第一个模块设置底色变化，连接 Wash 图层和分享符号图层，Start 值为 0，表示不显示，End 值为 1，表示保持原样不变。第二个模块设置顶导航上移，连接 Person 图层，点击前为原位置，点击后数值为 -12。交互制作完成。

学习资源

- Origami 官网
  https：//origami.design
- Origami 论坛
  Origami Community 为 Origami Studio 在 Facebook 上的官方群组，有工作人员进行解答
- 推荐书籍
  Learning Quartz Composer：A Hands-On Guide to Creating Motion Graphics with Quartz Composer

3.6 纸面原型

纸面原型（paper prototyping），就是画在纸上、白板上的设计原型、示意图，把系统的功能逻辑与流程通过在纸张上手绘，裁剪并拼凑成界面，以可视化的形式展现给用户，用于沟通、测试、发现问题，属于低保真原型。它广泛应用于设计、测试，以及改善用户界面方面，特别是在测试产品的整个概念和流程方面有很大价值。

特点：低成本，易于修改；发散思维，群策群力；关注流程，忽略细节；快速解决不确定问题。

适用人群和场景：交互设计师、视觉设计师、产品经理等（在产品概念探索阶段，当需要沟通、测试、修改、快速解决不确定问题的时候，可以使用纸面原型，以便为产品的交互流程、框架、基本功能做设计决策）。

不适用场景：高保真原型图、可交互动效原型等。

为什么用纸面原型？

纸面原型快速演绎方案，概念可视化。对于大多数人来说，在纸上手绘或将卡片组合拼凑远比在计算机上使用绘图软件简单得多。在同样的时间内，可以更快速地手绘界面，将概念方案可视化，快速演绎，提供真实的用户反馈，发现潜在的可用性问题。

纸面原型可以快速完善迭代且成本低。在用户测试或与他人沟通的过程中，可以即时地修改和完善迭代纸面原型。 而在产品设计过程中鼓励创造性，纸面原型的快速设计可以实践多种想法，而不是仅仅押注一种想法。

纸面原型关注流程、框架和基本功能，忽略细节。纸面原型由于其低保真特点，时刻聚焦在体验问题上，不会沉浸在细节绘制中，与软件绘图相比，不会被界面的尺寸、字体、颜色、对齐、空白等细节干扰。另一方面，纸面原型作为帮助沟通和推导的工具，可以边画边讲，因此能够拉平认知、推进讨论、共同设计，促进设计团队内部以及设计师与用户之间的互动交流，可以减少团队在与主题不相关的细节上挑剔，帮助你获得更有意义的反馈。

纸面原型支持跨学科研究团队协作。它技术性不强，不需要任何技术技能，所以跨学科研究团队能够一起工作，使整个团队参与这一进程，从而避免掌握关键信息的人员不能参与设计过程这一问题的出现。

纸面原型的抛弃成本很低。早期设计工作中的产品方案不修改几乎不可能。不幸的是，原型开发者（交互设计师）在用计算机设计和调试大量的仿真交互效果来创建实际可操作的界面之后，再想改变就很难了。原型开发者（交互设计师）不希望丢弃费了很大精力的工作成果，所以，他总是会试图保留一些框架或效果，尽管它们确实是无用的。相比之下，一个手绘设计怎么看起来都是未完成的，不会是不可更改的（也不会是花费太大心血的），所以更易于接收建议和改进意见。

为什么不用纸面原型？

纸面原型的素材和工具保存起来不方便。毕竟，保存一个大的背景板和那些纸质卡片，不像在计算机的文件夹中存储一个文件那么容易。而通过纸面原型得到的阶段性的确定方案，也只能通过相机拍照这么一种方式来进行保存。

纸面原型的复用成本比较高。在界面已经准备好的情况下，使用纸面原型进行展示和沟通的成本要比计算机的数字原型高，因为你必须付出一定的人力资源去说明一些交互效果，模拟计算机所提供的反馈。

纸面原型保真度低，很难体现产品气质和一些交互细节。但值得庆幸的是，它能够任意地在广度（精度的一个指标）上进行深入，并且仅需很少的花费。更好的是，当用人力模拟计算机的反馈时，纸面原型也能够很好地进行不同状态反馈，也是只需要很低的成本。

纸面原型由于精度不够，不能代替设计阶段各环节衔接的交付物。

如何用好纸面原型？

1. 了解纸面原型的适用场景

当需要快速解决不确定问题的时候，可以使用纸面原型。例如，需要快速确定一个基本流程、一个框架方案等。此外还可以了解项目考量标准，目标是什么，受众是谁，受众对产品和原型方法的熟悉程度如何，从而确定是否使用纸面原型。

视觉保真度

视觉稿
输出视觉文档
传达设计

可交互视觉稿
表达想法
验证设计

Production Ready原型
让小白用户验证设计

CAD线框图
输出设计文档

可交互CAD线框图
将想法表达给相关人员
让高级用户验证设计

富交互CAD线框图
把想法表达给客户或老板

草图
拉平认知 达成共识
推进设计演绎

可交互草图
推进设计演绎
验证设计

功能保真度

纸面原型功能保真度与视觉保真度的二维知觉图

2. 准备工具

- 白板、KT 板——作为大背景和粘贴背景。KT 板撕掉纸膜，将海绵面备用（在试验了大量的介质素材后感觉 KT 板最好用）。
- 纸张、卡片、易事贴——用来写和画。
- 透明塑料片——同样用来写和画，但修改更方便，特别是在模块尺寸有变化时。另外，它也可以作为临时的内容输入介质，不会影响到纸张本身。
- 双面胶——纸张和 KT 板之间的绝佳桥梁，它能让纸张在 KT 板上任意移动再粘贴（这一点至关重要，之前说过了，制作原型的目的就是为了修改）。
- 水性笔、马克笔、剪刀、尺子、修正带。
- 相机——对阶段性的确定方案拍照保存。
- 文件夹和信封等——用来保存原型素材。
- 打印机——如果有些东西是既有的，并且打印出来比画出来更方便，那何不打印出来呢？纸面原型以快和简易为根本特征，形式上没有特别的限制。

3. 纸面原型制作

用线条的粗细去表现质感，类似于画素描，阴影也是由多条直线组成的。好的标注可以拯救差的草图，采用恰当的说明文字胜过罗列多张图片。

标注必须能让所有人读懂，文字不要写得太小，快速画、慢慢写。创建纸面原型的过程中，尽可能由多人参与，实现想法的碰撞，产出好创意。虽然纸面原型很粗糙，但是纸面原型应该尽可能符合一定的尺度，避免创建出不切实际的界面。

4. 纸面原型输出物分析和存档

在讨论结束时，把所有内容进行梳理和总结，并快速手绘确定的解决方案。记得给白板拍照，或者在输出之前保留好绘图纸。

5. 使用纸面原型测试

在测试纸面原型的过程中，主持人应注意对使用者进行及时的引导，记录者应注意对使用者的行为和想法进行记录。测试结束后，列出使用者出现的问题，对问题进行归类整理，在下次测试前修正原型，并对计划界面上需额外增加的部分进行跟踪，以保证问题可以得到解决。

3.7 Kite Compositor

Kite Compositor 是一款于 2017 年推出的可交互原型动效设计软件，专注于 Mac OS 和 iOS 平台，可以完美地构建 Mac OS、iOS 动画和原型，在单一的页面里通过时间轴的方式实现各种各样的动画，同时也支持 JavaScript 手动编写代码来达到更高自由度的效果，同时结合自定义逻辑和行为来满足更多动效设计需求。

特点：可交互原型、可编程、可制作高自由度复杂动效。

适用人群和场景：交互设计师、视觉设计师、前端开发工程师等有动效展现需求的设计师及设计团队。

不适用场景：静态的交互设计、复杂的网页设计。

为什么用 Kite Compositor？

Kite Compositor 适合制作复杂动效。Kite Compositor 的交互模式类似于 Principle 和 Framer 的结合，与 Principle 相比，Kite Compositor 允许拥有编程能力的设计师通过手动编写代码进一步达到更高自由度和复杂度的动效；另一方面，Kite Compositor 的工作逻辑和 After Effects 一样，并且添加了 After Effects 没有的交互模块，降低了学习成本，同时支持导入 Sketch 图层，并且导入图层可编辑。

Kite Compositor 上手难度适中。Kite Compositor 的学习成本介于 Principle 和 After Effects 之间，对尚未学习 After Effects 或根本不想学习 After Effects 的人来说是一款比较轻量的替代工具。Kite Compositor 拥有丰富的动效和图层模板库，可以直接将图层、动画或交互拖动到画板中，还可以将常用的模块组件化后添加到库里，以便反复调用。

Kite Compositor 可在 iOS 设备上预览。可以在 Mac 电脑上设计、iOS 设备上查看，下载 Kit Compositor for iOS（移动端应用）之后，即可在 iOS 设备上查看原生动画效果。

Kite Compositor 允许自定义。相较于常规的动画过程（设置开始结束时间、速度和动效曲线等），Kite Compositor 在位移上支持自由绘制路径动画，可以很容易地实现物体的曲线运动，而目前很多动效设计软件并不支持这一点。

Kite Compositor 支持 Coding 模式。Kite Compositor 通过内置的 JavaScript 脚本引擎

可以实现复杂的动画和交互，内置了 JavaScript 控制台，可以以代码的方式快速设置动画、添加图层或改变属性等。

简而言之，如果你能熟练使用 After Effects，不用 Principle，并且不想改变目前的工作习惯，可以尝试使用 Kite Compositor；如果你使用 Principle，不太用 After Effects，需要做一些复杂动画，可以尝试使用 Kite Compositor。

为什么不用 Kite Compositor？

Kite Compositor 专注于 Mac OS 和 iOS 平台，目前没有做其他平台的打算。虽然大多数设计师都喜欢使用苹果系统，但 Kite Compositor 暂时无法满足有多端操作需求的设计。

Kite Compositor 不适合精细化设计。相较于 After Effects 的出色表现，目前从 Kite Compositor 的 Logo 和软件界面来看，在功能和细节处理上不如 After Effects。例如元件大小、间距等，很难达到精细像素级的支持，比如 0.025px 的对齐。

Kite Compositor 不适合网页设计。正如其宣传的亮点之一——“Mac 上设计，iOS 上查看”，Kite Compositor 像是专门为移动端而生的，而 PC 端的设计则显然并不擅长。

总之，对于动效设计软件，如果你既不用 After Effects 也不用 Principle，可以尝试使用 Kite Compositor。但对于交互设计师而言，还是建议优先使用 Principle，掌握简单动效的制作。

如何用好 Kite Compositor？

1. 了解功能特性

如前文所述，Kite Compositor 本质上是一款披了 Sketch 外衣的类 After Effects 动效工具，因此它具有以下几大特性。

- 支持 Sketch 素材导入：轻松地从 Sketch 中导入可编辑的图层和素材（主要是文字和路径）。
- 路径编辑：通过画笔工具，可以绘制动画路径，还可以编辑图层形状。
- 编辑器（Inspector）：一个强大的对象编辑器让你仅通过几次点击就可以设置颜色、调整动画曲线或为图片添加滤镜。
- 丰富的动画和图层库：可以直接将图层、动画或交互拖动到画板中，还可以将常用的模块组件化后添加到库里，便于反复调用。

- 时间轴：灵活智能的内置时间轴功能让设计师可以自由地操纵、编辑动画关键帧，并精细地调整动画时间。
- 脚本撰写：通过内置的 JavaScript 脚本引擎可以实现复杂的动画和交互，内置了 JavaScript 控制台，可以以代码的方式快速设置动画、添加图层或改变属性等。

除此之外，还支持动画曲线编辑，除了给出常用的曲线，也支持细节调整；提供内建帮助系统，不知道怎么用的时候可以快速地调用内置的帮助功能。

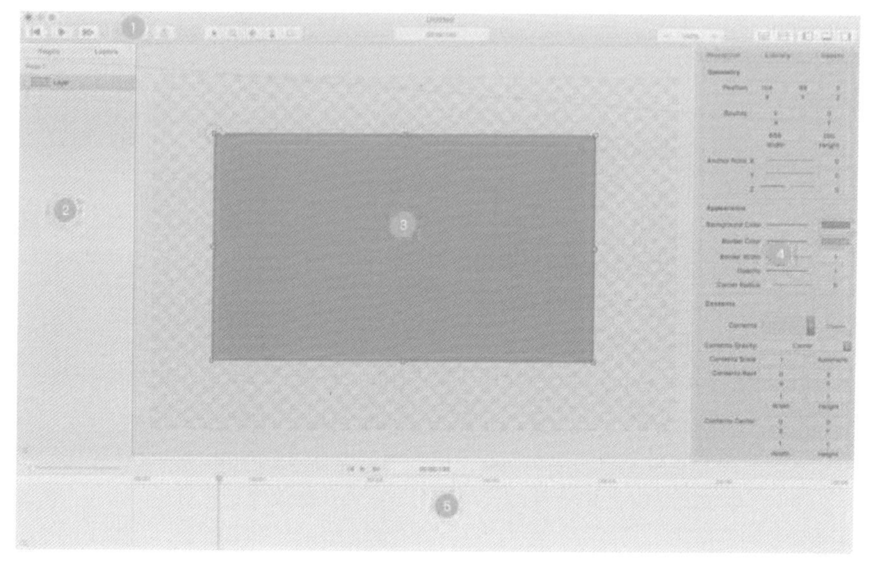

1. 工具栏　2. 页面/图层　3. 页面编辑区域　4.编辑器/动画图层库/iOS 上查看　5.时间轴

Kite Compositor 的软件界面

2. 尝试“飞”起来

与 Principle 一样，Kite Compositor 使用原生动画引擎，即所有动画都基于 Apple 的原生动画技术 Core Animation，保证了动画效果在设备上运行时的高帧率。并且除了给出常用的曲线，动画曲线编辑功能也支持动效细节调整。同时通过 Core Animation 引擎实现了图形的实时绘制，这意味着不需要对任何交互效果做预处理，即可随时看到动画的效果；丰富的动效库和模板库也大大降低了使用难度。

3. 集成预览

Kite Compositor 具有将动画集成至 App 的能力，通过 KiteKit Framework，开发者可以很容易地将动画效果集成到 iOS 或 Mac OS 应用中，从而方便在手机端和 PC 端查看动效效果。

4. 动画导出

可以将设计导出为视频或 gif 文件。支持 Sketch 素材导入，在一定程度上可以保持设计的一致性，再加上当下 Sketch 的火热程度，应该可以带动 KiteKit Framework 的使用前景。

5. 代码导出和调用

Kite Compositor 可以方便地将设计转化为代码，动效设计师可以精确地将动画曲线、持续时间、弹性动画和位置等参数描述给工程师。Kite Compositor 中所用的参数与 iOS 或 Mac OS 代码的参数一致，从而可以降低设计师和开发工程师的沟通成本。另一方面，Kite Compositor 平台中将数据扁平化存储，可以非常简单地修改其中的属性、数据等。同时，它也非常易于解析为 JSON 文件，供其他应用程序调用。总体来讲，这在一定程度上可以提升项目效率。

学习资源

- Kite Compositor 官网
  https://kiteapp.co

- GitHub 社区
  https://github.com/kitecomp/kitekit

3.8 Principle

Principle 诞生于 2015 年 8 月，是前 Apple 设计工程师 Daniel Hooper 打造的一款动效设计工具，目前仅支持 Mac OS X 操作系统。Daniel Hooper 的团队通过与设计师充分沟通交流，了解其动效制作诉求，从而确定 Principle 的产品定位为“简单快速上手做动效”。

界面类似于 Sketch 等作图软件，思路结合 Keynote 和 After Effects，真正地实现“5 分钟即可制作出一个具有完整交互动画的原型”，并且可将交互动画生成视频或者 gif 文件分享到 Dribbble、Twitter 等社交平台。此外，Principle 还支持多种尺寸的原型设计，包括 Apple Watch。虽然产品依旧有“不能很好地编辑”等毛病，但设计师们依旧将它视为真爱，将其封为“年度综合体验动效软件神器”，业内人士称 Sketch 是简洁版的 Photoshop，Principle 就是简洁版的 After Effects。

特点：可交互原型，操作快速、简单，可实时预览。

适用人群和场景：交互设计师（需要快速演示基础动效）、视觉设计师（需要简单的动效演示，如 H5 页面设计）等。

不适用场景：Web 端、交互动效复杂的原型等。

为什么用 Principle ?

Principle 上手容易，支持零代码可视化操作。软件主界面布局与 Sketch 极像，甚至快捷键都高度重合，所以如果熟悉 Sketch，上手会很快；动效思路类似 Keynote 的神奇移动功能，但更可视化。同时官网上有大量视频教程，以及各种学习小组（如 Facebook 上的官方学习小组），认真看一下就能完成很多你能想到的绝大多数不是很复杂的交互动效。

Principle 支持多种方式导入内容。在 OmniGraffle 与 Sketch 中的设计文稿，可以直接复制粘贴到 Principle 中，实现静态设计稿的完美复用。

Principle 支持多端预览。设计预演是设计师制作动效最根本的原因，Principle 能在 PC 端、移动端演示 Demo，并可以输出高质量 mov 视频。Principle 的移动端配套预览工具 Principle Mirror，可以在手机上实时体验，让设计想法更快速落地成可交互原型，并进行用户测试，更直观地与开发工程师分享动效细节。

总之，如果你不会写代码，又觉得 Facebook Origami 上手起点比较高；Proto.io 和 Pixate 反应速度有点慢，还有点 bug；After Effects 不能交互，只能渲染出 mov 文件，且学习成本高，那么可以尝试使用 Principle，相信你会爱上它。此外，Principle 还有安装文件小，不占内存等优点。

为什么不用 Principle？

Principle 不适合做交互比较复杂的动效，因为 Principle 类似于 Sketch 的界面 + After Effects 的时间轴动画 + Keynote 的神奇移动功能。基本的原理就是在两个关键界面中设定元素的两个状态，中间的动效状态由软件自动变换。每一次的变化都需要新建一个画布，因此在 Principle 中制作较为复杂的动效且涉及界面较多的时候，整个动画地图会很混乱。

Principle 目前支持的动效调节参数较少，只有 *xy* 轴位移、透明度、大小、旋转，相信后续会有更多扩充。

如何用好 Principle？

1. 了解 Principle

了解 Principle 的界面布局和基本操作，它就是一个“类 Sketch 界面 +After Effects 时间轴 +Keynote 神奇移动”的结合体。可以通过以下 4 步快速了解 Principle：看官网—找中文手册—找教学视频—找源文件。其中官网的 5 个基础教程视频可以帮助快速了解基本操作；可以查看 Principle 中文手册，其英文原文可在 Principle 官网查看；在 Youtube 上可以搜寻到 Principle 视频教程帮你进阶。

2. 边看边做、边做边学的实践

根据 Principle 官网教学视频，可以边看边找相似案例进行实践。做完一个案例，你就知道它的画布预设，如何方便拖动文件，以及支持的交互方式，还能体验窗口实时预览以及元素间自动生成补间动画的神奇。

3. 手动调整动画数值

支持动效制作的高阶动效控制，可手动调节时间轴上的动画数值，以及手动获取曲线的具体数值交给开发人员去实现设计。

4. 导出文件，以及在手机端预览

可以通过预览视图的录制工具录制视频并导出视频或 gif 文件，导出时提供各种方便

的尺寸设定。目前在录制视频时，点击操作的图形只能在圈和鼠标之间切换，分别适用于移动端和 Web 端。同时可在 App Store 下载 Principle，并用数据线将手机和 Mac 电脑相连，打开 Principle 立刻镜像出你的动效 Demo，而且拔掉数据线依然有效，可以欢乐地在手机端反复体验，甚至去做用户测试，而且任何修改都是即时呈现的。

应用案例

目标：制作一个小动效。

正如前面介绍的 Principle 是简洁版的 After Effects，通常制作一个小的动效需要以下 5 个步骤。

1. 了解 Principle 软件界面

从界面布局就可以看出，这款软件深受 Sketch 的影响。顶部是工具栏，其中包括常用的所有工具，并且支持自定义。左侧是类似 Sketch 右侧的设置项，可对界面任何一个元素进行大小、圆角、透明度、颜色等设置。中间区域是进行动效设计的区域，一个画板（Artboard）就可以理解为一个关键界面。在预览框内可以实时展示激活的画板，并支持交互操作和录屏，可保存为 mov 或者 gif 文件。这一点特别棒！还记得之前用 Origami 的时候，为了录屏也是伤透脑筋！

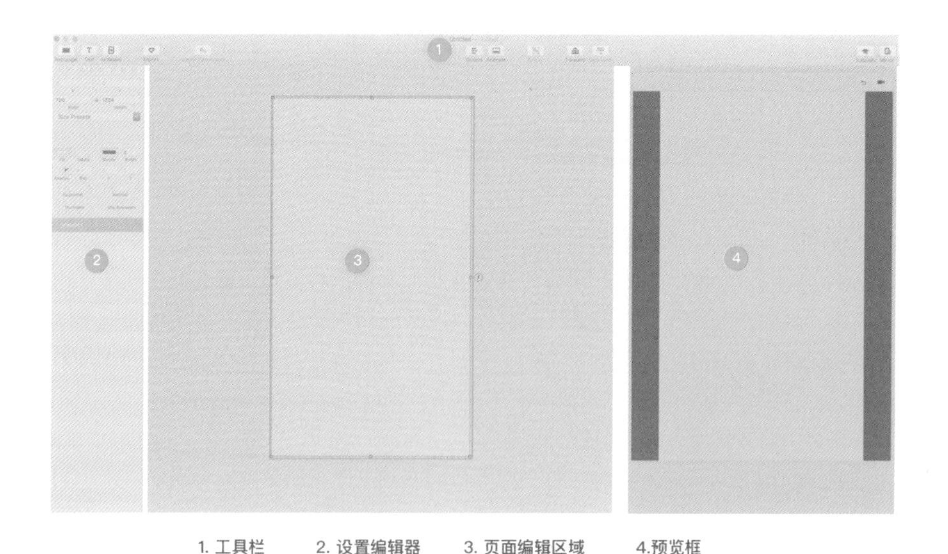

Principle 软件界面

2. 了解 Principle 动效制作原理

基本原理：“多页面 + 触发节点”实现动效。“开始页”：绘制动画开始前的状态；“结束页”：绘制动画结束时的状态；“触发连接”：通过选中元素旁边的“动作”按钮，选择触发动画的操作，连接开始页和结束页。和 Flash 的补间动画的概念有一定的相似性，在 Principle 中，画板就是页面的不同状态，软件会识别画板间元素的差异，生成过场动画。而设计师要做的，就是画好这些状态，并通过触发效果来连接它们。如果要控制转场的时间、元素变化的顺序、变化的曲线函数等信息，则可以点击转场间的箭头，调出时间线（Timeline）窗口进行控制，熟悉 After Effects 的人会觉得界面很亲切。除了动效时长和顺序，Timeline 窗口还支持运动速度曲线的设置，同时有方便的预置曲线可供选择。如果前端开发工程师对实现速度变化的贝塞尔函数有疑问，可以尝试提供缓动函数速查表（http://easings.net/zh-cn）。点击网站上某一个缓动函数曲线，可以查看该函数的实现原理，以帮助实现 Demo 效果。较复杂的效果，则可以由多个开始页和结束页，以及它们之间的触发而逐步连接而成（同一个元素在两个画板中的图层命名要相同，软件才会实现动画效果）。

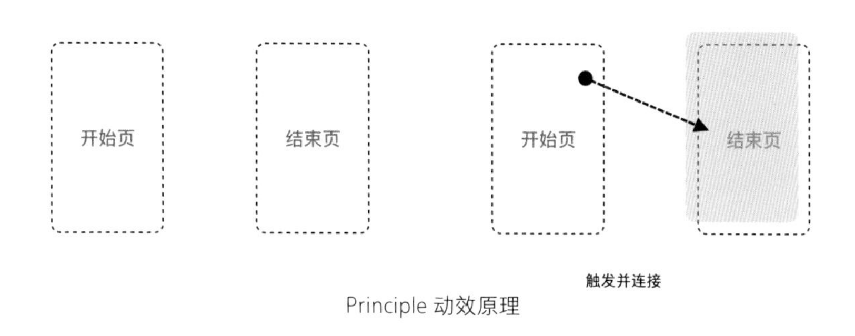

Principle 动效原理

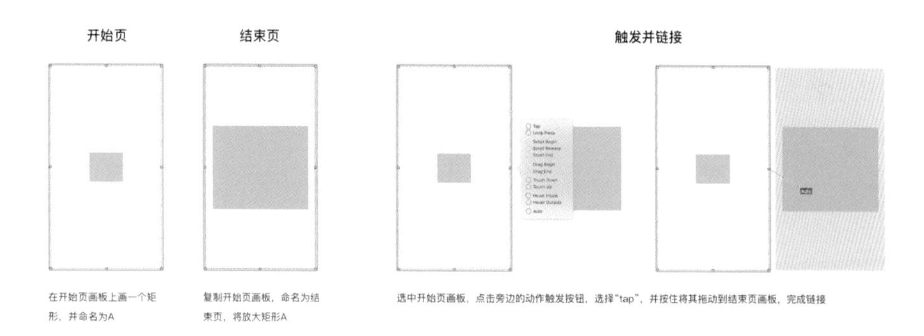

Principle 动效制作示例

3. 了解 Principle 动效类型

Principle 动效类型分为单页动效和传动动效。

单页动效，即在单页内发生的动效，如页面可滚动或元素可拖曳等。需要实现这类动效时，可选中元素，并在左侧选择“水平方向”（Horizontal）或“垂直方向”（Vertical）的下拉窗，并选择“静止、拖曳、滚动、分页滚动”四种效果中的一个。

传动动效，是基于单页动效的页面效果，可初步理解为某“元素”随着“单页动效”运动而运动。当页面内有单页动效时，可以通过传动器（drivers）来产生传动动效。打开 drivers 面板，拖动传动针，即可看到“单页动效”的不同状态。此时可以选中任一元素，将属性添加到关键帧里，来设定该元素在不同动态下的状态。接上一个案例，当完成页面的滚动效果后，若我们想做一个“滚动指示条”，可以跟随页面滚动而进行相应滑动，即可运用到传动动效。

单页动效示例

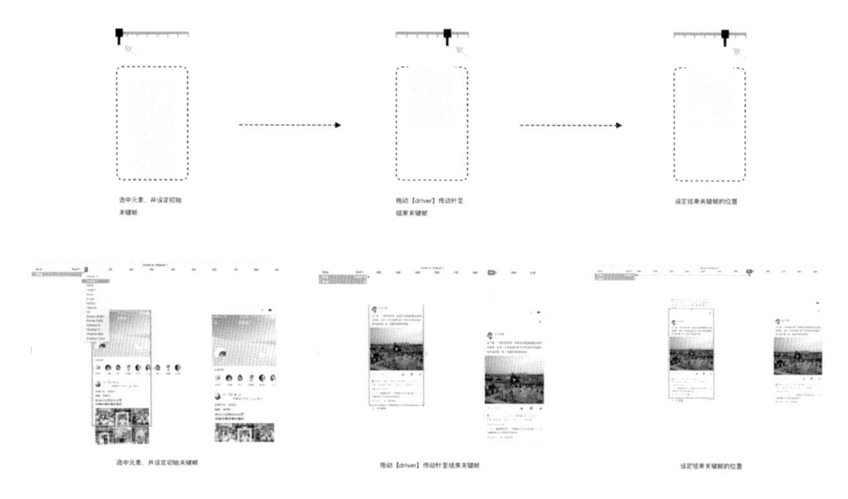

多页动效示例

4. 实时预览和分享

同步：Principle 有可以实时预览的 iOS 应用，并且操作非常便捷，只需在手机上下载并打开 Principle，用 USB 连接 Mac 电脑，在电脑中当前打开的 Principle 项目即可立即同步到手机中，并且可以实时交互。分享：除此之外，Mac 电脑上保存的 prd 工程文件也可以通过 QQ 或微信传送到手机中，在手机端即可打开并交互。录制：如果仅仅用于展示或分享，Principle 支持快捷录制视频或 gif 文件，满足基本的分享操作，甚至可以导出为专门用于在 Mac 电脑上展示的“应用程序”文件，可在 Mac OS 操作系统内实现可交互的演示。

5. 进阶教程

在 Principle 1.2 版本中，软件支持“视频”图层和“音频”图层，让原型的制作增加了更多可能。设计师们可以将原本在 After Effects 中实现的动效视频导入 Principle 工程文件中，作为其元素，增加了 Principle 效果的想象空间。在 Principle 2.0 版本中，原型支持组件（Components）功能，即工程文件中的一部分动效可以生成组件，复用到该工程的其他地方。对该组件的修改，会影响同一个工程文件中所有相同的组件。能熟练使用 Sketch 的设计师应该已经发现，Principle 组件对齐的是 Sketch 的元件功能。有了这个功能，便可以将某些复杂的动效做成组件，复用到工程的其他地方，甚至用到将来的项目中。建立组件的方法很简单，选中元素后，单击顶部主菜单面板中的“创建组件”（create component）选项即可。你将在一个新的 Principle 面板中编辑元素和效果，并可以随时通过单击顶部的“返回上一级”按钮返回。

学习资源

- Principle 官网
  http：//principleformac.com/index.html
- 官方教学视频
  http：//principleforcac.com/tutorial.html
- Principle 中文手册
  http：//principlecn.com/doc
- Sketch TV 录制的视频教程
  https：//www.youtube.com/watch?v=Ig4EMJzE-j8&list=PLgwNtYvZGv9STGDSx_knjYyzS7XzmpK84

CHAPTER

设计模式与设计思考

从 PC 端到移动端 /

移动端界面设计模式库 /

移动端交互设计趋势 /

前端时代的到来 /

ToB 设计 /

实践案例：企业用户产品设计 /

To be
a user experience designer

在前三章中，笔者详述了对于成为互联网用户体验设计师的入门法则：设计行业构成与职业发展，设计流程与实践，以及交互原型制作工具，涵盖了用户体验设计的基础。然而从设计小白到设计专家的进阶则需要对于产品本身有更深刻的理解，在用户体验领域提炼总结设计方法，保持升级自己的信息库，持续学习，紧跟行业走向。互联网 IT 行业的飞快发展，日新月异的技术进步也为产品设计带来了更多的可能性，趋势驱动突破，技术推动创新。相信在可预见的将来，技术发展将从底层带动交互设计的变革，从 PC 端到移动端，再到可穿戴设备、智能家居、智能车载系统、虚拟增强现实、机器学习、人工智能，技术创新一直挑战着设计的可能性，设计的平台将会跳脱出屏幕，更加宽广且充满想象力。本章将跟随互联网发展的时间线展开。可交互主流屏幕越来越小直到屏幕消失，用户体验的设计趋势又会如何呢？

4.1 从 PC 端到移动端

在当前互联网模式下，随着智能手机硬件和配置的发展，越来越多的 PC 端业务和服务在向移动端转移。智能手机在中国迅速普及，人们越来越多地通过手机上网，给用户带来了越来越多的便利。中国互联网巨头百度转战移动搜索后，2014 年第三季度的搜索量首次超越 PC 端，其掌门人李彦宏曾感慨："我们第三季度的财报 10 月底公布，移动端的搜索量对百度来说首次超越了 PC 端，这一超越可能是永久性的，PC 端的搜索量再也不会超越移动端了，我觉得这是非常有里程碑意义的。"

4.1.1 跨多终端 / 多屏时代设计

2005 年开启了 PC 互联网时代；在 Mary Meeker 互联网趋势报告中显示，2012 年年底，中国移动端上网的用户占比（75%）首次超过桌面互联网用户（71%）；自 2013 年以来，移动流量在互联网流量的占比呈加速上升的趋势，来自移动设备的流量每年增长 1.5 倍。我们迎来了移动浪潮，流量的时代逐渐退去，场景和入口已是当前战场必争之地。

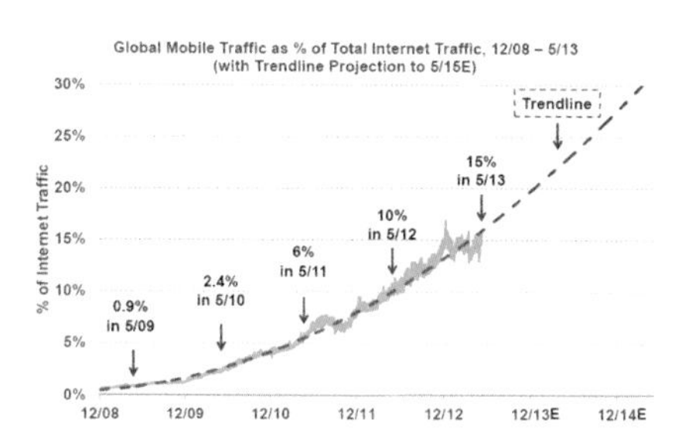

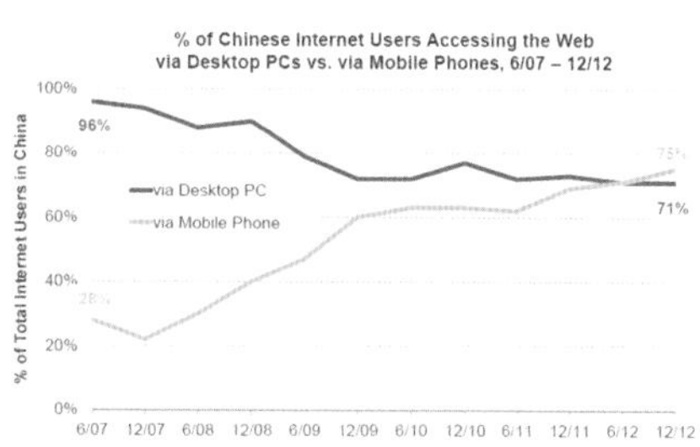

Mary Meeker 互联网趋势报告

根据 TalkingData 发布的《2014 移动互联网数据报告》显示，2014 年是我国移动产业发展井喷的一年，移动智能终端设备数量已达 10.6 亿台，较 2013 年增长 231.7%。统计表明，全国各地的移动互联网用户手机里平均安装着 34 款移动应用，设备平均每天打开移动应用 20 款。从使用时长层面来看，用户平均每天使用移动应用时长达 1 458 秒，在全天各时段的活跃表现中，中午和晚上睡觉前各出现一个峰值，且使用时间碎片化明显。移动互联网产业的迅猛发展，让用户进入真正意义上的多屏时代。

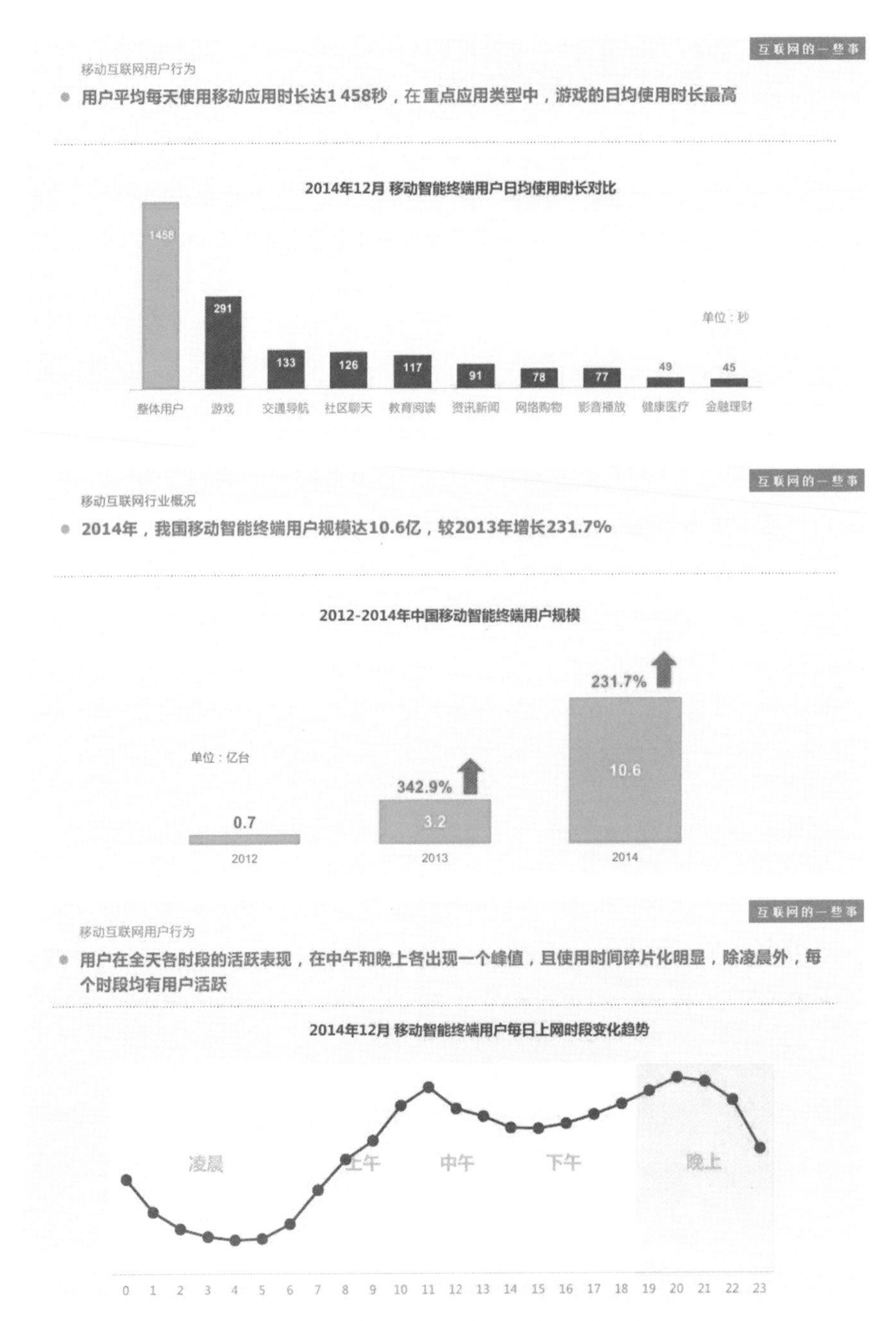

TalkingData 发布的《2014 移动互联网数据报告》

在移动端占据越来越重要的用户视野和使用心智后，作为互联网从业人员或者产品设计人员来说，产品的移动端设计是愈发必要的技能。App 开发模式分为 Web App

与 Native App（原生 App）。那对于移动设计实现来说，一般会有三种主流实现方式：响应式设计是一种较为基础的基于 Web 端的移动落地方式；原生 App 是另一种搭载在移动设备终端上的开发实现方式；也会有在 Web 上做响应式设计，并且同步原生 App 开发的产品落地方法，并且同步原生 App 开发的产品落地方法（Web 和 Native 共存）。Web App 与原生 App 这两种设计与开发实现模式各有优劣，需要充分了解其特性，再根据用户场景和需求内容进行选择，甚至混合共用。

4.1.2 响应式设计

随着桌面产品向移动端迁移，绝大多数网站都会希望有专门的移动设备版本。原始的做法是针对 iOS、Android 等平台，以及手机、平板电脑等不同设备的屏幕尺寸量身设计。若是新设备不断涌现，这样分别设计的解决方案将会带来不切实际的高额成本。与其跟随设备革新的步伐来打造页面，不如在页面的开发与设计过程中将不同设备环境以及相应的用户行为因素考虑进去，使得 Web 页面在实际显示时可以根据设备差异“自动”调整结构布局、文字图片元素等，以满足不同设备的需求。为了给不同设备，特别是移动设备提供更好的体验，响应式设计应运而生。

那么什么是响应式设计？响应式设计又是如何运用的呢？ 2010 年，Ethan Marcotte 提出了“自适应网页设计”（Responsive Web Design）这个名词，是指可以自动识别屏幕宽度，并做出相应调整的网页设计。响应式设计的话题随着如今移动互联网的盛行被推到了很重要的位置。就是：一次设计，普遍适用，一个 Web 网页可以自动适应不同设备的不同屏幕尺寸，一个网站兼容多个终端。

响应式设计

参与人员

交互设计师、视觉设计师、前端工程师、开发工程师。

设计流程

1. 明确站点信息结构（结构层）

首先需确定站点 / 产品的信息结构。任何产品都有信息结构，相当于产品的灵魂。根据产品用户场景设计产品框架层级和功能优先级。移动端由于页面较小且场景化明显，功能层级有限，往往需要根据功能和内容的优先级提炼产品的灵魂要素，再归纳模块，最终提炼整合出简化的产品主框架，信息结构设计会最终落实在每一个页面的结构设计上。所以通常的做法是在移动端先搭出一个整合而清晰的产品框架作为根基，再在 PC 端上做加法，延展内容与功能，在主干上生长，开枝散叶。站点 / 产品的信息结构设计逻辑主要包含：线性结构、父子层及结构、矩阵结构以及自由结构。从极简的线性结构一根主线讲清楚一个故事到复杂的多层跳转交叉的矩阵结构，都需要根据用户场景及产品特性来选择适合的信息结构布局逻辑。举例来说，一种经典的区分用户场景的维度是，用户是以完成任务为主还是闲逛浏览为主。对于任务式场景来说就极其注重结构，这需要较强的层级和清晰的信息结构；而对于浏览式场景，就需要更为自由的结构让用户更舒适地“逛”起来。

2. 响应式框架设计（表现层）

明确了稳定的信息结构并完成页面结构设计后，就可以开始设计响应式框架了，即站点 / 产品的表现层的展现。要点就是：结构不变，表现应需而变。具体的响应式框架设计方法可以拆解为如下几个步骤。

- 确定布局模式。布局的差异化主要体现在屏幕尺寸的差异性上，一般需要调试手机、平板电脑、笔记本电脑和台式机四类设备的主流屏幕下分别适应的布局，选择使用什么样的响应式布局模式可以更好地均衡各个设备上的显示效果。如下是常用的五种跨设备响应式布局模式。在自由度与响应式效果提升的同时，布局规则复杂度提升，开发成本也相应增加。

布局不变

模块挤压 / 拉伸

模块向下换行

模块切换

模块折叠隐藏

无论选用哪种模式，一般来说，选定布局模式框架的难点在于实现成本与体验之间的平衡。

- 制定栅格系统。栅格系统（grid systems）运用在网页中以规则的网格阵列来指导和规范网页中的版面布局以及信息分布，帮助前端工程师更加灵活地规范网页。栅格有以像素（px）来指定宽度的固定栅格和以百分比来指定宽度的自适应栅格两种形式。栅格系统设计首先就需要确定站点页面的一个固定的栅格列数，如 8 列、10 列、12 列、16 列、24 列等。列数的选择并没有强硬的规定，视网站布局情况而定。由于 12 这个数值本身的天然数据优势让它可以同时被 1、2、3、4、6、12 整除，相较之下具备较大的设计灵活度，因此 12 列会作为当今网站页面栅格列数的常用参考。如下图所示，在 640px 的页面中，以 12 列和 24 列栅格体系为例，可以看到其相应的优劣势。

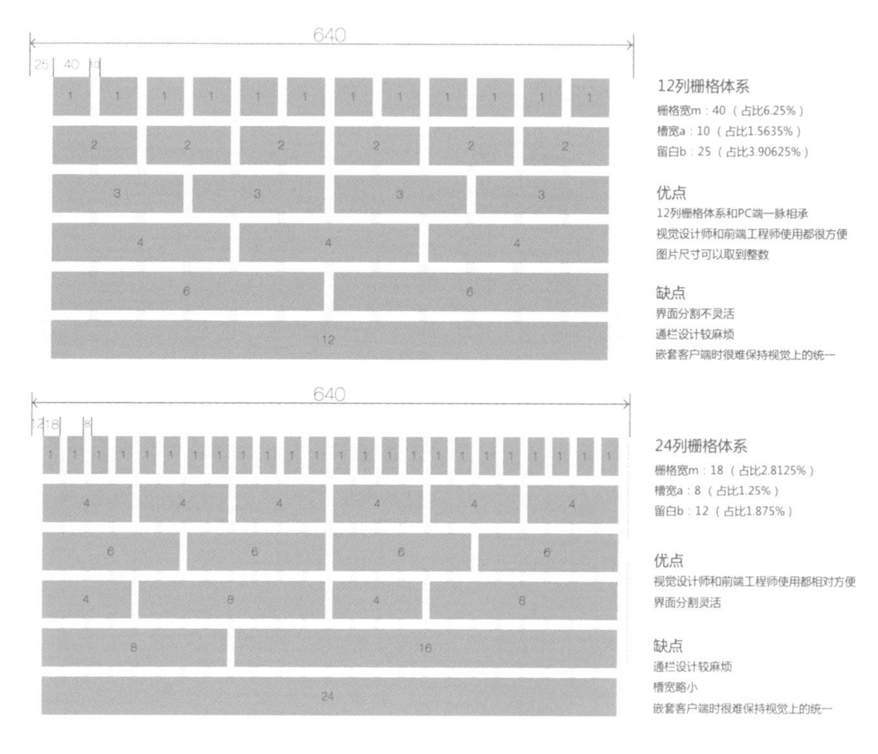

12 列和 24 列栅格体系设计

确定好栅格列数后需要接着确认临界点（breakpoint）。临界点又称断点，是指响应式网页发生布局变化的关键点，如“当屏幕宽度小于 480px 时加载……样式，当宽度在 480~600px 之间时加载……样式”。响应式网页理论上有无数种尺寸，我们不可能也没有必要为每个尺寸都去做设计，需要做的是选定几个临界点做设计，在两个临界点之间延续上一个临界点的布局。确认临界点的总体目的就是为了保证页面分别在手机（屏幕很小）、平板电脑（屏幕中等）、PC（屏幕大）上加载相应的样式，因此临界点的设置主要参考主流设备的宽度，根据之前设计的布局模式来设置临界点，即页面发生变化的区间。

设置临界点时需要注意把握几个要点。首先需要满足主要的临界点：针对智能手机的设置宽度小于 480px；针对平板电脑等设备设置宽度小于 768px；针对 PC 端的大设备设置宽度大于 768px。其次为了更好地满足绝大多数设备，可添加一些临界点。如针对小型的移动设备添加一个小于 320px 的临界点；为特殊的大屏设备特别设置合适的临界点，如为超宽屏幕设置大于 1024px 宽度的临界点。

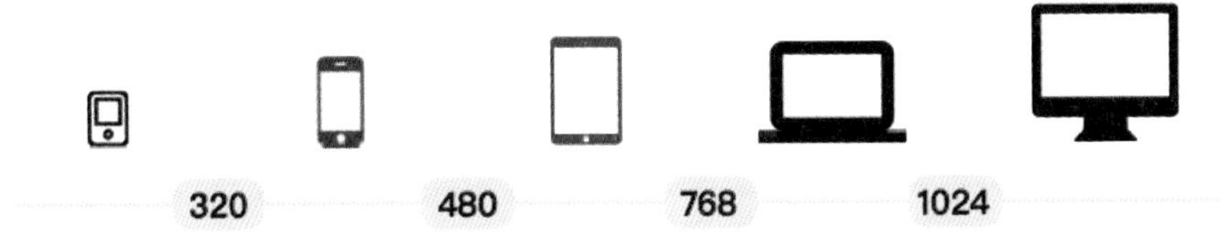

响应式临界点

- 模块设计。接下来是设计方案的产出，完成完整的响应式模块设计。通常会重点根据 PC 端或是移动端产出设计方案，因而有两种切入形式：即由大而全的 PC 端拆解模块，做减法（PC 优先）；或是进行组件设计，由移动端新颖的形式和设计主导（移动优先）。移动端的设计和研发是否要移动优先，取决于产品现状，可根据产品定位和项目团队情况来选择高效的切入方式。

3. 响应式设计实现（应用层）

- 响应式页面规范的输出及前端开发实现：响应式设计在实现应用层面实际上需要设计与前端开发职能紧密合作，应当尽早引入相关人员尽早展开工作，多角色沟通协作。交互确定布局并制定好栅格系统后，完成基本的响应式框架和相应模式的搭建，接下来视觉设计师和前端工程师就可以分别展开视觉框架设计和页面框架搭建的工作了。但是在工作进展中，整个过程都需要几个角色不间断地沟通和探讨。

  交互设计师：输出产品页面和模块的交互设计信息布局、排版和交互形式，确保设计可以在多设备上适用。清晰注明响应式栅格系统的规则。最终根据细节设计提炼出产品公共控件、组件和模块组合规范。

  视觉设计师：定义产品视觉风格，输出产品全部控件和模块的视觉设计，并“拼贴”组合一个关键页面，示意控件组合效果以及规范标注。

  前端工程师：负责把控件、组件和公用模块实现出来，统一维护一套代码以便快速复用和搭建页面，最后根据完整的设计稿进行页面的拼搭，实现最终的线上效果。

通过多角色的合作，可以搭出一个完整的响应式产品。通过栅格系统和一整套控件组件库规范，可以保证极为高效的复用性，一套响应式产品的实现成本也就没有想象中那么高了。

- 可用性、可访问性的测试以及优化：开放上线之前，还应当在真实设备下测试页面效果，从可用性和可访问性的层面保障用户的使用体验。针对图片和内容的精度显示控制好服务端的响应策略，给出响应式页面性能问题的最合理方案，因为在移动端过多大精度图片文件的显示会过度消耗用户流量。

为什么选择响应式？

新的移动设备尺寸不断出现，网页应用兼容性问题变得尤为重要。而响应式 Web 设计可以提前预防兼容性问题的出现。相对于以往多个页面版本的维护，响应式设计编程不需要重写 HTML，只是针对不同的分辨率、不同的设备环境进行一些不同的设计（通常利用 CSS3 的 Media Queries 方法实现）。这使得开发、维护和运营成本大大降低。另外，响应式设计一般对搜索引擎友好，使得 PC 端和移动端的搜索引擎优化保持一致。

但是，响应式设计也有开发复杂度增大，页面代码增多导致加载变慢的问题。而且响应式设计并不适合于复杂功能网站的开发。所以，目前采用响应式设计的网站很多为新闻站点。目前国内比较优秀的响应式设计网站有品玩 (http://www.pingwest.com)、新浪时尚 (http:// fashion.sina.com.cn) 等。

4.1.3 原生 App 设计

相对于响应式设计，另一种多设备迁移解决方案就是原生 App 设计。如果说响应式设计的关键词是“自适应”，那么原生 App 的驱动因素应当是“场景化”，即依据不同设备的场景特性需求进行个性化设计，从功能、内容到结构都是与 PC 端有极大差异的解决方案。通常来说，原生 App 在体验上有更深层的设计空间，开发成本也相对更高。往往是一个产品先有 PC 端的用户积累，到了追赶移动设备爆发的趋势，重新定位移动设备用户场景及个性化需求，再确定移动端的产品设计策略，而不是照搬与迁移 PC 端。平台与设备的不同也会影响 App 的设计，通常来说都会推出 iOS、Android 两大版本的 App，手机和平板电脑端也可能会有相应版本以及背后支持的开发团队。

原生 App 设计要怎么做?

1. 内容设计

移动端的用户使用场景有别于 PC 端，App 内容设计并不是 PC 端的照搬与迁移，需要根据产品方向和用户需求制定移动端策略，可以说 App 内容场景是关键。可以从移动端特性切入，运用技术优势和场景化特性结合产生更具价值的化学反应。优势：移动设备贴身轻便具有时效性，与使用者关系紧密；使用时间碎片化，用户场景多样化；移动技术的发展带来更多可能性，例如具备传感器功能和很强的 LBS 地理定位属性等。

2. 移动交互设计

在移动设备技术层面的运用主要体现在，App 端的感应技术带来相较 Web 端更多维的优势，包含对于距离、重力、陀螺仪、摄像头、温度、压力、光线、声音等的感应，将移动端场景化技术和交互特性灵活运用于人和移动设备的交互上，可以为用户带来顺畅的体验。例如，在 Web 上单一的鼠标点击操作，在 App 上可以实现单击、连击、长按、重按等对于不同力度、不同频率以及持续时间上的支持，带来不同的交互结果及反馈。刚刚说的是一个人与屏幕交互的例子，但不仅限于此，App 上人机交互同样玩转，例如倾斜或摇晃手机，或者携带设备移动等交互行为都可带来更为自然直接的人机交互体验，最为经典的例子就是微信“摇一摇”找附近好友的功能。另外，App 设计还可以支持更开放的想象空间，从人与屏幕的交互升级到人机交互，再到机器直接的交互，也同样可以满足。机器与机器的交互可以是手机之间、手机与拍照或 VR 等设备之间。例如，两个手机贴近相互拖曳图片转送信息的快捷而自然的交互方式等。这些基于移动通信和感应技术的交互方式探索、突破和广泛运用都为用户带来更自然的使用习惯和体验。

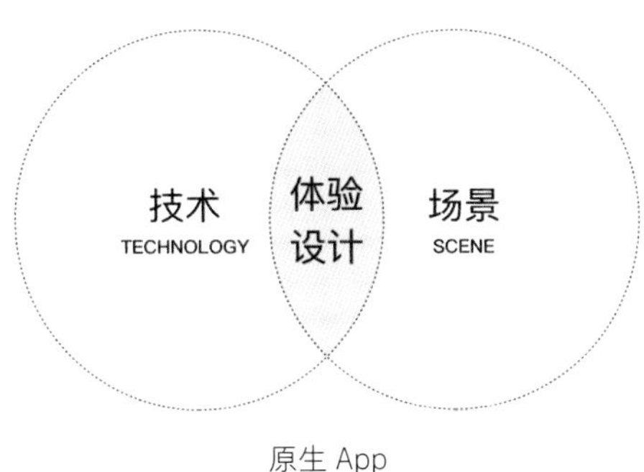

原生 App

3. 开发与可用性测试

移动端性能检测：UV 检测 + 功能检测。目的：发挥移动设备特性。

需要注意的挑战包含：移动端屏幕小，操作方式与 PC 端很不同，以手指点击滑动的交互为主，要确保界面可以顺畅地满足一些基础交互，例如 44px × 44px 的最小点击；移动设备的网络情况更为复杂，网速慢，流量也十分珍贵，需要特别的设计处理。

为什么选择原生 App？

来细数一下原生 App 的优势所在。

首先，原生 App 可以针对 iOS、Android 等不同的手机操作系统进行开发，App 应用内的视觉元素、内容和框架均安装在手机终端上。故而原生 App 最为显著的优势就是可以根据设备优化设计，与设备深度结合带来极佳的体验，这是在 Web 端不能实现的。最好的例子应当是诸如游戏这类用户会对视觉、操作和体验要求很高的应用，在移动 Web 上实现出来是远远不能满足用户需求的。另外，游戏类应用对资源的占用很大，需要设备性能的全力支持，落地在原生 App 上是最好不过的选择。

原生 App 在没有网络的状态下也可以支持运行，一些工具类产品，如计算、笔记、相册等在断网状态下也可以流畅地使用，甚至有些原生 App 可以完全不依赖于网络在本地运行。又比如一些内容信息类应用，如新闻和阅读等，会在联网时有实时信息的缓存，断网后也可以支持部分内容的查阅。

另一个利于应用营收的优势是收费的便利性。收费方式主要有两种，一个是用户使用移动设备在应用商店里下载获取应用的时候，是可以便捷地做到下载收费的。当用户在使用 App 的时候也可以在应用内进行收费。无论是下载收费还是应用内收费可以做到便捷与安全支付，都得益于操作系统自带的安全收费模式（如 iOS 系统上的 Apple Pay），以及更多支付平台 / 运营商的服务支持。试想一下以往在 Web 页面上输入信用卡号和密码的复杂程度，以及强烈的不安全感为用户带来的支付阻力。

注意事项

App 可以支持消息推送功能，需要考虑并特别设计推送的内容和时机。应该在特定的时机和条件下给用户推送适合的内容，并规划好跳转路径，为用户带来便利并将其吸引到应用中来。另外，很重要的一点是要考虑到没有网络时，在应用中哪些功能和内容可以继续使用，需要提前下载到本地，又有哪些功能是线上支持的，断网时不可用。这都需要制定明确的策略，并且给予用户清晰明确的提示。最后还要注意一些操作反馈的提示，包含断网、刷新、加载等交互细节的设计。细节是保障良好用户体验的基础。

4.1.4 移动端平台特性

当前成熟的移动端平台以 iOS、Android 两大平台为主。根据 iiMedia Research(艾媒咨询)的统计数据显示，2015 年中国智能手机市场各系统销量占比方面，Android 系统销量占 82.2%，iOS 系统占 12.6%，两大平台合起来占据了近 95% 的市场江山。作为移动端两大主流平台，iOS 和 Android 系统的成功背后与其针对移动端设计的操作系统息息相关，在操作体验上具备一定的满足移动场景的共性，而在系统设计层面也有着各自的指导方针，这在原生 App 的设计上也会得到特别的体现。因为涉及平台的差异性问题，往往大公司中一个原生 App 产品的不同平台的版本都会由不同的开发团队负责对应版本的更新迭代。平台特性在移动端设计中也是需要考虑的问题，可以规范产品的基本普适性以及专业度。

iOS 平台

iOS，由苹果公司开发的移动操作系统，最初为 iPhone 而设计，之后陆续套用到 iPad、Apple TV 等其他产品上。

iOS 设计原则：清晰、遵从、深度。这三大原则让 iOS 有别于其他平台。

iOS 设计原则

iOS 10 系统设计同样为我们带来新的惊喜，下图从左至右依次为：搜索和主屏窗口控件（widget）——通过前置即时性的重要信息，减少用户的操作步骤及成本；与 Siri 的联动——让用户用声音等自然的交互方式快速执行操作，如拨通电话、设置提醒等；可拓展的通知栏——使用 3D Touch 功能拓展窗口信息，让用户快速浏览更多信息，并做到在不离开当前页面的情况下对该信息进行快速操作，降低了操作的阻断性。

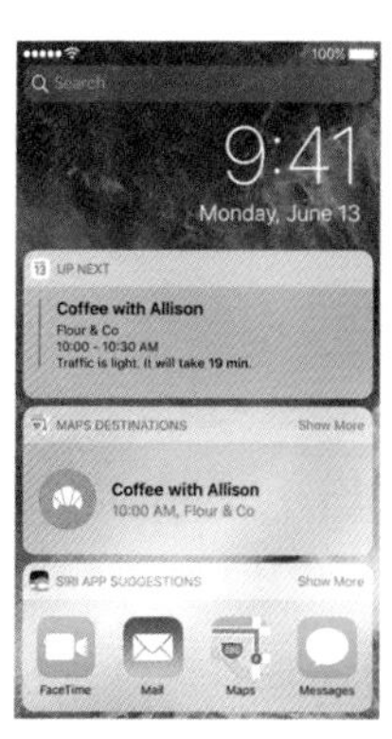

搜索和主屏窗口控件（widget）

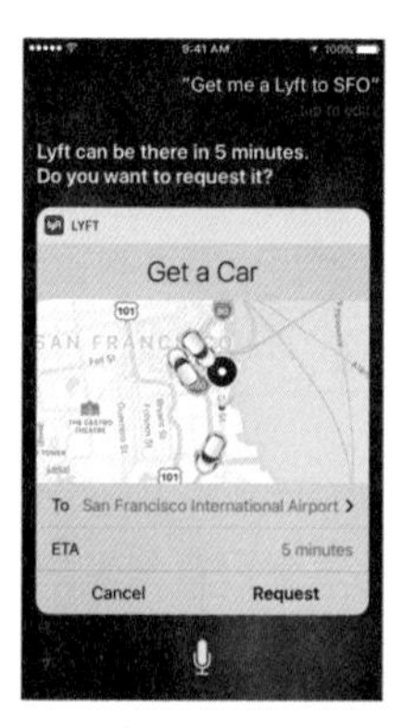

与Siri的联动

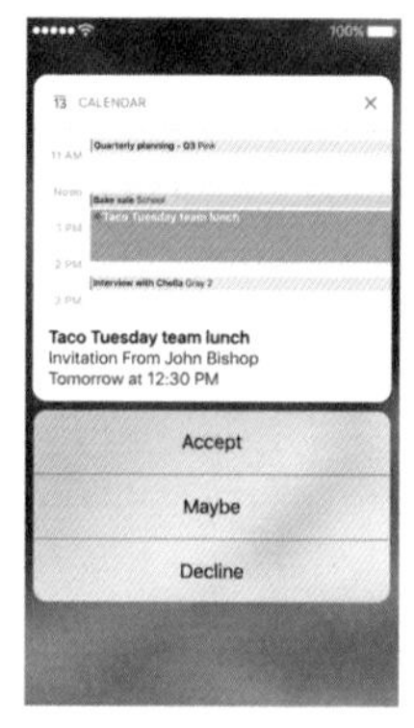

可拓展的通知栏

iOS 系统的人机界面

iOS 系统的主要三种导航结构如下图所示。

iOS 系统的三种导航结构

iOS 系统的主要手势操作如下图所示。

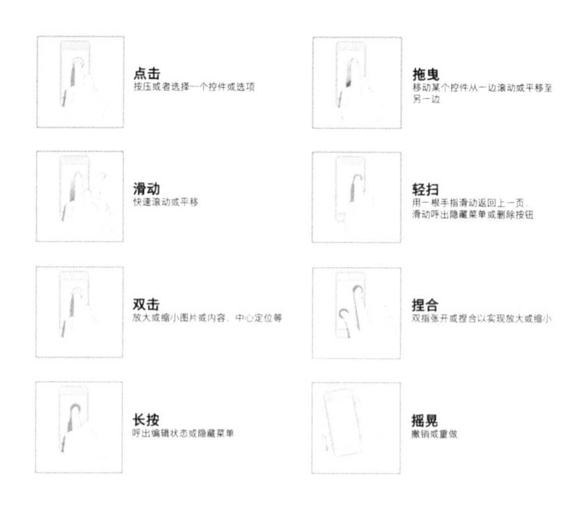

iOS 系统的主要手势操作

iOS 平台的界面布局层级如下图所示。

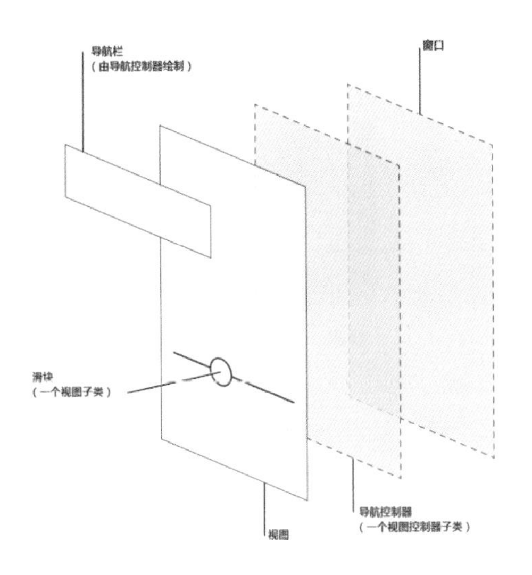

iOS 平台的界面布局层级

iOS 系统版本迭代发展趋势

可以看到，iOS 平台每年都会有大版本迭代。伴随着用户群需求更个性化以及技术发展，未来的设计发展与突破令人期待。

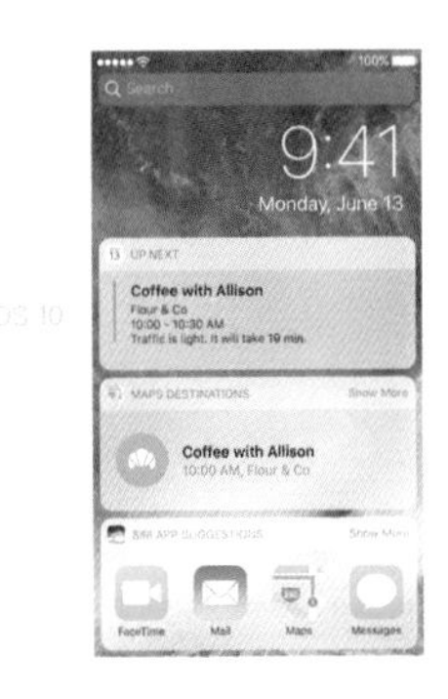

Android 平台

Android 一词本意指“机器人”，后被用作 Google 于 2007 年宣布的平台开源手机操作系统的名称。显著的开放性可以使其拥有更多的开发者，随着用户和应用的日益丰富，Android 平台很快走向成熟。在 Google I/O 2014 大会上展示的运用于规范 Android 平台的设计指南——Material Design，成为不同平台、设备之间沟通的桥梁。

Material Design 的设计原则

- 空间层级：实体感就是（通过设计方式来表达）隐喻。
- 设计语言：鲜明、形象、意图。
- 动效：有意义的动画效果。

实体感就是隐喻
Material is the metaphor

鲜明、形象、意图
Bold, graphic, intentional

有意义的动画效果
Motion provides meaning

Material Design 设计原则

Material Design 的要素

- 环境：Material 环境是一个三维空间，每个对象都有 *x*、*y*、*z* 三维坐标属性。
- 高度和阴影：高度是 *z* 轴上两个平面之间的相对深度或距离；阴影提供了对象深度和方向性移动的重要视觉线索。

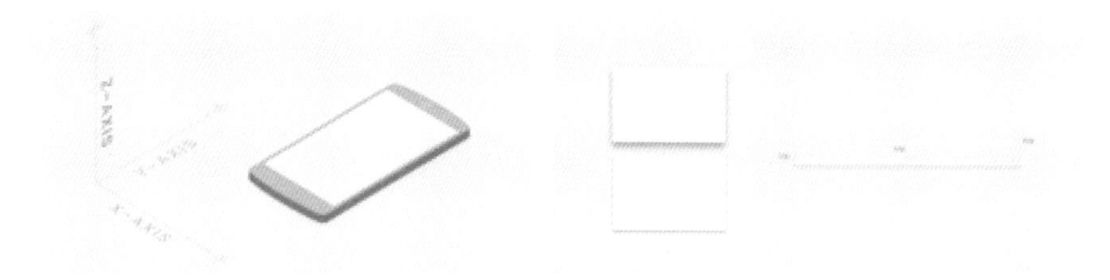

Material Design 的要素

Material Design 的布局准则

- 布局：通过使用相同的视觉元素、结构网格和通用的行距规则，让 App 在不同平台及屏幕上拥有一致的外观和感觉，并依据优先级表达层级深度。
- 自适应：制定通用的基准线和栅格，按比例跨设备布局排版，支持不同尺寸的屏幕，保障 App 扩展性。

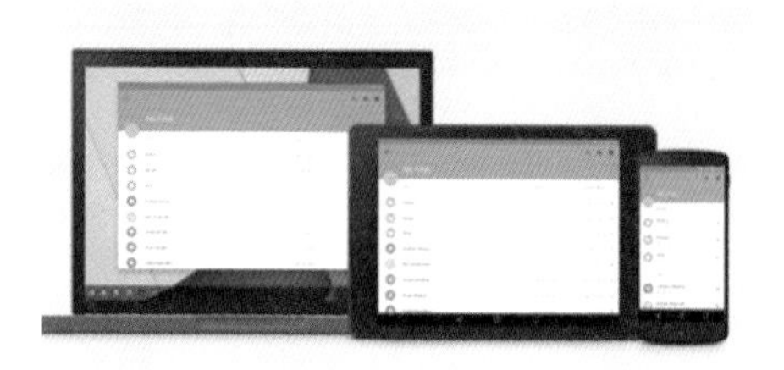

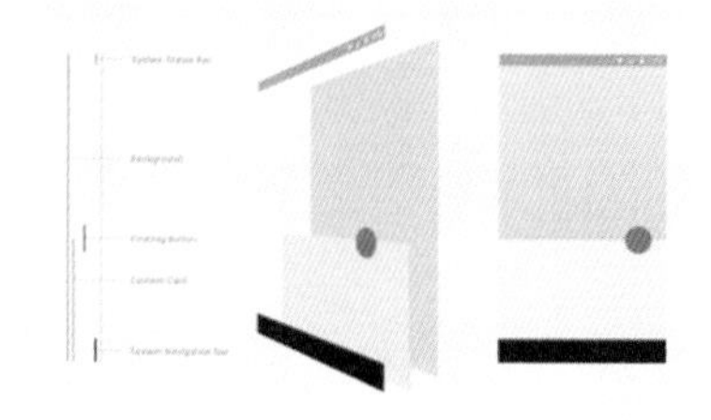

Material Design 的布局准则

Material Design 运用于移动设备上的 10 种布局模板如下图所示。

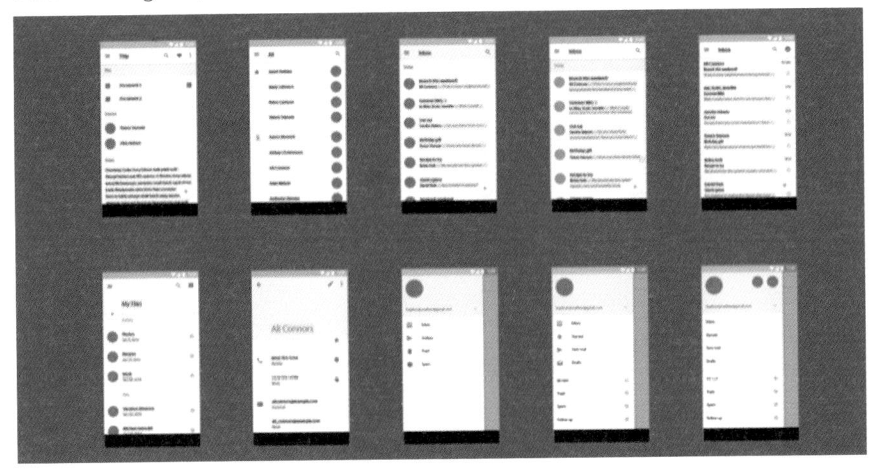

Material Design 运用于移动设备上的 10 种布局模板

不仅限于移动端，Material Design 在各类设备上都得以广泛的运用，让用户在不同平台上也有连贯的体验，被称为 Google 拿来媲美 Apple 的设计。

4.2 移动端界面设计模式库

作为一名设计师，不仅需要开阔的思路，还需要储备一些设计模式，学会从归纳的方法中选择与演绎设计方案，特别是对于技术与设计更新迭代快速的移动端产品来说，这是极为高效的方法。这里整理了从流程操作和信息交互两大模块所包含的交互设计模式。流程操作包含：导航、搜索、分类筛选、引导帮助；信息交互包含：输入、表单、图表、反馈。

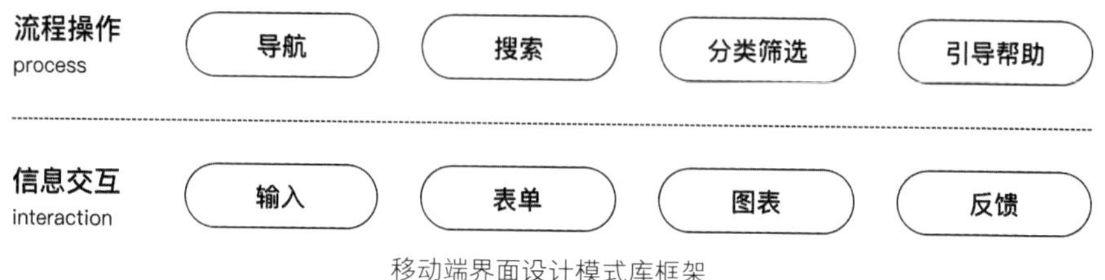

移动端界面设计模式库框架

4.2.1 常见界面设计模式

1. 导航

主要交互设计模式：滑动切换式、Tab 切换式、抽屉式、桌面式、列表式和悬浮式。

（1）滑动切换式。

优点：入口信息非常突出；便捷的滑动手势切换；导航入口数量不会受限。

缺点：增加页面头部层级感。

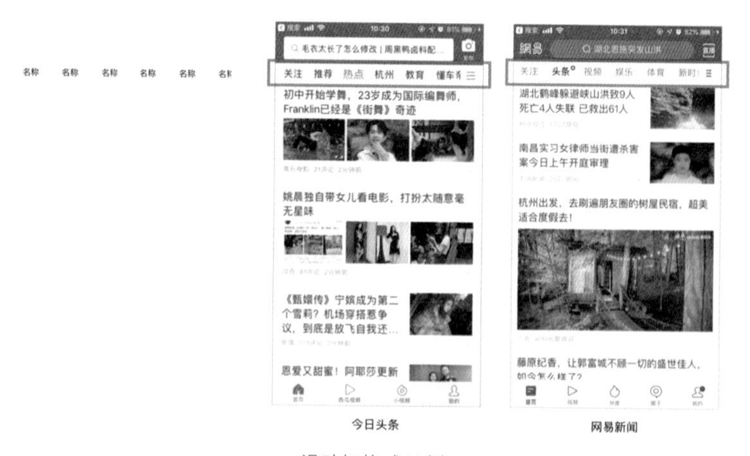

滑动切换式示例

（2）Tab 切换式。

优点：功能层级鲜明，并能清楚展现当前功能的入口。

缺点：导航入口数量受限；受平台限制。

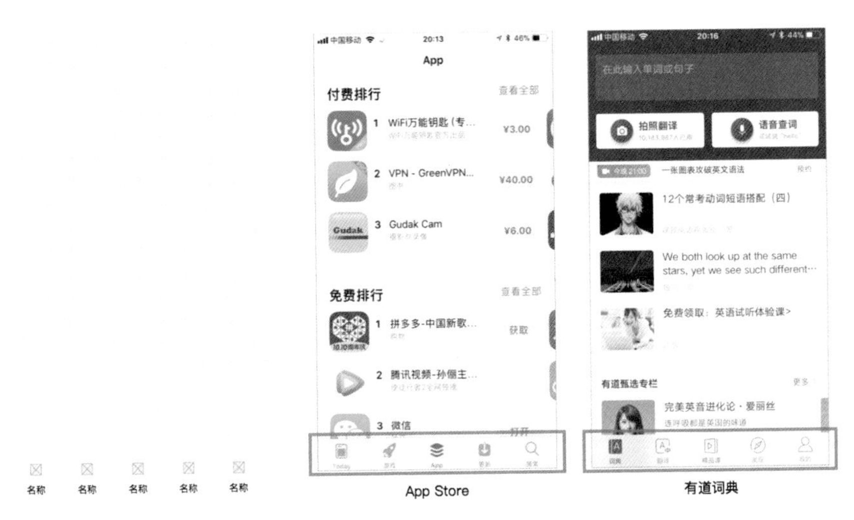

Tab 切换式示例

（3）抽屉式。

优点：页面干净美观，方便配合手势操作。

缺点：隐藏式入口导致点击率下降，适合低频功能。

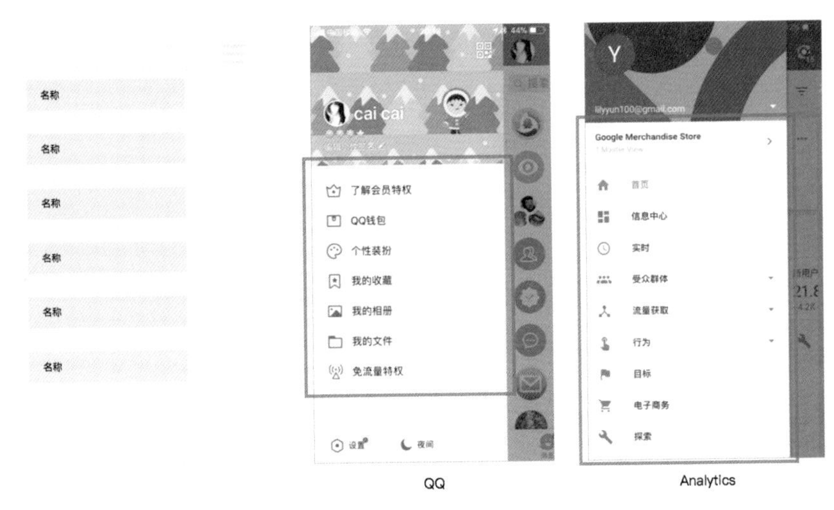

抽屉式示例

（4）桌面式。

优点：入口信息非常突出。

缺点：无法直接获取信息。

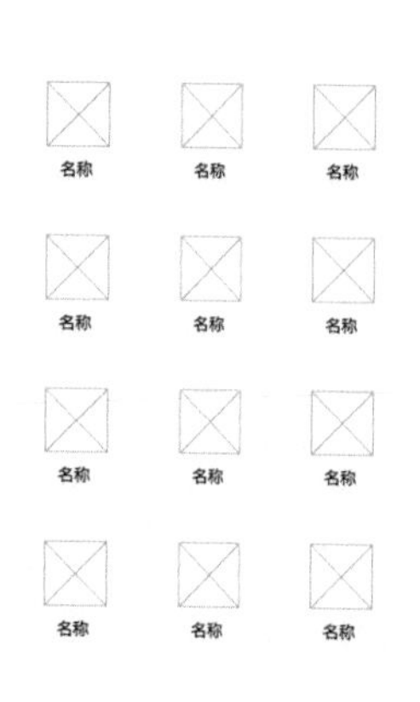

桌面式示例

（5）列表式。

优点：可以展现大量的功能入口，简单直接；功能入口一目了然，适合长标题。

缺点：增加了逻辑层次，无法突出功能。

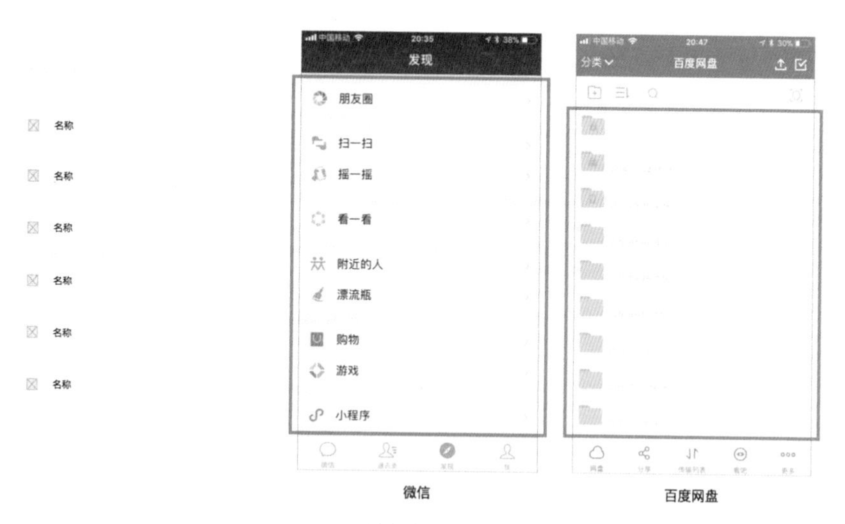

列表式示例

（6）悬浮式。

优点：便捷的操作入口，高自由度，适合大屏时代。

缺点：会遮挡某些页面信息。

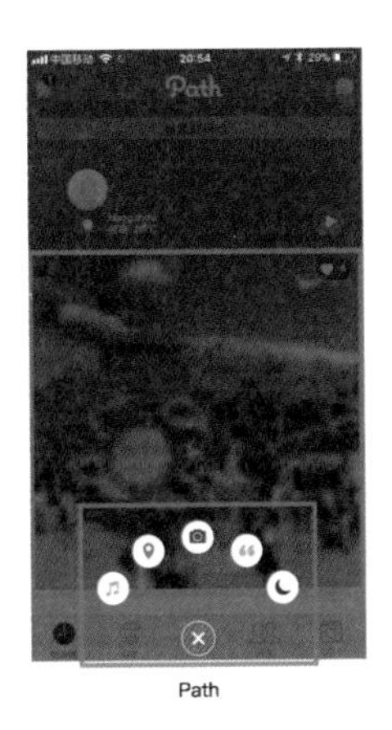

Path

好奇心日报

悬浮式示例

2. 搜索

交互设计模式：搜索入口、搜索范围、搜索历史及建议和搜索结果。

（1）搜索入口。

优点：用户可通过输入文本、语音、图片和二维码等方式输入要搜索的内容，快捷获取所需信息。

手机百度　　Chrome

搜索入口示例

（2）搜索范围。

优点：在搜索前限定搜索范围或搜索目标的属性类型，可提升搜索结果的准确率。

缺点：会增加用户的操作步骤。

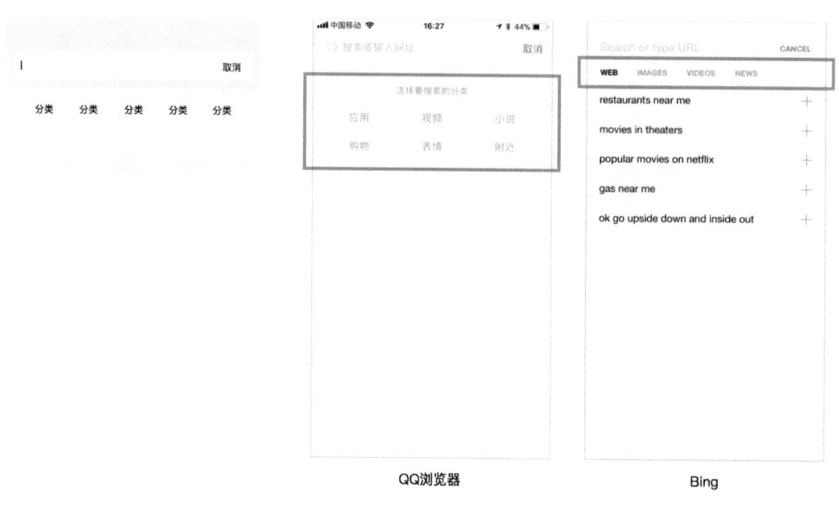

QQ浏览器　　Bing

搜索范围示例

（3）搜索历史及建议。

优点：在搜索前与搜索过程中，适时提供建议，提升搜索效率及准确率。

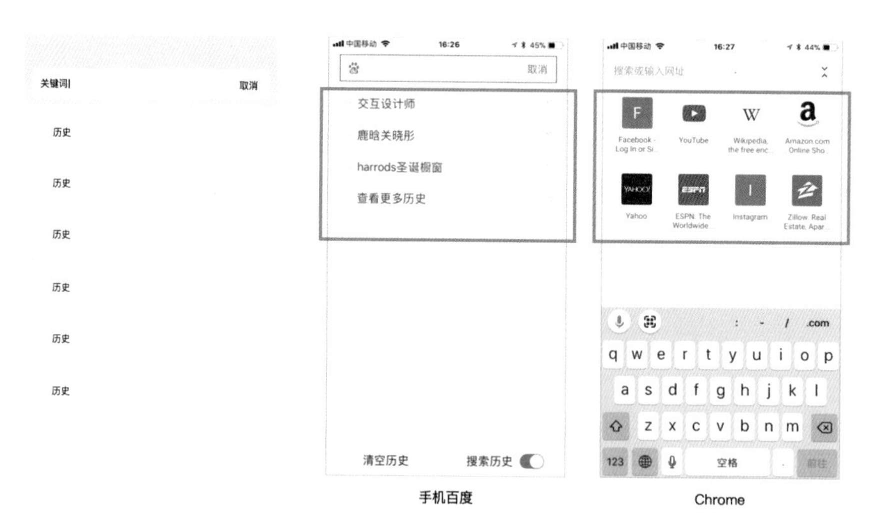

手机百度　　Chrome

搜索历史及建议示例

（4）搜索结果。

优点：利于搜索结果页的展现。

搜索结果示例

3. 分类筛选

交互设计模式：直接筛选、分类筛选、范围筛选和表单筛选。

（1）直接筛选。

优点：可以清晰显示当前筛选项，操作便捷。

缺点：可承载排序选项有限。

直接筛选示例

（2）分类筛选。

优点：提供更多层级的筛选维度。

缺点：增加操作路径。

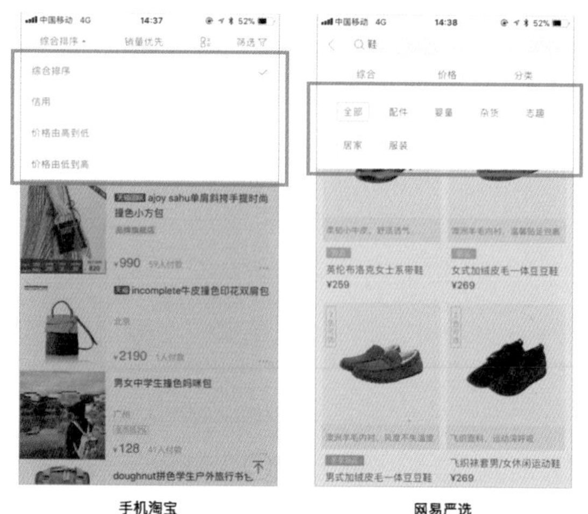

分类筛选示例

（3）范围筛选。

优点：提供范围维度的筛选。

缺点：增加操作路径。

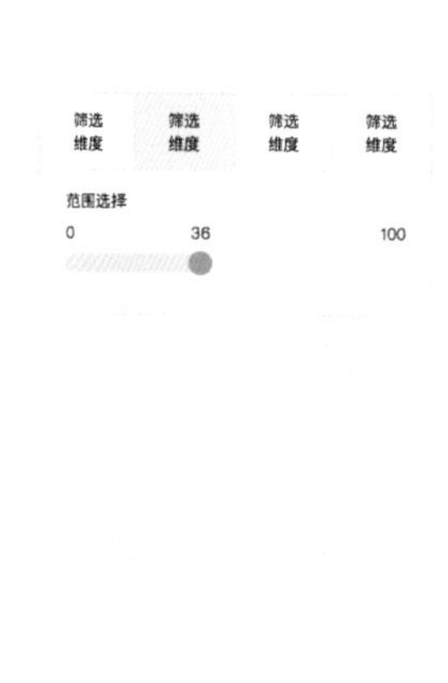

范围筛选示例

（4）表单筛选。

优点：支持复杂的多维度的筛选，筛选精度高。

缺点：操作难度相对较高。

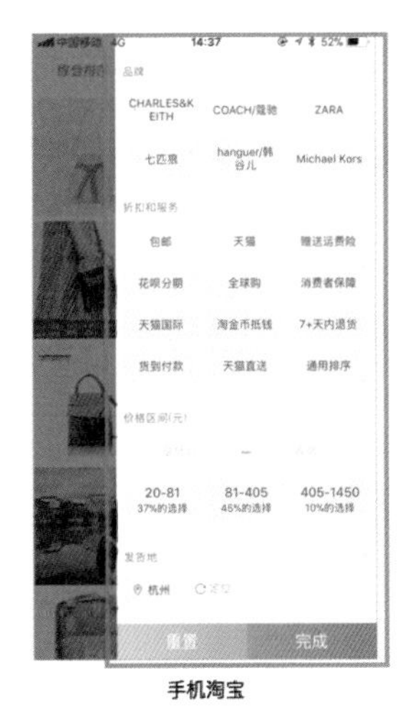

手机淘宝

网易考拉

表单筛选示例

4. 引导帮助

交互设计模式：全屏引导、弹框引导、内容引导、浮层引导、帮助页面。

（1）全屏引导。

优点：多适用于App开屏页，帮助用户了解App新功能；引导明显，具备很大的设计空间。
缺点：具有阻断性，时间成本高。

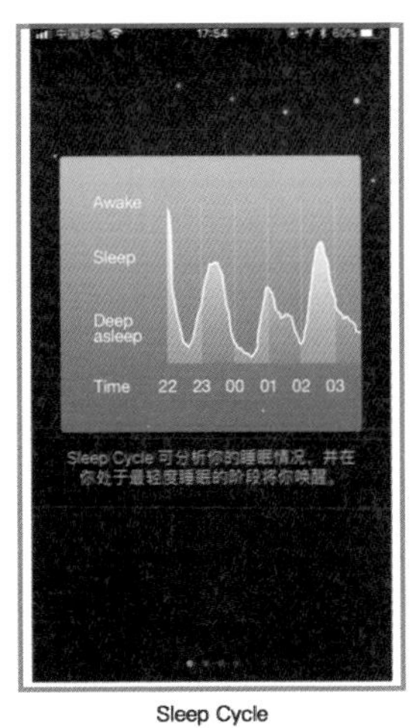

Sleep Cycle

每日故宫

全屏引导示例

（2）弹框引导。

优点：提醒作用明显；强制用户操作，对必需的操作进行引导。

缺点：具有阻断性。

Lyst

搜狗输入法

弹框引导示例

（3）内容引导。

优点：气泡或占位性提示；轻量化引导，不影响操作。

缺点：提醒效果较弱。

我的天气

墨迹天气

内容引导示例

（4）浮层引导。

优点：原界面不消失，具备操作及指向性。

缺点：轻微阻断感，视觉效果较沉闷。

Behance

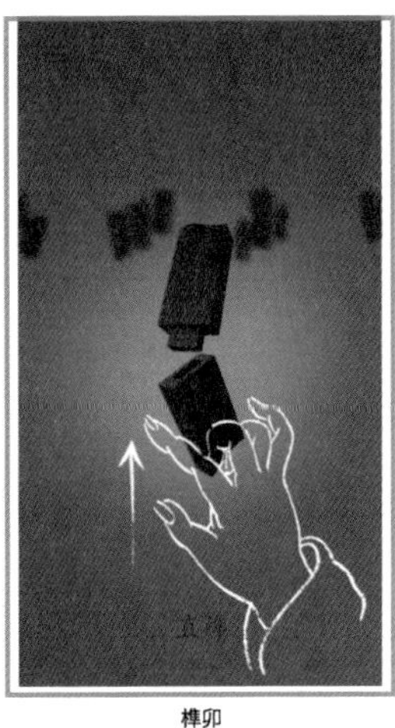

榫卯

浮层引导示例

（5）帮助页面。

优点：固定的设置与帮助页面；更多高阶功能的操作说明。

缺点：内容多且乏味。

百度输入法

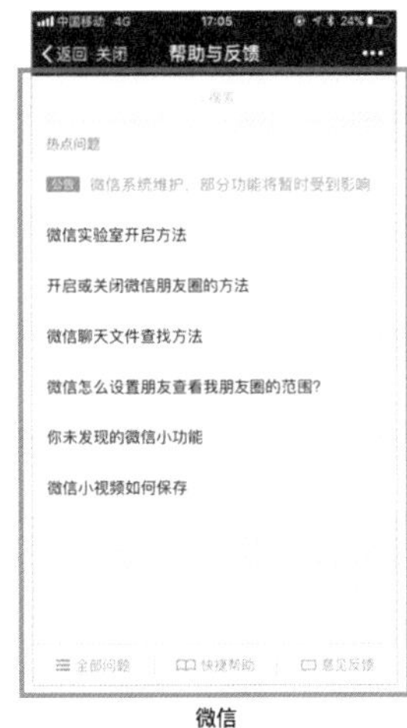

微信

帮助页面示例

5. 输入

交互设计模式：基础输入、编辑输入和多媒体输入。

（1）基础输入。

优点：包含键盘文字输入和语音输入，能够满足信息输入的基本需求。

缺点：输入形式及内容类型单一。

基础输入示例

（2）编辑输入。

优点：可以编辑输入表格、图形，调整文字格式等自定义信息。

缺点：效率不高，需要结合辅助功能完成输入。

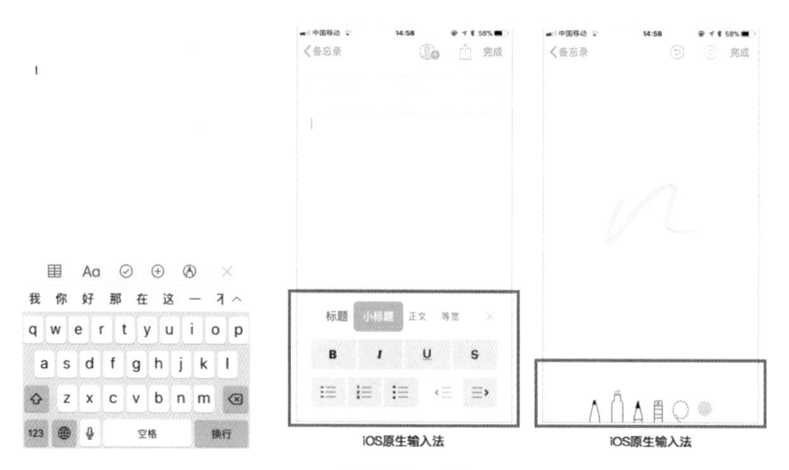

编辑输入示例

（3）多媒体输入。

优点：场景化交互，快速输入，支持多种内容类型。

缺点：需要培养使用习惯。

多媒体输入示例

6. 表单

交互设计模式：登录表单、信息表单。

必要元素：标题、输入框、提交按钮。

（1）登录表单。

优点：注意内容的精简，减少不必要的输入，提供多种登录方式。

缺点：容易带来阻断性体验。

登录表单示例

（2）信息表单。

优点：可以支持输入、筛选、勾选等交互方式，获取不同维度、更为丰富的用户信息。

缺点：需要避免操作过于复杂耗时，以免使得用户失去耐性。界面上可适当设置帮助说明，降低用户操作及理解难度。

天巡旅行

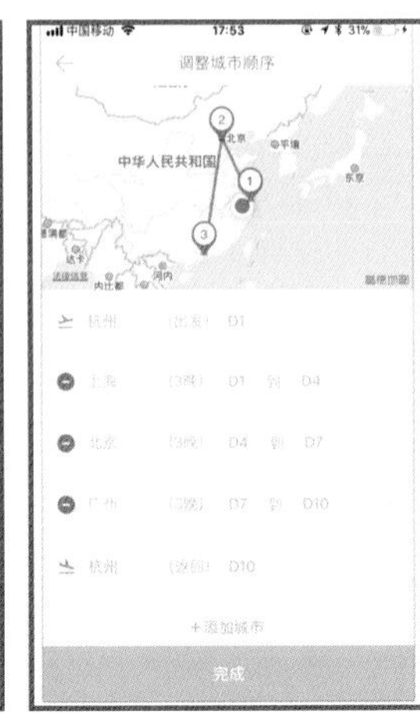

行程助手

信息表单示例

7. 图表

交互设计模式：常规趋势图表、可视化图表、文字列表和可视化列表。

（1）常规趋势图表（包含折线图和柱状图的展现样式）。

优点：可直观展现一段时间内的信息变化趋势。

缺点：指标数量受限。

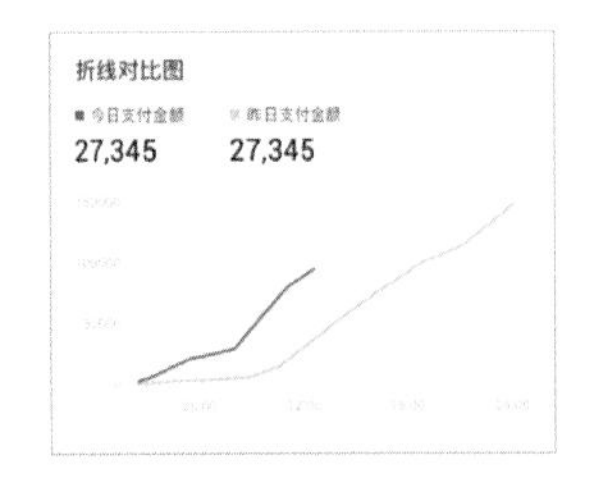

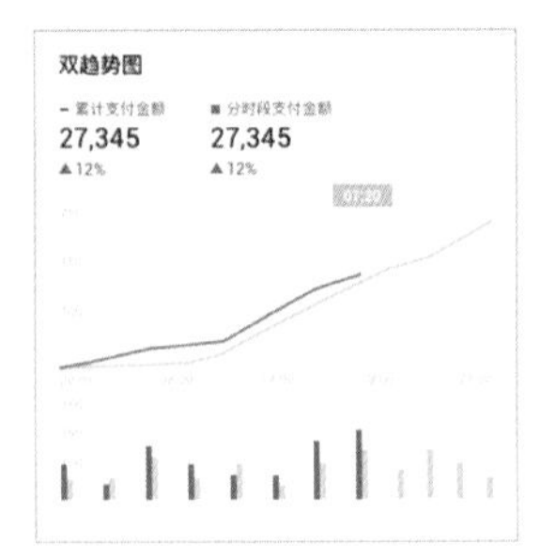

某数据分析产品

常规趋势图表示例

（2）可视化图表（包含进度、占比等关系的展现）。

优点：可直观展现信息，数据可视化。

缺点：指标数量受限。

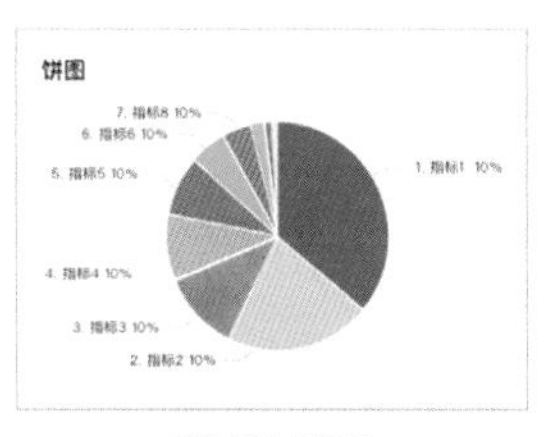

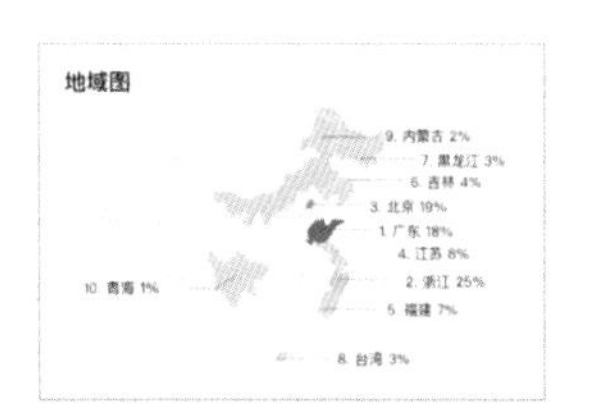

某数据分析产品

可视化图表示例

（3）文字列表。

优点：可展现大量内容信息。

缺点：容易信息量负荷过重，难以分析数据关系，重点不突出。

块状列表

访客数	浏览量	支付买家数
820,390 ▲12%	7,460,294 ▲6%	26,631 ▼12%
820,390 ▲12%	7,460,294 ▲6%	26,631 ▼12%
820,390 ▲12%	7,460,294 ▲6%	26,631 ▼12%

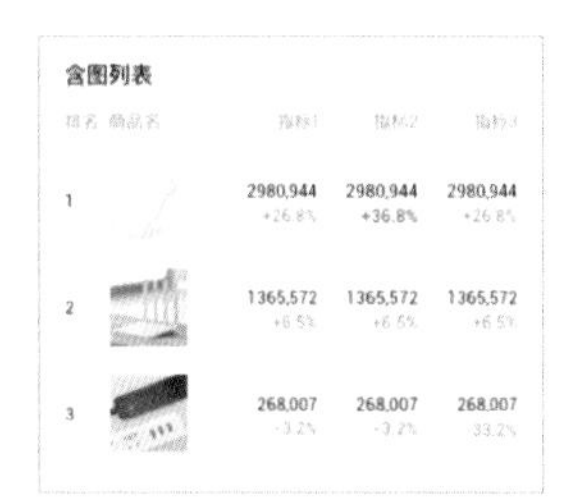

某数据分析产品

文字列表示例

（4）可视化列表。

优点：可以直观展现内容信息及其对比和变化关系。

缺点：信息承载量受限。

可视化列表

上装	922.3万	38%
下装	572.3万	19%
外套	422.5万	15%
配饰	89.1万	21%
衣帽	5.2万	5%

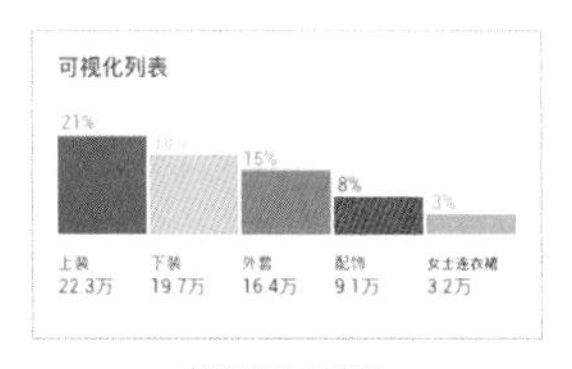

可视化列表

NEW

468.5万 240.2万 156.1万 95.5万 12.2万

某数据分析产品

可视化列表示例

8. 反馈

交互设计模式：Loading、操作反馈。

（1）Loading。

优点：让用户了解操作进度，减少用户等待的焦虑。

缺点：可能会使用户感到烦躁，可适当增添趣味性。

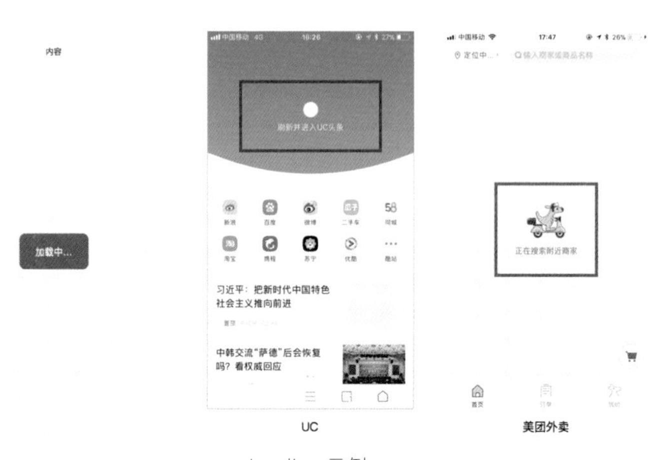

Loading 示例

（2）操作反馈。

优点：操作过程中适时提醒，对重要操作进行确认和执行，同时为用户提供可返回的退路。

缺点：可能会对流程有所阻断。

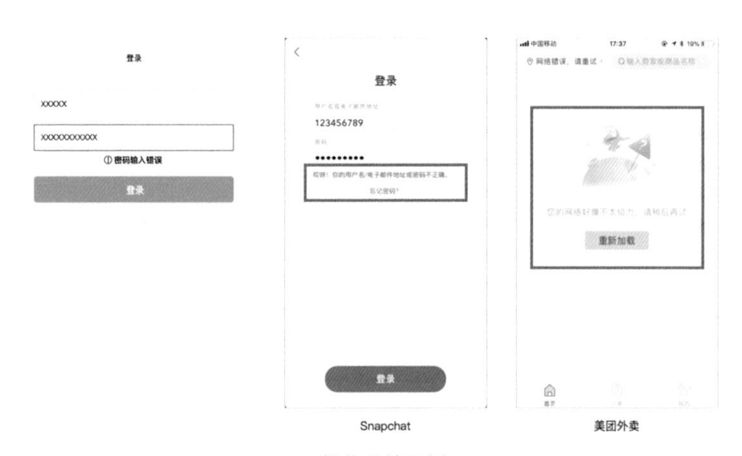

操作反馈示例

4.2.2 手势

用户通过在触摸屏上使用手势来与移动设备交互。这些手势不仅表现了一种人与内容之间亲密的联系，而且加强了用户对屏幕上对象更直接的操作感。用户普遍希望以下标准手势能够在操作系统和每一个应用内保持一致。

- 点击（Tap）：激活一个控件或者选择一个对象。
- 拖曳（Drag）：让一个元素从一边移动到另一边，或者在屏幕内拖动元素。
- 滑动（Flick）：快速滚动或平移。
- 横扫（Swipe）：单指操作以返回上一页，呼出分屏视图控制器中的隐藏视图，滑出列表行中的删除按钮，或在轻压中呼出操作列表。在 iPad 中四指操作用来在应用间切换。
- 双击（Double tap）：放大并居中内容或图片，或者缩小已放大过的内容或图片。
- 捏合（Pinch）：向外张开时放大当前内容，向内捏合时缩小当前内容。
- 长按（Touch and hold）：在可编辑或者可选文本中操作，显示放大视图用于光标定位。在某些与集合视图类似的视图中操作，进入对象可编辑的状态。
- 摇晃（Shake）：撤销或重做。

手势使用原则

一般使用标准手势

用户已熟悉了标准手势，并不喜欢在做相同事情时被迫去学习不同的方式。在游戏等沉浸式体验的应用中，自定义的手势能够成为体验的有趣要素。但是在其他应用中，最好使用标准手势，这样用户就无须花费多余的力气去学习和记忆它们。

不要禁止系统性的手势

除了标准手势，还有一些手势会触发系统性的操作，譬如呼出控制中心或通知中心。在每个应用中，用户都依赖使用这些手势。

避免使用标准手势来执行非标准的操作

除非你的应用是一个极具可玩性的游戏，否则重新定义标准手势会变得混乱和复杂。

为基于界面的导航和操作提供补充性的快捷手势，而不是取而代之

尽可能提供简单明显的方式来导航或执行操作，即使它可能意味着额外的点击。非常多的系统应用包含一个提供了清晰可点的“返回上一页”按钮的导航栏。但是用户也能通过在屏幕边缘右滑来返回。在 iPad 上，用户可以按 Home 键退出到主屏幕，或者使用四指捏合的手势。

使用多指手势来加强某些应用的体验

虽然涉及多个手指同时操作的手势不适用于每一个应用，但是它们能够丰富一些应用的体验，譬如游戏和绘画应用。一款游戏可能包含多种屏幕上的控件，比如同时操作的控制杆和发射键。

3D 触摸

伴随着 iOS 10 的到来，新增了 3D Touch 功能，它为触碰式交互增加了一个维度。在支持 3D Touch 功能的设备上，用户通过对触摸屏施加不同的力度来实现更多的功能，譬如触发菜单、显示更多的内容或播放动画。用户无须学习新的手势来使用 3D Touch 功能，当他们轻压屏幕并且获得应答的时候就能立即发现这一新的交互维度。

主屏幕交互

在支持 3D Touch 功能的设备的主屏上按压应用图标会触发相应的操作视图。该视图让你能够快速地执行常用的应用任务和预览有趣的信息。譬如日历应用，它能够提供创建新事件的快捷操作，同时显示日程表上的下一个事件。

轻压和重压

轻压（Peek）允许用户使用 3D Touch 功能在当前环境中预览一个临时视图内的对象，譬如一个页面、链接或者文件。要想在支持该功能的设备上实现预览，只需用手指对应用施加一点压力，而抬起手指就能退出预览。要想打开对象来浏览更多的内容，请用力按压即重压（Pop）屏幕直到对象放大到铺满屏幕。在一些轻压视图上，可以通过上滑来显示相应的操作按钮。譬如，在 Safari 中打开了某个链接的轻压视图时，可以通过上滑展开相应的操作按钮——打开链接，添加至阅读列表和复制链接。

利用轻压视图提供实时的内容丰富的预览

在理想情况下，轻压视图可查看更多信息以补充说明当前任务。例如，预览邮件信息中的链接，从而决定是否在 Safari 浏览器中打开或者分享给朋友。轻压视图一般用于表单视图中，提供一个选项的详细信息，从而决定是否选择该选项。

设计足够大的轻压视图

设计一个足够大的轻压视图从而保证手指不会遮挡到内容。确保轻压视图能够提供足够详细的信息，以便用户决定是否重压来完全打开该选项。

统一使用轻压和重压功能

如果你只在某些地方使用轻压和重压，而不在另一些地方使用，用户就不会知道到底哪里可以使用这些功能，而且可能会认为你的应用或者他们的设备出了问题。

允许每个轻压视图都能够被重压

虽然轻压视图能够提供给用户所需的大部分信息，但如果他们想离开当前任务并转移注意力至该选项时，应该允许他们过渡到重压。

避免在轻压视图中呈现按钮式元素

如果用户抬起手指去点击类似按钮的元素，轻压就会消失。

不要让同一项目同时具备轻压和编辑菜单两项功能

当一个项目同时启用两项功能时，不但会让用户感到困惑，也会让系统难以判断用户目的。

适当提供操作按钮

轻压类似单次轻触，为常用任务提供快捷操作，适当提供操作按钮可以让用户更加容易理解。但并不是每一个轻压操作都需要一个操作按钮，有时整个选项卡也可以成为一个轻压操作。

避免为打开被轻压的项目提供操作按钮

用户一般都是通过更重的按压来打开他们轻压的项目。所以，没有必要再提供一个明显的打开按钮。

不要让轻压成为唯一的执行项目操作的操作

并不是所有设备都支持轻压和重压，甚至有的用户会关闭 3D Touch 功能。此时可以考虑使用其他触发项目操作的方式。譬如，可以将轻压的快捷操作映射到一个视图中，该视图会在点击和长按时出现。

4.2.3 转场动效

2014 年年底，Android 5.0 Lollipop、iOS 8 两大移动终端系统发布，流畅的动效逐渐成为一个应用或系统中的“标配”。优秀的动效赋予设计足够的可能性，给用户带来愉悦感和惊喜感，强化产品的用户体验。

一个好的转场动效应该让用户感到反馈及时、条理清晰、连贯有趣。合理出现的转场动效可以有效引导用户注意力，减少用户在页面跳转或元素重组时的认知困惑，消除等待加载时的焦虑，从而提升整体用户体验的流畅度。下面主要从以下三个方面介绍转场动效。

1. 转场动效元素

- 进入元素：转场前没有、转场后出现的元素。在转场中需要通过恰当的动效被用户感知到。
- 淡出元素：转场前有、转场后消失的元素。应当快速消失以免分散用户注意力。
- 共同元素：转场前后都出现的元素，但是大小、透明度、展示区域未必相同。可以细微至单个图标，也可以是占据全屏的图片或视频。在转场中可以作为媒介引导用户视觉焦点，实现更自然的过渡效果。

2. 动效原则

- 快速响应：用户触发转场后，应该快速给予反馈。转场动效不能太慢，让用户等太久；但也不能过快，让用户猝不及防。建议时长 300~400ms，超过 400ms 用户会明显感觉到延迟。
- 有层次的时序：在建立转场的时候，对于元素移动的顺序和时机都要详加考虑。要确保这个动画能使信息的展示具有层次感。也就是说，它能引导用户的关注力，将最重要的内容传递给用户。
- 视觉连贯性：在两个视觉效果不同的页面之间的转场应该平滑、轻快，更重要的是使用户感觉思路清晰而非困惑。一个好的转场可以四两拨千斤，让用户清楚地了解他们应该关注哪里。
- 操作状态及时反馈：接收到输入事件，如点击屏幕或者语音唤醒输入，设备能清晰而及时地让用户感知触摸按钮和语音输入时的变化。
- 动效系统层面相对统一。
- 有意义的动效：如果没有必要不建议添加动效，衡量一个动效是否有意义，以下面几个标准来考核：
    a. 添加动效后是否影响到性能，不出现大幅度波动或者卡顿现象。

b. 添加动效后是否会提高产品的可用性，必须带有明确的目的性，提升用户的舒适度，不做多余或炫技的动效。
c. 提升产品界面的沉浸式引导、灵动性和用户代入感，沉浸式引导动效可增强用户对产品的认知和情绪的代入。

3. 转场类型

- 侧边覆盖滑入 / 滑出
  描述：进场页面从屏幕右侧向左侧滑入，退场时从左往右滑出。
  适用场景：最常见的转场类型，适用于上下层级关系的页面跳转，在页面中多表现为“进入 – 返回”操作，如列表。

- 底部滑入 / 滑出
  描述：进场页面从屏幕底部向上滑入，退场时从上往下滑出。
  适用场景：适用于浮层类页面，在页面中多表现为“打开 – 关闭”或“新建 – 取消”操作，如创建页、发表页、搜索页、选择器。

- 神奇移动
  描述：通过改变相同元素的属性，如位置、大小、透明度、颜色、阴影等，神奇移动自动补全中间的过渡状态，形成平滑的过渡效果。
  适用场景：①图片、视频等作为共同元素，由缩略图放大为大图或全屏显示，反之亦然。多出现在图片或视频类应用中，如点击列表中的缩略图，会切换到大图模式等。②采用页面内共同元素，进入详情页或聚合页。只有位置变化，不涉及大小变化。

- 横向推移
  描述：在出现横划手势操作时，页面左右切换。
  适用场景：同级信息切换，转场页面之间是并列关系，在页面中表现为“上一个 – 下一个”操作，如大图浮层多图浏览、二级 tab 切换。

- 纵向推移
  描述：在出现上下滚动手势操作时，页面上下切换。
  适用场景：①信息流中的同级信息切换，在页面中表现为“上一个 – 下一个”操作，如视频浮层。②作为原页面信息的补充，展示详情或相关信息。

4.3 移动端交互设计趋势

在移动互联网飞速发展的时代，每年都会有一些新鲜的设计趋势涌现出来。用户体验部门，如百度 MUX（移动用户体验部）就有这样的趋势研究兴趣小组，由一群热爱“尝鲜”的交互设计师组成。趋势研究小组会定期查看应用市场里源源不断涌现的热门应用，记录令人眼前一亮的全新设计，梳理时下热门设计方法，分析原因（很多新颖设计方法的应用都是技术创新的产物）并最终归纳总结成设计趋势，供设计师更新自身“信息库”并借鉴到产品的优化创新中去。

1. 卡片化的设计模型

卡片化内容呈现打破了原有的模式：内容至上，去除一切干扰，是目前应用比较广泛的一种设计模式。在用户需要浏览大量信息的场景下，提高了内容的呈现效率。

手机 App 内容展现采用卡片化的形式，在信息展现上非常突出，并且便于多种内容信息的组合；在 Apple Watch 应用中，卡片化设计同样应用频繁，例如地理位置服务等，能够突出服务内容，将重要信息清晰展现。同时，在多平台网站设计上卡片化可以更好地适配不同尺寸的设备界面，在多种屏幕尺寸适配方面一直具有非常明显的优势。

应用场景：需要展现较大量信息的应用、跨平台应用等。

Chrome

生意参谋

支付宝

卡片化应用示例

2. AR/VR 的广泛运用

随着硬件技术的发展，可以实现平面与立体之间、立体和立体之间、信息和图像之间甚至静态和动态之间的转化。把平面信息 3D 化，识别立体的人和物，实现实时多感官交互等。可以说 AR/VR 的运用会是未来的核心趋势之一，也为未来移动体验带来更多的可能性和畅想。

iPhone X 发布了 Face ID 操作，实现从指纹识别升级到“刷脸”识别，未来的交互无须动手即可完成，人机交互方式更加自然高效。在 iMessage 的动态表情设计中同样运用人脸识别技术捕捉用户说话的表情和神态，并转化成卡通形象，趣味盎然。如果再放大来看，人脸识别可以成为一个人在社会中的身份标志，面容不仅可以用于安全解锁和支付，还可用于社会身份管理、美容化妆购物等，交互形态和场景更为丰富；2017 年春节的支付宝集五福红包也是运用 AR 技术大火了一把，通过手机摄像头与现实和地理环境的交互促使大家热情地参与了一场找“福”的游戏活动；Google 也推出了简易的可支持手机的头戴式显示器，为用户提供虚拟现实的成像体验。

应用场景：该趋势将普遍适用于应用的场景转换、提示，以及复杂的信息层级表现。

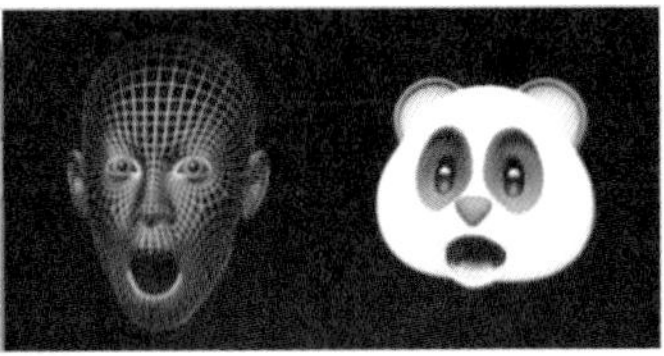

Apple Face ID

支付宝

Google Cardboard

AR/VR 应用示例

3. 场景化的服务触达

大量应用带来的竞争，促使更多应用希望通过入口前置，提高使用频率，增强易用性。但是在入口前置的方式中，只有部分提高了便捷性，更多的只是增加了用户的使用负担与负面情绪。而适合场景的前置则会显得尤为贴心，减少用户干扰，增强产品黏性与人文关怀。

在实际运用中，往往在锁屏界面、通知栏（操作系统中一般是快捷下拉唤起）和操作中心都极好地承载了场景化前置入口的交互界面。例如，iOS 锁屏上支持一些应用的快捷操作，无须解锁即可使用一些重要功能。一些音乐应用会将“上一首”、“收藏”和“删除”等快捷功能都前置到锁屏界面，为那些想快速操作的用户带来极大的便利。又如地图导航产品将手机导航界面前置到了锁屏，解决了走路用手机导航时需要频繁解锁的不便。iOS 系统的锁屏界面也会根据用户的地理位置以及周边信息推荐可能需要的应用等。

应用场景：使用场景明确，需要频繁操作的应用。可在锁屏界面、通知栏等位置加入场景化前置。

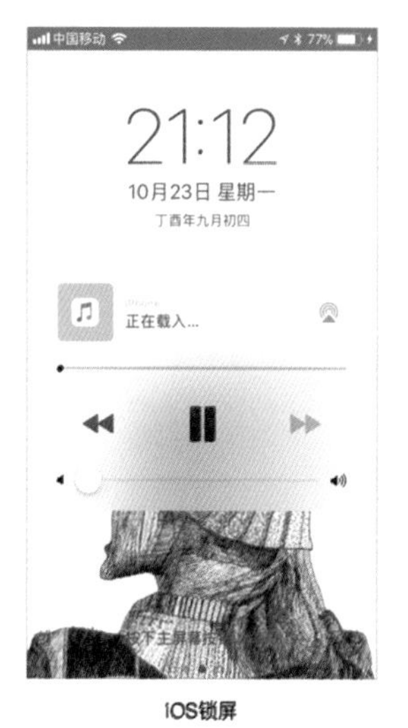

iOS锁屏

iOS通知栏

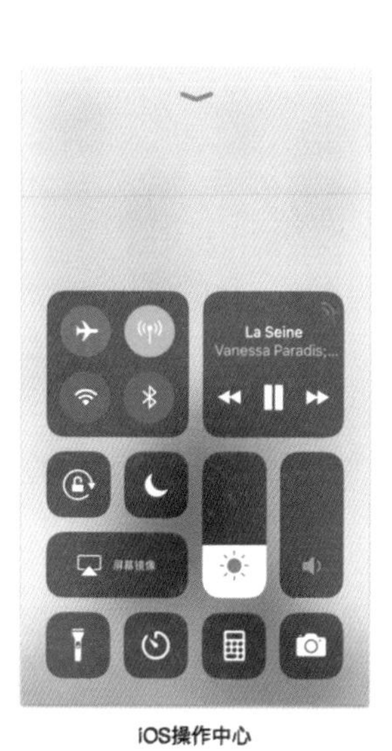

iOS操作中心

场景化的服务触达应用示例

4. 大屏幕下的操作聚焦

屏幕越来越大，我们的手则不然。对于 4 英寸以上的大屏手机，用户的操作体验并不尽如人意。由于屏幕过大带来的操作不便亟待解决，“为大屏设计”应运而生。通过优化界面结构，增加手势操作，以及适配单手操作布局，可以帮助用户解放双手，在大屏下更加自由便捷地进行操作。

在实际运用中，多以操作区域聚焦的方式来降低用户的操作难度，也会延展出单手模式的设计。重要功能底部聚焦：根据情况将“功能”或“导航”等原本在顶部导航栏的按钮下移到界面底部，确保用户在单手操作时可以在易于操控的区域内，缩短操作路径，降低点击难度。Keep、MONO（猫弄）等内容类的应用将主要功能按键设计在屏幕底端，不仅提升了操作的可触达性，同时突出了内容，改善了阅读浏览体验。单手模式缩小操作区域：由于单手操作需求的普遍性，无论是客户端产品还是系统平台都做出了相应的适应单手操作的解决方案。用户在特定场景下通过简易触发方式进入单手模式，缩小操控范围，将其控制在页面中下部手指易于触及的区域。iOS 系统中的双击 Home 键以及锤子手机中的下拉悬停，都是系统层级的交互解决方案。

应用场景：平台类、工具类等，需要单手操作频率较高的应用。

大屏幕下的操作聚焦应用示例

5. 顺滑的跨平台多端协同与操作

笔记本电脑、平板电脑、手机、智能手表等，这些设备切割着我们一天的时间。我们在这些设备上安装着相同的应用，就是为了可以随时开始我们的工作。跨平台产品通过使用同一账号，便捷地跨终端使用相同功能，在不同系统和设备间无缝操作同一个事件，保证任务的连续性。

以 B 端商业场景下的运用为例，阿里巴巴集团为淘系商家提供的一站式数据分析平台——生意参谋，基于商家在不同工作场景下的需求，有针对性地设计了其移动端与 PC 端的界面交互。移动端以不在办公桌前需要及时监控店铺经营为首要场景，而 PC 端以盯在大屏幕前深度分析店铺经营数据为首要场景。可见两者差异化明显，但又具备较强的交互协同性，如在移动端接收到数据预警通知后可以便捷地移步到 PC 端详细分析问题，或者分享给同事来紧急处理等。

应用场景：需要多终端即时同步、信息实时更新的效率类产品以及即时通信类产品。

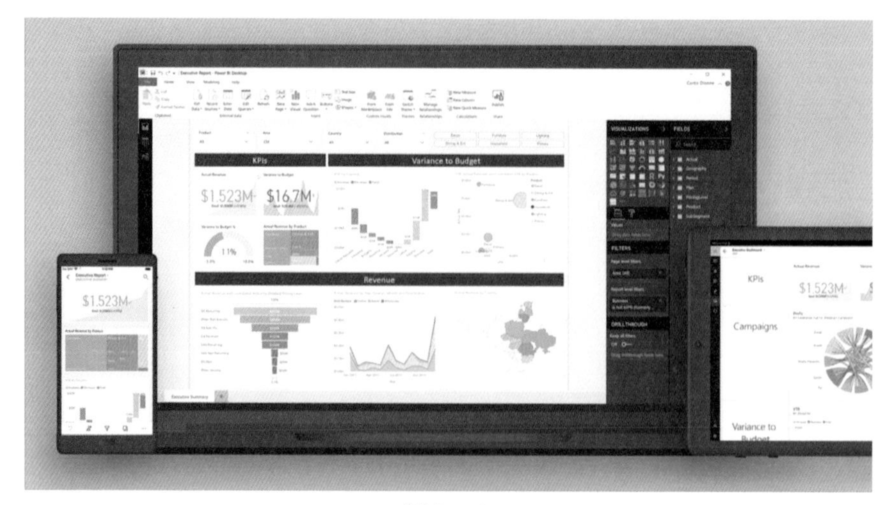

微软 PowerBI

跨平台多端协同与操作应用示例

6. 以内容为中心并更多地运用多媒体元素

从当前或未来趋势来看，很多 App 的页面设计都会更加具有层次感，在空间上有更多的尝试。随着网络技术和硬件水平的发展与进步，用户终端的接入速度越来越快，更多的多媒体元素如高清大图、视频、音频等，开始越来越多地被运用到界面设计中。多媒体内容的界面展现可以减少用户操作，为用户带来更为专注、沉浸的体验，使得用户更多地关注内容本身，越来越多的内容制造者及相关行业也如雨后春笋般应运而生。

在当前一些热门的产品中，一些信息展现类产品会使用更高清的全屏大图或视频的方式展现内容，为用户带来更为沉浸的体验。如阅读类产品的界面设计，以内容为中心，设计滚动界面时，隐藏操作按钮：在以阅读信息为主的产品中，许多产品采用了向上滚动时隐藏操作按钮，最大限度地减少了视觉干扰信息，帮助用户轻松地把注意力放在内容信息上。“直播”“弹幕”互动被各大视频、娱乐、音乐、购物甚至新闻类产品运用，主播采用视频方式与观众实时互动，覆盖在多媒体元素上的文字信息，带来了更丰富的互动体验和娱乐效果。用户对素材品质的要求也越来越高，例如，淘宝首页下拉出来的精心制作的视频故事就是极为成功的营销案例。另外，在一些产品比如购物 App 做活动的时候，通过运用精美短视频的方式展示商品特写和属性，为用户带来更为直观的展现，更生动的内容更好地调动了用户心智。

应用场景：新闻、阅读、书籍、设计、购物等内容输出类产品。需要突出内容本身，为用户带来更为沉浸的体验，避免界面干扰以及文本输入成本过高，或者无法用文本描述搜索对象的场景。

红板报

映客

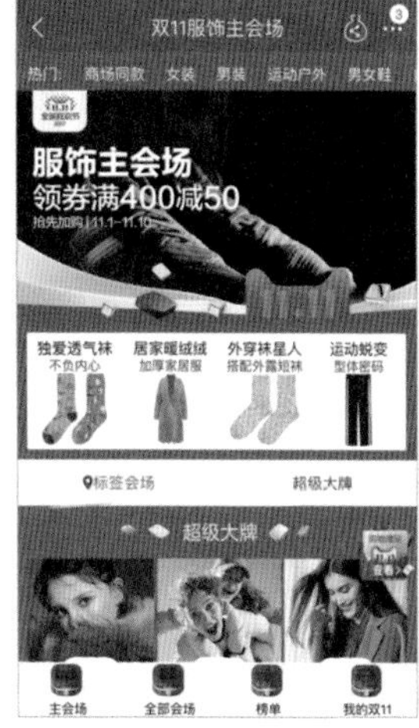

手机淘宝

以内容为中心并运用多媒体元素示例

7. 提高效率的手势操作

相信大家对“手势操作”已经不再陌生了。随着一些产品功能的强大及界面的复杂化，简单操作已不能满足需求，用户在操作上也感受不到快感。为了提高使用效率，合理运用符合自然语言的手势可以达到去繁取简的效果。所以，快捷手势在未来还有很大的发展空间。

举例来说，移动硬件设备快速迭代发展，可以识别用户更为精密的交互操作，比如 iPhone 6S 所具备的新特性 3D Touch，从硬件层面赋予移动设备更细腻的交互层次，按压的轻重不同可以实现不同的功能，如 iOS 的“重按”手势可以唤起应用的快捷操作入口或者快捷编辑照片等。更多手势操作如滑动，来代替点击物理按键退出界面的交互方式。以 iOS 用户为例，常规返回按键多设定在屏幕左上角，对于大屏幕用户来说是不易触及的点击盲区，而配合手势操作辅助，带来了极大的便利性，滑动代替点击退出的用户习惯也逐步养成。如近期发布的 iPhone X 取消了 Home 物理按键，设定由屏幕底部上拉的手势操作替代物理按键上拉快速返回桌面；阅读类产品较为通用的下拉手势快捷添加书签的形象化便捷操作；另有一些如照片查看类 App，用户可以通过快捷的左右滑动的手势来满足快速选择和删除对象的功能等。

应用场景：大屏界面、快捷操作需求等。

提高效率的手势操作应用示例

8. 情感化的互动体验

随着种类多样的产品的涌现，更多热门产品会在体验的细节上花费更多心思，增加用户在与产品交互过程中的细节的情感化和趣味性设计，来增加用户对产品的好感度。

例如，iOS 系统的 iMessage 交互为用户提供相互传递心跳的功能，增加用户之间社交的趣味性；越来越多的社交类 App 注重表情符号（emoji）的设计，如 Facebook 的点赞方式更为生动地设计成了几类有趣的表情符号，让用户更好地表达自己的态度；在一些对话类互动产品中，也会特别设计对话框的趣味性表达，在 QQ 升级的产品中还引入了可以把表情符号拖曳到聊天对话框上的功能，趣味性十足。

应用场景：在社交类、互联网教育以及游戏等产品中，通过影响用户使用时的心理倾向，促进用户参与分享。

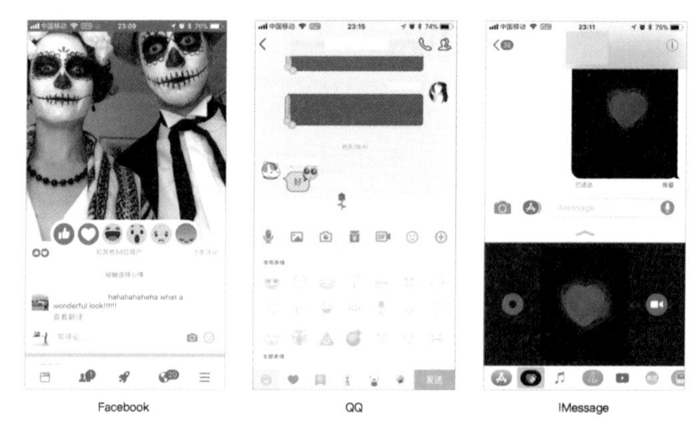

情感化的互动体验应用示例

4.4 前端时代的到来

PC端和移动端网站的构建历来分为前端（客户端，代码运行在PC浏览器或者手机上）和后端（服务器端，代码运行在网站服务器上）。如今，在最热门的开源代码托管网站 GitHub 上，JavaScript 项目在数量上遥遥领先。这反映了以 JavaScript 为主的前端（客户端）语言在发展速度上大大超越了 Java、Python 等后端（服务器端）语言。

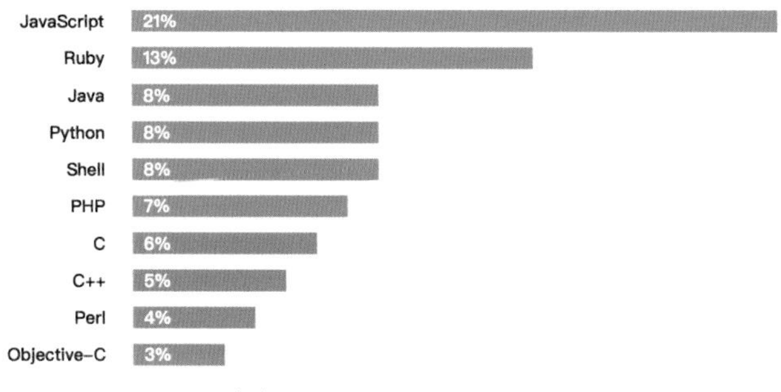

来自 GitHub.info 2015 的数据

前端技术的爆发式发展，应归因于当今软硬件技术的发展：在浏览器刚被发明出来的时代，前端语言（HTML、CSS）只负责数据展示，数据生成和处理交由后端。

然而，一切数据处理都交由后端处理会带来较差的用户体验。例如：在用户输入邮箱的环节，有一个验证用户输入的邮箱格式是否正确的步骤，前端必须将用户输入传给后端，待后端判断以后再回传给前端，然后通知用户。在网络延时的情况下，这将带来较长的用户等待。

由于邮箱格式是否正确的逻辑很简单，一个自然的想法就是，简单的业务逻辑是否可以交由前端来完成，以减少前后端的交互次数。在这样的需求的催生下，JavaScript 应运而生了（HTML 与 CSS 均为表现式语言，难以用来编写业务逻辑）。

起初，JavaScript 仅仅用来处理非常简单的业务逻辑。但随着 PC 运算能力的大幅提升，以及浏览器的不断完善，越来越多的业务逻辑开始放到前端交由 JavaScript 完成。今天，当你逛淘宝时，很多业务逻辑如将商品加入购物车、查看购物车等都由前端的 JavaScript 代码进行深度参与。

如今，前端技术甚至在慢慢向后端蔓延。Node.js 技术的出现，使得 JavaScript 可以作为后端语言在服务器上部署。这样原本需要用 Java、C#、Python 等后端语言编写的业务逻辑同样可以用 JavaScript 编写。而近几年开始流行的 NoSQL 数据库如 MongoDB、CouchDB 等均对 JavaScript 非常友好。现在，一个靠谱的前端工程师基于上述技术完全可以自己搭建一个小型网站。还有更加极端一些的案例：以往一定要用到后端语言的科学计算领域和机器学习模型训练领域，也有人用 JavaScript 做了初步的尝试，例如用 JavaScript 语言来编写深度学习模型的网站——http：//cs.stanford.edu/people/karpathy/convnetjs/。

作为用户体验设计师，如果能够对前端技术（HTML、CSS、JavaScript）有一定的了解和掌握，在工作中和前工程师的交流将变得更加顺畅。那么在前端技术上如何入门呢？

首先要注意的是，编写代码（不管前端还是后端）这个工种本质上和以前的铁匠、木匠一样，需要通过不断地自己动手才能慢慢入门。仅仅通过看书和网上搜索相关资料很难深入。这里建议大家先找到一个适合自己的、较为简单的前端任务，在完成任务的过程中碰到了问题再去查阅资料。这样学习效率会高很多。

制作个人主页（例子：http：//www.linqing07.com/book.html），对大多数人来说，是个不错的入门任务。在个人主页上可以展示自己的能力、工作成果和平常的点滴积累。主页制作完毕后，可以购买服务器（如阿里 ECS）将其托管到网上供大家浏览。这对技术积累和以后求职都是很有帮助的。相较于博客，自己制作的个人主页能够有更高的自由度。很多工程师和学生都已经发布了个人主页。

网页应用与原生应用

自从苹果公司推出了 App Store，开创了原生应用的先河以来，移动端基本上成了原生应用的天下。原生应用之所以得名，是因为其程序是以手机操作系统为基础的，如苹果应用通常采用 Object-C 或者 Swift 语言编写，而安卓应用一般采用 Java 编写，而网页应用通常使用 HTML+CSS+JavaScript 编写，是与手机操作系统无关的。

在日常生活中，我们在手机上用到的所有程序基本上都是原生应用。但是，移动端的原生应用的优势是否能一直保持下去呢？在笔者看来很可能未必。腾讯的微信团队在 2016 年推出了小程序，强调无须安装和卸载，用完即走。这实际上就是对原生 App 的一种挑战和颠覆。

实际上原生应用和网页应用的争夺在 PC 时代就已经开始了。在 PC 刚刚诞生，网页应用还完全没有出现的时候，几乎所有应用都是原生的，基于 PC 操作系统的 Windows 和 Linux 有着各自的应用程序且互不兼容。所以，比较不同操作系统上应用程序的优劣，成了各自阵营的铁杆粉丝经常做的事情。

计算机网络渐渐进入了人们的视野，网页应用开始出现。虽然 PC 上很多网络通信程序还是由原生应用编写的（如即时通信工具 QQ、音频播放工具暴风影音等。另外，承载网页应用的浏览器本身就是一个原生应用），但是如大家所知，网页应用渐渐普及，最后统治了 PC 端的半壁江山（大家可以想象，在使用 PC 时，在浏览器上花了多少时间）。网页应用的好处在于其对 PC 操作系统的中立性，只要安装浏览器即可使用，网页应用本身无须安装和卸载，用完即走。以电子邮件为例，在任何联网的机器上，只要打开浏览器输入 URL，就可以登录到邮箱界面，而且我们从来不担心邮件会像线下文件一样丢失，这使得网页应用具有很强的优势。

随着编写网页应用逻辑的主要语言 JavaScript 的成熟，以及电子设备计算能力的提升，上述网页应用的优势得到了进一步的发挥，以至于促使人们思考，是否可以完全摒弃原生应用？

Google 在 2010 年推出了一款基于 PC 的操作系统 Chrome OS。Chrome OS 的软件结构极其简单，可以理解为在 Linux 的内核上运行一个 Chrome 浏览器。在 Chrome OS 中绝大部分的应用都将在浏览器（Web）中完成。同时 Firefox 也推出了移动操作系统 Firefox OS，在其上运行的所有应用都基于前端技术（HTML+CSS+JavaScript）构建，不过上面提到的两个完全基于前端技术的操作系统，最后都没能获得成功。原因不外乎用户体验不佳，以及在低带宽地域难以使用等。这说明在目前的软硬件条件下，完全摒弃原生应用是不现实的，在相当长一段时间内，原生应用将和 Web 应用互相补充，共同发展。

但笔者认为，在当今流行的线下线上对接的 O2O 场景下，Web 应用比原生应用具有较大的优势。因为安装 App 会给用户带来时间成本和流量成本，增加了线下对接线上的难度。举例而言，很多人到一些景区旅游，发现有线上购票的渠道，如果发现需要额外安装 App 才能购票，大多数人会选择放弃。但是如果只需扫描一个二维码就可以进到购票网页完成购票手续，很多人还是愿意尝试的。

另外，笔者认为，腾讯的小程序思路是正确的，然而可能不容易获得大的反响。HTML、CSS 和 JavaScript 乃至 HTTP 协议均为开放的、共享的技术，任何人都可以基于这些技术独立构建起应用而不需依赖第三方。这也是互联网为何得以繁荣的重要原因之一。除非提供特殊的便利（如提供托管服务器、简化构建流程等），否则腾讯很难在开放的 Web 应用生态中建立起自己的壁垒。

综上所述，相当长一段时间内，在我们的手机上，Web 应用和原生应用将会继续共存、互相补充，共同构建起繁荣的移动端应用生态。

4.5 ToB 设计

B2B(Business-B2Business),指企业与企业之间的交易;B2C(Business-to-Customer),简称“商对客”。淘宝（taobao.com）采用的是直接面向普通消费者销售产品的 B2C 模式，而阿里巴巴（alibaba.com）采用的是商家对商家的 B2B 模式。

笔者从事面向企业用户的 B 端产品设计（Design for Enterprise）多年，所阅面试者无数，表现出强烈为企业用户设计的人寥寥无几。特赞创始人范凌老师认为，大学设计教育中对用户、自下而上、个人的设计描绘和对企业、流程的忽视，间接造成了企业服务领域设计人才的缺乏。不了解进而不感兴趣，认为企业产品枯燥、单一、发挥空间小，愿意进入维持好奇心并不断自我提升的设计师太少。特赞 2015 年 7 月到 2016 年 3 月的数据证明了这个观点：平台上设计师最感兴趣、最活跃的是咖啡馆的品牌设计（41% 的报价率），最不感兴趣的是企业服务设计的交互设计（13% 的报价率）。（报价率 = 报价的设计师数量 / 项目推送的设计师数量。）

与 B 端设计师匮乏相对的，是 2010 年后企业服务市场的迅猛增长。2014 年，仅仅成立 8 个月的企业即时通信工具 Slack 接连完成 4 000 万和 1.2 亿美元的融资，估值 11.2 亿美元，成为有史以来发展最快的 SaaS（Software as a Service）公司。Slack 以聊天群组为基础，具备统一搜索和文件管理，并开放式集成了电子邮件、短信、Google Drives、Twitter、Asana、GitHub 等越来越多的工具和智能聊天机器人。在它成立一周年的时候，日活跃用户达到 50 万人，2015 年前 6 周的增幅高达 35%。而 2015 年，通过铺天盖地的广告，国内很多公司人知道了钉钉，一个效仿 Slack，同样定位于企业协同平台的聊天应用。截至 2016 年 4 月，已经有超过 150 万的企业在使用钉钉。没有人否认，Slack 的兴起和钉钉的突飞猛进源于对企业用户体验的关注和提升。今天，我们津津乐道 Dropbox、Google Drives、Asana、Salesforce、Sketch 等应用给企业用户带来的高效、愉悦的工作体验，有些优质产品甚至突破企业范围被众多个人用户使用。

历史

自 20 世纪 80 年代开始，企业管理从简单的计算、文字处理开始，通过财务电算化、企业信息化改造，在 21 世纪初逐渐覆盖到生产调度、作业安排、设备管理、供应控制、人力资源等各个方面。而在近十年里，企业产品通过与互联网技术（门户、搜索、即时通信、网络会议、电子邮件等）和通信技术的整合和融合，正在向集合业务基础平台、制造执行系统、企业资源规划管理系统、客户关系管理系统、供应链管理系统、办公自动化软件系统、产品生命周期管理系统的集成化靠近。

云计算服务有三个分层：IaaS（Infrastructure as a Service，基础设施即服务）、PaaS（Platform-as-a-Service，平台即服务）、SaaS（Software as a Service，软件即服务）。IaaS 公司出租场外服务器、存储和网络硬件，前期需要巨大投入，买家节省了维护成本和办公场地。PaaS 公司在网上提供各种开发和分发应用的解决方案，比如通信、存储、推送，买家节省了在硬件或基础模块上的花费。SaaS 是近十年随着互联网技术发展和应用软件成熟而兴起的软件应用商业模式。SaaS 服务通过网页浏览器和应用接入，真正和普通使用者接触，因而是设计集中的领域。

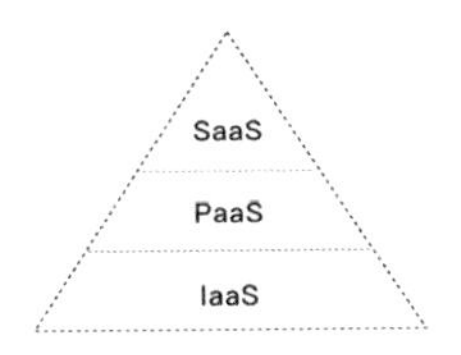

云计算服务的三个分层

SaaS 是 B2B 产品中可拓展类型最多的。能够优化企业效率、提高决策准确度的软件近年来都能够获得足够的市场份额，融资成功的多为通用办公类软件。SaaS 软件主要分为四类：项目协作、职能服务、办公流程优化和数据存储与分析。市场需求大、设计师接触最多的为项目协作软件，如国外的 Slack、Yammer，国内的钉钉、企业微信、百度 Hi、云之家、今目标、Teambition 等。大企业逐渐抛弃传统、难用的 OA 系统，转向这些轻便简单、美观、人性化的工具；中小企业和创业公司也更青睐于使用这些价廉稳定的软件，进行高效沟通和处理项目事宜，快速建立公司人事日常。职能服务软件覆盖了客户关系管理（如 Salesforce、纷享销客）、人力资本管理（如 Workday、北森）、应用性能管理（如 New Relic）、客服管理（如 Zendesk）、金融交易管理（如共鸣科技）、财务记账（如 Freshbooks、用友畅捷通）和品牌管理系统（如超级码）。在国内，传统的财务软件市场已被用友、金蝶瓜分，但其他领域还是一片蓝海。办公流程优化软件，如电子签名、前台接待、表单管理等类产品，不受行业领域限制，大部分公司、政府机关、事业单位在办公场景中都存在相似的改进空间。随着越来越多的企业开始注重数据安全与备份，数据存储与分析软件被资本和市场看好。国外称为“Excel 杀手”的数据分析软件 Anaplan，成立 4 年就融资 1 亿美元；国内阿里云、百度云、腾讯云均在数据存储领域有所作为。

第一代 SaaS（以 Saleforce 为代表）取代了传统的安装类软件，第二代（以 Marketo、Zendesk 为代表）整合优化了已有的平台，第三代（以 Slack 为代表）开始在垂直细分领域深耕，更加注重用户体验。无论 Slack 还是 Anaplan，相当一部分 SaaS 公司在短时间内完成上亿元融资，发展速度前所未有。SaaS 的迅猛之势既得益于 B2C 产品竞争逐渐走向饱和，又在于 B2B 产品看似更加简单直接的商业模式。

认知

工具产品。我们需要明确一点，B2B 产品多为工具性产品，效率永远是这类产品的核心，也是设计依据。感性的设计师往往需要摒弃各种花花绿绿不切实际的想法，踏踏实实深入研究。但这并不意味着工具产品设计是乏味的，无论交互设计师还是视觉设计师，都应该深入理解产品，而并非仅仅停留在表面细节。好设计往往带来的是巨大的革新，没有人否认，企业即时通信产品 Slack 的成功除了源于产品创新，充满设计感和品牌化的界面以及优质的用户体验功不可没。

此外，B2B 产品最常见的付费模式为工具直接付费或试用付费（如早期安全类产品），以及基础功能免费附加增值服务付费（如钉钉），相对于 B2C 产品的商业模式更加简单直接，因而倍受投资者青睐，进入壁垒低，领域内竞争者众多。在沟通协作领域，有的以即时通信为基础，如 Slack、Skpe、Lync、钉钉、企业微信、百度 Hi；有的以项目文档协作为主，如 Evernote、Teambition、今目标，这些产品同样具备即时通信功能。各产品从不同的角度切入同一主题，而设计细节如何体现并强化产品差异，增强用户黏性，是需要设计师提前与持续考量的。

用户和客户。B2C 产品的使用者即付费者或潜在付费者，而 B2B 产品则不一定。当一家企业想要引入相关产品供内部员工使用时，会派出管理人员跟进，货比三家、仔细考量。而 B2B 公司提供销售人员与客户对接，推销公司产品，并向公司内部的产品经理反馈客户需求。产品经理可以根据客户需求开发定制化解决方案。买卖协议达成后，产品会被企业员工所使用。因而在这个过程中，出现了两个可能几乎不交叉的环，客户与销售人员对接，用户与产品对接，用户不是付费者。由于买家不是用户，在设计 B2B 产品时，我们通常会遇到这样几个问题：

- 付费者是老板而不是用户。一方面，产品设计中一定有一部分是“老板体验”，即使有时候老板体验与普通员工的体验是相悖的。例如，企业即时通信产品钉钉，其核心功能“DING 一下”，就是针对老板能够及时准确下发命令，要求员工必须查看这一场景的；虽然相当一部分使用钉钉的普通员工对它咬牙切齿，但钉钉依然获得上百万公司的青睐。另一方面，一旦协议达成，再糟糕的产品也必须被使用，B 端产品多具有一定技术壁垒，用户并不能像 C 端产品那样可以随意迁移，导致相当多的 B 端产品团队存在强销售轻体验、懒得做出优化的问题，而这也是 B2B 产品和 B2C 产品体验差异如此之大的原因。
- “老板体验”打破产品规划。在产品（尤其是初创期产品）既定的迭代计划中，可能出现因为老板提出需求而突然将其提高优先级，打乱整个产品规划的情况。
- 销售人员打破产品规划。销售人员在与买家对接时，为了尽快达成协议，往往会夸大或应许某些功能，产品可能会临时做出快速调整。

- 反馈响应周期长。B2B 产品是长流程产品，从接触到最后签单，往往需要数月跟进。反馈渠道分为两部分：销售人员的客户反馈和线上反馈渠道的用户反馈。客户反馈可能会影响产品布局，而用户反馈往往只牵涉具体的体验细节。因而产品的改进并不是实时的，需要设计整体服务和一个步骤推进到下一个步骤的时间，用户体验跟随客户体验排期。

设计对象。从实践经验来看，B 端产品的用户可分为：普通员工、老板、业务人员（财务人员、HR、开发工程师等）三类，一个产品往往需要同时面向这三类用户的需求。普通员工可能是小白用户，老板的体验以一敌百，技术人员意味着设计对象有一定的业务基础和习惯，加之产品本身可能具备一定壁垒，设计师的挑战比 B2C 产品大很多。一方面，对于老板和业务人员，设计师无法轻易移情，像 B2C 产品那样把自己当成目标用户。需要设计阶段持续与用户接触、测试（虽然没有真实数据的实际情况很难测试），甚至适当让用户参与设计。还要对行业、流程进行深度梳理、综合分析和可视化展示，并具备高度抽象能力。另一方面，这三类用户的需求往往背道而驰，设计师需要在设计开始前依托产品方向建立起明确的设计方向，把持天平的倾向与倾斜角度。如某企业员工呼吁报销打印节约用纸，要求集中打印字段，而财务审核人员却以字段密集造成审核困难为由反对，设计师则需要根据此阶段产品改进方向优化方案并适当平衡需求。

设计服务。企业产品以效率为核心，由关键任务组成。因而解决某一任务的方案并非设计一个网站或 App 这么简单，每一次优化都是服务设计和系统设计。以提高审批效率为例，除了系统界面中常规进度、审批者提示，可利用的还包括邮件系统报警、即时通信系统催办、数据系统预测等，不仅限于单一产品框架，设计师需要充分列举用户从提交前到审批完成的各个阶段，在与不同的系统、个人的接触中可能遇到的问题，并提出解决方案。协同往往需要多个产品相辅，在实际交易中，也存在相关产品打包卖出或基础服务和端产品打包卖出的情况，这也是 IaaS、PaaS 和 SaaS 云服务的特点。

开启

企业产品想要获得更加伟大的成功，产品提供者必须向使用者传达与用户产品基本标准一致的体验。

——Amanda Linden

从自上而下到自下而上。今天，越来越多的团队和员工自己选择工作工具，而不是在永远看不明白的产品手册上浪费时间。随着产品的体验更加人性化，产品之间的切换也越来越简便。对于普通用户来说，在某些领域，选择自己的工作工具变得更加容易。这就意味着产品的获胜并不一定取决于最强市场与销售，而是最佳产品与设计。Slack、Sketch、Dropbox、Google Drive、Asana 的成功都证明了这一趋势。随着时间的推移，工具的选择便自下而上地影响了更大范围内的组织。用户会自主选择他们所钟爱的产品，而不是被强迫使用哪一个。

性能与安全问题。即便相当多的企业应用基于云端处理数据（如 Salesforce、Quickbooks、Marketo、Infor 等），但普通用户对于速度的期待与本地 App 无异。如果一个云应用加载时间过长，用户就会放弃。因此 Gmail 及其他在线应用都为响应速度与性能设置了标准。而设计师在交互的每一步都需要充分考虑可能出现的加载延迟和失败，规划避免糟糕体验的方案。云服务所牵涉的安全问题通常是中大型企业选择目标产品时着重考虑的因素，除了底层，在设计时也可以适当通过视觉化元素强化产品的安全感。

注重上手使用体验。总有人觉得，"一点点的培训对于帮助用户理解工具是必要的，因为企业产品本身就比用户产品复杂"。Asana 的设计总监 Amanda Linden 认为，设计师需要营造不需要借助指导或培训的上手体验。"企业"用户和"企业"场景不应该成为糟糕设计的借口。如果你遵循通用的 UI 标准，顺应用户的使用习惯，带给他们实际利益，让他们觉得值得在这个产品上花时间，他们就会像使用视频游戏、手机应用或其他一切产品那样学习使用你的产品。因而在每一项功能的交互文档中，必须包含"First User"，确保符合他们的预期。

今天，我们看到设计师和设计领导者对企业产品表现得越来越有兴趣，这得益于 B2B 产品和 B2C 产品体验之间越来越小的差距。B2C 产品设计师兴奋于为数十亿的用户设计，给世界带来快乐，但却始终存在着一个让设计师感到矛盾的挑战：许多用户产品依靠广告获利，有时候用户利益与公司利益并不一致。当用户想要观看视频时，公司则在琢磨如何让他们在观看视频前看到更多的广告。而为 B 端产品设计的美好恰恰在于，最终用户的利益与业务利益是一致的。只有当用户成功使用了这个应用，你的公司才真正获益。

设计企业产品，你是在组织并帮助员工实现他们的目标，帮助所有的企业更好地运转。

4.6 实践案例：企业用户产品设计

正如前文 ToB 设计中所提到的，随着国内 C 端产品所依赖的人口红利殆尽，再难做出增长迅猛的产品，企业开始审视自身内部，钉钉、企业微信、飞书、Teambition 等一批具有网络效应的企业产品开始大火。2020 年初的新冠肺炎疫情，更是加速了各类远程办公产品的孵化，大家开始把目光投向"一向难用的"企业产品。

我们能看到的企业产品有两类：**一种针对规模经济，即大客户（KA）**，依靠销售部门获取订单，为客户提供针对性服务。大客户通常预算充足，产品定制化程度高。这类产品通常包含了我们所熟知的 Oracle、用友、金蝶等。**还有一种针对网络效应，有点像 C 端产品**，比如钉钉、Teambiton，目标是优化客户组织的工作方式，通过分发数据、协同工作等功能，吸引客户。产品通常具有基础免费功能和高阶付费功能。

不管是哪种，企业产品的使用通常都是自上而下的：老板让你用，公司规定用。因而如前文所述，企业产品的购买群体和使用群体是分离的，这有点像婴幼儿产品，用的人是宝宝，买的人是父母，使用体验只有用的人才知道。这样的"分离"造就了传统企业产品对功能数量的看重，对基础体验质量的不重视，以及特有的"老板体验"（项目中多半要处理老板和员工的关系）；对功能数量的看重造就了敏捷开发的小步追赶式迭代策略。

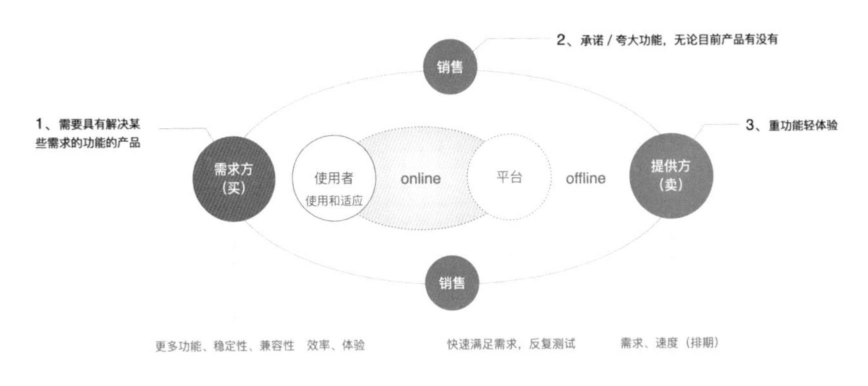

企业产品特点 1：购买者与使用者分离——产品和设计根源

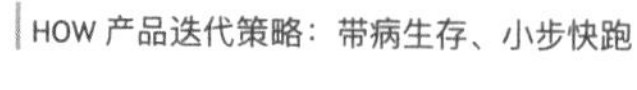

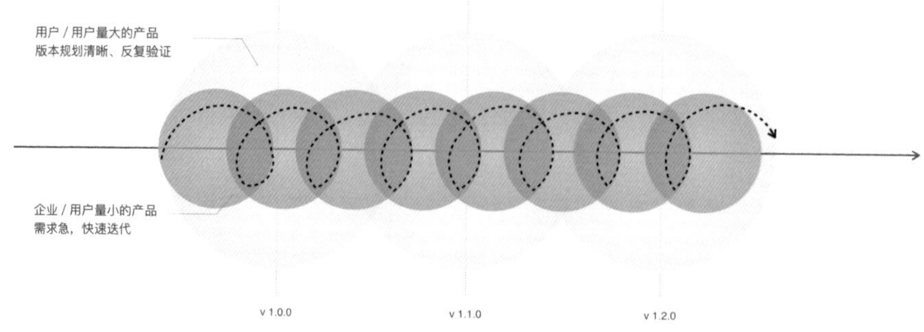

企业产品特点 2：快速迭代功能、反复优化——项目节奏

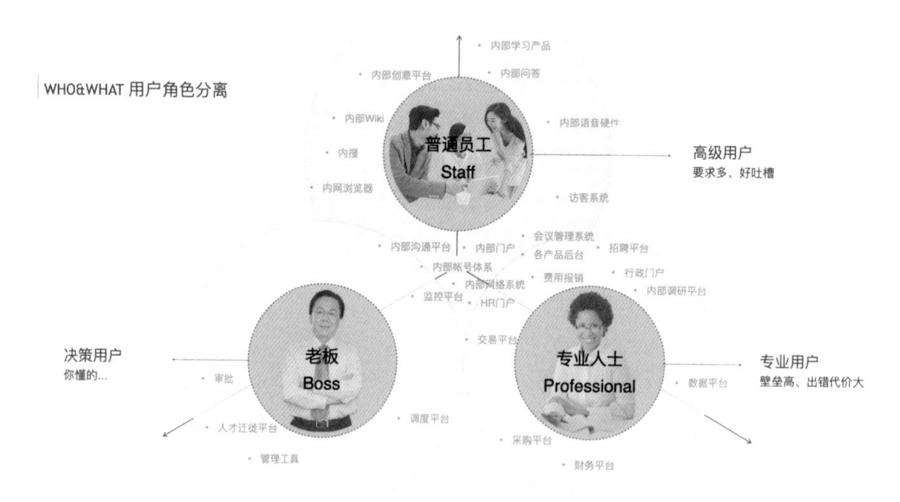

企业产品特点 3：用户角色之间的需求迥异——设计平衡多角色

购买和使用人群的分离、带伤快跑的产品迭代策略、企业角色之间迥异的需求和繁杂的业务，使得交互通常具有明显的任务性（提升任务效率）、选择性（平衡各角色需求），并期望创造可感知的亮点以弥补企业产品惯有的乏味（体现人文关怀）。**常规的设计策略注重：细节上对产品方向进行把握、把设计放到整个服务流程中去对用户习惯进行深度发掘、对情感的控制。**

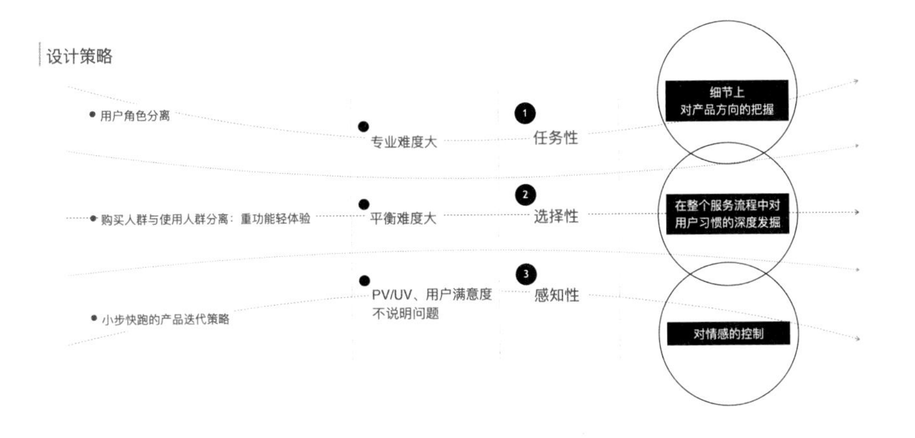

企业产品常规设计策略

此外，业务繁杂、壁垒高、信息安全等原因限制了企业产品相互之间的分享（大家相互之间听不懂设计）。**为了打破壁垒，提高设计效率，企业产品设计必然走向设计组件化的道路，这里的组件化既包含平台设计的通用组件，也包含按照业务打包好的组件。**本节笔者将结合自己的从业经历，从普通用户习以为常的企业流程出发，深入浅出地剖析企业产品设计。

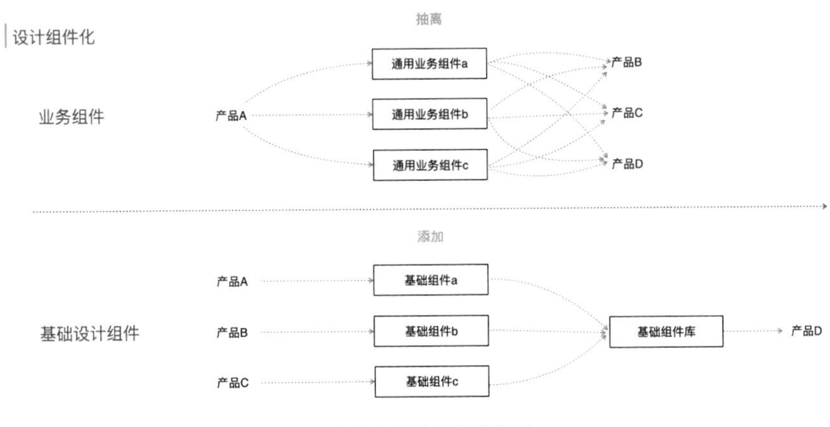

企业产品的组件化设计

项目背景

某企业内部的资源交易平台，为企业内各部门团队、交易广告资源的买卖中介，旨在促进内部交易，让资源利用更加透明，提升效率，平台上的交易额亦计入企业收入。产品改版设计前，该平台的线上交易量并不理想，大部分交易行为未在线上进行，平台亟须提高成交量和交易额。提高审批效率作为交易里关键的一环被提出，在线上，平均审批时长长达 13.5 天。

设计流程

1. 聚焦和分解项目目标，把控设计方向

处理复杂问题最好的方式是聚焦目标，所有企业产品的目标均可直指业务效果和效率。在产品以提升交易额为目标而改版时，整个平台上的规则和交互策略需要向需求方（买家）倾斜，这是日后交互处理复杂问题的检验标准。企业内部资源的上限天花板低，因而申请效率和审批效率的提升是改版的难点。

某时间段内整体目标：提升需求方服务，提高使用率

		客户价值目标 内部广告自助交易与管理		绩效价值目标 有效整合资源，提升服务		财务价值目标 提高交易额	个人价值目标 了解并快速熟练使用	
衡量	**相关利益**	活跃度增长	满意度提高	资源数增加	审批时长降低	交易额增长	申请时长缩短	错误率降低
找资源	**需求方**	满意度提高	分类清晰、 定位清晰、 展示明确、 查找路径清晰	活跃度增长		活跃度增长		
申请	**需求方**	申请时长缩短	申请时长降低			申请时长缩短	减少字段、 自动计算减少手动输入、 常用资源再下单	信息分类明确、 自动计算、 正确的提示
审批	**需求方为主**	审批时长缩短	审批时长缩短		审批节点减少、 通知速度提升、 审批信息提示明确	审批时长缩短	透明度增加、 获知速度提升、 异常情况覆盖	

项目目标分解

细节上对产品方向的把握：倾斜

关键任务的处理细节上对产品方向的把握

2. 调动服务系统，绘制蓝图

通过上一步骤的目标分解发现，在产品天平向需求方倾斜的前提下，审批效率作为项目目标达成的关键，预测审批时长、减少审批节点、提高通知触达率、异常情况报警等都是在需求方侧加码的手段。分解需求方从想要申请、选择资源、申请到进入审批、上线的体验流程，以及可能的系统触点，可以利用整个企业系统中提供的服务。

在整个服务流程中对用户习惯的深度发掘

流程	想要申请	提交	审批方获得通知	审批	申请方获得通知	申请者确认 / 催办	扣款	上线
			资源方审批 各主管审批	预算部审批				
经历	申请者获得审批时长预期	申请者获得审批节点预期	审批者及时获得通知		申请者及时获得通知		申请者及时获得通知	
网站	提供该资源平均审批时间	提供该资源全部审批节点				提供审批者快捷联系方式		
邮件			提供邮件通知		提供邮件通知	提供邮件报警	提供邮件通知	
反馈						提供沟通群报告审批者意外		
系统		减少节点，提高透明度	审批超时邮件报警		通知速度提升	与ERP对接及时变更审批者		
所想	大概审批多长时间?		没看见...假装没看见..不想马上批		到谁了?	为什么还不批？有没有看到通知?		

审批的蓝图构建

3. 通过对情感的把控，平衡需求

现实生活中有很多类似于审批的场景，比如银行排队、机场安检、医院等号，戴维梅斯特将这类场景归结为排队等待。用户会因为感觉等待了很长时间、猜测还要等相当长的时间、焦虑中等待、不公平等待而极度郁闷，一个合理的概念模型可以辅助人们理解正在发生的事情，甚至创造出期待。这个模型常坐地铁的人一定不会陌生，它告诉我们在整个等待的旅途当中，一共有几个节点，已经过了几个节点，我在哪个节点，以及还有几个节点，也就是我在坐地铁之前就能够判断大概需要经历多长时间，到达每个节点的时候还需要等待多长时间。是不是审批完全使用这样一个概念模型，进行流程可视化设计就能完成产品目标了呢？

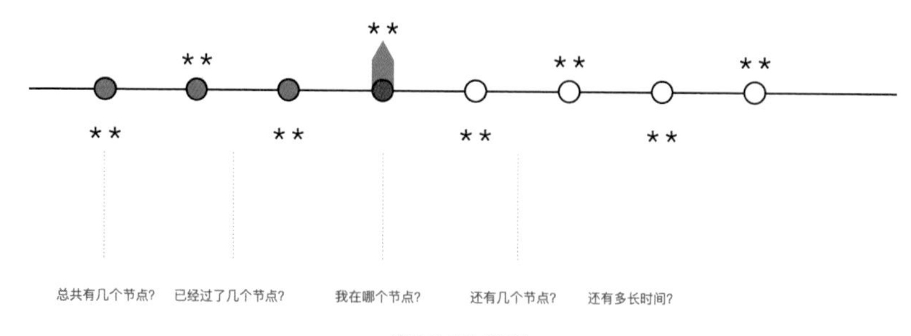

常规排队模型

在企业场景里，审批者通常是老板，他们忙，而且通常不想被打扰。存在一个可能，就是审批者本人搁置审批任务不想处理，这个时候需求方既焦虑又不敢催办。除了在使用上给予需求方便利（提供该资源平均审批时间、全部审批节点、提供审批者快捷联系方式），加强响应机制（提供邮件通知、报警、沟通群、与 ERP 对接），从员工情感关怀的角度我们还能做什么，解决“老板和员工的关系”这类问题？

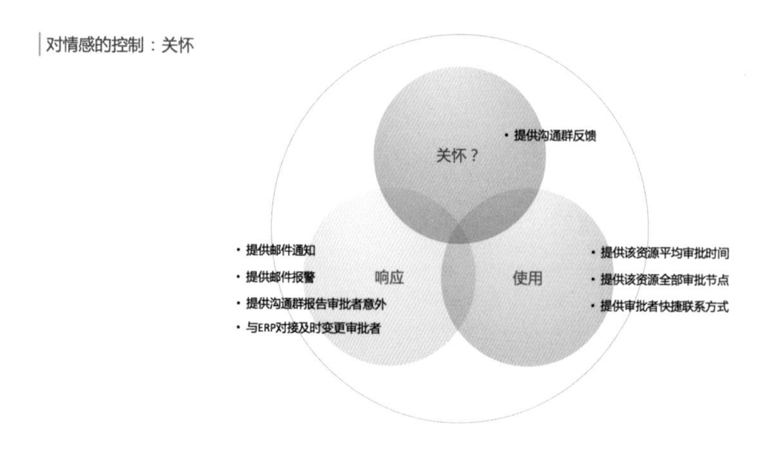

企业服务常规设计策略

符合常规等待概念模型的方案提升了需求方的使用体验，却并不能提升审批效率。提示审批者姓名和总审批时长，暗示审批者需求方很可能很快进行催办，产品的天平开始平衡。暴露每个审批者的审批效率能极大刺激审批者，产品的天平向需求方倾斜。如此，对项目目标方向的把控、结合整个服务系统进行设计、利用用户情感设计细节，交易的平均审批时长从平均 13.5 天缩减至 3.3 天。

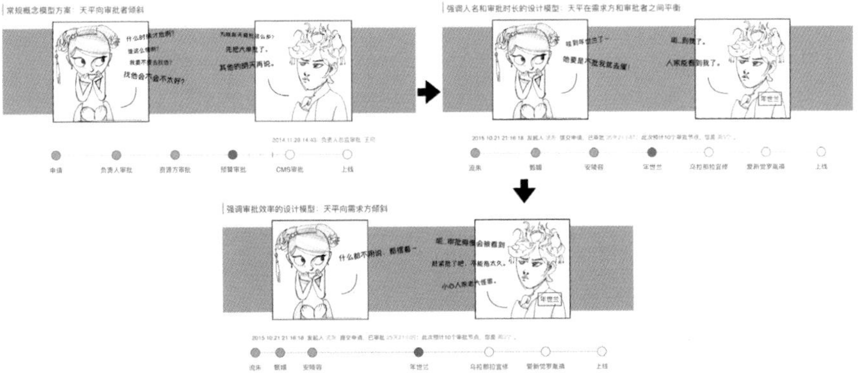

不同的倾斜目标所产生的不同的设计方案

4. 业务模块化，打破壁垒

审批是企业产品里常见的业务流程，对以上具备不同产品倾向的审批流程可视化设计进行组件化打包，则可以直接复用到所有具备审批功能的产品设计里。

企业产品设计的分析模型

企业是个小型封闭的社会，线上线下连接紧密，所有外界能接触到的产品和设计类型都可以浓缩到这个小社会里，设计过程中可以调用的触点媒介很多。**清晰的设计目标是理清思路的第一步，提高使用效率是企业产品设计里的核心目标。**在效率目标之下，首先需要分解核心用户角色的效率痛点，制定解决痛点、平衡需求的设计策略。在解决效率痛点的过程中，设计方案往往可以进行流程服务设计，利用企业软件、硬件进行软硬一体设计，将设计载体和流程扩大到整个企业环境中，将软件、硬件、空间、时间、人都囊括到设计范围里来。这是相较集中于线上设计的 C 端产品设计，企业产品设计最大的优势。

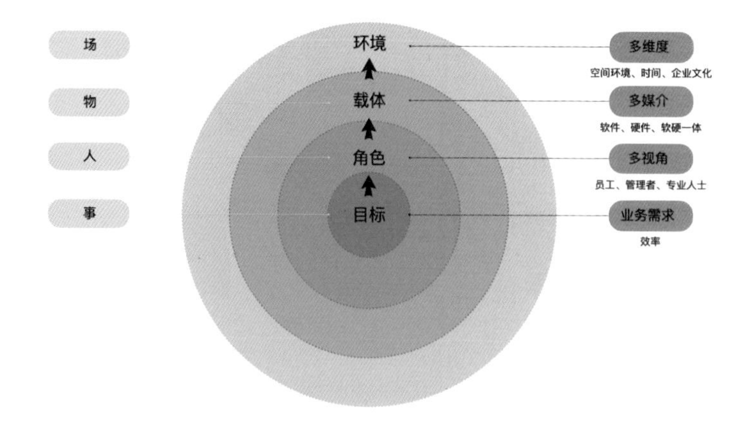

企业产品设计的分析模型

CHAPTER

屏幕之外与技术创新

人工智能 /

可穿戴设备 /

智能家居 /

无人驾驶 /

VR、AR、MR /

聊天机器人 /

未来设计师 /

正如第 4 章所言，互联网 IT 行业的迭代与发展是飞快的，技术日新月异的不断发展为产品设计带了更多的可能性。从 2016 年开始，互联网进入人工智能爆发年，从 PC 端到移动端再到人工智能相关领域，如可穿戴设备、智能家居、智能车载系统、虚拟增强现实、机器学习等都在不断深耕技术，加速产业发展，设计的平台也跳出屏幕之外，向着更加自然的人机交互方向发展。本章将会跟随技术趋势，概览人工智能相关领域，畅想未来发展，展望屏幕之外的技术创新。

5.1 人工智能及应用概览

人工智能也称为机器智能，在讨论机器智能之前，首先看看人的智能是怎么样的。在查阅资料的时候，发现了一些有趣的观点想和大家分享。在中国古代就对人的智能进行了研究，比如荀子的《正名》，他对知、智、能进行了逻辑化、层次化的描述。他用几句话解释了人的智能，人会通过视觉、听觉、触觉、味觉等感受器去感知周围的环境，并把外部感受的东西进行加工处理，转化成概念和知识，把加工得到的概念和知识加以理解，面对环境做出本能的判断。

所以人的智能是把我们所有的感受力、认知理解能力、决策能力集合起来。

荀子的《正名》对知、智、能的逻辑化、层次化的描述

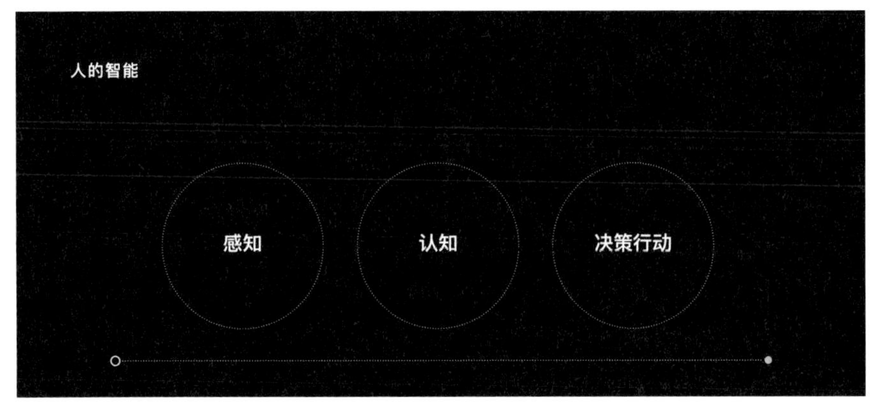

人的智能表现的三个阶段

相对于人的智能，人工智能是以机器为载体实现的人类智能。它以数据为基础，计算为本质，服务于人类，有认知、推理与决策、学习、自适应能力。**人工智能的智能进化有三个阶段，分别为：计算智能、感知智能、认知智能。**

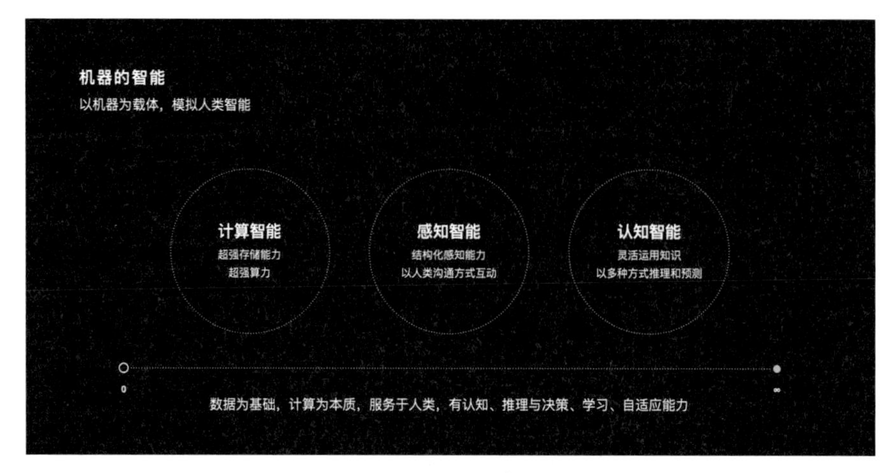

机器智能化的三个阶段

人工智能从大的方向分为“弱人工智能”和“强人工智能”。我们其实仍旧处于弱人工智能阶段，这也就是为什么现实中的人工智能与荧幕上的机器人相去甚远。看看我们身边，你会发现搜索引擎、智能语音助手、二维码扫描器、VR/AR 等其实都属于弱人工智能技术实用化的产物。而从弱人工智能到强人工智能，这条探索之路，路漫漫其修远兮。

人工智能（Artificial Intelligence，AI）亦称机器智能，是指由人工制造出来的系统所表现出来的智能。通常人工智能是指通过普通电脑实现的智能。同时也指研究这样的智能系统能否实现，以及如何实现的科学领域。

——维基百科

通俗点说，人工智能就像一个智慧大脑，制造出像人类一样思考的机器是一代代科学家的毕生追求。

人工智能发展史

截至目前，人工智能已经有一百多年的历史，从发展时间来看历经了以下四个阶段。

阶段 1：1900—1956 年，早期的哥德尔、图灵等数学大师的理论研究时期

希尔伯特、哥德尔、图灵等数学大师大胆地拥抱斑驳复杂的世界，并最终用他们的方式推动了社会进步，开启人工智能之梦。

阶段 2：1956—1980 年，“人工智能”横空出世以及第一次井喷发展

- 在数学大师铺平理论之路后，工程师让计算机呱呱落地，人工智能横空出世。
- 1956 年 8 月，美国达特茅斯会议聚集了一帮科学家，包括约翰 · 麦卡锡（达特茅斯项目发起人）、马文 · 闵斯基（人工智能与认知学专家）、克劳德 · 香农（信息论的创始人）等，以“用机器来模仿人类学习以及其他方面的智能”为主题，在会议上产生了“人工智能”这个名字，至此 1956 年成为人工智能元年。
- 之后人工智能开始井喷式发展，机器定理证明以及机器学习领域均取得了实质性突破。

阶段 3：1980—2010 年，人工智能三大学派（符号学派、连接学派和行为学派）

- 在人工智能界，一些人认为可以通过模拟大脑结构（神经网络）来实现，一些人认为可以从那些简单生物体与环境互动模式寻求答案，分别被称为连接学派和行为学派，与此相对传统人工智能被称为符号学派。
- 在传统的人工智能中，符号学派名扬天下就是从人机大战开始的，1988 年 IBM 开始研发可以与人下国际象棋的智能程序“深思”，到 1991 年“深思 II”战平澳大利亚国际象棋冠军达瑞尔 · 约翰森。再到 1996 年，深思的升级版“深蓝”开始挑战著名的人类国际象棋世界冠军加里 · 卡斯帕罗夫，并以 2 : 4 挑战失败。在 1997 年 5 月 11 日，深蓝以 3.5 : 2.5 战胜加里，成了人工智能的里程碑，再到 AlphaGo 与李世石人机大战，人工智能让我们看到机器学习之深不可测。
- 三大学派分别从高、中、低等三个层次来模拟智能，于是我们经历了人工智能知识领域的分裂和统一，同时人工智能开始分化，很多原本隶属于人工智能的领域逐渐独立成为面向具体应用的新兴学科，如自动定理证明、模式识别、机器学习、自然语言理解、计算机视觉、自动程序设计等。

阶段 4：2010 年—至今，人工智能第二次井喷发展（深度学习、模拟大脑等）

- 2010 年之后，深度学习逐渐脱颖而出，成为最惹人注目的人工智能研究。
- 2011 年，谷歌 X 实验室的研究人员从 YouTube 视频中抽取 1000 万张静态图片，并以此训练谷歌大脑——一个采用了深度学习技术的大型神经网络模型，并从中寻找重复出现模式。三天后，这个超级大脑在没有人类帮助的情况下，自己从中发现了猫。
- 2012 年 11 月，微软在一次中国活动中，展示了一个全自动的同声翻译系统——采用深度学习技术的计算系统。

- 2013 年 1 月，百度成立深度学习研究院；2014 年，谷歌汽车在内华达州通过自动驾驶汽车测试；2016 年，AlphaGo 战胜围棋世界冠军李世石，2017 年化身 Master 再次出站横扫棋坛等。

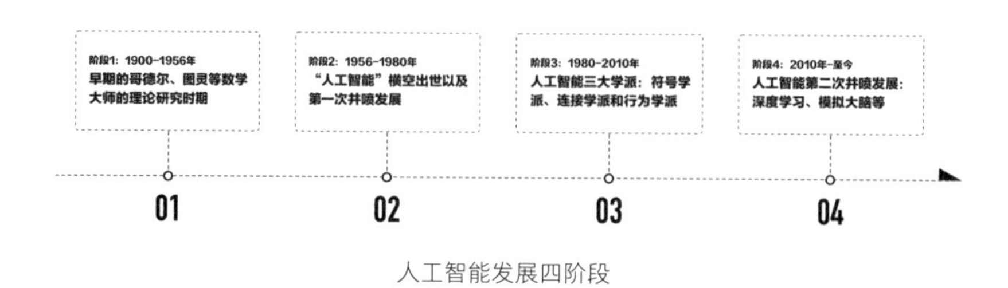

人工智能发展四阶段

与此同时，从人工智能的发展来看，主要经历了三个阶段：强 AI、机器学习、认知计算。正如前面讲的，对于大多数人而言，人工智能因为两个标志性的事件进入大家的视野中。一个是 1997 年，AI 下国际象棋，赢了人类的冠军。另一个是 2016 年，AlphaGo 下围棋，赢了人类的世界冠军。这两个事件让我们开始觉得 AI 无所不能。

但是我们这么多人投入其中，不仅仅是为了去下棋，下棋只是一个典型的实验室场景。它的规则是非常清晰和明确的。尤其是在围棋中，新的学习方法，机器和机器之间的对弈，可以产生足够多的数据。而现实生活丰富多彩，除了下棋能碾压我，AI 还能做些什么事情？

我们可以看到，产品智能化的工作分布在基础、技术和应用各个层面、各个领域。这些工作的共同特点是，扎根于产业，有具体明确的需求和明确的改进方向。

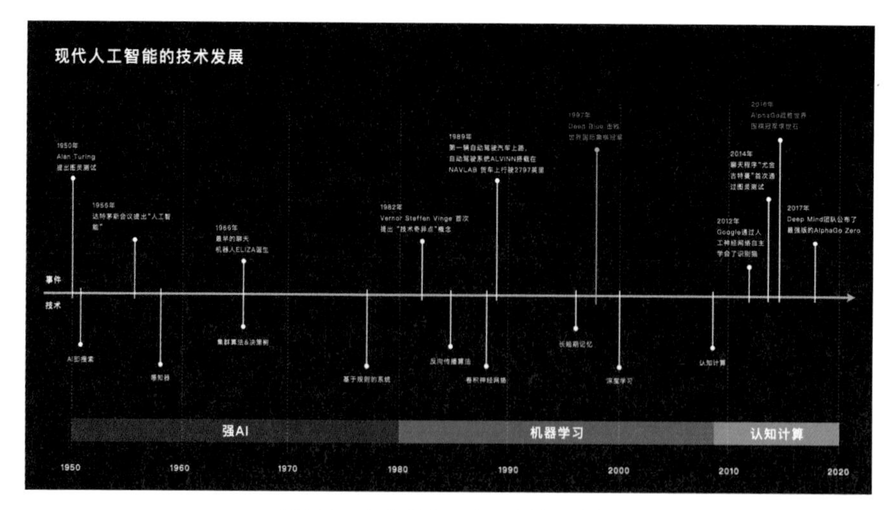

现代人工智能的技术发展和关键事件

产品智能化的工作在做什么？

应用层	解决方案层	智能客服、智能助理、自动驾驶汽车、机器人、自动写作等场景应用，智慧城市、智慧金融等
	应用平台层	行业应用分发和运营平台、机器人运营平台
技术层	通用技术层	ASR、TTS、CV、NLP、即时定位与地图构建SLAM，计算机视觉、机器视觉等
	算法层	机器学习、深度学习、增强学习等
	框架层	TensorFlow、Caffe、Theano、Torch、DMTK、DTPAR、ROS等框架或操作系统
基础层	数据层	各行业/场景的一手数据
	计算能力层	云计算/大数据、GPU/FPGA等硬件加速、神经网络芯片

产品智能化的工作分布在基础、技术和应用各个层面

人与 AI 共同进化

AI 的不断进化，同时催生出人与 AI 如何共生的话题，哪些工作适合用智能化的方式来进行，李开复老师的演讲 *How AI Can Save Our Humanity* 中提出了人与 AI 共同进化的概念，横轴为“是否可以优化”，纵轴为“同情心 / 爱或同理心”，从中我们可以了解到人与 AI 共同进化的 4 种方式。

1. **AI 替代 Human：** 类似电话销售等工作很大可能可交由机器完成，AI 会代替我们做重复性的工作，实现自动化。
2. **AI 赋能创作者：** 类似专栏作家、艺术家等创造力很强，需要爱和同理心的职业，AI 会成为创作者的辅助工具，赋能创造者。比如 AI+ 服饰创新、AI+ 音乐，比如兰州大学的 AI 研究员黄成之，通过 TensorFlow+ 数据 + 机器学习，收集敦煌壁画上的飞天服饰，再结合现代服饰数据集，生成一些创新服饰，通过算法进行风格迁移，最后进行阶段性输出。即基于 TensorFlow，通过中国传统文化创造出一个新的艺术形式。
3. **AI 作为工具存在：** 比如婚礼策划师、老师、美容顾问等，随着创造力和爱 / 同理心等因素不断增加，感性的形式化表达逐渐增强，由于源自感性层面的工作很难被机器替代，所以 AI 作为工具存在，我们也能真实地区分出彼此。
4. **AI 增强：** 需要创造力，并兼顾爱与同理心的的职业，比如说社会服务人员、市场总监等，通过 AI 增强我们可以发挥特有的优势，做 AI 所不擅长的创意和感性层面的事情。

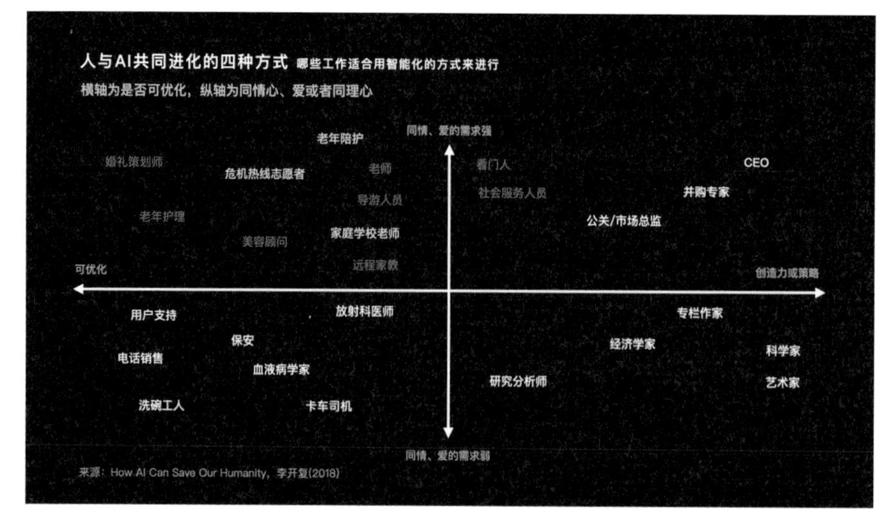

适合用智能化方式进行的工作

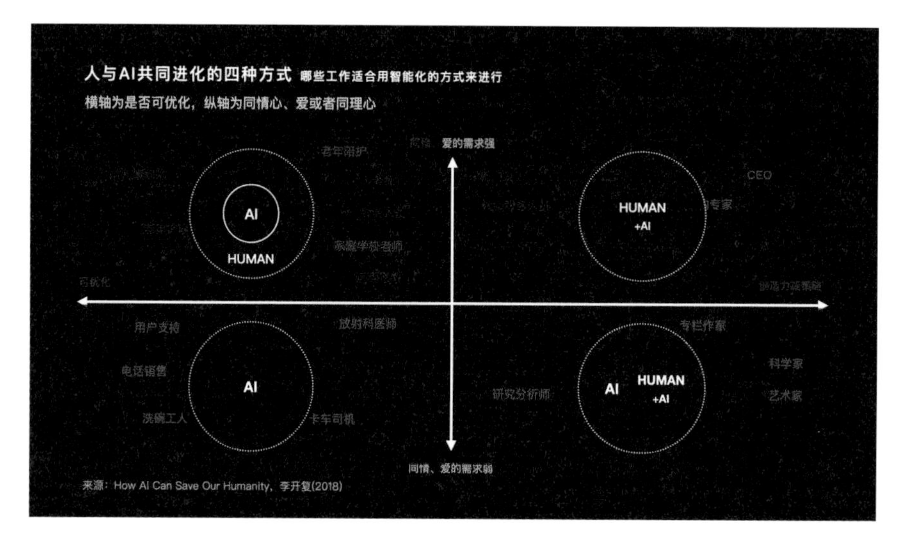

人与 AI 共同进化的 4 种方式

人工智能将在哪些领域产生影响

1. **可穿戴设备：**自 2013 年，智能手表被认为是继智能手机之后的又一个革新性产品。科技圈拥趸摇旗呐喊：智能手表将成为下一个应用平台、社交平台，智能手表将会从手机中解放我们的双手，智能手表将……至此拉开以“智能手表、手环”为代表的可穿戴设备序幕。可穿戴设备发展至今，无论技术还是应用场景均不断拓展。

2. **智能家居：** 自 2014 年智能家居概念被广泛提出，由于技术瓶颈，智能家居行业长期处于“弱智能”阶段，不能和人进行顺畅交互，更无法满足个性化需求，产品主要是孤立的电子产品，以控制和远程遥控功能为主。而随着物联网、大数据、深度学习、语音识别 / 语义分析等技术的不断成熟，伴随着亚马逊智能音箱 Echo 的横空出世，“智能家居入口”之争引发的新一轮智能互联产品热潮，潜移默化地改变行业本质，智能家居逐步步入“智能互联”的新阶段，即将开启新的智慧时代。
3. **无人驾驶：** 无人车已经成功进入物流行业，包括自动叉车以及其他一些自我驱动设备，在仓库的实际操作中已经达到某种程度上的成熟。无人驾驶汽车需要解决的下一个问题将是在公开道路上克服监管和安全上的问题并实现自动部署。
4. **VR、AR、MR：** 苹果发布的 ARKit 标志着 AR 已进入消费级市场，而虚拟现实（VirtualReality，简称 VR）联合增强现实（Augmented Reality，简称 AR）和混合现实（MixedReality，简称 MR）已经不断有新的设备和应用涌现，这是重塑人类生活形态的科技变革。
5. **Chatbot：** 人机交互走向自然交互，Google、Bing 等搜索引擎已经能够使用语音进行搜索，而 Facebook 推出了能够理解用户对话模式和兴趣的 DeepText。同时，自然语言处理领域的进展使得技术公司纷纷研发聊天机器人、数字助理等，这些即时通信应用的月活跃用户量甚至超过了社交网络的月活跃用户量。

5.2 可穿戴设备

近年来全球可穿戴设备出货量为 3.1 亿台，比之前增长 16.7%，市场规模更加庞大。而随着消费升级，以及 AI、VR、AR 等技术的逐渐普及，可穿戴设备已从过去的单一功能迈向多功能，同时具有更加智能、便携、实用等特点。智能可穿戴设备在医疗保健、导航、社交网络、商务和媒体等许多领域有众多可开发应用，并通过不同场景的应用给未来生活带来改变。

目前市场上主要的可穿戴产品形态各异，主要包括智能眼镜、智能手表、智能手环、意念控制、健康穿戴、体感控制、物品追踪等。其中，医疗卫生、信息娱乐、运动健康是热点；产品功能方面，互联（NFC、Wi-Fi、蓝牙、无线）、人机接口（语音、体感）、传感（骨传感、人脸识别、地理定位、各类传感器）是该类产品必不可少的功能。

而随着技术的不断迭代升级、商业上的无限可能性，新型可穿戴设备的未来究竟在哪里？

基础

自从 Google 在 2013 年正式发布 Google Glass，可穿戴设备开始逐渐进入大众消费者的视野，许多国内外知名厂商都纷纷加入了可穿戴设备的制造行列，不断拓展可穿戴设备的使用场景，更加智能地根据用户个性化功能定制。诸如 Apple Watch、Huawei Watch 等智能手表操作系统，与手机联动，用户用它们看消息、打电话等；Fitbit 系列产品以及小米手环、Bong 手环等主打运动追踪与分析；苹果的 AirPods 无线耳机的出现，让我们发现无线耳机未来的拓展——承担起个人助理、健身教练等职责，渐渐变成智能语音助手更合适的平台。未来可穿戴设备将继续不断发展，主要从以下几点思考。

更多传感器集成： 新型可穿戴设备将集成更多传感器，以便向用户提供更多有用信息，并且具备“情境感知”（context aware）特性，确保以相应的方式传递信息。它们将开辟新的用途，例如淡化消费与医疗应用之间的界限，帮助人们在医疗专业人士的协助下管理自己的健康。

可穿戴设备与人类密切接触，获取基于人体的相关数据： 它们能跟踪我们的自身状况和周围环境，并提供相关信息，以激发我们的上进心或鼓励我们做出更好的选择，从而使我们能够以前所未有的方式改善生活的方方面面。它们还可以协助实现个人连接，将“数字自我”连接到互联网。这使我们能够与朋友或远程诊断专家共享信息，无论是为了好玩、征求意见和建议，还是现场医学诊断。

触摸交互、语音交互等交互方式逐渐成熟，应用场景不断被挖掘：如果说鼠标键盘的交互催生了 PC 端的一系列应用，那么触摸屏交互的出现则是让应用交互步入了一个新的阶段。包括苹果在内的巨头们押注语音交互，会不会也会改变硬件、软件的形态呢？不妨把苹果的 AirPods、索尼的 Xpeira Ear 当作新的计算机拥有语音控制的专属应用，这或许是物联网的未来，也是这些可穿戴设备最好的归宿。

全新输入设备带来的全新交互方式，带来新行业机会：Snapchat 推出一款智能眼镜，就是一副有一对摄像头的太阳眼镜：碰下眼镜边就能录制一段长达 10 秒的短视频。Evans 分析其核心所在：手机或者移动设备（眼镜、无人机等）的相机，其实是一种全新的输入设备，用户与这些设备上相机的交互也十分类似于触摸屏、语音的交互，全新的交互方式所带来的将是新的行业机会。从这个角度出发，我们或许可以理解 Snapchat 的野心——用移动设备（手机只是其中一个很小的部分，未来不排除 Snapchat 开发更多带有相机的产品）的相机和活跃的海量青少年用户，打造新一代的相机。虚拟现实可以说是 2016 年可穿戴市场的一匹黑马，Oculus Rift、HTC Vive VR 和 PlayStation VR 纷纷开始面向市场销售。现在，这些硬件还不够成熟，因此我们期待这些虚拟现实设备品牌能够带来更多的升级产品。

方案

天然可穿戴设备升级：传统可穿戴设备（如智能手表、手环），随着硬件设备升级，也会不断升级。曲面屏将在可穿戴设备上得到更大规模应用，尤其是 2018 年曲面屏将在可穿戴设备上大规模应用，而手环将成为曲面屏应用范围最广的产品。可穿戴设备更为独立，将有更多智能手表厂商推出具备独立通信网络模块的产品，预计出货量将达到 1 700 万台。4G 推动儿童手表产品升级，儿童手表的视频通话、内容下载等体验将进一步提升。智能手表厂商向跑步市场发力，将智能手表从外观及性能上更接近于跑表，甚至推出专业跑步手表。

身份认证 & 健康监测：身份认证和健康监测将成为可穿戴设备的重要功能。可穿戴设备的随身性和数据采集不间断性，将使其成为智能家居、消费及企业物联网中重要的个人身份认证终端，同时健身追踪器追踪的范围越来越大，或协助用于追踪健康相关的指标，越来越多厂商会不断探索其更多的功能，例如可以弥补用户听力障碍的损失，或者能够微调用户的日常听觉体验等。

智能服装不断进化：随着可穿戴材料的不断升级，传感器的不断升级，智能服装也在不断进化，舒适度以及形状等都会得到提升。数据显示，2016 年智能服装从之前的几乎为零一跃成为可穿戴类的品类，出货量高达 2 600 万件。而随着资本的不断涌入，借力智能科技的发展东风，预计到 2020 年，智能服装的市场规模有望突破千亿。

渠道模式进一步演变： 可穿戴设备将线上线下渠道联动，并且不断从通信数码渠道进一步扩展到电教商超渠道、潮流时尚终端、运动品类卖场以及奥特莱斯商场。

瓶颈

信息安全： 预计到 2020 年，嵌入式安全及专用通信模块将被可穿戴设备广泛应用。可穿戴设备与人体密切相连，未来会应用于身份认证、健康监测等多个信息领域，而这些信息的泄漏将对使用者造成或大或小的影响，因此可穿戴设备的信息安全将变得更为重要。

技术瓶颈： 人工智能技术以及新型的输入设备还不完善，语音识别还存在一定问题，智能硬件环境还不够成熟，其使用场景还需探索。这些技术和场景瓶颈，需要我们一步步慢慢突破，才能更好地探索未来新型可穿戴设备的可能性。

展望

根据市场调查机构 IDC 公布的最新报告，2019 年可穿戴设备市场全球出货量有望突破 2.229 亿台，如果按照 7.9% 的复合年增长率来计算的话，在 2023 年市场规模将增加至 3.023 亿台。而驱动快速增长的主要功臣就是智能手表和耳塞式设备，在 2023 年的市场占比份额将超过 70%。

总之，智能可穿戴设备的目的是探索一种全新的人机交互方式，通过智能可穿戴设备为消费者提供专属的、个性化的服务。随着移动互联网技术的发展和低功耗芯片、柔性电路板等穿戴设备核心硬件技术的成熟，部分穿戴设备已经从概念化的设想逐渐走向商用化，新式的穿戴设备不断推出，其功能从运动监测到短信和电话提醒，从玩游戏、在线教育到畅游互联网。而 Wi-Fi、智能蓝牙、NFC 和 GPS 这些成熟技术，高效的无线连接设计也降低了可穿戴设备在处理能力和电量等方面的需求。有专家对各类可穿戴设备近几年的增长做了预测，其中智能手表、运动手环、可穿戴医疗智能设备将占据大部分市场份额，而智能眼镜、智能服装等也将持续呈增长态势。

5.3 智能家居

学习工业设计的人对康宁玻璃（Corning Gorilla Glass）一定不陌生。2011 年，世界顶级玻璃研发制造商美国康宁公司推出短片《由玻璃构成的一天》，展示了未来人们在可触摸显示玻璃屏幕下的生活状态，带给人们对于智能生活形态的全面设想，将智能家居的话题推向高潮。窗户、镜子、厨房案板、冰箱，任何有玻璃的地方都是可交互的屏幕。而在一年后的短片《由玻璃构成的一天 2》中，玻璃改变了人们的生活、学习、工作方式，让远端成为房间的一部分，医生之间通过玻璃进行身临其境般的诊疗，打破沟通障碍。

方案

作为工业设计专业的学生，对于智能家电相关的概念设计阅历无数。具有检验并跟踪食品新鲜程度和过期时间功能的冰箱、宠物自动投食与互动机器人、虚拟穿搭穿衣镜等人们对于美好生活的设想总是从身边开始的，而这种设想同样也活跃在《三体》《钢铁侠》《她》《机器人管家》等科幻小说和影视作品之中。

以网络化和智能化为主要特点的工业 4.0 革命的爆发，使家电制造业不约而同地声称将智能家居作为新的产业方向，并预言客厅作为家庭结构、活动与精神象征的中心，即将成为家电制造业、互联网甚至房地产、建筑、家居家装行业征战的战场。

家电硬件：2014 年开始，西门子、三星、创维、海尔等国内外家电巨头开始在智能家居领域布局。除了我们所熟知的安全、空气、水等领域，LG 于 2014 年初推出 Homechat 技术涉足情感化的管家体验，用户可以通过 NLP 和 Line 两款移动社交应用软件，与 LG 智能冰箱、洗衣机、微波炉、扫地机器人等家电“聊天”。如果通过 Homechat 短信向家里的智能电器发送“我下班回家后想洗个热水澡”的信息，你会收到“我现在应该给你放好热水吗？”的回复，当收到你肯定的短信后，你的浴缸会在设定好的时间放好热水，等待你回家。

互联网：互联网作为另一股强劲势力入驻智能家居，或者说是互联网企业对技术的执着追求直接推动了智能家居的进步。通过苹果 Homekit 智能家居平台，拥有 iPhone、iPad 等 iOS 设备的用户可以控制家庭环境内的灯光、电视等合作硬件，如飞利浦的 Hue 灯泡、Nest 温控器、Dropcam 视频监控摄像头。也就是说，不同于家电巨头局限于品牌内和单一家电的创新，互联网企业更加专注开源的平台开发和用户体验，并对第三方的硬件制造商设置严格的准入门槛。毕竟，忠实于唯一品牌家电的家庭太少了。

室内建筑：家居行业也许有优势站在更高的高度提供解决方案。“为什么你还不会做饭，可能是因为没有一个足够吸引你的厨房。”宜家推出“2015 概念厨房”项目，在名为“A Table For Living”的厨房工作台上，不仅可以称食材的重量，还可以在识别食材后，投影出它的成分，为用户提供一定的烹饪建议，生成菜谱，并在用户制作过程中给予详细的指导。工作台上隐藏的电磁感应线圈区域可以提供加热功能，厨余垃圾通过自动分解装置处理。

物联网

智能家电并不等同于智能家居。智能家居并非指火热的体感游戏、VR 项目。智能家居经历了单品智能化、不同产品间智能联动到智能系统化三个阶段。从产品的角度，智能家居以人为核心，通过统一的智能操控中心，将住宅中所有设备集中起来统一管理，并按照用户的需求对家庭中的各个设备进行操控。从技术的角度，智能家居是在住宅的基础上，利用网络通信技术、自动控制技术、综合布线技术、音视频技术等与生活相关的家居集成，形成一套管理住宅设施以及家庭日常事务的系统，并实现节能环保。

有一天你的冰箱储存的食物较少，晚饭不够吃，手机会提醒你该买菜了。这就是冰箱和手机之间的信息交流。随着半导体技术的发展，全球越来越多的人能够享受到移动数据的服务，并最终被一张庞大的物联网（Internet of Things 或 Cyber-Physical Systems）所覆盖。智能家居的进步，依赖于物联网技术的成熟。物联网，可以简单地理解为物物相连的互联网。物联网主要通过各种设备（比如 RFID、传感器、二维码等）的接口将现实世界的物体连接到互联网上，或者使它们互相连接，以实现信息的传递和处理。互联网在现实的物理世界之外新建了一个虚拟世界，物联网将会把两个世界融为一体。不论是小米的智能家庭，还是乐视的乐居家，它们做的都是打通设备间边界的物联网。

凯文 · 凯利（Kevin Kelly）在《必然》一书里，提到了未来发展的 12 大趋势：形成 / 成为（Becoming）、认知（Cognitive）、互动（Interacting）、使用（Accessing）、分享（Sharing）、屏读（Screening）、流动（FloWing）、重混（Remixing）、跟踪（Tracking）、过滤（Filtering）、提问（Questioning）、开始（Beginning）。通过抽象概念，我们可以清晰地感知到正在发生的和即将到来的变化，包括智能家居领域。智能家居的常见交互包含了手机控制、多种控制方式灵活组合、感应式控制、系统化自学习的方式，而智能家居并不局限于智能控制，并非指用一款 App 控制家里所有的电器。当疲惫的我回到家，安全防护门运用人脸识别技术，在确认身份后为我打开了大门。此时灯光、空调、加湿器通过获得时间、室内外空气参数，运用“脑电”技术感知人体情绪，相互分享数据，为我调整到最佳舒适度：柔和的灯光、缓缓的音乐、微开的阳台门窗。这些数据将被持续跟踪、存储、调整，机器越来越聪明。在普通人看来，可能你并未进行实质意义上的交互，连语言交流都谈不上。随着“无处不在的计算”时代的到来，我们已经进入一个崭新的智能机器时代（摘自《与机器人共舞》）。

瓶颈

今天，智能家居行业的产业链仍然面临着极大的挑战。随着 VR、AR、人工智能等新领域的风生水起，智能家居的处境略显落寞。

技术瓶颈。智能家居物联的实现，关乎传感器网络（Sensor Network）的基础研究，涉及通信、信号处理、计算机视觉、自动化控制、电路系统、信息融合、无线自组织网络和 MEMS 传感器设计等。硬件之间相互分享和学习，传感器开发和数据处理需要在许多层面和微观细节上借助统一的标准、协议和设计。无论从基础研究，还是研究成果相互融合上看，智能物联的发展都较为缓慢。相当一部分专家、互联网企业（在推出一系列难成气候的“智能硬件”后）已转向人工智能的研究，期待他们对智能家居的反哺。其次，智能家居存在的安全隐患高于 PC。当家庭中所有的家电都能接上互联网时，整个家居暴露在开放的空间里，用户的隐私可能因为任何一个节点受到侵犯，甚至遭受身体上的伤害。在黑帽安全大会上，黑客们曾经展示如何利用三星最新电视机监视用户行为。分散的智能家电制造有可能扩大这样的系统安全隐患。

需求瓶颈。从理想层面，按照对智能家居生活最完美的设想，用户需要一整套家电设计，甚至在装修时就将基础设施进行布局。对于绝大部分个人用户，特别是已经有房的用户来说，无论经济上还是精力上都难以承受和接受。从建筑或家装角度提供配套方案，或者与房地产商和酒店等商家合作，使用完整的产品，让各个年龄段和阶层的普通消费者先行体验，也许更容易推动个人家居消费。小米于 2014 年推出互联网装修“小米装”，虽然目前仅以价格透明化、装修费用固定化和用户在线监管为特点，但小米是否也在布局未来从家装到智能家居的一体化呢？从现实层面，市场上的智能家居并未深入基础设施，多为单品开发或简单的开关整合。消费者一个个买，获得一个个连不在一起、有时略显鸡肋的功能；或是以 App 控制家电为噱头贩卖智能家居的概念，然而屏幕点击代替不了遥控器的物理触感，App 更加适用于出门场景下的安全防护，新鲜过后，用户仍然习惯于最原始的使用方式。智能家居仍然需要对用户使用场景和交互体验进行深度挖掘。此外，智能家电存在维护服务难以跟进的问题，产品出现 bug 后，家电的重量和体积不利于送修，无上门服务或远程处理，消费者趋向于放弃那部分“附加的智能”。

行业瓶颈。各自为战，缺乏统一的标准在前文中已提及。一旦各企业形成不同标准的智能家居产品，兼容性和操作的复杂性会降低消费者的预期和购买热情。其次，价格虚高一方面将大众消费者拒之门外，另一方面吸引了大量低门槛的厂商，把产品越做越差，出现越来越多华而不实的功能，却也号称提供完善智能家居解决方案。智能家居企业还在寻找更加具有说服力的产品和有效的商业模式。2015 年，小米智能生态圈推出一系列新产品：门窗传感器、人体传感器、多功能网关和无线开关，并进行套装销售。不同产品相互配合能够产生超过 30 种效果，如在多功能网关和人体传感器配合下，夜灯能在晚上用户醒来时自动亮起；在空气净化器和门窗传感器配合下，清晨时窗户能自动打开。同年，小米与仁恒置业（成都）有限公司合作，联合开发我国第一个智慧社区，通过建设体验点及产品样板房，引导用户需求，建设智能家居产品的闭环式体验。

展望

平台建设。苹果智能家居平台 Homekit 发布一年之后，在 2016 年 6 月 14 日的 WWDC 大会上，苹果再次聚焦智能家居，发布了全新的统一智能家居管理应用 Home。Home 可以控制家庭中每一个单一设备，点击“晚安”，Siri 就会控制家中一系列设备，拉上窗帘，调暗灯光，调整室温等。相较一年前的单一设定操作，更加场景化的功能让家居控制更加智能，而此时，几乎所有的智能家居设备厂商都在打造支持 Home 的产品。随着人工智能的崛起、风靡和推进，这一领域的成果终将反哺智能家居。

材料创新。来自美国的纺织公司 Warwick Mills 正雄心勃勃地将美国纺织业推向数字化时代：将种种小型半导体和传感器植入面料中，让它们可看、可听、可交流、可储存能量，为人体供暖或降温，甚至监测人体健康。高端面料代表了物联网发展的新境界——在所有实体物体中植入传感器和运算能力，以便测量与监控。而这个领域需要多学科支持：材料学、电气工程、软件研发、先进制造业和人机互动、服装设计等。“功能性面料”“互联面料”“智慧服装”，材料领域的高技术化也许会带来智能家居的新生。

5.4 无人驾驶

在 2016 年 11 月的世界互联网大会上，百度创始人李彦宏发表“移动互联网的时代结束，取而代之的将是人工智能和物联网”的观点。百度在同年初已成立自动驾驶事业部，并提出十年量产的计划，在国内最早开始无人车的推进。汽车，这个工业时代的“移动产品”，正在成为移动互联时代的变量。

Google 早已在无人驾驶领域耕耘多年，2015 年，Google 第一辆原型汽车亮相并进行了路测，与之后的 AlphaGo 掀起人工智能热潮如出一辙，Google 的这一方向性举措带来了无人驾驶的风口和持续到现在的“跟风”。2016 年初，高通斥资 10 亿美元收购无人驾驶技术创业公司 Cruise Automation；8 月，Uber 花 6.8 亿美元收购了刚刚成立 8 个月的无人驾驶卡车创业公司 Otto；10 月，高通又斥资 390 亿美元收购全球最大的汽车半导体厂商恩智浦半导体公司，打通从手机到汽车整条“移动产品”产业链。同年，国内除百度外另一家推出样车的乐视，其 LeSee 无人驾驶电动概念车被曝虚有其表，为合作伙伴美国电动车厂法拉第未来设计的遥控版。当然还有态度暧昧的苹果，那曾一度传闻的 iCar。

在一片资金、人才和时间扎堆的嘘嚷中，人类离无人驾驶还有多远？

基础

今天的我们，比起 1925 年 8 月，人类历史上第一辆有证可查的无人驾驶汽车要更加接近这一未来。在 1939 年的自动变速系统、1958 年的巡航控制系统、1970 年防抱死刹车系统、2002 年的夜视系统、2004 年的离开车道警示系统、2008 年的疲劳警示系统、2009 年的行人监视系统基础上，2010 年，奥迪无人驾驶汽车 TTS 行驶 12.42 公里，同年，7 辆车组成的 Google 无人驾驶汽车车队开始在加州道路上试行。而 2016 年成为无人车大热的一年，主要得益于以下三种技术的提升。

传感器技术。特斯拉汽车装载 8 个摄像头，提供 360 度视角以及 250 米距离的可视范围。前置增强雷达，在视觉难以发挥作用的不利天气条件下，提供更为清晰准确的探测数据，而百度无人车使用 Lidar 激光雷达，能够准确测量障碍物距离。无人车的感知能力已经超越了人类。

云计算和深度学习技术。随着计算和处理能力的加强，计算机将能通过图像识别和其他传感器的结合，更准确地判断实际路况，不断处理各种极端情况，覆盖各种可能的极端案例，不断提升安全性能。正如打遍天下无敌手的 AlphaGo，任何一辆无人车遭遇的一次复杂场景，都将能提供给所有无人车进行学习。

物联网技术和新的交互方式。今天，很多汽车已经装载了数字化的仪控系统，当汽车成为物联网中的联网设备，我们将适应这一场景：早晨被闹钟吵醒后，日历提示我上午开会的时间和地点，洗漱完毕，吃完早餐，无人车根据我的作息习惯和当日行程安排适时来到楼下接我，目的地已经在行车导航里，待确认后就直接赶赴会议室，通过触屏界面控制车里的空调和娱乐系统，通过玻璃获知路况信息，就像那些描述未来的视频中描绘的那样。汽车将和冰箱、洗衣机等智能家电一样，成为满足我们生活需求的其中一个工具。

方案

为什么无人车一直为人向往？只要畅想一下其驾驶场景——平滑流畅的加速度、没有方向盘和驾驶员、完全舒适的车内空间、完全自在的旅程、数字化的操作和交互方式，就可以轻易知道，这就是人类对未来的想象。更何况，“无人驾驶汽车可减少99% 由于人类疏忽而造成的交通事故”。

传统汽车公司和新兴汽车厂商。汽车厂商的方案是拥有辅助驾驶或自动驾驶功能的汽车。在满足现代社会个人 / 家庭用车需求的基础上，在现有的交通路面上，拥有辅助或自动驾驶功能的汽车，提供智能化解决方案帮助司机更好地处理部分驾驶场景，甚至完全自动驾驶，司机可以被解放出来办公、娱乐、休息。相对于创新阶段科技公司拿出来的用钱堆起来的整体式机器，汽车公司逐步推进的改良设计，如特斯拉的“摄像头 + 传感器”在价格上更加合适，量产的速度和可能性更大。

互联网。科技公司的方案是无人轮式载具机器人，更加科幻。无人车提供的是机器人的算法，从一开始追求的就是运用技术取代司机和驾校，更好地满足普通人的出行需求。无人车可以是共享经济的一部分，当人们需要出行时可以随时获得最近的空车提供服务，无人车完成服务后自行返回大型停车中心，而不用车主费心在小区内寻找车位。无人车也可以构成车辆之间的物联网，通过短波雷达等沟通方式实现就近车辆之间的信息交互，当一辆车要靠边停车时，后车可以自动减速避让；也可以实时同步前车的车速，高速行驶时无须保留较大的车距。无人车甚至可以建立物联网的中央枢纽，这个由车构成的网络将没有任何妨碍，所有汽车按照统一的规则行驶，中央调度系统实时获取所有汽车的位置和时速，并对可能发生事故的车辆给予调控和控制。汽车就像行驶在无数条轨道上的小型地铁车厢，中央调度系统会统一给每辆车发送指令和变轨信息，而无人车只需要沿着轨道前进并接受中央调度系统给出的加速 / 减速 / 停车指令即可，行人走出办公楼即走到了交通路网的一个入口，自然有一辆无人车在那里停下，等候行人上车。但是，这样庞大的设想面临的是技术、时间、成本、政策等一个个难以轻易跨越的鸿沟。

共享经济。当司机不再是稀缺资源，类似 Uber、滴滴这样的共享经济平台将由供需平台转变成单方向的汽车服务提供商。如果说 Google、百度是在向无人移动机器人技术领域发起进攻，Uber 和滴滴的优势则在于已经搭建起成熟的低价的共享平台。通过共享经济的长尾效应，可以大幅降低无人车的使用成本，最终让普通人也能享受到无人驾驶的乐趣。汽车有朝一日也可能变成“身外之物”。从这个角度出发，无人驾驶落地的第一步可能不是普通消费市场，而是商用市场。Uber 已经在一些城市开始尝试无人驾驶送餐，并收购了开发长途货车、卡车自动化系统的 Otto 公司。

瓶颈

技术瓶颈。人工智能技术还不完善，无人汽车需要 AI 级别的算法和自我学习的能力，而不是预设的场景判断。图像识别技术有待加强，现有的图像识别技术能准确识别平坦道路的标识和行车线，通过激光和雷达也可以较好地判断障碍物，但在路面不平整、没有行车线的道路上行驶，或者在天气状况差的情况下，无人车将很难处理。此外，和所有与人身财产紧密相关的“互联网 + ”产品一样，网络安全可能带来麻烦。没有人希望坐在一辆被人劫持的车上，乘客的安全得不到足够的保证，无人车就很难大规模得到用户的认可。

需求或伦理瓶颈。从实际操作层面，辅助或自动驾驶与无人驾驶是两个概念。最容易发生事故的情形不是持续紧张，而是反复从放松到突发紧张的状况中，人容易做出错误判断。不同于行驶环境单纯的自动驾驶飞机，汽车辅助或自动驾驶功能带来的是连续在放松与紧张中切换而产生的对自动驾驶信任的考验。从法律层面，法律伦理问题需要得到解决，无人车事故的责任人归属需要法规明确；而当自动驾驶事故不可避免时，算法是保护乘客还是保护行人，也是一个复杂的伦理选择。在极端情况下，试想无人车被恐怖分子利用后会带来多么大的灾难。从使用场景上，借助共享经济等新兴模式，促进使用需求从购买私家车向接受无人车服务转变，才是促使人们普遍产生使用无人车需求的主要方式。

行业瓶颈。正如前文提到的，汽车厂商的主要目标是卖出汽车，无人车可能是很好的噱头，但无人车的普及无疑将大大减少人们对私家车的需求。无人车的未来不仅需要科技公司积极推动技术的提升，更需要汽车行业积极拥抱未来。

展望

系统建设。无人驾驶将给物流业带来改变，但是仅有无人车，带来的改变有限。就像集装箱，在问世的前 10 年里，并没有发挥大的作用。当时的集装箱只是一个大盒子，整个物流作业系统中还没有能和它配套工作的设施设备。当集装箱船、集装箱装载机、集装箱货车等一系列配套设施出现后，集装箱的作用才逐渐发挥出来。同样，无人驾驶就是一个孤零零的集装箱，而统一的沟通协议、标准化的道路基础设施建设、整体行业 / 社会的数据共享和物联网云平台，才是一个完整的系统，等物联网平台成型，无人驾驶才会给交通带来更大的改变。

无人驾驶将开启人与机器关系的新篇章。

5.5 VR、AR、MR

可媲美《神探夏洛克》，被剧迷们称为技术惊悚片的王牌英剧《黑镜》第三季华丽回归，一如既往描绘了未来科技对人类的影响，其中 VR、AR、MR 可谓贯穿其中。无论第 1 集《虚伪的分数》，在眼睛中植入了类似于隐形眼镜的装置，实现裸眼 AR 的效果，同时配合着类似于手机的操控终端，将社交彻底“网络化”；第 2 集《游戏测试》，将现实的东西加到虚拟世界中，让人分不清现实与虚拟的世界，让虚拟更加真实；还是第 4 集《圣朱尼佩洛》，通过科技让肉体死亡灵魂永生……再加上从 2015 年年底开始持续的 AR、VR 科技热潮，无论在创投圈还是科技圈都迎来自己的大爆发，所有这些都在向我们传达一个信号：未来已来。

站在这样的时代潮流中，对于 VR、AR、MR，你准备好了吗？

5.5.1 什么是 VR、AR、MR

1.AR

AR，是增强现实（Augmented Reality）的英文缩写，是一种利用摄像头、传感器等设备，对现实影像的位置进行感知和计算，再将虚拟影像叠加到现实影像上，从而实现虚拟和现实无缝拼合的计算机技术。

它的出现意味着能将计算机技术带到现实中来，能使科技更“贴近”人们的现实生活，被誉为可能是代替智能手机的、未来的下一个平台。

AR 技术的起源，可追溯到 Morton Heilig 在 20 世纪五六十年代所发明的 Sensorama Stimulator。他是一名哲学家、电影制作人和发明家，利用在电影上的拍摄经验设计出了叫作 Sensorama Stimulator 的机器。Sensorama Stimulator 可使用图像、声音、香味和震动，让用户感受在纽约布鲁克林街道上骑着摩托车风驰电掣的场景。这个发明在当时非常超前。

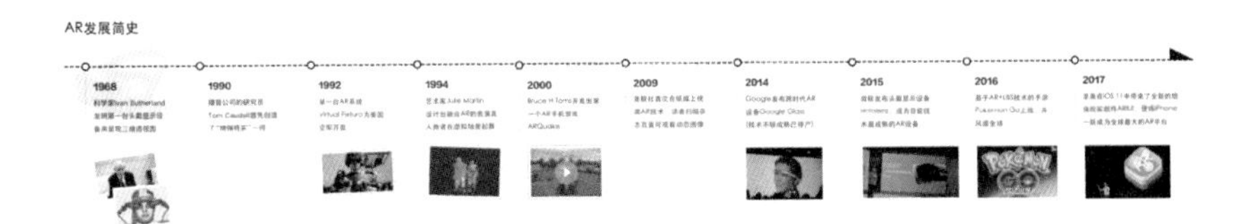

AR 发展史

AR 技术具有虚拟现实融合、实时交互、三维注册三大特征。其中三维注册是其中最重要的特征。

2.VR

VR，即虚拟现实，亦称作虚拟实境（Virtual Reality）。VR 也称灵境技术或人工环境，是利用电脑模拟产生一个三度空间的虚拟世界，提供用户关于视觉、听觉、触觉等感官的模拟，让用户如同身临其境一般，可以及时、没有限制地观察三度空间内的事物。用户进行位置移动时，电脑可以立即进行复杂的运算，将精确的三维世界视频传回产生临场感。该技术集成了计算机图形、计算机仿真、人工智能、传感、显示及网络并行处理等技术的最新发展成果，是一种由计算机技术辅助生成的高技术模拟系统。

VR 和 AR 的区别，除了硬件和技术等方面有区别，归根结底是要看到底是对现实的增强还是完全的虚拟化。 让人们完全投入进入虚拟世界的沉浸感，是 VR ；让虚拟的事物和现实接轨，则是 AR。

3.MR

MR，即混合现实（Mixed Reality），指的是将真实和虚拟世界混合在一起，创造了新可视化环境，物理实体和数字对象共存并能实时相互作用，以用来模拟真实物体。混合了真实、增强现实、增强虚拟和虚拟现实技术。

MR 则是让 AR 和 VR 完全融合，“实时”地进行虚拟和真实的交互，是最终的发展形态。混合现实是实现虚拟和现实的完美融合。

MR 和 AR 可以从设备上来进行区分，它们有以下两点不同：

如果虚拟物体的位置能够随设备而移动，做到随身随行，则是 MR 的实现；如果不能移动，定位在三维世界中，你离开了，虚拟物体还是摆放在刚才的位置，则是 AR。而 MR 的最高形态，则虚拟和现实已经融为一体，有一致的体验，不容易被区分了。

5.5.2 AR 工作原理

在 2009 年 2 月的 TED 大会上，帕蒂·梅斯（Pattie MAfter Effectss）和普拉纳夫·米斯特莱（Pranav Mistry）展示了他们研发的 AR 系统。该系统属于麻省理工学院媒体实验室流体界面小组的研究成果，被称为 Sixth Sense（第六感）。它依靠众多 AR 系统中常见的一些基本元件来工作：摄像头、小型投影仪、智能手机和镜子。

下图是一个典型的 AR 系统结构，由虚拟场景生成单元以及显示器和头盔等交互设备构成。其中虚拟场景生成单元负责虚拟场景的建模、管理、绘制和其他外部设备的管理；显示器负责显示虚拟和现实融合后的信号；头部跟踪设备跟踪用户视线变化；交互设备用于实现感官信号及环境控制操作信号的输入输出。

首先摄像头和传感器采集真实场景的视频或者图像，传入后台的处理单元对其进行分析和重构，并结合头部跟踪设备的数据来分析虚拟场景和真实场景的相对位置，实现坐标系的对齐并进行虚拟场景的融合计算；交互设备采集外部控制信号，实现对虚实结合场景的交互操作。系统融合后的信息会实时地显示在显示器中，展现在人的视野中。

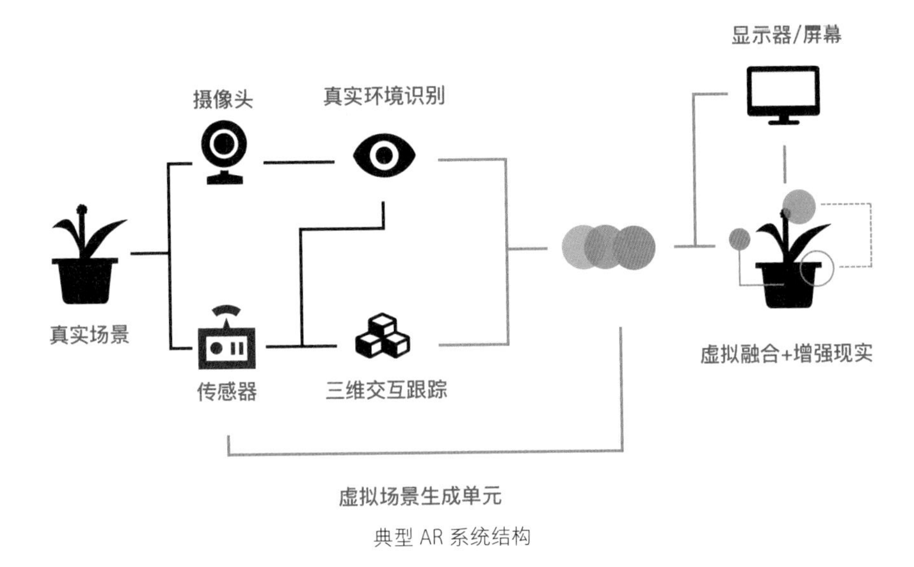

典型 AR 系统结构

为了保持现实和虚拟的对准，检测和识别的技术就显得尤为重要。

检测和识别技术包含图像匹配和识别以及语义检测和识别这两点。

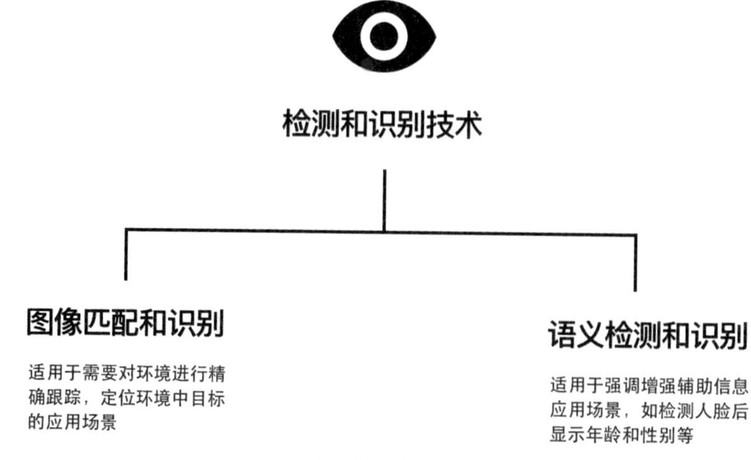

检测和识别技术

跟踪定位技术则分为基于硬件的定位技术和基于视觉的定位技术两点。

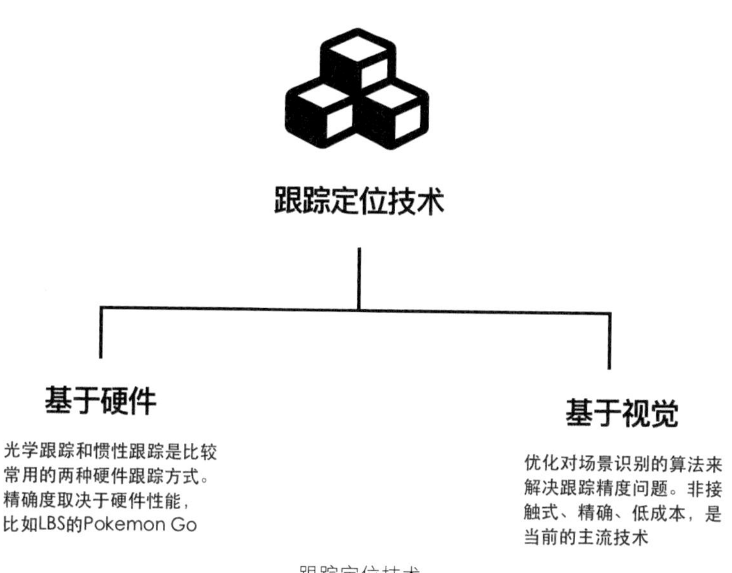

跟踪定位技术

其中基于视觉的跟踪定位技术是最核心的技术，也是主流技术。

基于视觉的三维配准包含三个发展阶段：二维图片定位、三维物体定位和基于 SLAM 的三维环境定位。

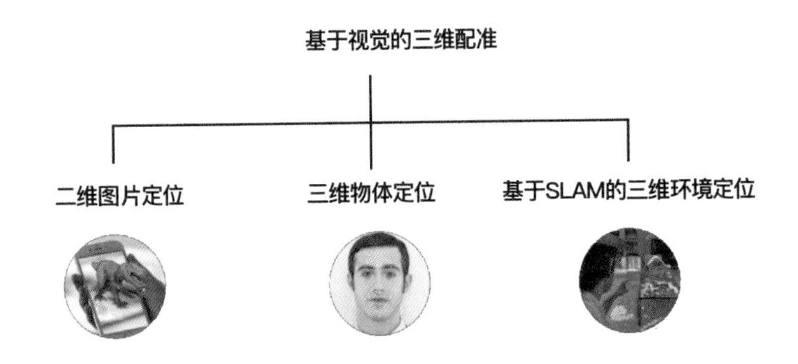

基于视觉的三维配准

1. 二维图片定位

二维图片定位是指基于平面物体的识别和定位，比如现在市场上很常见的一些 AR 技术图书，或者 App 应用。这种技术是将现实世界的一张图片作为定位的锚点，计算机生成的虚拟物体会围绕这个定位点，融入现实环境中。

目前基于图片定位的 AR 是最为成熟的技术，广泛应用在各个地方。目前在儿童教育图书方面应用得比较多。

应用在儿童教育图书领域

2. 三维物体定位

二维图片的自然扩展当属三维物体。一些简单的规则三维物体，比如圆柱状可乐罐，同样可以作为虚实结合的载体。对于一些特定的非规则物体，比如人脸，由于有多年的研究积累和海量的数据支持，已经有很多算法可以进行实时精准对齐，比如 Faceu 应用识别人脸后，可以口吐彩虹。

Faceu 应用人脸识别口吐彩虹

3. 基于 SLAM 的三维环境定位

对于三维环境的动态的实时的理解是当前 AR 在技术研究方面最活跃的问题。其核心就是最近火热的“即时定位与地图构建”（Simultaneously Localization and MApping，简称 SLAM），在无人车、无人机和机器人等领域也起着核心作用。AR 中的 SLAM 比其他领域中的一般难度要大很多，主要是因为 AR 赖以依存的移动端的计算能力和资源比起其他领域来说要弱很多。目前在 AR 中还是以视觉 SLAM 为主，其他传感器为辅的局面，尽管这个情况正在改变。

基于 SLAM 的三维环境定位

标准的视觉 SLAM 问题可以这样描述：把你空投到一个陌生的环境中，你要解决“我在哪”的问题。这里的“我”基本上等同于相机或者眼睛，“在”就是要定位（就是 localization），“哪”需要一张本来不存在的需要你来构建的地图（就是 mapping）。你带着一只眼睛一边走，一边对周边环境进行理解（构建地图），一边确定在所建地图中的位置（定位），这就是 SLAM 了。换句话说，在走的过程中，一方面把所见到（相机拍到）的地方连成地图，另一方面在地图上找到走的轨迹。

目前 AR 的应用最为前沿的就是微软的 Hololens 头戴设备了。Hololens 的部分应用就使用了 SLAM 技术。

5.5.3 为增强现实做设计

1. 设计什么：定义研究领域

基于 AR 硬件 / 系统的 App 和内容设计。

2. 为谁设计：分析用户、使用目的、场景

按照之前的分析，AR 在未来的市场体量非常庞大，应用领域和应用场景非常丰富，甚至有可能替代智能手机成为下一代的平台。所以我们把用户归类为 Business、Customer 两端。B 端用户指企业或专业用户，其使用目的是：解决实际问题，将 AR 作为生产工具。C 端用户指消费者，其使用目的是：娱乐与生活服务，AR 作为日常生活工具。

B 端用户常见场景如以下几个图示场景：信息操作与指引、远程会议与协助、图产品三维可视化、医疗教育与培训。目前，B2B 是 AR 的主要盈利模式。以 Hololens 为例，目前已和多家大型公司合作开发了企业应用。

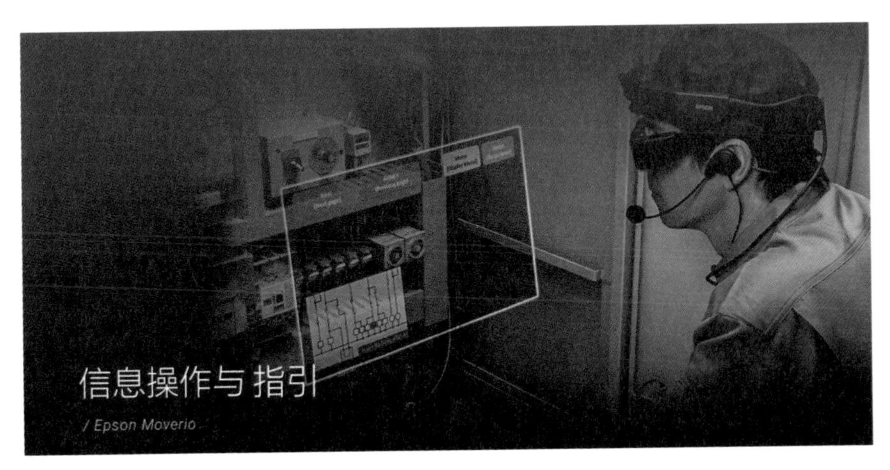

信息操作与指引

远程会议与协助

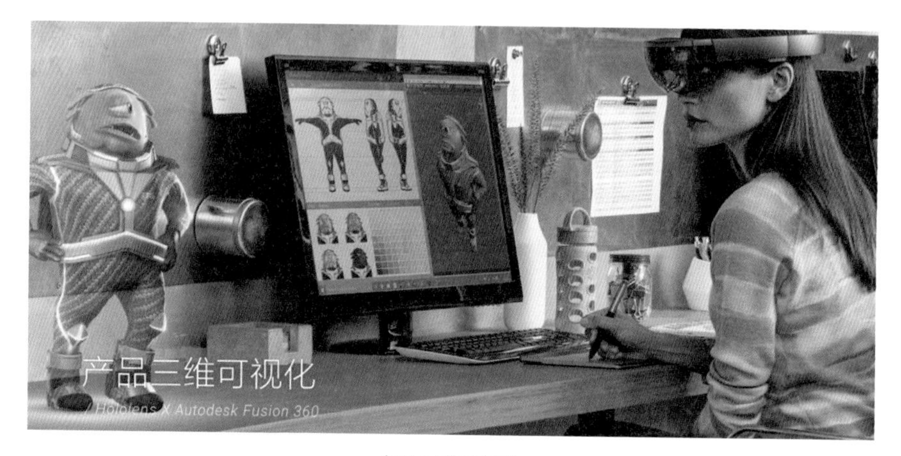

产品三维可视化

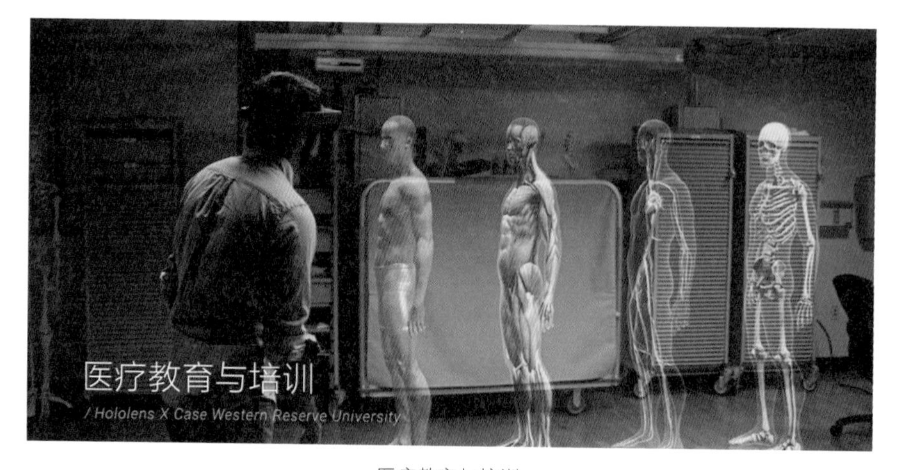

医疗教育与培训

在 C 端，社交、游戏、广告、儿童教育等都是 AR 热门的场景，催生出现象级火爆的游戏 Pokémon go，以及红极一时的社交应用 Snapchat。而我们都爱逛的宜家，从 2012—2014 年，每一年度的宜家产品手册都在进行 AR 应用的探索。早期仅支持在书页上扫描并预览家具，到后来支持家具在真实场景中展示效果，并且进行购物操作。这个应用由 Metaio 和宜家合作开发，而 Metaio 如今已被苹果收购。

从案例来看，似乎有这样一种倾向，B2B 产品更多是头戴式 AR 设备，而 B2C 产品则更多是移动 AR 设备。但实际上并不是如此严格划分的。而是因为头戴式 AR 的技术领先，价格昂贵，还达不到消费性普及，现阶段的硬件运算处理能力也无法满足日用生活场景。而智能移动设备的普及为移动 AR 提供了基础硬件条件。而未来发展也可能走向另一个方向，头戴式 AR 会越来越多应用于游戏场景，因为其带来的体验是颠覆性的，而移动 AR 更多来解决实际应用问题，如 Google 翻译在 AR 上的应用。

Magic Leap 虽然到目前为止没有发布任何正式产品，但从它官方视频、文档中的用户画像来看，其目标受众群体定位在 C 端消费者市场。

笔者对 Magic Leap 的用户画像进行了归类，第一组画像为游戏玩家，细分为五类玩家：Average Gamer、MMOG Gamer、Extreme Gamer、Comic-Con Gamer、Girl Gamer。第二组画像包括了 6 岁以下、13~18 岁等不同年龄层的儿童和青少年，从比重来看，游戏和儿童教育领域会成为 Magic Leap 的主要战场。第三组包括 Music Culture、Outdoor Enthusiast 等其他类型用户，仍然是生活和休闲场景占较大比重。

3. 如何交互：了解不同硬件设备的交互方式

AR 硬件按照显示设备可以分为固定空间 AR、移动设备 AR 和头戴显示 AR。这里介绍后两种交互方式。

首先，是移动 AR 的硬件交互。绝大多数的交互依赖屏幕触控，有少部分其他硬件支持，如陀螺仪传感、语音等。但是 AR 的交互对象比以往有所不同，可以分为 4 种类型。

- 与硬件设备交互。
- 与 GUI 图形界面交互：最传统的方式。
- 与 AR 虚拟模型交互：直接与 AR 虚拟模型交互，或者通过屏幕与 AR 虚拟模型交互（非 GUI 元素）。
- 与 Marker 被识别物交互。

Google 和联想合作的 AR 手机，视频主要是通过硬件、GUI 交互

迪士尼的填色 AR 游戏，与 AR 模型、Marker 交互

其次，是头戴 AR。常见的交互方式有手势识别、语音识别、眼动追踪和触觉反馈。手势识别的问题是容易被遮挡，语音识别在复杂环境中还存在识别度以及隐私问题。眼动追踪可以判定人眼注视的方向和目标，但还不够精确。几种方式虽然还都有问题，现在市场上也还未形成大一统的局面，但可以看出，交互发展的方向和追求是“更自然的交互方式”。

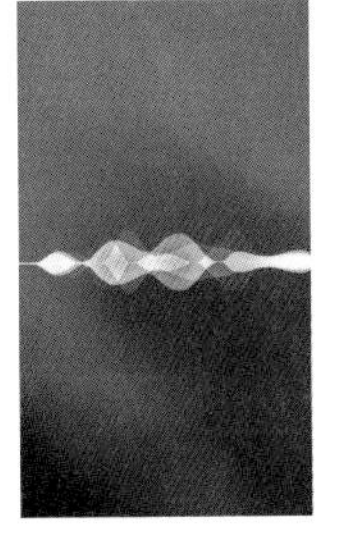

头戴 AR 的交互

AR 行业的领军者是 Hololens。Hololens 一共有 3 种交互方式，Gaze、Gesture 和 Voice，但是这 3 种方式并不是独立应用，而是 G+G 和 G+V，即凝视 + 手势、凝视 + 语音。Gaze（凝视）用于瞄准想要操作的对象，并有指针反馈，然后再由 Gesture（手势）和 Voice（语音）来进行操作。

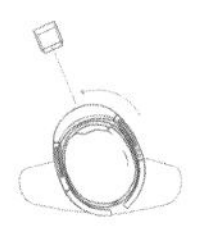

Gaze

Built-in sensors let you use your gaze to move the cursor so you can select holograms. Turn your head and the cursor will follow.

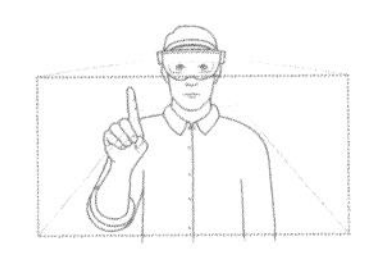

Gesture

Use simple gestures to open apps, select and size items, and drag and drop holograms in your world.

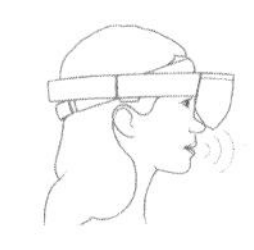

Voice

Use voice commands to navigate, select, open, command, and control your apps. Speak directly to Cortana, who can help you complete tasks.

Hololens 的 3 种交互方式

凝视+手势　　凝视+语音

Gaze　用于瞄准想要操作的对象
Gesture
Voice　用于对目标对象进行操作
Cursor　用于指示和反馈

Hololens 的 G+G 和 G+V 模式

定义的各种手势可观看视频：https://youtu.be/kwn9Lh0E_vU。

4.AR 体验评估维度

翻看了很多不同的文章都会提到不同的 AR 原则或标准，比如在 Magic Leap 的 Principle（设计指南）中提到什么是一个更好的增强现实呢？答案有更智能、更有趣等，但同时也提到不要为了制造"wow"效应而放弃了可用性。所以到底要从哪些角度进行权衡呢？下图中的 6 个维度、15 条标准就都涵盖了。然而作为 AR 来说，最重要的一个体验标准还是它的真实性，虚实融合的程度。

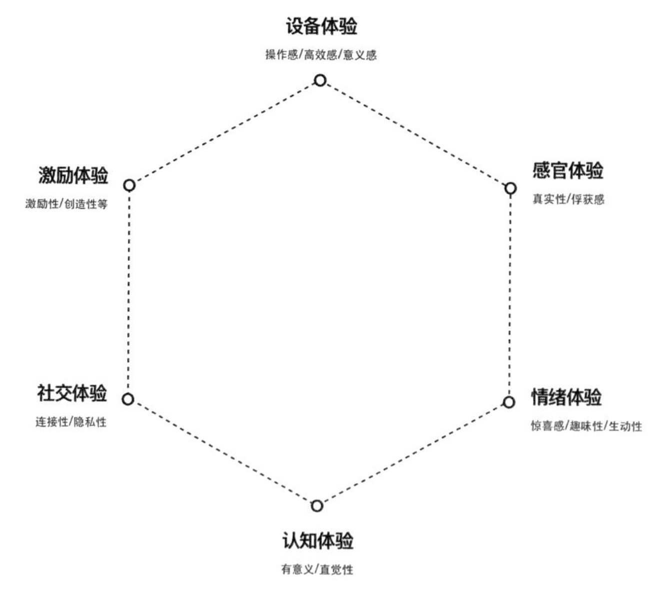

AR 体验的 6 个维度、15 条标准

5.AR 设计建议

坦率来说，现在来谈 AR 的设计并不成熟，业界也没有成熟统一的设计准则。不过还是尽力提供一些参考。首先可以从几家行业巨头提供的设计指南入手了解基于这个平台的规范。

- Hololens Design Guideline：https://developer.microsoft.com/en-us/windows/holographic/documentation
- Google Tango：https://developers.google.com/tango/ux/ux-framework

从真实世界寻找设计依据和灵感。前面我们提到，AR 最重要的一个特点和评价维度就是其真实性，而真实性又包括了符合自然和直觉的交互、逼真的虚拟模型或场景等。为了更好地进行虚实融合，在 AR 设计中就需要从真实世界寻找设计的参考。

在 *Microsoft HoloLens：3 HoloStudio UI and Interaction Design Learnings* 一书中看到了一个很有意思的例子。微软在设计 HoloStudio 时，原本设计了一个方形的桌面，看起来就像我们的工作台一样。然而用户的使用经验告诉他们，这样的方桌是用来坐下来学习办公的，要么就是站在桌旁。所以，在使用这个系统时，用户就站在一个定点操作，而不是如设计者预期的那样从各个角度去探索 HoloStudio。

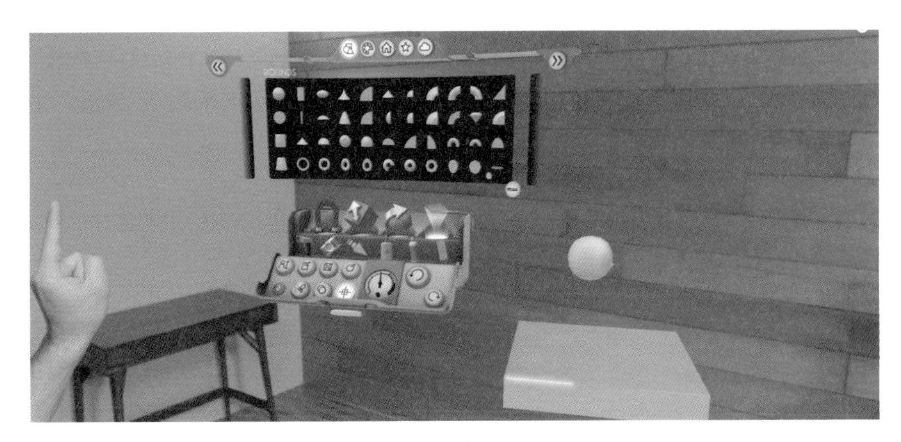

方形桌面

所以后来，改为了圆形台面，看起来没有明显的正面或站立点。在最后的用户测试中，用户也就真的走动起来探索这个系统。

圆形台面

因此，AR 中的设计除了看起来要真实，它的使用场景、交互方式也要更贴近现实，遵循物理世界规则。

打破平面思考模式，为立体的世界而设计。与二维平面交互设计相比，AR 产品设计首先采用多媒体捕捉现实图像，接着进行 3D 立体模型的三维建模，然后通过传感器追踪现实动态物体的六轴变化（*X*、*Y*、*Z* 轴位移及旋转），再通过坐标识别与转换，从而与虚拟环境、虚拟物体等产生交互。在这个过程中，我们可以清晰地感知 AR 设计的一个重要核心在于设计以假乱真的虚拟 3D 模型，因此需要我们跳出二维思考模式，为真实的立体世界进行设计。

用户体验设计流程依然有效。虽然设计的平台转为 AR，但是用户画像、用户体验地图、用户访谈、可用性测试这些基本的流程和方法仍然有效。在 Magic Leap、Hololens 的设计经验中都强调了用户测试。

考虑设备和技术限制。设计当然不可能去解决技术限制的硬伤，但是设计可以去了解和考虑这些问题，从而带来更好的体验。

- 了解用户场景，进行设计规避。例如论文 *Guidelines for User Interactions in Mobile* 中提到的一个移动 AR 的常见问题：由于在智能手机环境下深度信息通常无法识别，可能导致不正确的遮挡。也就是说，如果真实对象（比如手）位于 AR 虚拟对象前面，虚拟对象仍然会被识别并显示在最前面，遮挡住真实对象。所以，在设计与 AR 模型直接的交互行为时，手的动作就容易被 AR 虚拟对象遮挡。

了解了这个特点，我们设计时就可以考虑避免设计“抓”“握”等需要大量手与物体接触的交互动作，而用手与 AR 虚拟对象边缘交互的方式来替代。比如，类似“轻戳”“推”这些动作来避免上面所说的问题。文章还提出一个解决方案，通过使用具有 AR 系统可以检测和跟踪的物理 Marker 与虚拟对象交互。

- 在异常状态下给出足够的提示和反馈。Google Tango 在给开发者的文档里用了一篇文章来写这个问题——*Handling Adverse Situations – UX Errors and Exceptions*。

目前头戴 AR 的技术还在研究中，交互体验尚未定型。移动 AR 的技术已经相对成熟，但缺乏好的内容，缺少与场景结合完整的应用创新，我们看到很多“为 AR 而 AR”的案例。

未来 AR 的设计有待大家一起探索。

5.6 智能聊天机器人（Chatbot）

近年来互联网科技圈最火热的概念是什么呢？

VR、AR 或者无人驾驶？的确，它们过去一年一直很火，并且短期的将来依旧会很火。

然而要说起科技圈的当红炸子鸡，那非 Chatbot 莫属，并且领衔福布斯“关于 2017 年科技趋势预测的 6 个有趣观察”榜单首位。从长远来看，它依旧具有无限潜力。

2017 年最热门的技术趋势是人工智能，而其中最热的部分是 Chatbot。Narrative Science 的 CEO Stuart Frankel 认为：“Chatbot 的发展将加速。”他说：“最近一些创新的科技巨头们对 Chatbot 的研发热情显示，到明年，人们通过对话与机器进行交互将会成为常态。对话界面（Conversational Interface）是游戏规则的改变者。自从计算机发明以来，我们都不得不使用计算机的语言与之交互，而现在，我们在教计算机使用我们的语言进行沟通。”

Frankel 接着说：“Google、Bing 等搜索引擎已经能够使用口语进行搜索，而 Facebook 推出了能够理解用户对话模式和兴趣的 DeepText。同时，自然语言处理领域的进展使得技术公司纷纷研发聊天机器人、数字助理等，这些即时通信应用的月活跃用户量甚至超过了社交网络。试想未来，我们可以向我们的智能设备询问任何信息——‘我账目上有多少钱？’‘我上一次检查身体是什么时候？’‘十分钟车程内有哪些餐厅可以订两人位？’……”

——来自福布斯：关于 2017 年科技趋势预测的 6 个有趣观察

5.6.1 那么 Chatbot 到底有多火热？

2016 年上半年开始，硅谷科技巨头们纷纷围绕着 Chatbot 开始自身的战略布局。

2016 年 3 月，微软在每年例行的 Build 大会上推出了 Bot Framework。

2016 年 4 月，Facebook 在 F8 大会上展示了全新的 Messenger 平台，同时通过开放基于聊天产品 Messenger 上的 Chatbot 平台，希望开发者能在社交、聊天的场景下创造更多的可能性，此举也被看作 Facebook 利用移动端的聊天工具重新塑造移动互联网的新尝试。

Facebook 基于聊天产品 Messenger 上的 Chatbot 平台

2016 年 5 月，Google I/O 大会发布了 Google Assistant、Allo Messenger 等应用和套件，同年 10 月在 Google 产品发布会上，Google CEO Sundar PIchai 以官方的名义重申了 Google 如何转型，也就是从移动优先到人工智能优先。Google 把自己重新定义为一个真实却无形的数字助理，同时发布三款新硬件，其中 Google Assistant 成了其产品核心功能，与其说它是一个界面，不如说是一种互动模式。而这也标志着 Google 产品的交互形式转变——从与屏幕 / 材质交互转变为与机器本身的对话。同时 2016 下半年 Google 收购了 Chatbot 创业公司 API.ai，旨在进一步加强语音识别技术，让 Chatbot 更加智能。

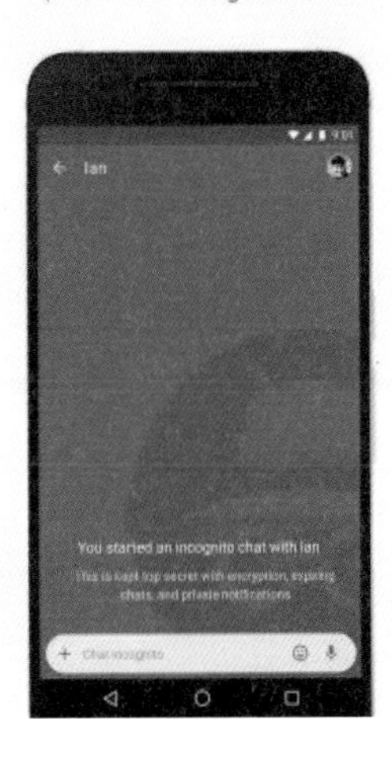

Google 的 Allo Messenger

与此同时 Amazon 也不甘落于人后，开放了 Echo 智能音箱背后的 AI 平台 Alexa。

微软、Facebook、Google 等大型科技企业纷纷入局，标志着 Chatbot 的火热，同时代表了 Chatbot 的发展方向，那么紧随其后的是来自世界各地的创业团队。这些创业团队的 Chatbot 类产品和服务横跨多个平台，扩展到多个不同的垂直领域：保险代理、虚拟助手、客户服务、虚拟买手、机器人平台等。VentureRadar 将截至 2017 年 6 月的最热的 Chatbot 领域的创业公司列举了出来，如下图所示。

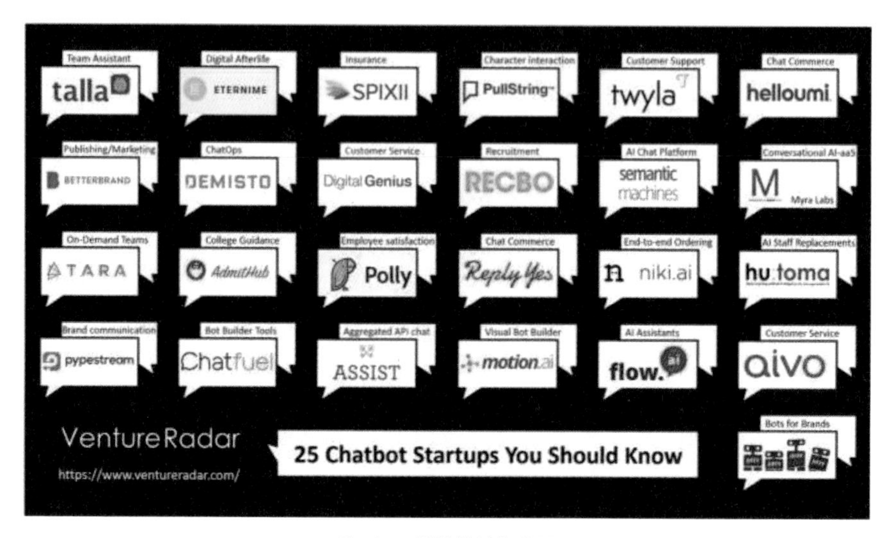

Chatbot 领域的创业公司

5.6.2 Chatbot 的过去、现在和未来

虽然 2016 年 Chatbot 才开始“走红”，可 Chatbot 这个概念其实很早就被提出来了。它最早的研究者是大名鼎鼎的“人工智能之父”Alan M. Turing。从图灵机到电脑，从 PDA 到智能手机，人类在试图创造便捷工具的同时，一直未曾放弃创造更加聪慧的“小伙伴”。

Turing 在他 1950 年的文章 *Computing Machinery and Intelligence* 开篇就提出了“Can machines think？”（机器能思考吗？）的著名设问，并通过一个模仿游戏（Imitation Game）来验证“机器”到底能否“思考”，这也被认为是 Chatbot 的起源。

智能机器终将与人类通过自然语言交流

真正的 Chatbot 雏形出现于 20 世纪 80 年代，它使用 BASIC 语言编写而成，名为“阿尔贝特”。

而随着数据挖掘、机器学习等技术的推进，深度学习的算法的技术成熟，计算机的智能化进程已经大踏步地前进了，Google 的 AlphaGo 战胜李世石就是一座里程碑。而今天的 Chatbot 也远比当年粗陋的 AI 更加智能。

可智能化 Chatbot 都能为我们做什么呢？有什么用呢？

比如，我们熟悉的，经常被“调戏”的 Siri、Cortana 等。然而这只是 Chatbot 非常初级的应用，目前 Chatbot 已经可以成为你真正的私人智能秘书，帮助你执行任务、组织会议，或者制定详细的旅行行程单。

Siri

现阶段的 Chatbot 正在朝着更加智能化的方向前进。最新的 Google api.ai 就能进行智能语音识别和语境管理，甚至内置一套特定领域的专业知识！

Google api.ai

而这个方向的更高层次的要求，无疑是 Chatbot 直接体会人类的种种情感。而这也是 Facebook 正在研发的方向。有 Facebook 和 Google 这样的科技巨头的参与，无疑将大大加快这个方向的进程。

5.6.3 智能情感化的 Chatbot

"机器是否拥有灵魂？"

毫无疑问，未来 Chatbot 的发展方向将更加转向"情商"，即 Chatbot 自身的情感抚慰和感情陪护能力。

Facebook 人工智能新作：Chatbot

而互联网的大数据，也给 Chatbot 提供了更大的用于训练的对话数据库，使对话行为的归类和定义更为精炼与准确，这些都为 Chatbot 技术的快速成长提供了绝佳条件。

在这里借用电影 *her*，和大家一起畅想一下未来的智能情感化 Chatbot。

her 中的人工智能系统 OS1，不仅提供各种助手服务，如清理磁盘、处理邮件、安排日程甚至泡杯咖啡，还能成为闺蜜、女朋友，无时无刻不在陪伴着，提供专属的亲密感。

当 OS1 化身 Chatbot 同 Theodore 聊天的时候，展现出了一个 Chatbot 应有的素质：

- 使用友善而包容的语言同人交流。
- 使用令人喜爱、熟悉、有安全感的声线来沟通（由斯嘉丽 · 约翰逊配音），更容易获得信任。
- 当用户开始“调戏”Chatbot 的时候，可以巧妙地回应。

同时体现 Chatbot 带给用户的个性化体验：

- 结合用户的背景信息，提供个性化的反馈。
- 为用户提供统一、一致的形象，让他们感受到一个立体的角色。

5.6.4 Chatbot 与 VR

目前的 Chatbo，无论 Siri、Alexa 还是 Google Assistan、Cortana，缺乏人类的形体、外表、声音，这些要素从某种程度上制约了 Chatbot 与人类的深度交互。比如在人与人的交流中，身体语言和情感表达都非常重要。但如果将你的想法通过文本发送给机器，或者用语音告诉你家里的某台机器，不管这些交互界面多么唯美，人类依然感受不到像人那样的自然交互。

而另一方面，VR 还缺乏一些有用的应用场景。对一项新兴技术而言，需要大规模用户场景的支持，才能推动整个技术生态的演进。从这个角度出发，聊天——这个人类社会长盛不衰的社交需求也就成为 VR 最有可能突破的方向。

如果 VR 场景中的 MichAfter Effectsl 不是一个真实的人，而是某个可以和你玩游戏的 Bot，这就是 Chatbot 的 2.0 。

更进一步，当我们通过滴滴预约一辆汽车的时候，可以和 Chatbot 直接交谈，确定时间和地点，此时，Chatbot 还可以把司机加入群聊。

或者，可以通过 Chatbot 预订一家 Airbnb 的房间，接下来，这个 Chatbot 可能把房东也拉入群聊中。

过去很长一段时间，我们对 VR 的想象空间局限在本地体验，比如可以通过 VR 设备体验到百货商店买衣服，或者游览世界各地的名胜古迹，再或者看演唱会，但这种想象本质上是对一个个行业的彻底颠覆，短期内，甚至还会被这些“古老”行业杯葛。而换一种思路，将 VR 作为 Chatbot 具象化、人性化的体验，不仅能够为传统行业创造全新的交互，还会推动这些行业的发展。

这种全新的交互也会对应用开发产生深刻影响。传统意义上，开发者通过在一款 App 中集成多个功能，以手机 、平板作为载体，呈现在用户面前。而接下来，开发者要做的则是深度定制一款 Chatbot，不断优化对话体验，载体也变成了各种 VR、AR 设备。

当 VR、AR 与人工智能或 Chatbot 有了更多交互和融合，内容生产、品牌传播以及客户服务，都将迎来质的改变。

5.7 实践案例：多模态智能音箱体验设计

前面的章节了解了人工智能基础概念，以及人工智能在可穿戴设备、智能家居、无人驾驶等领域产生的影响。下面通过多模态智能音箱设计实践案例，全面地了解语音产品智能化设计过程。通过这一章节，我们可以了解到以下内容：

1. 人机交互的演化是怎么样的。
2. 语音智能产品设计和多模态设计如何做。
3. 产品智能化时代设计师工作的演化，包括设计框架思考和思维方式思考。

说起语音智能，可能大家脑海中会浮现一些关键词，比如智能音箱、语音交互、机器人等。笔者也从周围朋友那里收集到了一些关键词，尝试将其归类，发现大家的理解基本聚焦在应用和技术两个维度。

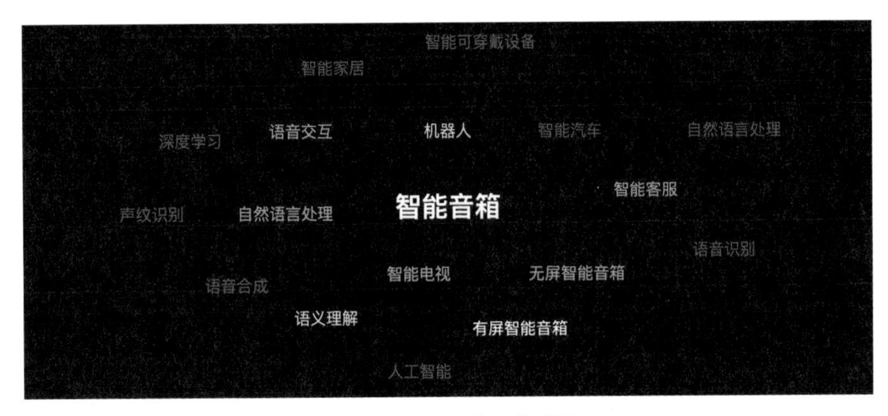

关于“人工智能”的一些关键词

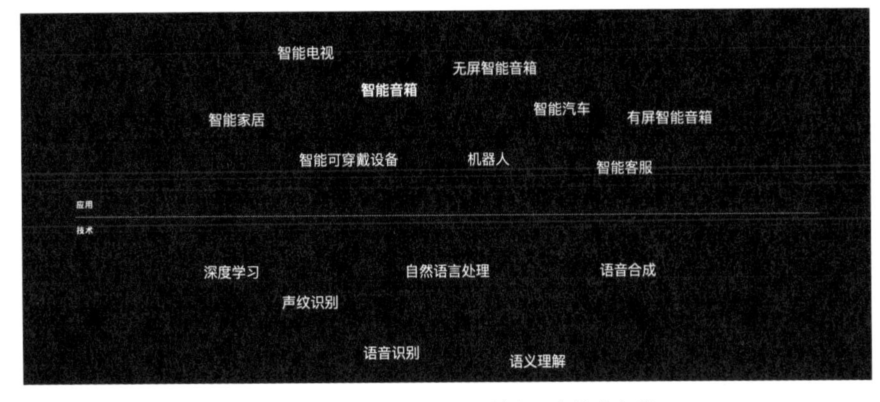

将人工智能关键词从应用和技术两个维度归类

与此同时，从交互设计的角度来看，近些年来人机交互模式也在不断发生变化。从早期的键盘、触摸屏到语音对话，现在多模态设计已经被不断提及。

而随着技术的不断发展以及交互模式的范式转化，语言 & 语音智能已在行业中广泛应用。比如手机 APP 上，逐渐增加语音到文字的输入输出能力（包括语音助手等），如 QQ、微信、翻译君、地图语音助手；此外还有新的智能硬件不断出现，比如天猫精灵、小米小爱同学、9420 无屏音箱、王者机器人；而各大互联公司纷纷建设智能开放平台，比如腾讯的云小微，和外部有许多合作，涉及手机、穿戴设备、汽车等，赋能多个行业。

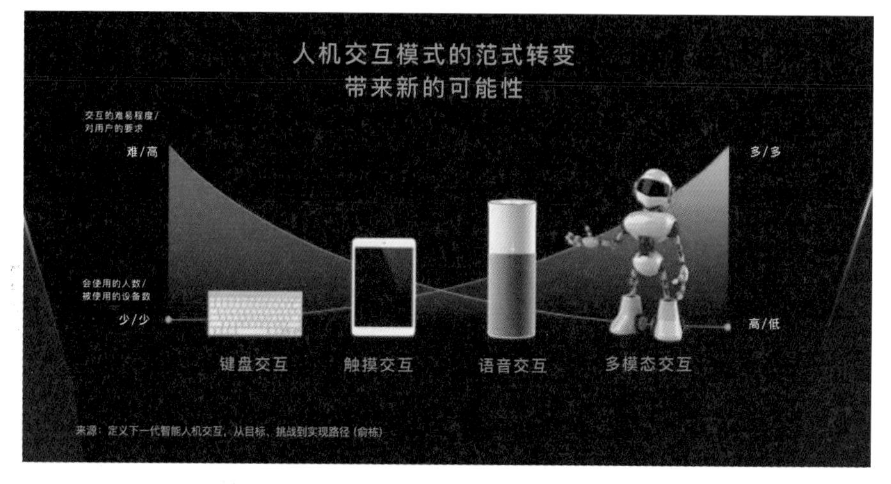

人机交互模式的演变过程

语言 & 语音智能在行业中广泛应用

从中我们会发现一个现象，语音、人脸识别这种新的交互模式丰富了原有设备的互动，使原有设备趋向智能化，而这种应用也促进交互方式不断优化。同时，新的交互也为新设备的出现创造了可能，比如机器人和智能家居，而新的设备也为新的交互方式提供了丰富的应用场景。

例如说，移动端慢慢出现多模态交互，从图形界面到触摸，再到语音交互。新设备也出现了从语音对话交互到多模态自然交互，最典型的例子就是从无屏音箱到有屏音箱，再到机器人。

最终不远的未来，人将通过智能终端进行多种通道的输入，经过云端的多模态信息融合和对话管理，最终给用户呈现多模态的反馈。

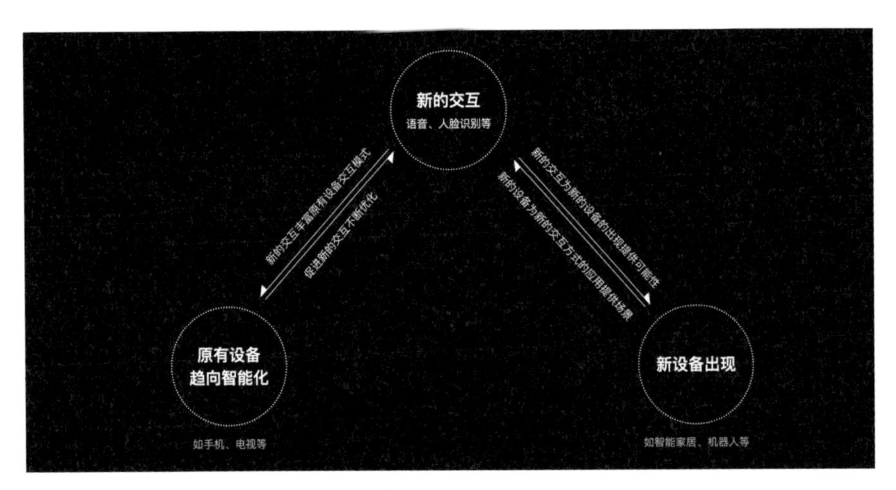

新的交互模式创造更多产品可能性

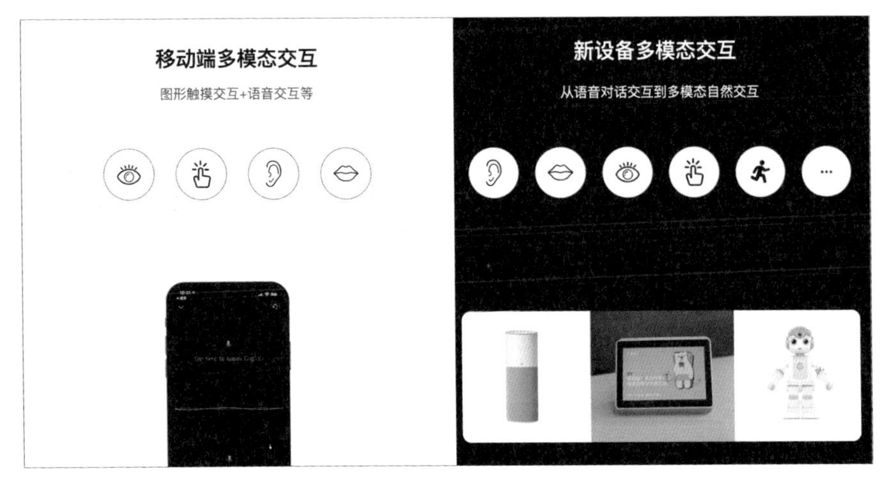

多模态交互逐渐广泛应用

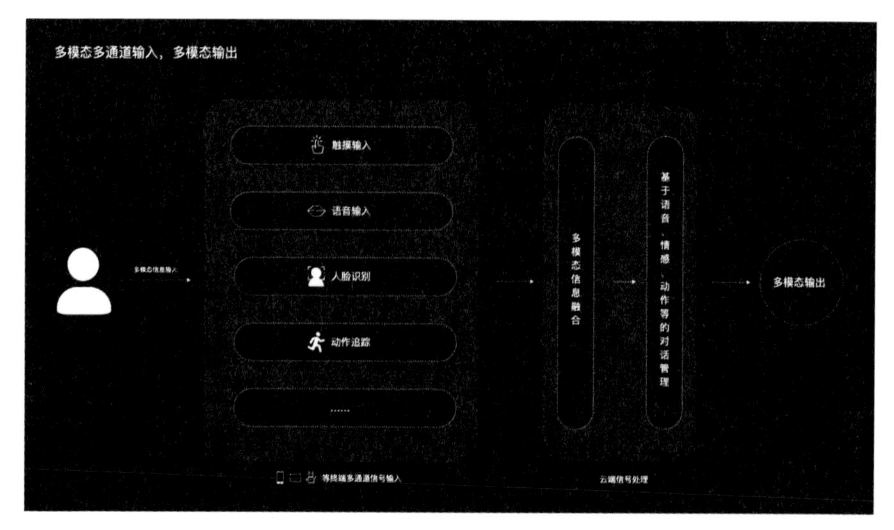

多模态多通道输入，多模态输出

智能音箱的多模态体验设计

用户和智能音箱主要通过两种方式进行互动，分别是语音交互和屏幕触摸交互，其实在真实的场景里，语音交互和触摸屏交互是杂糅在一起的视听融合多模态体验。**切入有屏智能硬件领域主要面临两大挑战：一是需要快速认知多模态设计；二是如何进行多模态设计。**

在认知多模态设计上，回归人机交互的输入－输出，会发现这个过程其实就是用户通过语音和触摸多通道输入，经过多模态融合，多模态输出的视听融合体验。在多模态设计上，基于用户使用行为，拆解有屏音箱 VUI 和 GUI 的关键交互节点，明确 VUI 是一个语音输入，语音 & 屏幕多模态输出的过程；GUI 更像我们平时操控手机、pad 等体验。**所以有屏音箱的设计关键点就在于：纯语音交互、语音 & 触摸杂糅的多模态设计。**

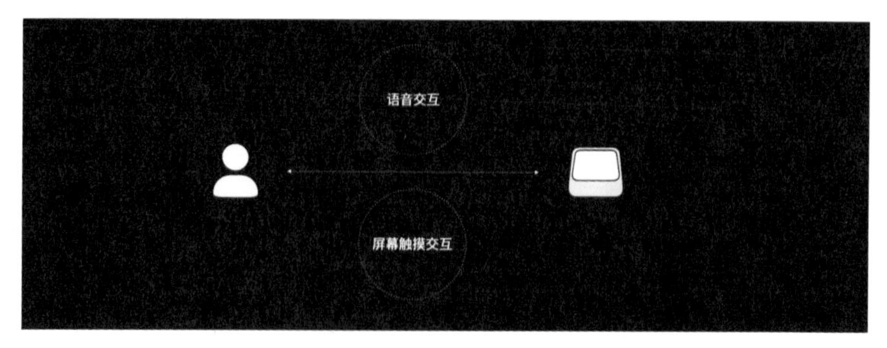

智能音箱人机交互的两种模式

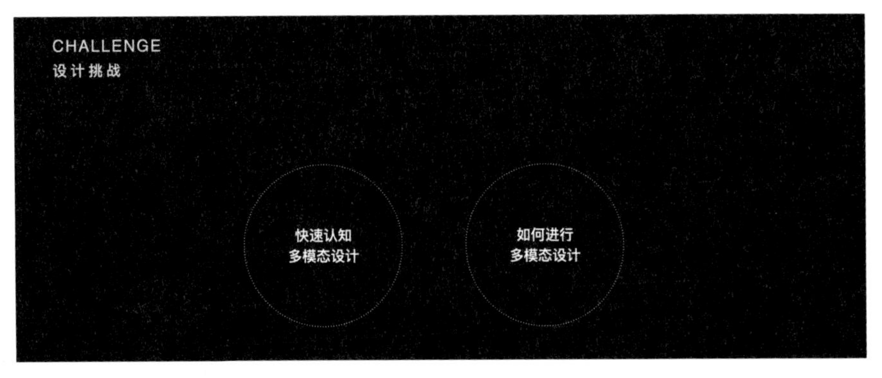

面临的设计挑战

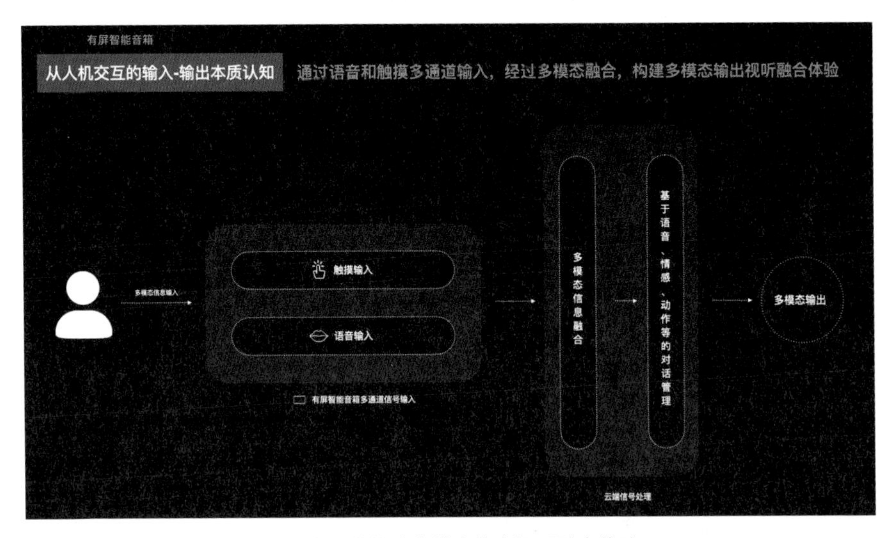

多模态融合构建多模态输出视听融合体验

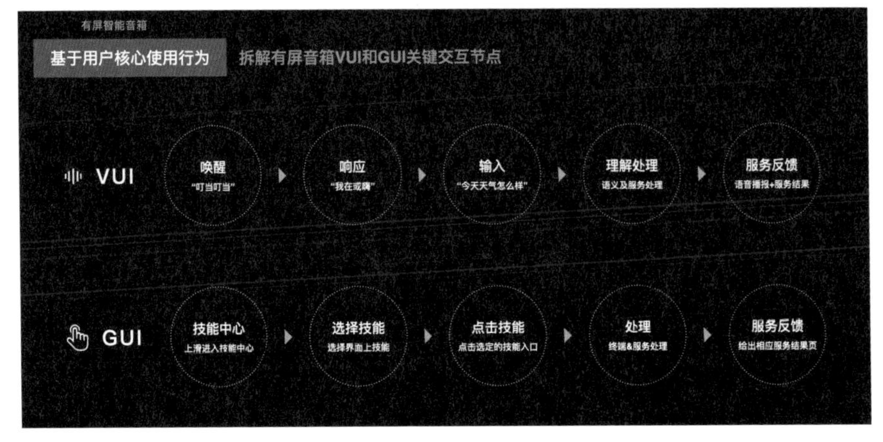

智能音箱 VUI 和 GUI 的关键交互节点

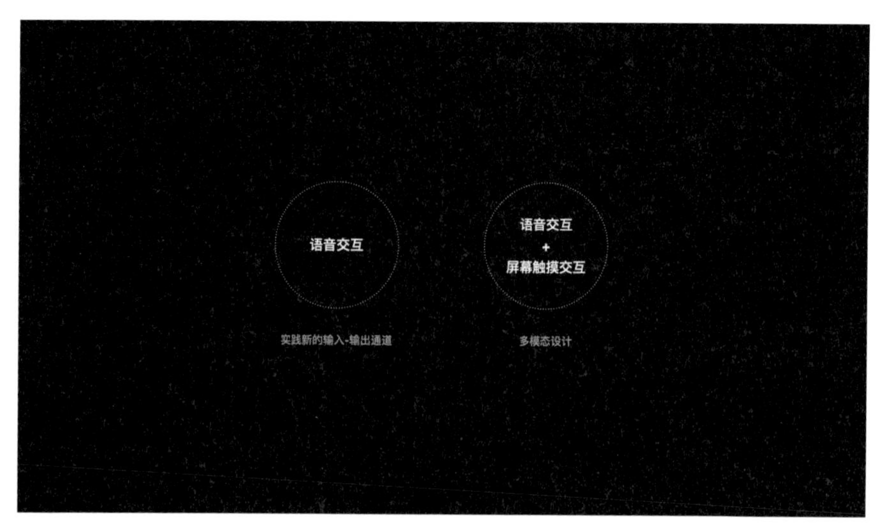

智能音箱的设计关键点

语音交互设计

在纯语音交互这个新的输入 – 输出通道上，首先需要明确人与机器的对话会经过以下三步：听懂人类问什么，机器理解，回答用户。

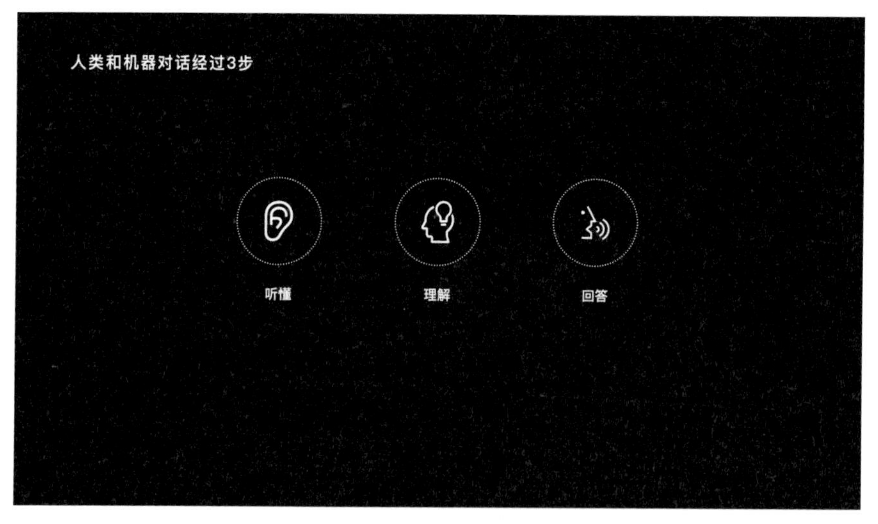

人类和机器对话的步骤

聚焦 VUI 用户使用智能音箱关键节点。明确在体验层用户一次完整的语音交互流程包含以下 5 步：唤醒 – 响应 – 输入 – 理解处理 – 服务反馈。

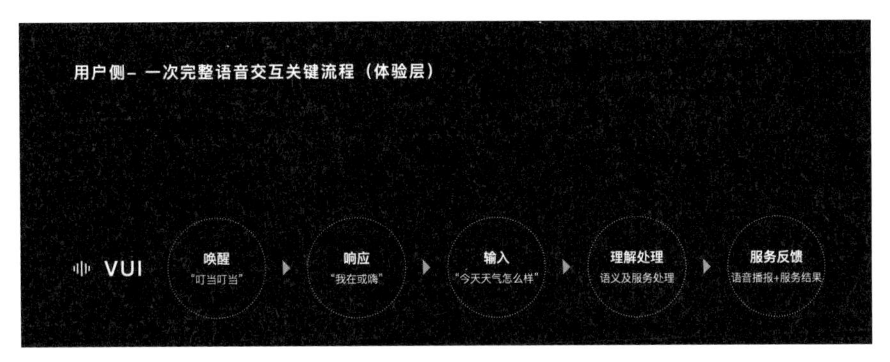

用户侧：一次完整语音交互关键流程（体验层）

了解 VUI 的技术关键节点。了解在技术侧，一次完整的语音交互关键流程：用户经过语音输入后，经过信号处理和语音识别，再经过自然语言处理。这里自然语言处理包含：自然语言理解－对话管理－自然语言生成。有了自然语言之后，再基于人设等进行语音的合成，把结果输出反馈用户。

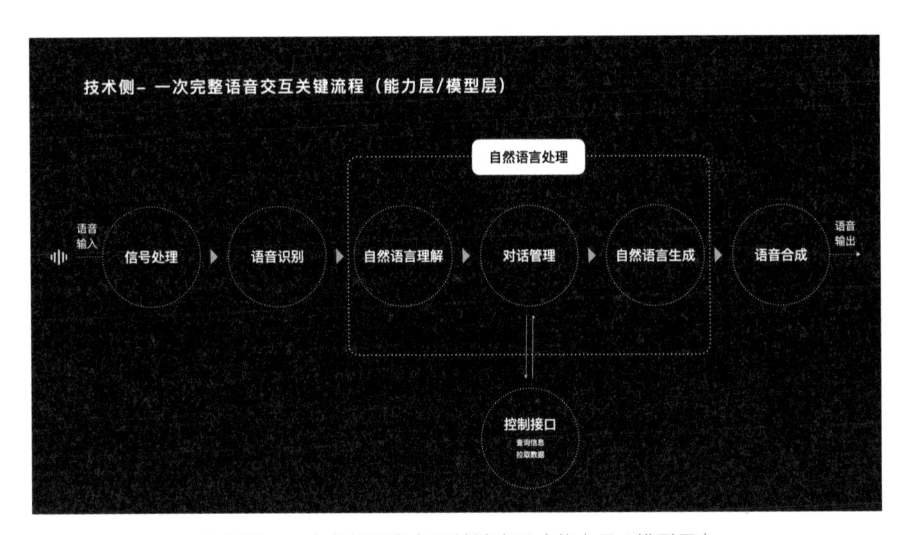

技术侧：一次完整语音交互关键流程（能力层 / 模型层）

所以我们可以试着总结产品智能化的设计框架，帮助自己理解产品的全局样貌。**从体验层看**，用户实际使用的时候，会在唤醒音箱后输入语音指令，经过机器的处理，用户得到机器的服务反馈。为了给予用户这样的体验，**我们需要储备一些能力，包括工程端和算法侧的能力**。在音箱输入输出的过程中，涉及麦克风的拾音、语音识别、自然语言处理、对话的管理、TTS 语言生成等。这些能力需要不同的**算法模型支撑**，比如声学模型、语言模型等。再往底层走就去到数据层，它支撑着整个上层的服务，包括算法模型的优化、能力的提升，最终体现在我们给用户更优化的体验，这里说的数据其实有些特征可以关注下，他应该是大数据，并且是可闭环和垄断的。

这样我们从体验层出发，认知能力层、模型层和数据层，充分了解产品智能化设计框架。有了这样的框架认知之后，我们就可以再从底层往上走，有针对性地收集用户数据和行业数据，支撑模型层和能力层，从而构建越来越好的体验。

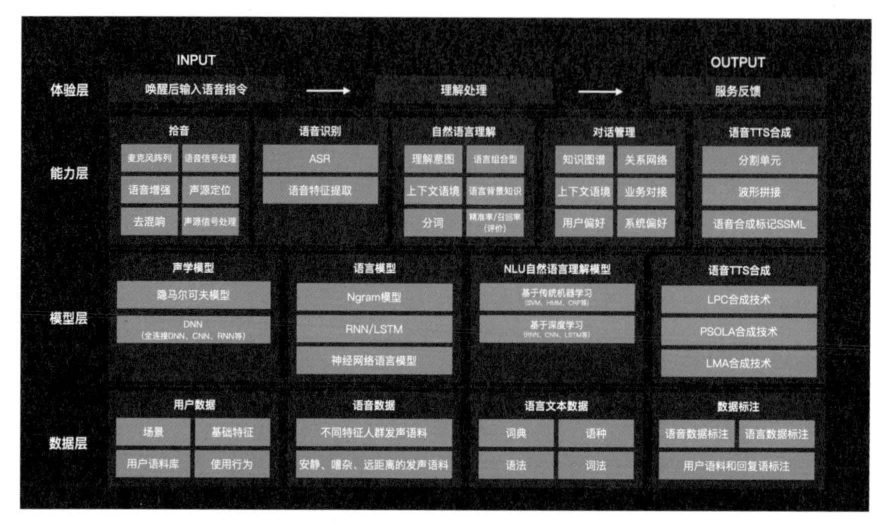

产品智能化设计框架

我们具体看下实际工作中，语音设计师要做些什么。这里需要大家了解一下语音设计里的行话。从用户体验出发，**设计师的工作可以分为三部分：首先知道用户问什么（意图设计），然后明确机器回答什么，以及用什么样的方式回复。后两部分归纳为回复语设计。**回复语设计主要包含**回复语结构化设计和人设设定。**

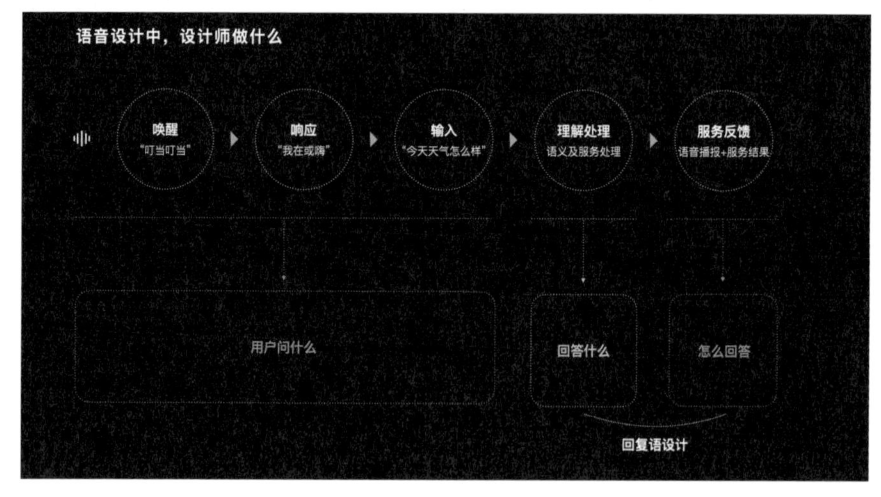

语音设计中的设计师工作范畴 1

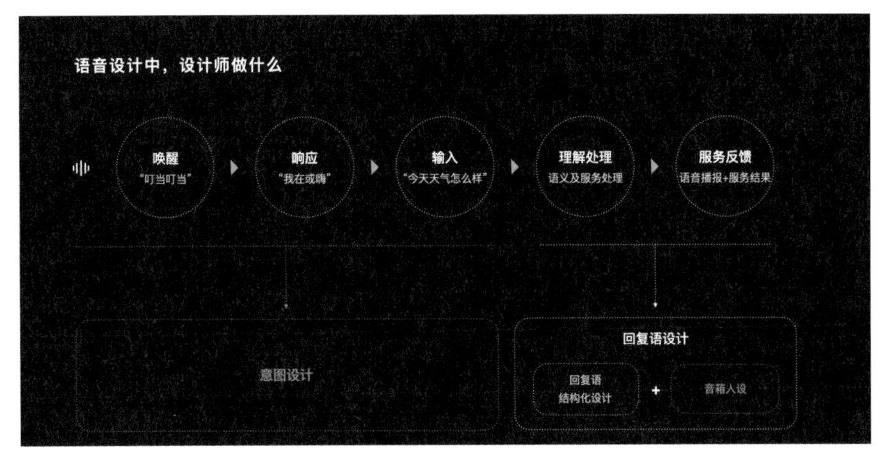

语音设计中的设计师工作范畴 2

意图设计

意图设计，预判用户会问什么，设计意图并被理解以及执行相关操作。和平时进行体验设计一样，**通过竞品分析、用户访谈、用户反馈等方式挖掘用户的需求，并将其转化为语音领域的技能 / 领域，形成意图设计库。**但这只能针对用户强意图，也就是用户知道要问什么去挖掘。针对用户弱意图，也就是用户有需求但是不经常问或不知道怎么问，**通过了解 NLP 原理、词槽参数穷举，对用户细分诉求进行查漏补缺，形成更大的意图设计库。**正常挖掘用户需求的方法大家应该经常使用，所以接下来只讲怎么通过词槽参数穷举的方式进行细分意图的设计。

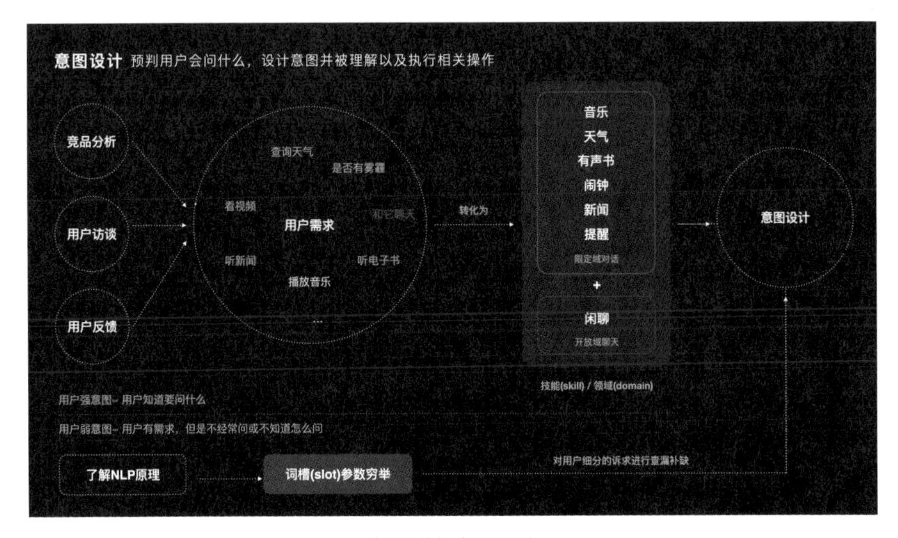

如何进行意图设计

这里提到了一些语音设计的行话，我们先理解一下它们的概念。

领域（Domain）：是音箱识别关键词后会落域，目的是为了界定意图的范围。例如，音乐、闹钟、天气都是一个技能领域。

意图（Intent）：是一个垂直领域要做的事情，比如闹钟的领域，用户会有设置闹钟、查询闹钟这类意图。

词槽（Slot）：在意图理解后抽取出影响意图的词槽参数，就是一个个的字段。

如果用户的语音信息中缺少必要的词槽，比如他希望设置闹钟，但说的是“设一个闹钟”，那音箱就会进行第二轮对话，追问设置什么时间的闹钟。

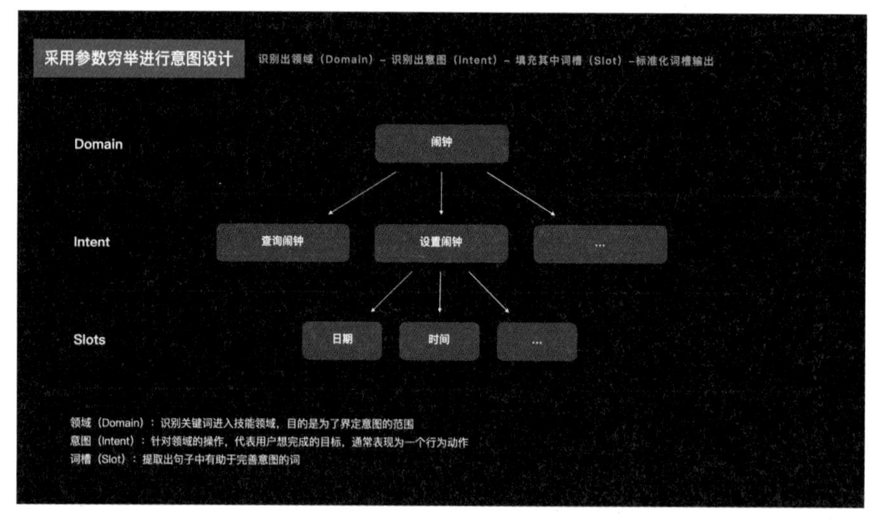

利用参数穷举进行意图设计

我们看下具体的案例，用户问“今天深圳天气怎么样”，机器最终会把这句话拆分成多个字段。今天是时间的参数，深圳是关于地点的参数，天气是一个触发落域的关键词。通过将单个领域拆解为多个子意图，明确单个子意图的影响参数即词槽。通过词槽参数排列组合，获取结构化用户意图语料。**所以采用参数穷举方式，通过“拆解意图－词槽查询参数－通过词槽参数排列组合”，获取结构化用户意图语料**，一般会使用 Excel 表格来进行该部分工作。

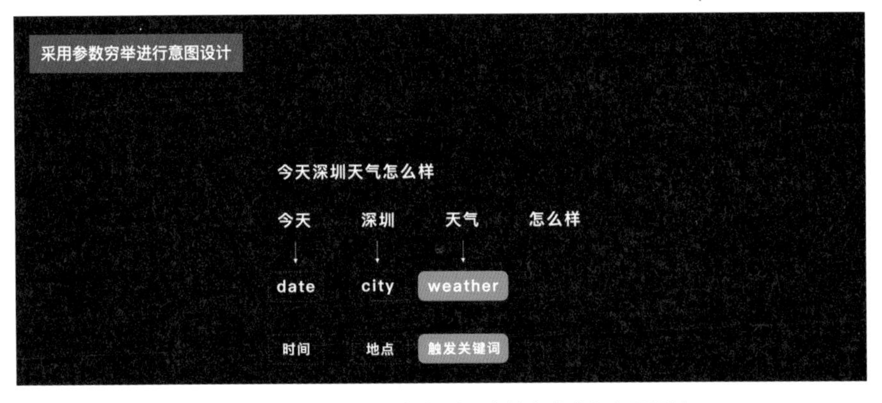

以“天气”领域举例，如何利用参数穷举进行意图设计

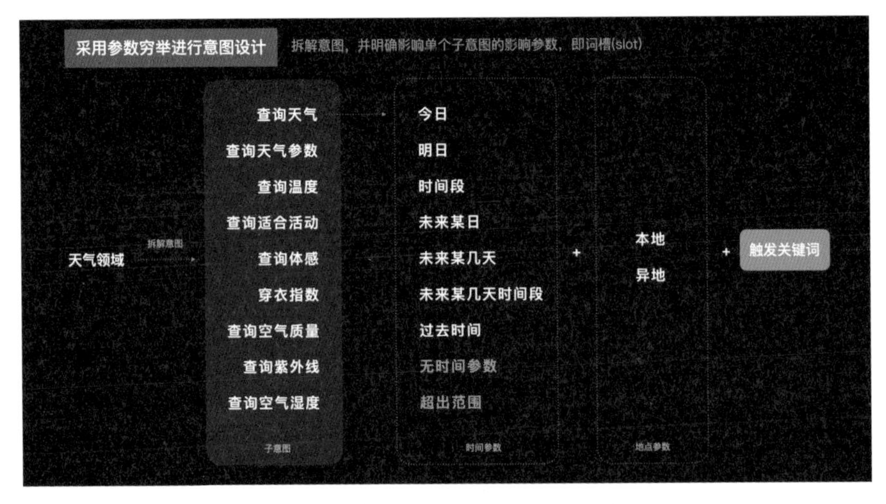

拆解意图并明确单个子意图的影响参数

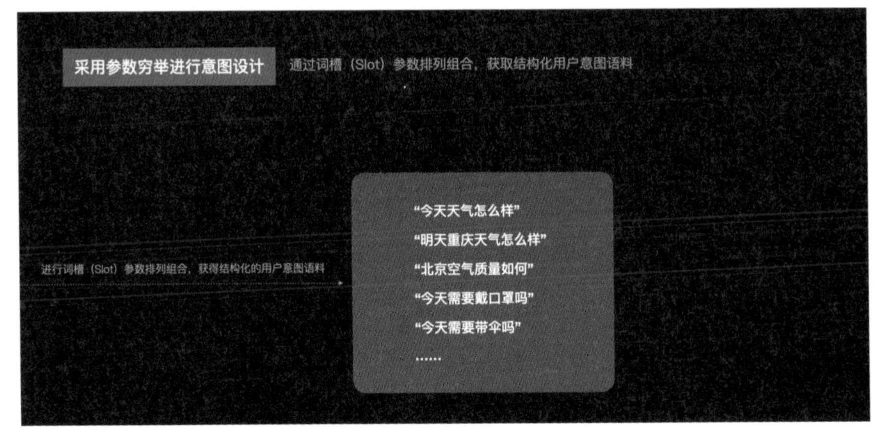

通过词槽参数排列组合，获取结构化用户意图语料

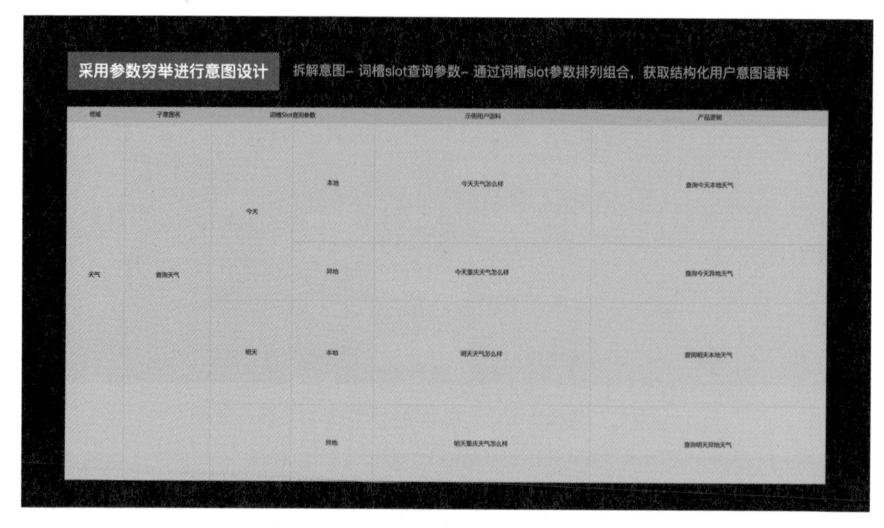

领域	子意图名	词槽Slot查询参数		示例用户语料	产品逻辑
天气	查询天气	今天	本地	今天天气怎么样	查询今天本地天气
			异地	今天重庆天气怎么样	查询今天异地天气
		明天	本地	明天天气怎么样	查询明天本地天气
			异地	明天重庆天气怎么样	查询明天异地天气

天气领域，采用参数穷举进行意图用户语料设计

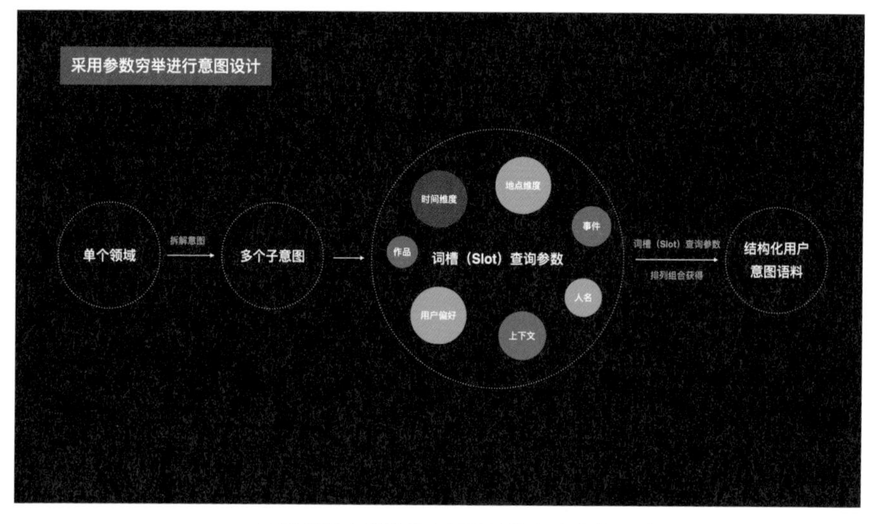

采用参数穷举进行意图设计的方法总结

回复语的结构化设计

回复语的结构化设计包含 2 步：确定回复元素和拼接回复语。基于意图设计的词槽（Slot）查询参数，我们可以确定一些回复元素的维度，比如时间维度、地点维度、用户维度、上下文维度等。

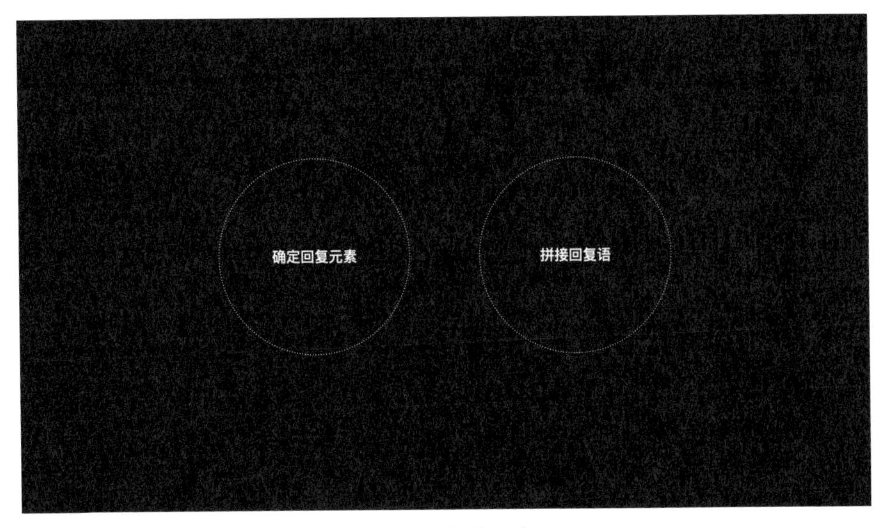

回复语结构化设计

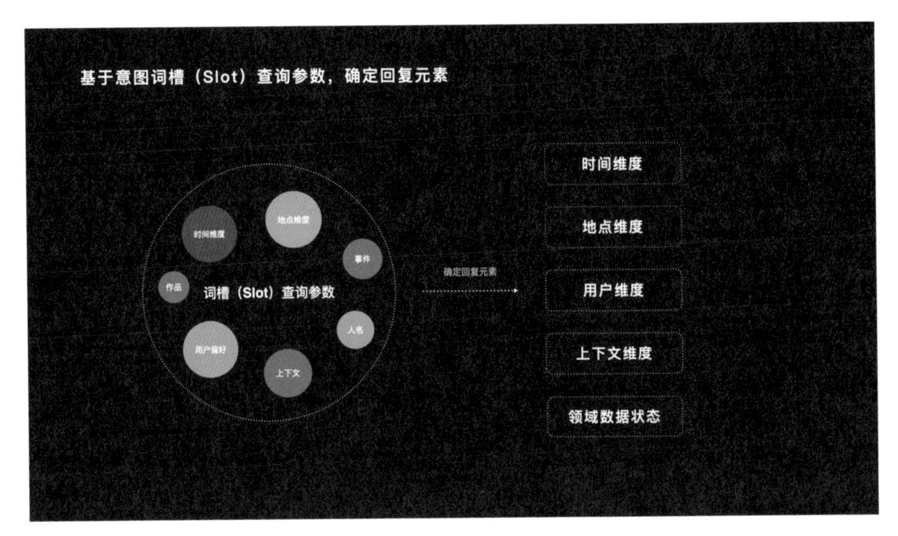

基于意图设计的词槽（Slot）查询参数，确定回复元素

以 9420 音箱（腾讯之前出的无屏音箱，后来停产了）天气领域举例，当用户问出今天天气怎么样的时候，我们对回复语进行结构化，可以抽取出的回复需要**“地点 + 时间 + 气象，然后还可能有温度的播报，以及一些温馨的提示”。**比如我们现在问“今天天气怎么样”，这里的回复可能就是：深圳今天天气晴，气温 27~35℃，紫外线强注意防晒。这里的温馨提示，其实可以加上用户使用数据后，进行更个性化的推送提示。基于这些回复元素，我们会得到这些回复语的结构化规则和示意预料。

来源：9420腾讯音箱天气领域回复语撰写示例 by刘恒

9420 腾讯音箱天气领域回复语撰写示例 by 刘恒

有了这些示意预料后，我们就需要**结合音箱的人设和 VUI 的基本原则，进行拼装回复语**。关于人设部分，下面会讲到。VUI 的原则虽然各家公司都有些差异，但基本都符合 HCI 的设计原则，围绕着可靠、易懂、高效、自然来展开。基于以上两点，在实际项目中需要进行更加细化设计，具体到应用场景、话术是怎么样的，措辞、句式、语音语调等多个层面，基于多个层面的细化内容、结合 VUI 设计原则拼装音箱回复语。

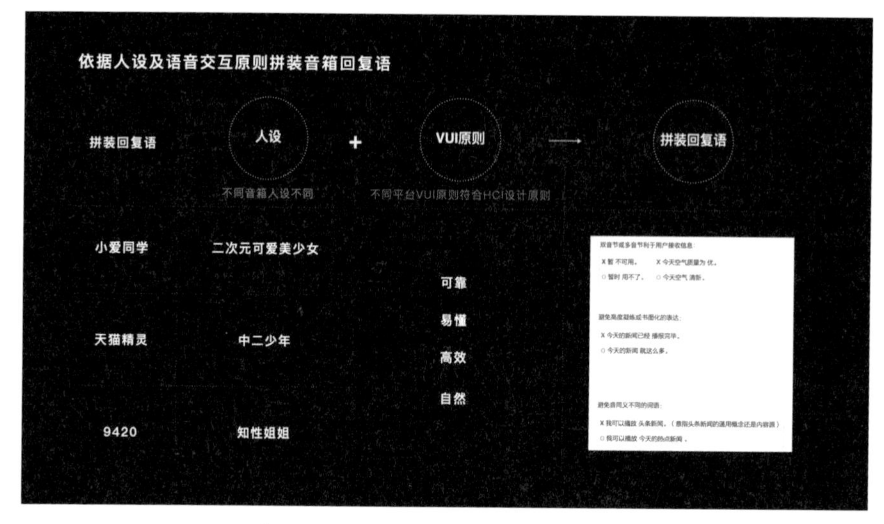

依据音箱人设和 VUI 原则拼装音箱回复语

音箱人设

在音箱回复语设计中，很重要的一部分就是音箱人设。一般在人机交互中存在 6 个可被感知的人设维度，包括背景、思维、性格、关系、内容表达、IP 关联（部分存在）。然后用户通过与智能语音产品及其品牌接触互动的过程中所感知到的综合特征，并形成的一种标准化角色形象，就是我们所说的人设。

其中背景、性格、关系、内容表达 4 部分需要重点关注。主要从这几个维度展开人设设计。背景、性格和与用户的关系，其实主要是针对人物画像的描述；而语音中的音色、语气语调、说话节奏等，是对声音画像的一个刻画；内容表达部分，其实是对音箱行为画像的刻画。

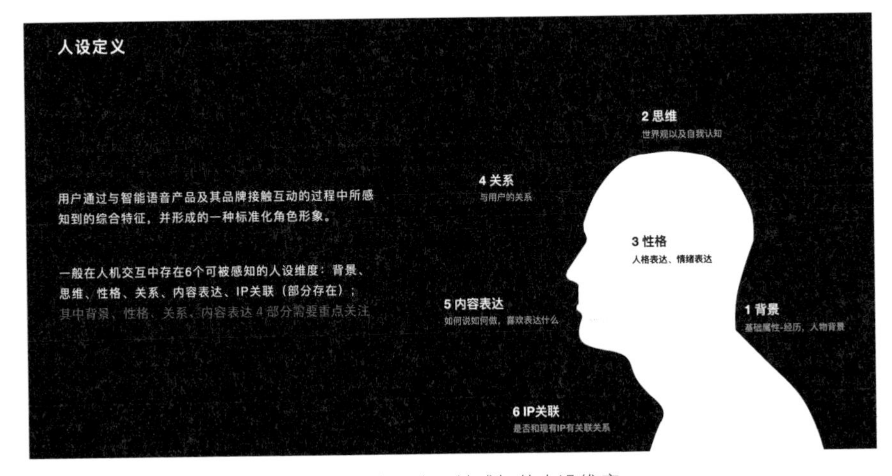

人机交互中 6 个可被感知的人设维度

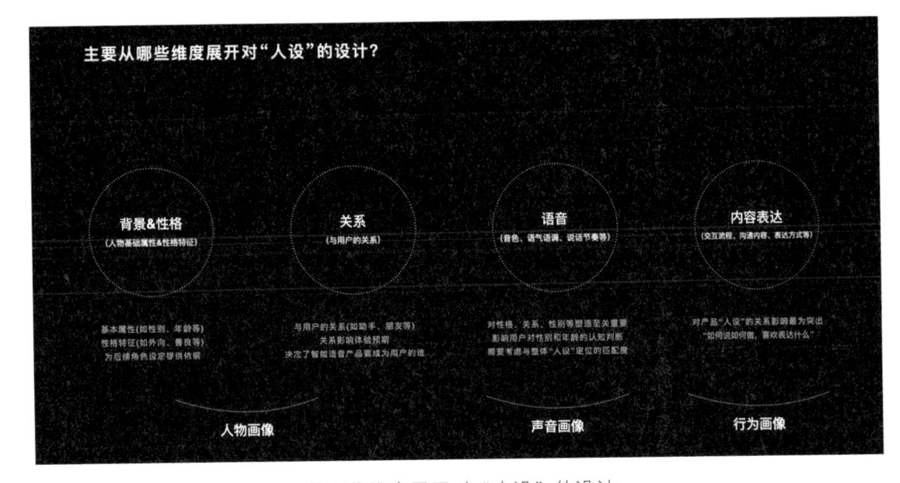

从哪些维度展开对“人设”的设计

举一个实际的例子，这是优必选的悟空机器人，它的人物画像－背景是来自外太空的机器人，是一个不断成长的小孩子，它被定位成小朋友的伙伴，并且机智自信。相对应的，它的声音生动直爽，而且有些小傲娇，说话方式很口语化，易于理解，因为是小朋友的小伙伴，话术不能太高深。它外在的表现力很多样，并且因为它是不断成长的小伙伴，所以它不断进化。它的表情也非常生动有趣，并且会配合它的动作去进行一些酷炫的表达。例如它的口头禅，就是“瞧我的，惊不惊喜，厉不厉害！”，当它不耐烦的时候，还会说“哎呀，烦死了”这样的话。

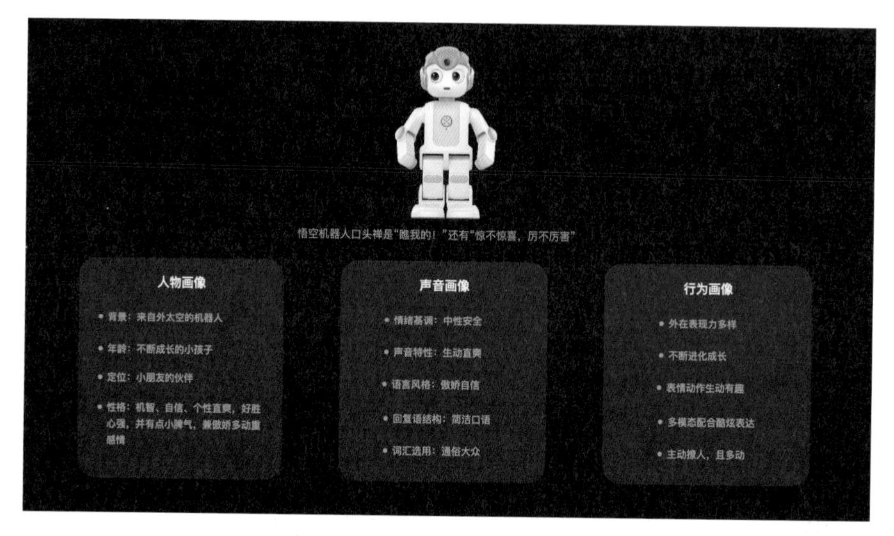

举例：优必选悟空机器人大致人设

那我们总结一下人设的设计流程。首先基于品牌定位、目标人群等确定一个人设预期目标；然后针对刚才所说的 6 个维度对人设进行定位设计；接着把这样的一些人设设定在产品实践中进行表达，基于人设对硬件的外观材质等进行设计，从音箱的语音、内容传达，以及与用户的关系上进行一些设计；但是当我们产出一些这样的设计之后，其实并不能很快地投入市场，而是要邀请真实的用户进行测试，并且在和用户真实互动中发现有没有一些疏漏，有没有一些其他好的方向，不断测试优化；最后“人设”的应用是一个动态发展的过程，然后它也会在产品各个环节中进行表达，并且在所有这些环节中的表达应该是一致的。

附：智能音箱人设设计流程

明确人设预期目标 → 对人设进行定位设计 → 产品实现中人设表达 → Demo测试与优化 → 基于人设定位保持设计一致

明确人设预期目标：品牌定位、品牌载体、目标人群、使用场景

对人设进行定位设计：背景、性格、关系、语音、内容表达……

产品实现中人设表达：
硬件（外观、颜色、动作、材质等）
语音（音色、语气语调、说话节奏等）
关系（与用户的关系，助手或朋友等）
内容表达（交互流程、沟通内容、表达方式等）

Demo测试与优化：在产品中实现人设，邀请真实用户测试，优化迭代

基于人设定位保持设计一致：
"人设"的应用是一个动态发展的过程，待"人设"的定位在企业内部达成共识之后，应该尽可能地在各个用户触点上保持设计一致。
在产品发展过程中，会逐渐有更多功能和服务设计，需要基于人设定位，始终保持设计表达等人设一致性

智能音箱人设设计流程总结

总结一下语音智能设计中，语音设计师的工作范畴和设计流程。首先回想下刚才讲的内容，设计师的工作内容包括：界定用户会问什么，然后机器回答什么和怎么回答。所以首先进行用户需求挖掘，也就是技能挖掘，进行意图设计，然后确定回复元素，对回复语进行结构化，再结合音箱人设和 VUI 原则拼装音箱回复语。接着产出的内容会经过快速的用研测试和语音对话测试，最终投放到用户端，之后还需要不断收集用户反馈和数据。这些用户反馈和数据可能补充到意图库，也有可能是我们挖掘用户新的需求，形成新的技能，补充到技能中心。

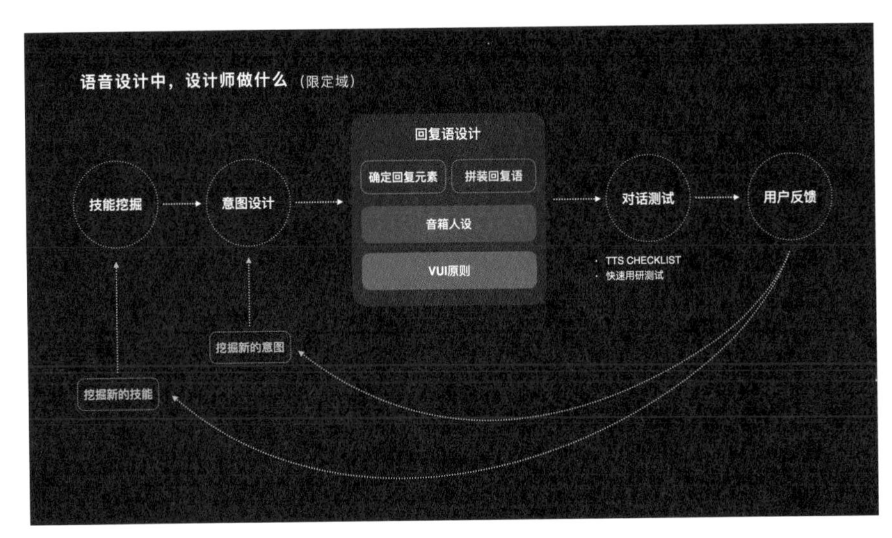

限定域中语音设计师的工作范畴和设计流程

语音 & 屏幕融合的多模态设计

刚刚讲了纯语音交互设计的框架和流程，下面跟大家探讨下语音和屏幕一起构建的视听融合体验。

要做多模态设计，首先了解纯语音交互短板：信息看不见。主要表现在两个方面：信息输入的看不见、信息输出的看不见，具体如下。

- **信息输入的看不见：**语音引导难度大，用户不知道问什么等。
- **信息输出的看不见：**信息内容要求语速、精准度等，对输出信息要求高，并且一些复杂领域天然不适合等。

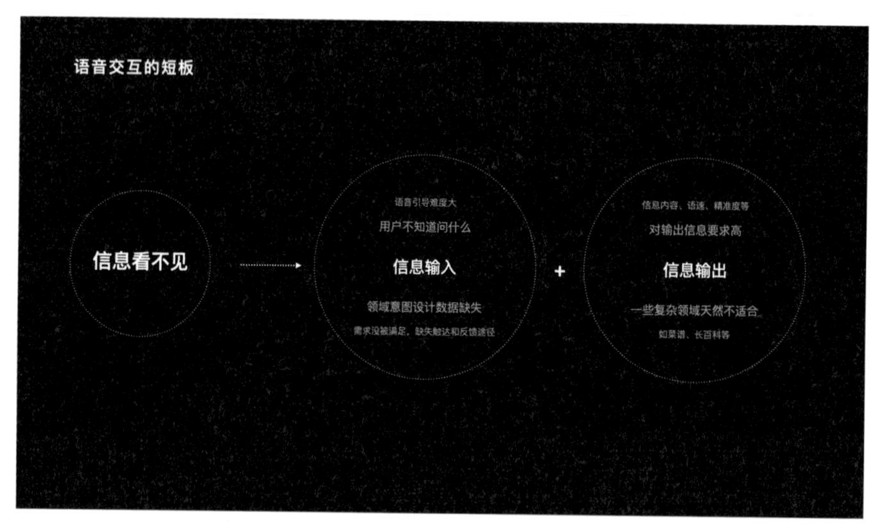

语音交互的短板

基于此可以有针对性地明确多模态设计的关键设计点：在多模态输入层面，强化语音引导；在多模态输出层面，构建视听融合体验。

在多模态输入层面，强化语音引导，让用户知道问什么，比如在屏幕框架，增加底部用户引导 query 区，促进用户语音输入习惯；**在多轮对话中，增加用户关联 query 引导**，如封闭领域－闲聊领域，从出现时机和表现形式思考用户关联 query 引导，细化多轮对话的各个节点，选择合适的出现时机和引导方式，让用户通过关联 query 知道问什么，如在音箱的聆听收音态，如果未检测到用户语音输入，就会出现引导语 query，引导用户如何说。

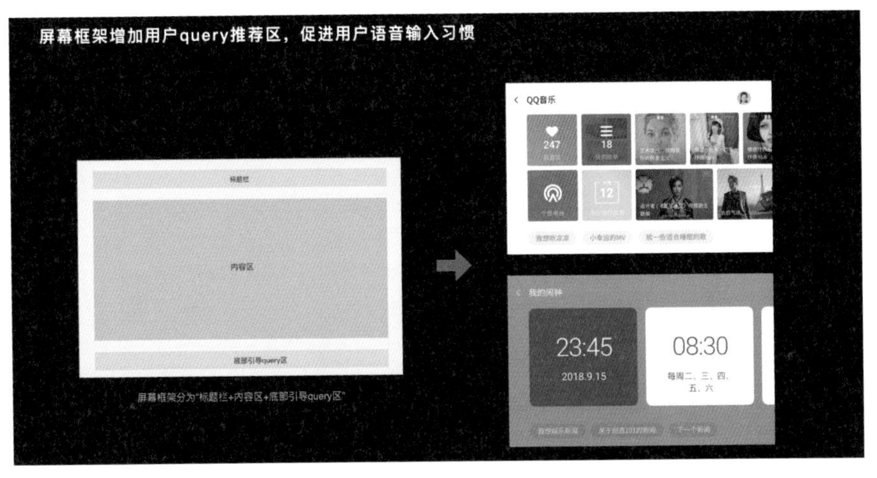

屏幕框架增加用户 query 推荐区

强化语音输入引导 多轮对话中，从出现时机和表现形式思考用户关联query引导 举例：儿童闲聊领域产品

出现时机 / 表现形式	前置进场引导	对于新用户，当一次闲聊结束时，存在N关联/推荐引导，如5次	等待时间过长后，再次播报引导
表情 + 纯语音引导	示例： 我来了，我是小叮当、世界上最高的山、最深的海我都知道，快来和我聊天吧	示例： – 你还可以问我世界上最深的海是什么？ – 好多人都在问世界上最深的海是什么？	示例： – 咦，我等了好久呢，快来和我聊天吧，你可以试试问我世界上最深的海是什么？
表情 + 小卡片内容 + 语音引导	示例： 我来了，我是小叮当，我知道世界上最高的山是珠穆拉玛峰 +叮当用手展示答案（小卡片） + 我还知道世界上最深的海是马里亚纳海沟叮当用手展示答案（小卡片）	示例： – 用手拿出问题小卡片，语音说你还可以问我世界上最高的动物是什么？	示例： 咦，我等了好久呢，快来和我聊天吧 + 用手拿出问题小卡片，语音说你还可以问我这个问题？
表情 + 大卡片内容 + 语音引导	示例： 我来了，我是小叮当，我知道世界上最高的山是珠穆拉玛峰 +叮当用手展示图片（大卡片） + 我还知道世界上最深的海是马里亚纳海沟叮当用手展示图片（大卡片）	示例： – 用手拿出问题大卡片，语音说你还可以问我世界上最高的动物是什么？	示例： 咦，我等了好久呢，快来和我聊天吧 + 用手拿出问题大卡片，语音说你还可以问我这个问题？

多轮对话中，从出现时机和表现形式思考用户关联 query 引导

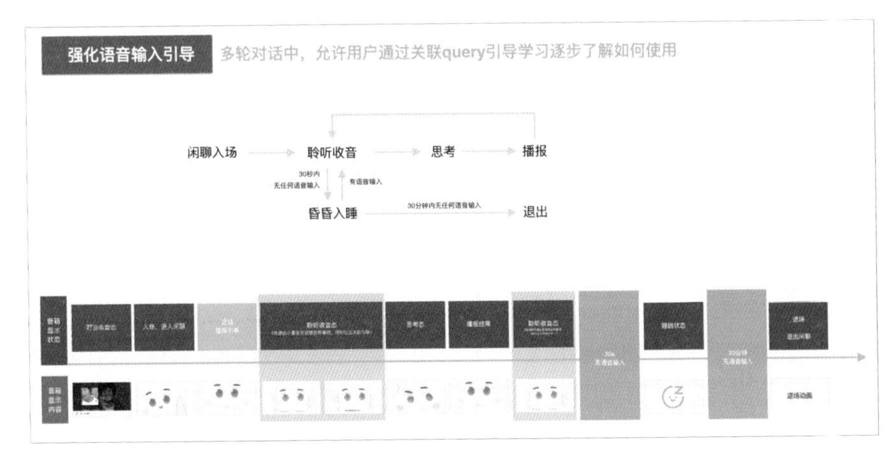

多轮对话中，通过关联 query 引导用户如何说

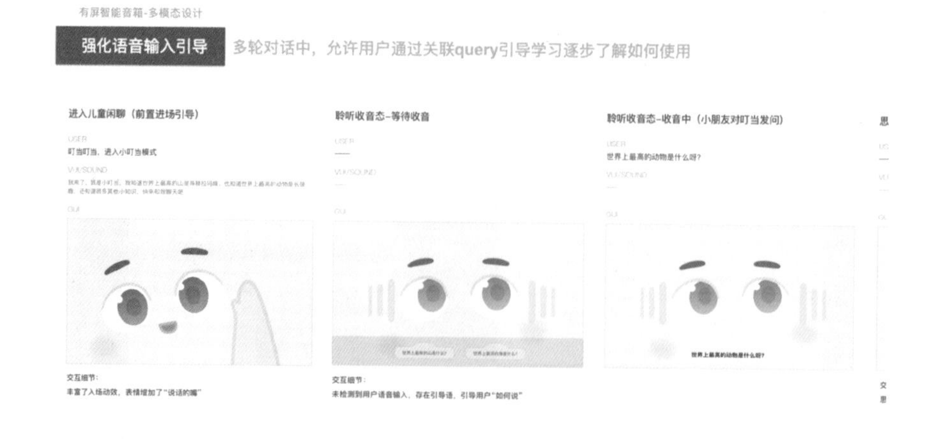

举例：多轮对话中，通过关联 query 引导用户如何说

在多模态输出层面，通过多通道融合，构建视听融合体验。以语音交互关键点时间作为横轴，用户和音箱的多个输入输出通道作为纵轴，通过拆解语音输入 - 多模态输出的各个关键节点，打磨用户语音输入通道、音箱语音和音效输出通道、音箱屏幕输出通道的内容元素，从而构建最终的视听融合体验。

以上就是通过语音输入，音箱端进行语音和屏幕的多模态输出，构建视听融合体验的设计说明。

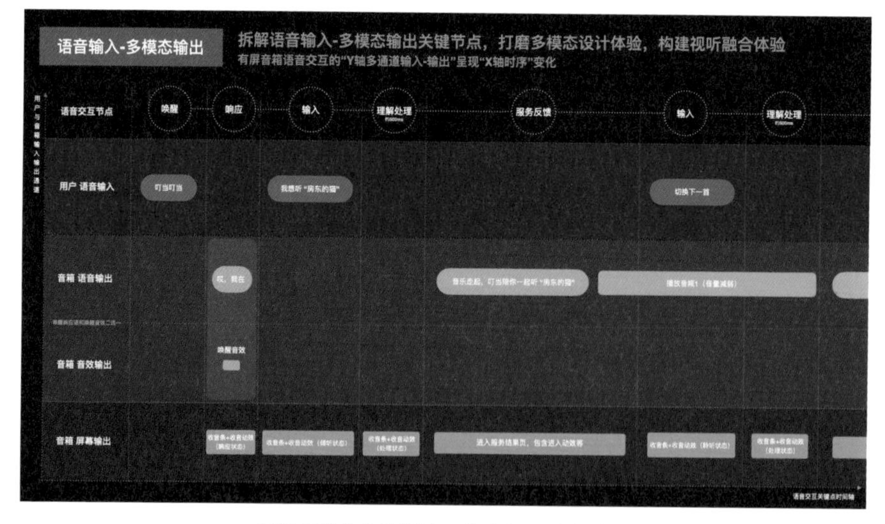

打磨多模态体验设计，构建视听融合体验

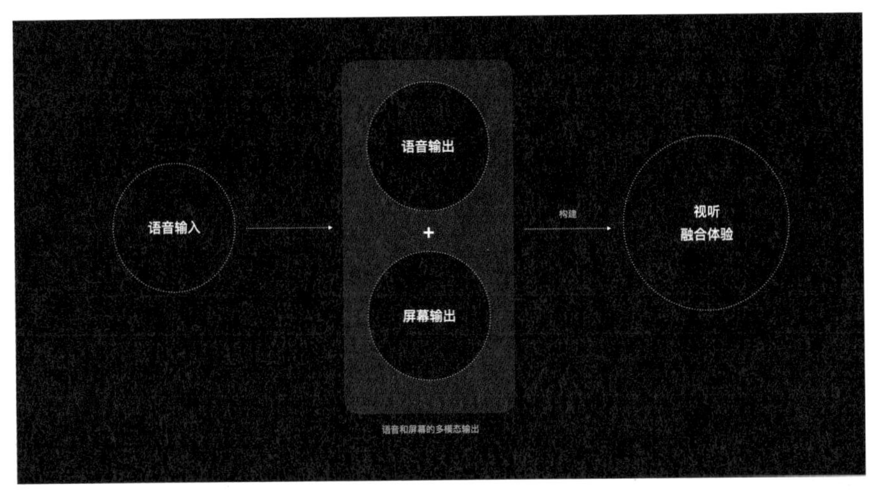

通过多模态体验设计，构建视听融合体验

以上就是通过语音输入，音箱端进行语音和屏幕的多模态输出，构建视听融合体验的设计说明。

闲聊评测

上面我们讲了语音和屏幕的多模态设计流程，但在实践中，我们还需要有评测和验证的环节。下面我们以闲聊为例子，来说说评测怎么做。

首先确定评测目标。比如了解闲聊产品行业基准，探索如何更好地优化闲聊产品等。

其次选择竞品。针对智能闲聊产品，从行业口碑和使用用户量级等选取了叮当 App、叮当有屏音箱、微软小冰（微信公众号）、小度在家。

接着确定评测方法。比如闲聊评测就采用定性研究方法，为了保证最终评测的客观性，采用了多人多轮测试，并将其进行加权平均。

最后确定评测评估维度。以闲聊评测举例，通过收集市面评测维度，参考《哈工大人机对话质量评估维度》和书籍《传播的进化：人工智能将如何重塑人类的交流》。

评测竞品、评测方法和评估维度

首先基于评测维度制定评测表格，将其发放给用户，然后收集每个用户的评测打分表格，并将其打分汇总加权平均。并最终基于打分，得出闲聊评测的整体结论。这里整体结论采用柱状图的形式，可以一目了然整体地了解产品目前的优势和不足。除此之外，基于评测目标等因素，可以采用适合自己评测结论的图表，比如可以采用多维的定性对比图表。

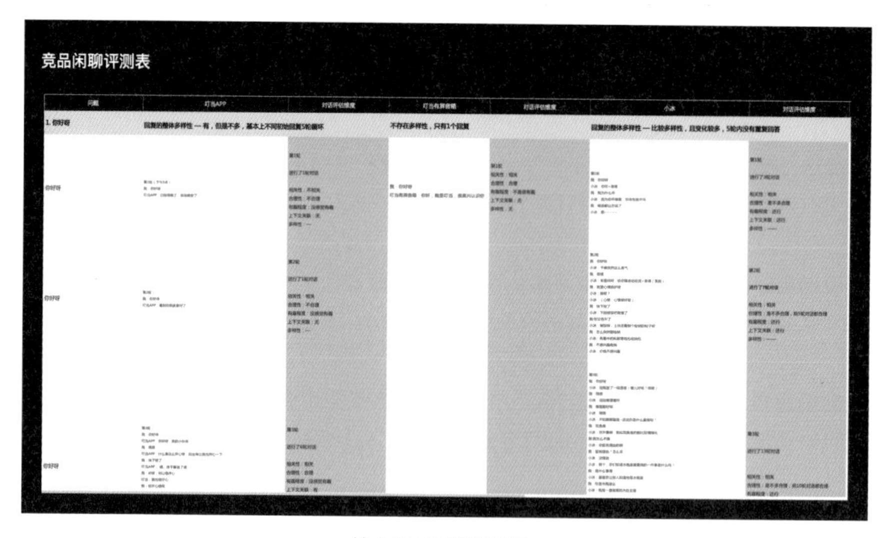

单个竞品闲聊评测表

闲聊评测打分汇总表格

	问题1	问题2	问题3	问题4	问题5	问题6	问题7	问题8	问题9	问题10	加权平均
相关性（1-5）											
流畅性（1-5）											
有趣程度（1-5）											
类人性（1-5）											
多样性（1-5）											
上下文关联（1-5）											

闲聊评测打分汇总表格

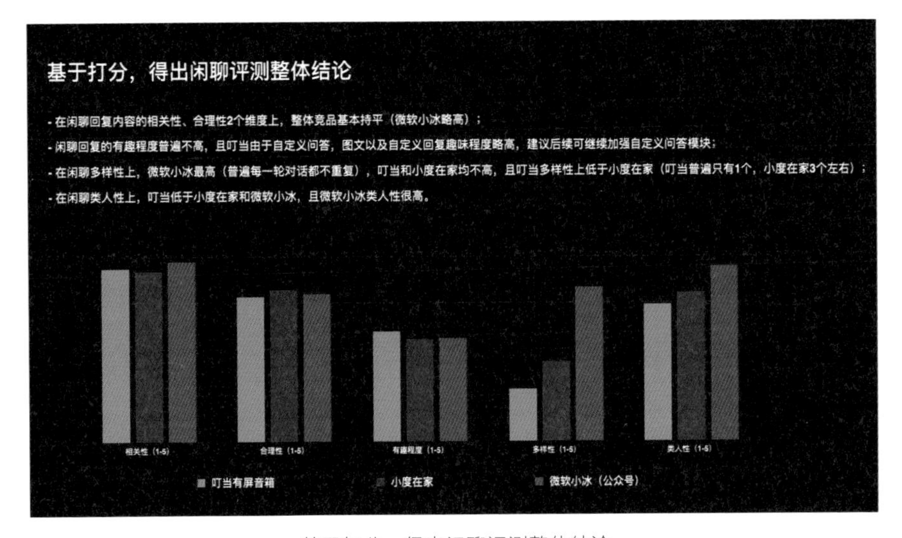

基于打分，得出闲聊评测整体结论

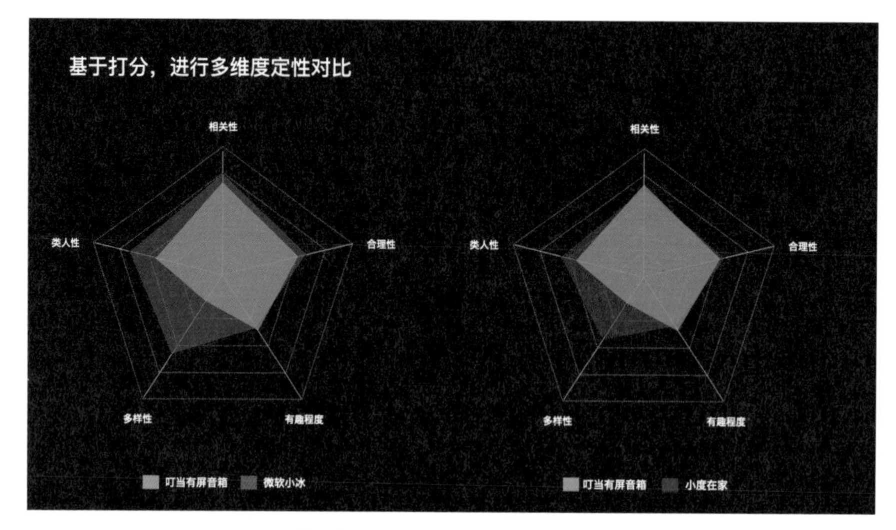

基于打分，进行评估维度定性对比

在整个评测过程中，需要注意的是，在评测前尽可能思考目标以及卷入更多的人参与（如产品经理、开发工程师、测试人员等），吸收建议的同时可以更好地推动最后的结论落地；具体的评测执行阶段，一定要尽可能多人多轮，使评测结果尽可能客观，从而降低误差；最后评测后一定要总结分析，这样研究结果才可以更好地实际指导我们的产品具体如何优化，而不仅仅停留在研究层面。

进化思考：设计师的工作演化

最后分享一点在产品智能化时代，对设计师工作的一些思考，正如前面讲到的，在新的工作环境下，设计师需要理解数据、模型和产品智能化所需要的能力。我们依然需要从用户的真实需求出发，考虑为了达到更好的体验，我们在每个层面上需要进行什么工作，才能更好地去理解产品的全局样貌。再抽象一下，我们可以从数据层、模型层、能力层和体验层考虑这个问题。

产品智能化体验设计思考框架

在用户体验设计中，我们始终以用户为中心去构建智能化产品体验，最终实现商业价值。通过对无穷数据的人为解读构建产品，设计最好的产品体验。在中间构建智能化产品的环节，通过数据赋能产品体验，满足各种用户体验需求。用户使用产品不断沉淀云端数据，最后产品呈现盘旋上升的状态。

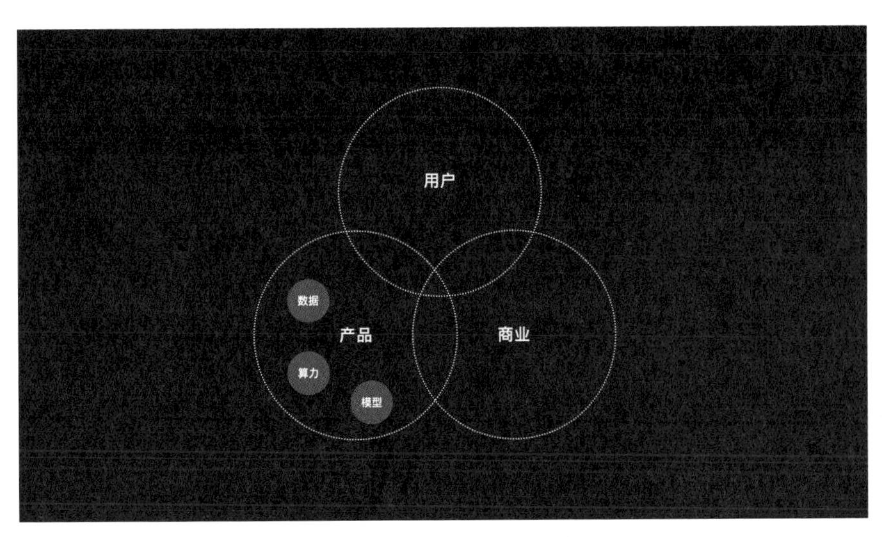

智能化产品体验设计考虑维度

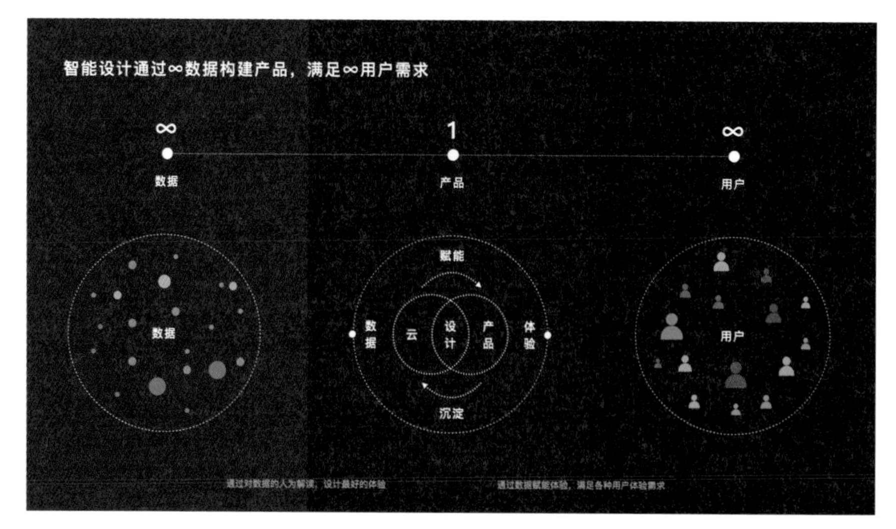

通过∞数据构建产品，并满足∞用户需求

其实这个过程总的来讲，依旧是底层设计思维层面，在认知设计本质前提下，同时了解语音、大数据等新技术新思维。从而在产品思维层面，依旧以用户为中心的前提下，构建具有大数据、算力、模型特征的智能产品；设计师通过从体验层出发，认知能力层、模型层、数据层，知道在每个层面上需要进行什么工作，理解产品的全局样貌，才能通过数据赋能产品设计，而用户使用产品不断沉淀云端数据，形成“用户－产品－数据”的闭环。有了这样的产品思维认知，才能搭建多模态的智能基础产品，从可用到好用。

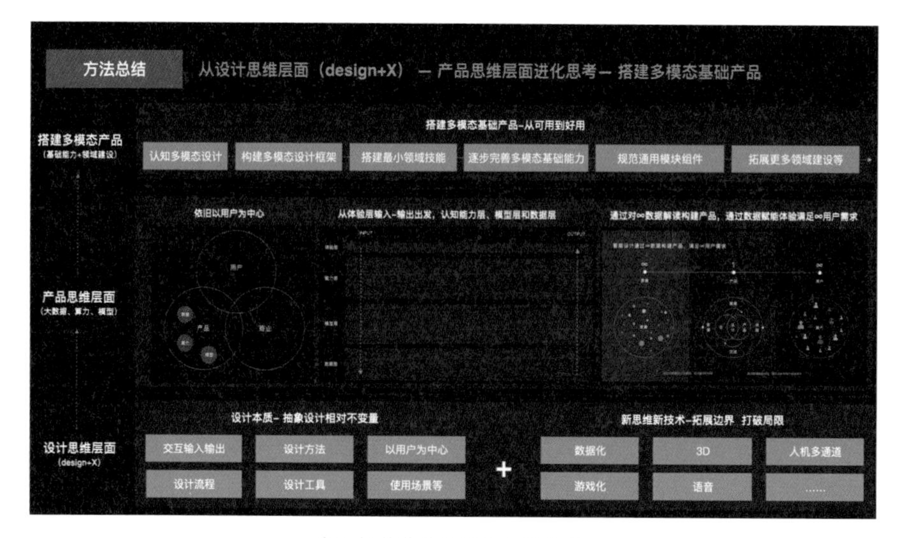

产品智能化体验设计方法总结

5.8 未来设计师

从 2016 年下半年开始，人工智能、深度学习等技术不断发展，AI、AR、VR、VUI 等曾经离我们很远的词汇开始不断地出现在我们的工作生活中，并且在不断进化中。很多设计师担心未来“机器”会取代自己，本节将探讨一下人工智能与设计师之间的话题。

5.8.1 人工智能可以帮助设计师减负

AI 的出现，是为了降低人类负担、提升设计效率，代替人们做更多重复性的工作，同时释放更多的人力去做其他有创意有意思的事情。设计类 AI 产品主要从以下几个方面帮助设计师减负。

批量产出 Banner

2016 年和 2017 年的双 11 阿里大部分的 Banner 都是通过内部的智能鹿班系统自动生成的，2017 年达到亿级数量，数量之多，效率之高，是人类设计师一定数量条件下无法企及的数量级。不知道有多少人参与到双 11 的购物狂欢中，又有多少用户发现 2016 年之前双 11 的 Banner 和 2016 年之后有何不同，相信可以发现不同的用户应该寥寥可数，这在一定程度上证明了机器可以通过大量的设计训练，形成可控的视觉生成。

阿里鹿班系统双 11 大规模设计 Banner

自助设计海报

国内知名设计创新咨询公司 ARK Design 推出国内首款具有学习设计能力的智能设计助手 ARKie，用户无须任何设计方面的专业知识，只需要输入需求，ARKie 就能解读需求，自动挑选适合的设计素材，不借助模板，而通过算法不断生成新设计，把完成一个设计作品的时间缩短至 10 秒。

ARKie 智能设计助手

自助设计 Logo

用 Logojoy 自主设计一个 Logo，仅仅花了 10 分钟的时间。并且选定 Logo 后，还可以提供选定 Logo 的整套 VI 效果。从设计成本上来讲，大大降低了 Logo 和产品 VI 品牌系统的设计成本；从设计效率上而言，相比较设计师以天为单位，AI 以分钟为单位，将设计元素和风格打散，然后重组成新的 Logo，速度之快令人惊叹。将设计 Logo 和 VI 所需要的时间，从以天为单位下降到以分钟为单位。研究显示，使用 Logojoy 平均 45 分钟可以完成一个 Logo 的整体设计。

Logojoy 自主设计 Logo

下面这张图展示了分别由 Logojoy 和设计师设计的 Logo。不知道大家分辨出来没有，上方的 Logo 是 Logojoy 产出的，下方的 Logo 是由设计师设计的情感化方案。与 AI 设计机器相比，设计师可以在设计过程中更好地洞察产品目标用户和属性，传递更为准确的信息、更为细腻的情感，而现阶段 AI 设计机器通常还处于临摹阶段，主要就是做元素和风格的打散和重组。

Logojoy 与设计师设计的 Logo

自动绘画

Paintstransfer，通过让 AI 机器对绘画风格、色彩的学习，基于算法让漫画可以秒换风格。预期这将成为原画美术设计师的利器，可以快速感受不同的色彩搭配。

Paintstransfer AI 机器绘画

同时 Adobe 也在做类似 Paintstransfer 的产品，Adobe Sensei。除了处理照片缺陷，还可以自动为照片着色，让黑白秒变彩色、线稿秒变彩色稿。

除了上色，Adobe Sensei 也利用 Adobe 积累的大量数据和内容，帮助人们解决创作过程中面临的一系列重复问题。包括自动识别图片 / 视频，并从海量图库中快速找到匹配的内容；自动识别图片 / 视频中的字体；让软件明白文本描述的真实含义等。Adobe Sensei 将创作变得更为智能、便捷，大大提升了设计师在创作过程中的效率。

Adobe Sensei 自动为照片着色

DesignNet：一个教机器理解设计的数据集

DesignNet，是特赞于 2019 年发布的一个教机器理解设计的数据集，通过数据集慢慢教会机器看懂设计背后的故事、情感和意义。而 DesignNet 的数据集包括：作品（超过 20 万张平面设计作品图文件）、元素（设计图包含 100 万个设计元素标签数据，包括风格标签、情感标签等）、框架（近 1 000 套结构化平面设计框架 / 排版数据的抽象和提炼）、评价（近 10 万条设计作品评分数据）。DesignNet 建立了创意元素和对应属性库，作为设计行业面向数据运算的基础数据集，聚焦在设计垂直领域和垂直场景中。而且正在号召更多的创意人工智能从业者、学者和爱好者与他们一起，建立、健全、运用 DesignNet。

DesignNet 数据集示例

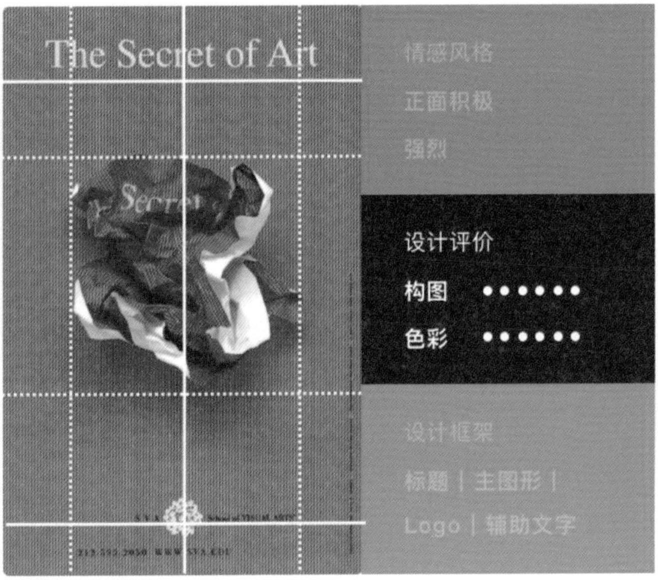

* The Secret of Art | Milton Glaser 版权归属

特赞发布的 DesignNet: 一个教机器理解设计的数据集

如果 DesignNet 数据集真的能逐步实现“教机器理解设计风格 & 情感—教机器评价设计—教机器理解设计框架”，并构建设计生成器和检查器，那么就真的是人类赋予机器无限运算力，机器回馈人类无限想象力。

总之，目前应运而生且大范围应用的设计类人工智能产品，解决的并不是那些具有创造性的设计，而是解决那些不需要太多创造力，具有大量重复性的简单的设计。也就是说越是标准化、重复性和流程化的设计就越容易被 AI 替代。替代的主要方式为：拆分流程、拆分元素，再根据规则重组元素。

AI 帮助创意性设计师提升效率，也督促设计师不断进行自我提升，从思维思考层面提升自己的不可替代性。

5.8.2 人工智能可能涉及的设计职业方向

正如前文所言，随着互联网技术的日新月异，AI 时代的到来，也使设计专业领域持续发展成为技术与创意混合的多元专业，未来设计师领域更加多元化，可能会逐渐形成新的设计职业方向。

增强现实设计师

随着 AR（增强现实）技术的进步，新的信息已经可以通过此技术与现实世界无缝衔接。因此，对设计师的需求会持续增长，特别是那些有良好直觉，而且有丰富多元行业经验的设计师，包括娱乐、教育甚至保健行业。我们的一些名人客户会需要设计师的帮助，让他们在例如虚拟实境、手机游戏和电影中的形象得到最佳展示。这意味着要以最好的方式展现名人的形象，需要各种多边形的模型，根据虚拟模型变形和捕捉骨骼动画以在虚拟实境中让他们充满感情地进行智能演说。

对于一些人工智能程序来说，这显得尤为重要。其实这种工作已经出现了，只不过这会变得越来越重要，并且难度、复杂度会一直增加。当这些展现方式变得越发主流以及强大，这些名人客户就会想不断增强对自己形象的控制力，就像他们在其他媒介中所做的一样。

控制设计指导

控制设计指导（Cybernetic Director）主要负责创意执行和高度自主化的媒体服务。他们会以一种独特的视觉语言来训练控制艺术总监和视觉设计机器人。他们会展现在创意项目上的具有抽象思考能力的领导力，从一开始到创意发展，并且会一直持续并且保持创新力。

控制设计指导需要精通当地的视觉语言与传统以及他们的亚文化。这项工作至少需要四年的视觉传达、图形艺术、当地的文化研究或与此相当的正式培训，以及至少十年在媒体、通信或娱乐等方面的相关工作经验。此外，也需要学习系统培训和熟练掌握 HALtalk 9000、Lovelace++ 及人类与机械人关系的经历。

五年的机器学习将使计算机能够使人类对审美选择的种类变得更加靠谱和迅速。这将使更多的个性化体验成为可能。想象一下，当你在阅读一篇杂志文章的时候，照片编辑不仅意识到你是一个广泛的读者之一，还知道你具有视觉流畅性，而且比你的配偶更加亲密。然而，是谁教计算机做出这些创造性的选择的呢？当每一篇文章都想有自身的编辑特点和出版风格的时候，我们该如何平衡个性化的可能性？培训和指导创新机器将是未来最令人兴奋和最重要的创造性工作之一。就从今天开始吧。

融合主义者

微软早期，其技术最基本的形式像一块巨大的冰，不仅不方便、笨重，而且需要专家来处理。现在，随着技术的“融化”，它将从固体转变为液体，再由液体转变为气体，渗透到我们生活的各个方面，并创造一个跨学科的机会。这种扩散将为未来的设计工作打下基础。因此，设计师的角色将是艺术、工程、研究和科学的融合。他对于工作的无缝跨学科批判性思考的能力，以及将他们最好的方面进行展现将使他们成为“融合主义者”。

尽管他们已经精通经典的设计技能，这些融合主义者仍要将这些技能和一个“通才”的方法进行融合，并形成一种技术，在跨学科和兴趣小组的环境中工作。在许多情况下，这些“融合主义者”会觉得自己是个局外人。他们所拥有的技术将需要他们扩展自己的能力。他们需要成为一个专家合作者和传播者，扩大他们的词汇量以便能够反观专家从事的离散项目。尽管这样，“融合主义者”依然对未来充满热情，用设计驱动不可预知的未来。

我们面临的全球性的挑战只有通过思想和行业的合作，以及多样化的观点才能得以解决。融合主义者的挑战和回报在于沟通、理解，以及通过设计来连接各个部分的能力。这已经开始发生在生物制造和可穿戴技术的新兴领域中。源于生物技术，生物制造是介于生成我们赖以生存的下一代可持续材料和解决方案的设计与科学之间的一种新的跨学科的运动。艺术家和生物学家们坐在一起解决同样的问题的情况并不罕见。

此外，为了创造进入我们的纤维和皮肤的技术，可穿戴技术将涌现一大批时尚设计师和与工程师共同合作的艺术家。融合主义者将充当新兴领域之间的桥梁，他们通过交流和设计召集各方面人才，最大化地发挥大家的能力，这将有助于创造一项具有无限可能的技术。

智能系统设计师

智能系统设计师不设计分离独立的对象或者体验，甚至也不是设计实现解决方案的软件系统。这类设计师在一个巨大且多元的专家网络中工作，目标是创建一种持续改进的审美通用语言。这个设计的系统可以涵盖多样化的领域，这些领域的用户则是设计师、艺术家和科研人员。

机器学习设计师

机器学习设计师的工作是为公司创造人工智能产品而建立数据模型和算法的人。这些产品甚至可以在客户提出需求之前满足他们。机器学习设计师应该不止设计体验，也要确保它使用的是最佳算法。数据、设计和人工智能将会是数字体验的前沿。公司将会在个性化与市场营销智能化中进行竞争并获得胜利。拥有最智能、最个性化的产品和体验的公司将会在吸引与维持用户上做得最好。在这个世界上，好的 AI 会成为用户体验的基础，比起没有智慧体验的公司，拥有智慧体验的公司将拥有压倒性的优势。

3D 设计师

虚拟和增强现实是设计与技术探究的前沿。交互设计和游戏设计将会碰撞并一体化。所有在这个领域以形成完整体验为目标的团队均需要 3D 设计师。

在虚拟和增强现实出现之前，游戏设计领域，尤其是 3D 游戏，对设计师存在较高的门槛，通常设计师需要多年训练才能达到很高的水准。而虚拟和增强现实的探索设计，需要高水准的 3D 设计师，这样从单纯 3D 游戏领域进入虚拟和增强现实领域的高级 3D 设计师将会作为先锋探索者，与产品团队一起，以了解技术为前提，采用合适的工具创造真正的虚拟和增强现实体验。而随着虚拟和增强现实领域行业发展，势必引起学校的教育课程改变，从而在 3D 和 UX 规则的加权下，创造一个更加炫酷的未来世界。

模拟用户设计师

模拟用户设计师将用户数据、行为模型和统计模型集合起来设计可以推送预测未来用户行为的模拟用户。通过这种方法——人造模拟用户提供模拟阅读、评论和预测用户数据——未来的产品，广告竞选、软件、环境和服务都将极大地获得相应的经验。这些模拟信息可以在产品实现之前帮助设计师进行改善。但是否这些模拟预测信息将替代真人访谈呢？这一点依然值得怀疑。

多模态体验设计师

过去 10 年互联网高速发展，基于屏幕的体验设计蓬勃发展，体验设计师（交互设计师、视觉设计师等）成为每个互联网公司的中坚力量，可视化图形界面体验是设计师们关注的重点。而人工智能技术的不断发展，人机自然交互逐渐成为未来的大趋势，传统的人与计算机的交互（HCI）正逐渐发展升级为人与智能体的交互（HII）。在 HII 时代，可视化图形界面已不再是唯一，甚至不再是核心；与此同时感知通道和信息表达媒介都比较单一的可视化图形用户体验，也正在发展为感知通道和信息表达媒介都比较丰富的，且多种模式、多种形态交织连接在一起的用户体验，我们称之为多模态用户体验，对应的设计师可称为多模态体验设计师。

多模态用户体验，从人体感官的视、听、味、嗅、触感入手，除了必要且重要的可视化图形界面，还包括语言 / 对话、声音 / 音效、光感 / 光效、表情 / 动作这四个新领域。

多模态体验设计师进行智能音箱、机器人、智能家居等智能产品设计，需要考虑日新月异的技术变革下，机器和设备被赋予越来越多的感知通道，以及不断增强的信息输出能力。随着深度学习和自然语言的发展，机器和设备远比之前更懂我们，也远比之前更会表达，我们开始与音箱聊天，被机器人服务，进行家居环境智能化（可通过语音、表情等控制），甚至与虚拟形象谈心和交往……在这样的前提下，仍旧以用户为中心，基于用户的所处场景，就如同建筑设计师一样，充分结合当前的机器和设备智能化，从人体感官的视、听、味、嗅、触感五感入手，通过多模态体验设计，逐步实现人机自然交互体验。

未来设计师会走在更前面

正如前文所言，人工智能技术的不断发展变革，也使设计专业领域持续发展成为技术与创意混合的多元专业，未来设计师领域更加多元化，设计覆盖的维度更丰富。“技多不压身”的设计师们会逐渐走向软硬件产品研发的最前线，通过多维的设计手法、洞察能力和创新思维与用户深度接触，发现机会、定位需求、指引产品方向。如果说互联网软件产品的研发成本较低，可以通过快速迭代的方式小步快跑，不断试错升级体验，那么智能硬件产品的研发生产成本相对会高得多，这就需要设计研究先行，帮助业务摸清“为对的人设计对的产品”的解决路径，把控风险、提升产品上市后的成功概率。

在这样的大背景下，把充满想象力的 AI 技术落地到大规模商用产品是一个巨大的挑战。阿里 AI 用户研究团队在践行一种“创新漏斗”的范式，其本质是如何用迭代的方式孵化 AI 新品。整个漏斗共分为 4 个阶段，包括十几个 SOP（Standard Operating Procedure 标准作业程序）节点，确保把握用户本质需求，并将这种需求转化为产品。第一层漏斗是用户需求发现阶段，通过各种渠道一般会收集 2 000~3 000 个需求点进入需求池，确保囊括用户各种维度的需求。在某类需求有很强的声量（比如女性需要一个更智能、还原度更高的镜子），达到一定的标准时，会进入下一流程；第二个漏斗是用户共创环节，将这类需求拓展为完整的用户场景库（包含目标用户画像、场景细描等），最终会形成 30~50 个用户洞察，这类洞察通常具有可操作性，同时简单易懂，能深刻反映目标用户的共性需求；在第三个漏斗阶段，各个团队会从不同角度，包括技术成熟度、产品可行性进行论证，确保硬件、软件、市场都能认可，达成共识。通常这一阶段会形成 3~5 个核心卖点；在第四个漏斗阶段，会进行大量的 MVP（Minimum Viable Product，最小化可行产品）快速迭代验证，包括概念测试、外观测试等。在这一阶段，最终会形成 1~2 个产品爆点推向市场，进入生产和销售环节。以上任一流程节点都有明确评价标准，若不达标则回滚上一步重新来过，反复验证复盘，直至产品上市。

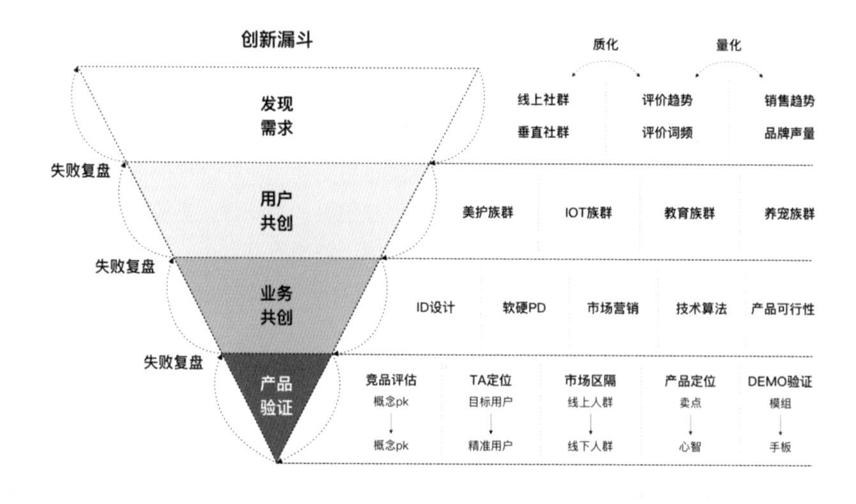

智能产品创新漏斗（阿里巴巴新零售设计事业部——用户研究团队）

在未来，产品形态的多样性和技术发展所带来的可能性，为创新带来更多机会，也需要更多谨慎和判断。设计师应突破已有经验，打破创新定式，同时饱含匠心精神地面对机遇与挑战。我们正走在改变和进化的路上。

作者介绍

—AUTHORS INTRODUCE

蔡贇

- 本科毕业于清华大学美术学院
- 英国中央圣马丁学院硕士
- 曾任百度 MUX 交互设计师
- 现任阿里巴巴体验设计专家

康佳美

- 本科、研究生毕业于清华大学美术学院工业设计系
- 曾实习于 LG 电子中国设计中心、Amazon 中国 Kindle 部
- 现任百度资深交互设计师

王子娟

- 本科毕业于华南理工大学，信息显示专业
- 曾任职于 ETU design 设计咨询公司、百度移动用户体验部
- 现任腾讯高级交互设计师

读者服务

读者在阅读本书的过程中如果遇到问题，可以关注 “有艺”公众号，通过公众号中的“读者反馈”功能与我们取得联系。此外，通过关注“有艺”公众号，您还可以获取艺术教程、艺术素材、新书资讯、书单推荐、优惠活动等相关信息。

扫一扫关注“有艺”

投稿、团购合作：请发邮件至 **art@phei.com.cn**。